U0261857

Docker

容器与容器云 第2版

Docker and Kubernetes under the Hood

浙江大学SEL实验室◎著

人民邮电出版社

北 京

图书在版编目（CIP）数据

Docker——容器与容器云 / 浙江大学SEL实验室著.
-- 2版. -- 北京 : 人民邮电出版社，2016.10（2023.12重印）
（图灵原创）
ISBN 978-7-115-43504-0

Ⅰ. ①D… Ⅱ. ①浙… Ⅲ. ①Linux操作系统—程序设
计 Ⅳ. ①TP316.85

中国版本图书馆CIP数据核字(2016)第216691号

内 容 提 要

本书根据 Docker 1.10 版和 Kubernetes 1.2 版对第 1 版进行了全面更新，从实践者的角度出发，以 Docker 和 Kubernetes 为重点，沿着"基本用法介绍"到"核心原理解读"到"高级实践技巧"的思路，一本书讲透当前主流的容器和容器云技术，有助于读者在实际场景中利用 Docker 容器和容器云解决问题并启发新的思考。全书包括两部分，第一部分深入解读 Docker 容器技术，包括 Docker 架构与设计、核心源码解读和高级实践技巧；第二部分归纳和比较了三类基于 Docker 的主流容器云项目，包括专注 Docker 容器编排与部署的容器云、专注应用支撑的容器云以及一切皆容器的 Kubernetes，进而详细解读了 Kubernetes 核心源码的设计与实现，最后介绍了几种典型场景下的 Kubernetes 最佳实践。

本书适用于有一定 Docker 基础的开发者、架构师、IT 专业学生以及探索基于 Docker 构建云计算平台的技术人员，也非常适合作为高校教材或培训资料。

◆ 著　　　　浙江大学SEL实验室
　　责任编辑　王军花
　　策划编辑　张　霞
　　责任印制　彭志环

◆ 人民邮电出版社出版发行　　北京市丰台区成寿寺路 11 号
　　邮编 100164　　电子邮件 315@ptpress.com.cn
　　网址 http://www.ptpress.com.cn
　　固安县铭成印刷有限公司印刷

◆ 开本：800×1000　1/16
　　印张：29.5　　　　　　　　　　2016 年 10 月第 2 版
　　字数：697千字　　　　　　　 2023 年 12 月河北第 25 次印刷

定价：89.00元

读者服务热线：**(010)84084456-6009**　印装质量热线：**(010)81055316**
反盗版热线：**(010)81055315**
广告经营许可证：京东市监广登字 **20170147** 号

推荐语

"虽然在此之前已经有了由 Docker 团队出的第一本 Docker 书,但是这是国内第一本深入解读 Docker 与 Kubernetes 原理的原创图书,这一点意义重大。本书比较完整地介绍了 Docker 与 Kubernetes 的工作原理和生态,非常有借鉴意义。"

——许式伟,七牛云存储 CEO

"Docker 容器技术已经在国内如火如荼地流行起来,浙江大学 SEL 实验室目前是国内掌握 Docker 技术最熟练的技术团队之一,他们在国内 Docker 技术界一直产生着重要影响。这次他们把 Docker 的实战经验汇编成书,可以帮助更多的 Docker 爱好者学习到一手的实战经验。"

——肖德时,数人科技 CTO

"本书非常细致地讲解了 Docker 技术的来龙去脉和技术细节,更为难得的是还加入了 Docker 生态当中的其他技术。Docker 这项技术本身就是将多种思想和技术融合的产物,从生态的视角去解读技术的来龙去脉将极大地促进读者对云计算和容器技术的重新思考。"

——程显峰,火币网 CTO

"本书宏观上描绘了容器和容器云技术发展的浪潮和生态系统,微观上以 Docker 和 Kubernetes 为典型进行了深度分析。无论是 Docker 技术爱好者,还是系统架构师、云端开发者、系统管理和运维人员,都能在本书中找到适合自己阅读的要点。浙江大学 SEL 实验室云计算团队是一支非常优秀的云计算研究团队,很多 85 后、90 后人才活跃在顶级社区前沿,感谢他们能将多年的知识和智慧积累分享出来!"

——刘俊,百度运维部高级架构师,百度最高奖获得者

"本书是浙江大学 SEL 实验室云计算团队多年深耕 Docker 及背后的容器技术的结晶。最大的特点就是深入,并且有各种实用案例和细致讲解。另外,这本书在怎样真正地把 Docker 及周边

产品落地以构建灵活多变的云平台方面也进行了生动的阐释。"

——郝林，微影时代架构师，《Go并发编程实战》作者

"Docker 颠覆了容器技术，也将容器技术带到了新的高度。InfoQ 从 2014 年初就开始密切关注容器技术，见证并切身参与了容器技术的发展。作为我们的优秀作者，浙江大学 SEL 实验室在 InfoQ 撰写了很多与 Docker、Kubernetes 相关的技术文章，得到了广大读者的肯定。希望这本书能推动容器技术在中国的落地。"

——郭蕾，InfoQ 主编

"浙江大学 SEL 实验室属于国内较早接触并研究开源 PaaS 技术的团队之一，从传统 PaaS 的开源代表 CloudFoundry、OpenShift，到新一代基于 Docker 的 PaaS 平台如 DEIS、Flynn 等，他们均有深入的研究和实践经验。更为难得的是，他们不仅参与开源贡献，而且笔耕不辍，通过博客、论坛等方式积极分享有深度、有内涵的技术文章，并广泛参与国内 PaaS 届各种技术交流会议。华为 PaaS 团队也在与之交流中汲取了不少营养。此次，他们将近年来对 Docker 容器和 Kubernetes、DEIS、Flynn 等 PaaS 开源平台的研究成果结集成册，内容详尽且深入浅出。我相信，无论是入门者还是老手，都能够从中获益。"

——刘赫伟，华为中央软件院高级软件架构师

"容器技术在大型互联网企业中已广泛应用，而 Docker 是容器技术中的杰出代表。本书不仅介绍了 Docker 基础知识，而且进行了代码级的深入分析，并通过对 Kubernetes 等技术的讲解延伸至集群操作系统以及对 Docker 生态领域的思考，同时结合了大量实践，内容丰富，值得拥有。"

——王炜煜，百度运维部高级架构师，JPaaS 项目负责人

"Docker 作为操作系统层面轻量级的虚拟化技术，凭借简易的使用、快速的部署以及灵活敏捷的集成支持等优势，奠定了 Docker 如今在 PaaS 领域的江湖地位。浙江大学 SEL 实验室在云计算和 PaaS 领域耕耘多年，积累了丰富的经验。本书既有对 Docker 源代码层面的深度解读，也有实战经验的分享，希望这本书能够帮助 Docker 开发者在技术上更上一层楼。"

——李三红，蚂蚁金服基础技术部 JVM Architect

序

我已从事软件工程研究工作二十余年，在这期间，软件开发方式发生了巨大的变化。瞬息万变是这个时代的特征，固守经典、一成不变已无法应对，当代的软件工程拥有快速迭代的生命周期，越来越多的开发组织投入巨大精力关注软件开发的敏捷性。

云计算有了明确定义，浙江大学就组织研究力量投入这滚滚浪潮之中。云计算定义了一种按需索取、实时供应的特性，它是敏捷的。云平台提供的资源是计算能力，人们获得计算能力资源一如获取自来水和管道煤气一样方便。这为软件工程注入了新的活力，如果软件开发者可以快速、自由地获取开发过程中所需的各种资源，那么软件开发必将迎来一次飞跃式的发展。

然而，我们似乎并没有获得想要的飞跃。

众所周知，云计算拥有一个圣经般的三层模型，界限明确，职责分明。当下，依照圣经"戒律"，众多业内巨头率先建立起一批重型云平台，然而问题却慢慢浮现——按照传统定义设计的"云"对应用不够友好，要么做得不够，要么管得太死。

是时候打破"戒律"了吗？我认为是。

Docker 让所有人眼前一亮，它模糊了 IaaS 与 PaaS 之间的界限，为云计算的服务形式带来了无限的可能，Docker 带着它的容器理念破而后立，是云计算运动中一项了不起的创举。

丁轶群老师带领他的团队写作的这本《Docker——容器与容器云》，在很大程度上填补了国内容器与容器云技术领域深度分析的空白。本书浓缩了浙大 SEL 实验室多年来在 PaaS 以及容器技术领域的研究成果与开发实践经验，深入浅出地分析了云计算领域容器应用现状，是一部值得业内人士和容器技术爱好者长置案头的好书。

杨小虎

浙江大学软件学院院长

前　言

　　本书的写作目的不仅是在技术层面深入分析 Docker 背后的技术原理和设计思想，更在于从我们团队自 2011 年以来在云计算方面的积累出发，理清当前以 Docker、Kubernetes 为代表的"容器云"技术的发展脉络，以期对 IT 企业的开发运维人员、容器云服务提供商以及 Docker 技术爱好者在技术选型、技术路线规划上有所帮助。

　　2013 年是 Docker 正式开源发布的年份，也是我们团队开始使用 Docker 的时间。当时 Docker 作为一个单机版轻量级虚拟化工具，并没有像当前这样活跃的生态圈。我们使用 Docker 处理 Cloud Foundry 这类复杂分布式系统的快速部署和迁移，结果我们体验到了惊喜，但也有遗憾。确实，那时候 Docker 1.0 尚未发布，作为最先吃螃蟹的人之一，我们除了能感受到 Docker 相比虚拟机在资源利用率和性能上的巨大优势以及在使用方式上的高效便捷之外，还不得不忍受当时的 Docker 与一个完整的数据中心运维系统之间的差距。比如网络，跨宿主机间的通信在很长一段时间都困扰着我们；比如容器内部不能单独配置内核参数，一旦应用对性能有特殊要求的时候，就无法单独进行优化定制；再比如维护，时常需要手动清理僵尸容器、镜像等。

　　在随后的一整年里，我们真真切切地感受到了 Docker 是如何从一个开发运维人员略有耳闻的工具成长为一个技术圈里家喻户晓的名词。基于 Docker 的公有云、私有云项目也如雨后春笋般涌现；各大知名技术社区都为 Docker 开辟专栏，甚至出现了专为讨论 Docker 而生的技术社区。基于 Docker 的中国本土化也开始萌芽，各类国内镜像托管和加速服务层出不穷。Docker 官方也没有闲着，前不久，Docker 的各类邮件列表中都出现了招聘中国区执行官的消息。Docker 生态系统的建立已经是不争的事实，我们团队也从 Docker 的使用者，成为了 Docker、Kubernetes、libcontainer 等开源项目的特性维护者（maintainer）和代码贡献者（contributor）。

　　当前 Docker 已绝不仅仅是一项轻量级虚拟化技术，官方的 Docker 运维三件套、来自第三方的 Kubernetes、OpenShift v3、Flynn、Deis 等项目已经基于 Docker 这种容器技术构建出各种各样的容器云服务平台，关于 Docker 等容器技术的讨论重心也已经从"容器"转变为"容器云"。Docker 对于 IT 行业的价值也从节省资源这一方面扩展到对整个软件开发运维生命周期的改造。

　　作为软件行业多年的实践者和教育者，我们一直试图探索这样一些问题：云计算除了当前被广为接受的基础设施云平台（IaaS）的形态，是否还有更加贴近开发人员和运维人员的形态？云计算如何以更好的形态服务于互联网+这样一个以软件连接人与人、人与企业、企业与企业的时代？正是 Docker 这类容器技术的出现，使得这样的探索成为了可能。

本书结构

本书共分两部分，沿着从容器到容器云的发展脉络，从"概念用法解析"到"核心原理分析"，然后到"高级实践技巧"，层层推进，全面介绍了 Docker 以及围绕 Docker 构建的各类容器云平台技术，深入分析了 Kubernetes 背后的技术原理和设计思想。

第一部分讲解了 Docker 容器的核心原理和实践技巧。其中第 1 章和第 2 章能够让读者在短时间内体验这场 IT 界的风暴，并且初步了解 Docker 的使用方法，为后续的源码解析做铺垫。第 3 章是本书第一部分的核心，这一章以 Docker 1.10 版本源码为基础，深入分析了容器的 namespace 和 cgroups 原理，紧接着我们以 docker run 命令为线索，一路贯穿 Docker 的容器创建、镜像组织、联合文件系统以及容器网络初始化的源码，深入透彻地向读者展示了从一条指令到最终 Linux 容器生成的整个过程中，Docker 源码的设计原理和执行路线。第 4 章则介绍了当前时髦的"容器化思维"以及 Docker 相关的几类实践技巧，包括网络、监控、服务发现等。值得一提的是，在上述代码走读的过程中，本书几乎没有贴出任何一部分 Docker 源码或者函数，而是力图使用平实的语言和生动的图示来展示代码背后的执行逻辑和设计思想。Docker 的源码字字珠玑，我们希望能够使用这样的解读方式使读者真正理解 Docker 和容器背后的设计方法和技术本质，而不是变成一本单纯的技术手册。

第二部分深入分析基于 Docker 的各类"容器云"平台的架构细节和背后的设计理念，这些容器云虽然在底层技术上都基于 Docker 这样的容器技术，但在背后的设计思想上却存在很大的差异。我们将看到一个因颠覆了原有 IaaS、PaaS 云计算生硬的分类方式而精彩纷呈的容器云世界。其中第 5 章介绍了一个最简单的容器云解决方案作为引子；第 6 章和第 7 章分析和比较了几类典型的容器云开源项目，包括了 Docker 官方的"三剑客"项目、Fleet 以及更类似经典 PaaS 的 Flynn 和 Deis；第 8 章是本书第二部分的重点，我们以 Kubernetes 1.2 版本源码为基础，从核心概念到架构梳理，再到深入到组件级别的 Kubernetes 源码解析，从多个维度详细讲解了 Kubernetes 容器云平台的各种技术细节，这在国内尚属首次。我们希望通过容器云平台的源码解读，能够带领读者从纷繁复杂的容器云项目中梳理出一个细致的脉络，让读者在选型和二次开发的过程中减少迷茫和试错成本。而作为 Kubernetes 项目的贡献者和特性维护者，我们希望有更多的技术人员能够从源码层面对 Kubernetes 有更深刻的理解和认识，并且同我们一起来推动这个优秀的开源项目在国内的进步和落地。在第二部分的结尾，我们试图回答之前的提问，即容器云应该以何种形态来更好地支撑当今时代。

第 2 版的改进

自本书第 1 版出版以来，容器生态圈已经发生了翻天覆地的变化。新的开源项目层出不穷，各个开源项目都在快速迭代演进。Docker 已经从本书第 1 版里的 1.6.2 发展为当前的 1.10。Kubernetes 也从本书第 1 版里的 0.16 发展到了现在的 1.2，并且在 1.0.1 版本时宣布其已经正式进入可投入生产环境（production ready）的状态。

第 3 章是本书第一部分的重点。Docker 1.10 版相对于本书第 1 版中的 1.6.2 版，主要的更新包括如下几个方面。

- ❏ Docker 在架构方面不断将自身解耦，逐步发展成容器运行时（runtime）、镜像构建（builder）、镜像分发（distribution）、网络（networking）、数据卷（volume）等独立的功能组件，提供 daemon 来管理，并通过 Engine 暴露一组标准的 API 来操作这些组件（详见本书 3.2 节）。
- ❏ 将网络和数据卷提升为"一等公民"，提供了独立子命令进行操作，网络和数据卷具备独立的生命周期，不再依赖容器的生命周期（详见本书 3.7 节、3.8 节）。
- ❏ 网络实现方面，Docker 将网络相关的实现解耦为独立的组件 libnetwork，抽象出一个通用的容器网络模型（CNM），功能上也终于原生支持了跨主机通信（详见本书 3.8 节）。
- ❏ 在扩展性方面，在 1.7.0 版本后就开始支持网络、volume 和存储驱动（仍处于实验阶段）的插件化，开发者可以通过实现 Docker 提供的插件标准来定制自己的插件（详见本书 3.6 节、3.7 节、3.8 节）。
- ❏ 在 Docker 安全方面，Docker 支持了 user namespace 和 seccomp 来提高容器运行时的安全，在全新的镜像分发组件中引入可信赖的分发和基于内容存储的机制，从而提高镜像的安全性（详见本书 3.5 节、3.6 节、3.9 节）。

需要特别指出的一点是，随着容器如火如荼的发展，为了推动容器生态的健康发展，促进生态系统内各组织间的协同合作，容器的标准化也显得越来越重要。Linux 基金会于 2015 年 6 月成立 OCI（Open Container Initiative）组织，并针对容器格式和运行时制定了一个开放的工业化标准，即 OCI 标准。Docker 公司率先贡献出满足 OCI 标准的容器运行时 runC，HyperHQ 公司也开源了自己的 OCI 容器运行时 runV，相信业界会有越来越多的公司加入这个标准化浪潮中。Docker 公司虽然没有在 Docker 1.10 版本中直接使用 runC 作为容器的运行时，但是已经将"修改 Docker engine 来直接调用 runC 的二进制文件为 Docker 提供容器引擎"写入到了 1.10 版本的 roadmap 中。本书在 3.4.3 节中对 runC 的构建和使用进行了介绍。

第 8 章是本书第二部分的重点。由于 Kubernetes 的代码始终处于积极更新之中，自本书第 1 版截稿以来，Kubernetes 又相继发布了 0.17、0.18、0.19、0.20、0.21、1.0、1.1 与 1.2 等几个版本。主要的更新包括如下几个方面。

- ❏ 大大丰富了支撑的应用运行场景。从全面重构的 long-running service 的 replicaSet，到呼声渐高的支持 batch job 的 Job、可类比为守护进程的 DaemonSet、负责进行应用更新的 Deployment、具备自动扩展能力的 HPA（Horizontal Pod Autoscaler），乃至于有状态服务的 petSet，都已经或者即将涵盖在 Kubernetes 的支撑场景中（详见本书 8.2 节）。

- 加强各个组件的功能扩展或者性能调优。apiserver 和 controller manager 为应对全新的 resource 和 API 有显著的扩展；scheduler 也在丰富调度策略和多调度器协同调度上有积极的动作；kubelet 在性能上也有长足的进步，使得目前单个节点上支持的 pod 从原来的 30 个增长到了 110 个，集群工作节点的规模也从 100 个跃升为 1000 个；多为人诟病的 kube-proxy 如今也鸟枪换炮，默认升级为 iptables 模式，在吞吐量上也更为乐观；在可以预期的未来，rescheduler 将成为 Kubernetes 家庭中的新成员，使得重调度成为可能（详见本书 8.3 节）。
- 兼容更多的容器后端模型、网络及存储方案。从 Docker 到 rkt，Kubernetes 展示了对容器后端开放姿态，同时它还准备以 C/S 模式实现对其他容器的支撑。在网络方面，Kubernetes 引入了网络插件，其中最为瞩目的当属 CNI；存储上的解决方案更是层出不穷，flocker、Cinder、CephFS 不一而足，还增加了许多特殊用途的 volume，如 secret、configmap 等（详见本书 8.4 节、8.5 节）。
- 增加了 OpenID、Keystone 等认证机制、Webhook 等授权机制，以及更为丰富的多维资源管理机制 admission controller（详见本书 8.6 节）。
- 另外，作为 Kubernetes 社区的积极参与者，我们还专门增加了 8.8 节，讨论当前社区正在酝酿中的一些新特性，如 Ubernetes、petSet、rescheduler。我们还讨论了 Kubernetes 性能优化，以及 Kubernetes 与 OCI 的关系等话题。

除了全面更新这两个重点章节之外，我们还在第 1 章中更新了 Docker 近期的"大事记"并重新整理了容器生态圈，加入了许多重要的容器云技术开源项目，以及 OCI、CNCF 等国际标准化组织；在第 2 章中，我们将 Docker 命令行工具的基础用法更新到了 Docker 1.10 版；在第 4 章中完善了对时下火热的"容器化思维"和"微服务"的讨论；在第 6 章中更新了对 Docker "三剑客"——Compose、Swarm 和 Machine 的讨论；在附录中以 Docker 1.10 版为标准更新了附录 A 的 Docker 安装指南，以 Kubernetes 1.2 为标准，更新了附录 F 中 Kubernetes 的安装指南。

致谢

对于能够编写国内第一本在源代码层面深度解析 Docker 和 Kubernetes，并揭秘基于 Docker 容器的云计算生态圈底层技术的图书，我们感到非常荣幸。浙江大学 SEL 实验室云计算团队在此向所有支持帮助我们的朋友表达最诚挚的谢意，没有大家的支持，我们很可能无法顺利地完成这项工作。

感谢浙江大学软件学院杨小虎院长对云计算团队一直以来的关怀和支持，杨院长的远见卓识和诲人不倦令人钦佩。

感谢以极大热情参与到本书写作中的浙江大学计算机学院、软件学院的各位博士、硕士研究生：张磊、何思玫、高相林、张浩、孙健波、王哲、冯明振、乔刚、杜军、仇臣、周宇哲、叶瑞浩、赖春彬、孙宏亮、陈星宇。他们的热情是我们团队活力的源泉，他们使那些分散在各个领域的技术得以整合。在本书编写过程中，他们不计个人得失地精诚合作，这是本书得以成书的基石。

特别要感谢不辞辛劳为本书出谋划策、日以继夜不断审阅修改的图灵公司的编辑们。在整个写作过程中，我们团队得到了出版方的大力支持。他们认真负责的态度是本书顺利出版的保证。

感谢 InfoQ 主编郭蕾一直以来对浙江大学 SEL 实验室技术分享工作所做出的支持和推广，他和 InfoQ 同事们的鼓励是推动本书发起的一大动力。

感谢《第一本 Docker 书》的译者刘斌为本书进行了细致的审读，并为我们提出了宝贵的修订建议。

感谢浙江大学 SEL 实验室云计算团队的其他所有人，他们认真负责的工作态度和令人满意的工作成果是本书不可或缺的支持力量。

感谢大家的共同努力，让我们的成果得以面世，在 Docker 布道之路上贡献出了自己的光和热，传播惠及当下的云计算前沿技术。

丁轶群

于浙江大学玉泉校区

目　　录

第三部分　附录

第一部分

Docker 深入解读

Docker 作为时下流行的容器技术，已经在云计算领域掀起了一股狂潮。本书的第一部分从 Docker 容器技术的出现背景谈起，阐述这门技术的方方面面。第 1 章说明了 Docker 的发展脉络，让读者明白到底是什么赋予了 Docker 如此大的魅力。第 2 章用 Docker 的一个实际使用案例展示 Docker 的基本使用方法。第 3 章是本书的一大核心，从源码的层面，对构成 Docker 的各个模块进行原理上的解读。第一部分的最后一章介绍使用 Docker 的高级实践技巧。相信当你阅读完本部分的内容后，会对 Docker 容器技术有全面而深刻的理解。

## 第 1 章

从容器到容器云

1

2013年初，一个名字从云计算领域横空出世，并在整个IT行业激起千层浪。这就是Docker——一个孕育着新思想的"容器"。Docker选择容器作为核心和基础，依靠容器技术支撑的Docker迅速成为国内外各大云计算厂商以及开发者手中的至宝。在一片热火朝天之中，新的革命已经悄然来临。

1.1 云计算平台

回首历史，云计算时代蕴育出了众多的云计算平台，虽然在服务类型或平台功能上有所差异，但它们的本质上如出一辙，都与NIST①对于云计算平台的定义有着密切的关系。

> 云计算是一种资源的服务模式，该模式可以实现随时随地、便捷按需地从可配置计算资源共享池中获取所需的资源（如网络、服务器、存储、应用及服务），资源能够快速供应并释放，大大减少了资源管理工作开销，你甚至可以再也不用理会那些令人头痛的传统服务供应商了。

经典云计算架构包括IaaS（Infrastructure as a Service，基础设施即服务）、PaaS（Platform as a Service，平台即服务）、SaaS（Software as a Service，软件即服务）三层服务，如图1-1所示。

- ❑ IaaS层为基础设施运维人员服务，提供计算、存储、网络及其他基础资源，云平台使用者可以在上面部署和运行包括操作系统和应用程序在内的任意软件，无需再为基础设施的管理而分心。
- ❑ PaaS层为应用开发人员服务，提供支撑应用运行所需的软件运行时环境、相关工具与服务，如数据库服务、日志服务、监控服务等，让应用开发者可以专注于核心业务的开发。
- ❑ SaaS层为一般用户服务，提供了一套完整可用的软件系统，让一般用户无需关注技术细节，只需通过浏览器、应用客户端等方式就能使用部署在云上的应用服务。

---

① National Institute of Standards and Technology，"The NIST Definition of Cloud Computing"论文定义了人们认可的云计算三层服务模型。

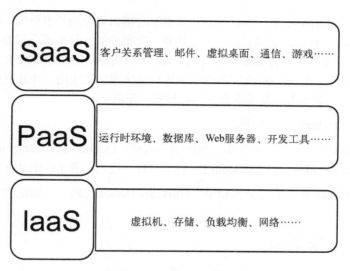

图1-1　云平台经典架构

同时，随着计算机技术推陈出新，应用的规模愈发庞大，逻辑愈发复杂，迭代更新愈发频繁，应用开发所需的统一规范和原有开发模式杂乱无章成了追求进步的主要障碍。在尖锐的矛盾中，云时代应用生命周期管理机制（Application Lifecycle Management，ALM）和十二要素应用规范（The Twelve-Factor App）[①]应运而生。

所有理论设计和预想一定是美好的，只是对于一个新的理论而言，如何经受住实践的考验，并将美好的愿景转化为生产力才是重中之重。IaaS的发展主要以虚拟机为最小粒度的资源调度单位，出现了资源利用率低、调度分发缓慢、软件栈环境不统一等一系列问题。PaaS在IaaS基础上发展而来，众多PaaS已经意识到可以利用容器技术解决资源利用率问题，但是PaaS通常在应用架构选择、支持的软件环境服务方面有较大的限制，这带来了应用与平台无法解耦、应用运行时环境局限性强、运维人员控制力下降的问题。

可见不论IaaS还是PaaS都有各自适用的场景，但依旧存在诸多缺陷，人们亟需一个真正可用的解决方案。

1.2　容器，新的革命

每一场革命背后都有着深刻的历史背景和矛盾冲突，新陈代谢是历史的必然结果，新生取代陈旧得益于理念的飞跃和对时代发展需求的契合，很显然Docker抓住了这个契机。

Docker是什么？

---

① 参考自The Twelve-Factor App英文原版（http://12factor.net/）。

根据官方的定义，Docker是以Docker容器为资源分割和调度的基本单位，封装整个软件运行时环境，为开发者和系统管理员设计的，用于构建、发布和运行分布式应用的平台。它是一个跨平台、可移植并且简单易用的容器解决方案。Docker的源代码托管在GitHub上，基于Go语言开发并遵从Apache 2.0协议。Docker可在容器内部快速自动化地部署应用，并通过操作系统内核技术（namespaces、cgroups等）为容器提供资源隔离与安全保障。

我们应该看看Docker的发展历程。

每一个传奇都需要一个这样的开头，很久很久以前：Docker项目由Solomon Hykes所带领的团队发起，在Docker公司的前身dotCloud内部启动孕育，代码托管于GitHub。

2013年3月：Docker正式发布开源版本，GitHub中Docker代码提交盛况空前，风头之劲一时无两。见图1-2。

Mar 1, 2013 – Mar 22, 2013

Contributions to master, excluding merge commits

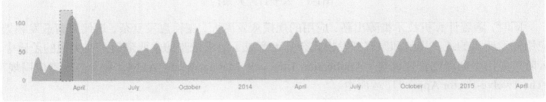

图1-2   GitHub上Docker项目提交数统计图

2013年11月：REHL 6.5正式版发布，集成了对Docker的支持，拉开了业界各大厂商竞相支持Docker的序幕。

2014年4月到6月：云技术市场上的三大巨头Amazon、Google及Microsoft Azure相继宣布支持Docker，并着手开发基于容器的全新产品。

2014年6月：DockerCon 2014大会召开，会上来自Google、IBM、Amazon、Red Hat、Facebook及Twitter等全球领先企业的演讲嘉宾组成了豪华的阵容。此时，Docker自开源版本后又经历了15个月左右的飞速发展，Docker 1.0版本正式发布。

2014年8月：VMware宣布与Docker建立合作关系，标志了虚拟化市场形成了新的格局。

2014年10月：微软宣布将整合Docker进入下一代的Windows Server中。

2014年10月15日：Azure和Docker共同举办了Docker全球开发者大会，并宣布双方建立战略合作伙伴关系。

2014年年底：Google率先发布容器引擎Google Container Engine（GCE），整合了Docker、Google自有容器技术和在DockerCon 2014大会上发布的Kubernetes，致力于为用户提供面向Docker化应用

的云计算平台；Amazon发布EC2 Container Service（ECS），它是一项高度可扩展、高性能、免费的容器管理服务，并能够在托管的Amazon EC2实例集群上轻松地发布、管理和扩展Docker容器，使得Amazon Web Services（AWS）用户能够使用AWS上的容器轻松地运行和管理分布式应用。

2015年4月：Docker公司宣布完成了9500万美元的D轮融资。此前，他们已完成三轮融资，包括1500万美元的B轮融资及4000万美元的C轮融资。

2015年6月：Linux基金会携手AWS、思科、Docker、EMC、富士通、高盛、Google、惠普、华为、IBM、Intel等公司在DockerCon上共同宣布成立容器标准化组织OCP（Open Container Project），旨在实现容器标准化，为Docker生态圈内成员的协作互通打下良好的基础。该组织后更名为OCI（Open Container Initiative）。

2015年7月，浙江大学SEL实验室携手Google、Docker、华为、IBM、Red Hat，成立云原生计算基金会（Cloud Native Computing Foundation，CNCF），共同推进面向云原生应用的容器云平台。

2016年2月：Docker公司发布商业版容器及服务平台DDC（Docker Datacenter），迈出了Docker商业化的重要一步。

截至2016年6月：GitHub中Docker的贡献者超过千人，被关注和喜爱（star）多达三万两千余次（相比之下，此时Linux源码多年来积累的被关注次数仅为两万两千余次），并有九千多个开发分支（fork），Docker成为了GitHub上排名前20的明星项目。

Docker官方存储应用镜像的镜像仓库也获得了大量开发者支持，其镜像仓库里已有四万五千余个不同应用功能的公共镜像。最受欢迎的Ubuntu、MySQL、nginx、WordPress镜像，下载量已达到三四百万次。这些数字还在不断地增长！

在国内一线城市，几乎每一两周就有一场关于Docker的讨论大会，Docker永远不会让你孤独。

在从此以后的未来，以Docker为代表的容器技术已经给云计算乃至整个IT界带来了深远的影响，这是一次真正的计算机技术革命，来吧，拥抱变化！

一个软件项目成功与否的标志是看其是否能够带动一个生态系统的发展，以Docker为代表的容器技术显然做到了这一点。容器技术的快速普及促进了围绕容器技术的相关项目日臻丰富和完善，容器本身的功能和易用性也随之增加。反过来，容器技术的迅猛发展也与其强大的生态系统息息相关。首先我们从整体上来审视一下它，如图1-3所示。

可以看出，容器技术的生态系统自下而上分别覆盖了IaaS层和PaaS层所涉及的各类问题，包括资源调度、编排、部署、监控、配置管理、存储网络管理、安全、容器化应用支撑平台等。除了基于容器技术解决构建分布式平台无法回避的经典问题，容器技术主要带来了以下几点好处。

- ❑ **持续部署与测试**。容器消除了线上线下的环境差异，保证了应用生命周期的环境一致性和标准化。开发人员使用镜像实现标准开发环境的构建，开发完成后通过封装着完整环境和应用的镜像进行迁移，由此，测试和运维人员可以直接部署软件镜像来进行测试和发布，大大简化了持续集成、测试和发布的过程。

□ **跨云平台支持**。容器带来的最大好处之一就是其适配性，越来越多的云平台都支持容器，用户再也无需担心受到云平台的捆绑，同时也让应用多平台混合部署成为可能。目前支持容器的IaaS云平台包括但不限于亚马逊云平台（AWS）、Google云平台（GCP）、微软云平台（Azure）、OpenStack等，还包括如Chef、Puppet、Ansible等配置管理工具。

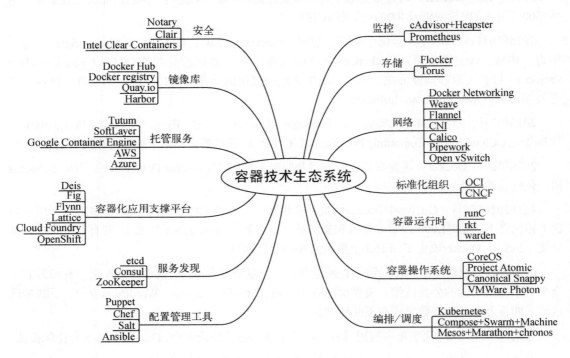

图1-3 容器生态系统

□ **环境标准化和版本控制**。基于容器提供的环境一致性和标准化，你可以使用Git等工具对容器镜像进行版本控制，相比基于代码的版本控制来说，你还能够对整个应用运行环境实现版本控制，一旦出现故障可以快速回滚。相比以前的虚拟机镜像，容器压缩和备份速度更快，镜像启动也像启动一个普通进程一样快速。

□ **高资源利用率与隔离**。容器没有管理程序的额外开销，与底层共享操作系统，性能更加优良，系统负载更低，在同等条件下可以运行更多的应用实例，可以更充分地利用系统资源。同时，容器拥有不错的资源隔离与限制能力，可以精确地对应用分配CPU、内存等资源，保证了应用间不会相互影响。

□ **容器跨平台性与镜像**。Linux容器虽然早在Linux 2.6版本内核已经存在，但是缺少容器的跨平台性，难以推广。容器在原有Linux容器的基础上进行大胆革新，为容器设定了一整套标准化的配置方法，将应用及其依赖的运行环境打包成镜像，真正实现了"构建一次，到处运行"的理念，大大提高了容器的跨平台性。

　　❑ **易于理解且易用**。Docker的英文原意是处理集装箱的码头工人，标志是鲸鱼运送一大堆集装箱，集装箱就是容器，生动好记，易于理解。一个开发者可以在15分钟之内入门Docker并进行安装和部署，这是容器使用史上的一次飞跃。因为它的易用性，有更多的人开始关注容器技术，加速了容器标准化的步伐。

　　❑ **应用镜像仓库**。Docker官方构建了一个镜像仓库，组织和管理形式类似于GitHub，其上已累积了成千上万的镜像。因为Docker的跨平台适配性，相当于为用户提供了一个非常有用的应用商店，所有人都可以自由地下载微服务组件，这为开发者提供了巨大便利。

1.3　进化：从容器到容器云

　　容器为用户打开了一扇通往新世界的大门，真正进入这个容器的世界后，却发现新的生态系统如此庞大。在生产使用中，不论是个人还是企业，都会提出更复杂的需求。这时，我们需要众多跨主机的容器协同工作，需要支持各种类型的工作负载，企业级应用开发更是需要基于容器技术，实现支持多人协作的持续集成、持续交付平台。即使Docker只需一条命令便可启动一个容器，一旦试图将其推广到软件开发和生产环境中，麻烦便层出不穷，容器相关的网络、存储、集群、高可用等就是不得不面对的问题。从容器到容器云的进化应运而生。

　　什么是容器云？

　　容器云以容器为资源分割和调度的基本单位，封装整个软件运行时环境，为开发者和系统管理员提供用于构建、发布和运行分布式应用的平台。当容器云专注于资源共享与隔离、容器编排与部署时，它更接近传统的IaaS；当容器云渗透到应用支撑与运行时环境时，它更接近传统的PaaS。

　　容器云并不仅限于Docker，基于rkt容器的CoreOS项目也是容器云。Docker的出现让人们意识到了容器的价值，使得一直以来长期存在但并未被重视的轻量级虚拟化技术得到快速的发展和应用。鉴于Docker的里程碑意义，本书在讨论容器云时，都以分析Docker为支撑技术的容器云为主。

　　Docker公司本身的技术发展，亦是从一个容器管理工具一步步向容器云发展的历史过程。Docker最初发布时只是一个单机下的容器管理工具，随后Docker公司发布了Compose、Machine、Swarm等编排部署工具，并收购了Socketplane解决集群化后的网络问题。本书提及Docker时，一般指Docker容器核心，并不包含它向容器云迈进的一系列扩展工具，这些工具则将在本书第二部分进行分析。

　　除了Docker公司之外，业界许多云计算厂商也对基于Docker的容器云做了巨大的投入，以Docker容器为核心的第三方Docker容器云正在迎来春天。第6章将要介绍的Fleet、第7章将要介绍的Flynn和Deis以及第8章的Kubernetes，都是基于Docker技术构建的广为人知的容器云。

　　从容器到容器云是一种伟大的进化，并依旧在日积月累中不断前行，现在让我们一起进入Docker的世界，感受容器与容器云的魅力。

第2章

Docker 基础

本章将为Docker开发者、系统管理员及相关技术爱好者介绍Docker的基础知识，包括Docker的安装流程、Docker操作相关命令和参数解读，并在最后提供一个实例来展示Docker的具体用法，读者可以参照本书开始你的Docker之旅。

本章假定读者熟知Linux/Unix环境，掌握一定的操作技能，对命令行、软件包安装、系统管理及网络知识有一定了解。Docker是一个跨平台、可移植的解决方案，当前各大主流平台均宣布对Docker提供支持，包括Ubuntu、RHEL（Red Hat Enterprise Linux），以及CentOS、Debian、Fedora、Oracle Linux等Linux的衍生系统和发行版本，此外还可利用虚拟环境（Boot2Docker或虚拟机）实现Docker移植到OS X、Microsoft Windows等系统。

Linux平台是Docker原生支持平台，在Linux上使用Docker可以得到最佳的用户体验。本章主要以Linux平台下操作系统为例讲解Docker的安装和使用，同时，也会对非Linux平台下Docker安装进行简单讲解，读者可根据自身需要选择相应的小节查阅。

2.1 Docker 的安装

Docker是一个轻量级虚拟化技术，它具备传统虚拟机无可比拟的优势。它更简易的安装和使用方式、更快的速度、服务集成与开发流程自动化，都使Docker被广大技术爱好者青睐。

安装Docker的基本要求如下：

❏ Docker只支持64位CPU架构的计算机，目前不支持32位CPU；
❏ 建议系统的Linux内核版本为3.10及以上；
❏ Linux内核需开启cgroups和namespace功能；
❏ 对于非Linux内核的平台，如Microsoft Windows和OS X，需要安装使用Boot2Docker工具。

下面将选择5类主流的操作系统来讲解Docker的安装，它们包括：

❏ 在Ubuntu系统中安装Docker；
❏ 在REHL系统中安装Docker；

- ❑ 在REHL衍生的Linux发行版（CentOS/Fedora）中安装Docker；
- ❑ 在OS X系统中安装Docker；
- ❑ 在Microsoft Windows系统中安装Docker。

每一个操作系统都各有所长，读者可根据需求选择安装。本书将Docker在相应系统中的具体安装流程收录在了附录中，方便读者查阅。

2.2 Docker 操作参数解读

本节将有选择地介绍Docker命令行工具的部分功能，旨在帮助读者快速入门，对于Docker命令行工具的完整介绍，读者可以参考Docker官方网站相关内容。本节主要讲解Docker命令行工具docker的使用方法及其操作参数，命令内部的运行流程和原理将在第3章介绍。

用户在使用Docker时，需要使用Docker命令行工具docker与Docker daemon建立通信。Docker daemon是Docker守护进程，负责接收并分发执行Docker命令。

为了了解Docker命令行工具的概况，我们可以使用docker命令或docker help命令来获取docker的命令清单。

```
$ sudo docker
Commands:
    attach    Attach to a running container
    build     Build a container from a Dockerfile
    commit    Create a new image from a container's changes
    ...
    version   Show the Docker version information
    wait      Block until a container stops, then print its exit code

Run 'docker COMMAND --help' for more information on a command.
```

说明　本书中命令前的sudo用于获取命令执行所需的root权限。

值得一提的是，docker命令的执行一般都需要获取root权限，因为Docker的命令行工具docker与Docker daemon是同一个二进制文件，而Docker daemon负责接收并执行来自docker的命令，它的运行需要root权限。同时，从Docker 0.5.2版本开始，Docker daemon默认绑定一个Unix Socket来代替原有的TCP端口，该Unix Socket默认是属于root用户的。因此，在执行docker命令时，需要使用sudo来获取root权限。

随着Docker的不断发展，docker的子命令已经达到41个（如attach、build），其中核心子命令（如run、exec等）还有复杂的可选执行参数，用户可以使用相应的命令和参数实现丰富强大的功能。对于每一个特定的子命令，用户可以使用docker COMMAND --help命令来查看该子命令的详细信息，包括子命令的使用方法及可用的操作参数。以下这个例子使用docker start --help

命令获取子命令start的详细信息：

```
$ docker start --help
Usage: docker start [OPTIONS] CONTAINER [CONTAINER...]
Restart a stopped container
   -a, --attach=false       Attach container's STDOUT and STDERR and forward all signals to the process
   -i, --interactive=false    Attach container's STDIN
```

此外，除了命令的操作参数外，用于管理容器的**Docker daemon**也有详细的参数配置，使用docker命令或docker help命令来查看，读者可以自行尝试。

在进行命令的解读前，本书依据命令的用途对其进行分类，帮助初学者尽快掌握docker命令，如表2-1所示。

表2-1   Docker子命令分类

子命令分类	子 命 令
Docker环境信息	info、version
容器生命周期管理	create、exec、kill、pause、restart、rm、run、start、stop、unpause
镜像仓库命令	login、logout、pull、push、search
镜像管理	build、images、import、load、rmi、save、tag、commit
容器运维操作	attach、export、inspect、port、ps、rename、stats、top、wait、cp、diff、update
容器资源管理	volume、network
系统日志信息	events、history、logs

从docker命令使用出发，梳理出如图2-1所示的命令结构图，希望帮助读者更进一步了解Docker的命令行工具[①]。

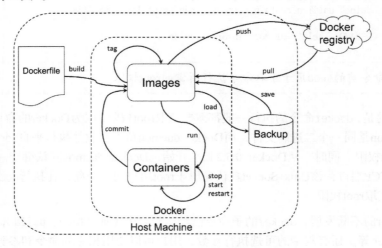

图2-1   Docker命令结构图

---

① 命令分类及结构图参考自"docker专题(2)：docker常用管理命令（上）"（http://segmentfault.com/a/1190000000751601 ）。

　　下面根据表2-1中的Docker的子命令分类清单，选取每个功能分类中常用的子命令进行用法和操作参数的解读。

1. Docker环境信息

　　docker info命令用于检查Docker是否正确安装。如果Docker正确安装，该命令会输出Docker的配置信息。

　　docker info命令一般结合docker version命令使用，两者结合使用能够提取到足够详细的Docker环境信息。

```
$ sudo docker info
Containers: 18
Images: 51
Storage Driver: aufs
...
Kernel Version: 3.16.0-36-generic
Operating System: Ubuntu 14.04.2 LTS
...

$ sudo docker version
    Client:
        Version:       1.10.1
        API version: 1.22
        Go version: go1.5.3
...
    Server:
        Version:       1.10.1
        API version: 1.22
        Go version:   go1.5.3
...
```

　　docker info和docker version命令的用法比较简单，并没有额外的操作参数。

2. 容器生命周期管理

　　容器生命周期管理涉及容器启动、停止等功能，下面选取最常用的docker run命令和负责启动停止的docker start/stop/restart命令举例。

● docker run命令

docker run命令使用方法如下：

```
docker run [OPTIONS] IMAGE [COMMAND] [ARG...]
```

　　docker run命令是Docker的核心命令之一，用户可以选用的选项近70个，所有选项的说明可以通过docker run --help命令查看。

　　docker run命令用来基于特定的镜像创建一个容器，并依据选项来控制该容器。具体的使用示例如下：

```
$ sudo docker run ubuntu echo "Hello World"
Hello World
```

这是 docker run 命令最基本的使用方法，该命令从 ubuntu 镜像启动一个容器，并执行 echo 命令打印出 "Hello World"。执行完 echo 命令后，容器将停止运行。docker run 命令启动的容器会随机分配一个容器 ID（CONTAINER ID），用以标识该容器。

说明　在选取启动容器的镜像时，可以在镜像名后添加 tag 来区分同名的镜像，如 **ubuntu:latest**、**ubuntu:13.04**、**ubuntu:14.04**。如在选取镜像启动容器时，用户未指定具体 tag，Docker 将默认选取 tag 为 latest 的镜像。

掌握了基本用法后，结合 docker run 命令丰富的选项，能够实现更加复杂的功能。来看一个例子：

```
$ sudo docker run -i -t --name mytest ubuntu:latest /bin/bash
root@83b752d52f3f:/#
```

上例中，docker run 命令启动一个容器，并为它分配一个伪终端执行 /bin/bash 命令，用户可以在该伪终端与容器进行交互。其中：

- -i 选项表示使用交互模式，始终保持输入流开放；
- -t 选项表示分配一个伪终端，一般两个参数结合时使用 -it，即可在容器中利用打开的伪终端进行交互操作；
- --name 选项可以指定 docker run 命令启动的容器的名字，若无此选项，Docker 将为容器随机分配一个名字。

通过上面两个例子，相信大家对于 docker run 命令的使用方法已经有了一个初步的认识。除了上文例子中讲解的 -i、-t 和 --name 选项外，docker run 命令还提供很多常用选项，以下对它提供的主要选项进行详细解释。

- -c 选项：用于给运行在容器中的所有进程分配 CPU 的 shares 值，这是一个相对权重，实际的处理速度还与宿主机的 CPU 相关。
- -m 选项：用于限制为容器中所有进程分配的内存总量，以 **B**、**K**、**M**、**G** 为单位。
- -v 选项：用于挂载一个 volume，可以用多个 -v 参数同时挂载多个 volume。volume 的格式为 [host-dir]:[container-dir]:[rw|ro]。
- -p 选项：用于将容器的端口暴露给宿主机的端口，其常用格式为 hostPort:container-Port。通过端口的暴露，可以让外部主机通过宿主机暴露的端口来访问容器内的应用。

其中，前 3 个选项对于 Docker 的资源管理的作用非常显著，4.4 节有更详细的解释。另外，关于 docker run 的其他选项的用法可以通过官方文档查知。

- **docker start/stop/restart命令**

docker run命令可以新建一个容器来运行，而对于已经存在的容器，可以通过docker start/stop/restart命令来启动、停止和重启。利用docker run命令新建一个容器时，Docker将自动为每个新容器分配唯一的ID作为标识。docker start/stop/restart命令一般利用容器ID标识确定具体容器，在一些情况下，也使用容器名来确定容器。

docker start命令使用-i选项来开启交互模式，始终保持输入流开放。使用-a选项来附加标准输入、输出或错误输出。此外，docker stop和docker restart命令使用-t选项来设定容器停止前的等待时间。

3. Docker registry

Docker registry是存储容器镜像的仓库，用户可以通过Docker client与Docker registry进行通信，以此来完成镜像的搜索、下载和上传等相关操作。Docker Hub是由Docker公司在互联网上提供的一个镜像仓库，提供镜像的公有与私有存储服务，它是用户最主要的镜像来源。除了Docker Hub外，用户还可以自行搭建私有服务器来实现镜像仓库的功能。下面选取最常用的docker pull和push命令举例。

- **docker pull命令**

docker pull命令是Docker中的常用命令，主要用于从Docker registry中拉取image或repository[①]。在Docker官方仓库Docker Hub中有许多即拿即用的镜像资源，通过docker pull命令可以有效地利用它们，这也体现了Docker "一次编译，到处运行"的特性。同时，当镜像被拉取到本地后，用户可以在其现有基础上做出自身的更改操作，这也大大加快了应用的开发进程。

该命令的使用方法如下：

```
docker pull [OPTIONS] NAME[:TAG @DIGEST]
```

在使用docker pull命令时，可以从官方的Docker Hub中的官方镜像库、其他公共库、私人库中获取镜像资源，同时，还可以从私有服务器中获取镜像资源。只需在具体的镜像名前添加用户名、特定库名或者服务器地址即可获取镜像。使用示例如下：

```
# 从官方Hub拉取ubuntu:latest镜像
$ sudo docker pull ubuntu
# 从官方Hub拉取指明 "ubuntu 12.04" tag的镜像
$ sudo docker pull ubuntu:ubuntu12.04
# 从特定的仓库拉取ubuntu镜像
$ sudo docker pull SEL/ubuntu
# 从其他服务器拉取镜像
$ sudo docker pull 10.10.103.215:5000/sshd
```

- **docker push命令**

与docker pull命令相对应的docker push命令，可以将本地的image或repository推送到Docker

---

① repository的定义和介绍详见3.5.2节。

Hub的公共或私有镜像库，以及私有服务器。

使用方法如下：

```
docker push [OPTIONS] NAME[:TAG]
```

使用示例如下：

```
# docker push SEL/ubuntu
```

4. 镜像管理

用户可以在本地保存镜像资源，为此Docker提供了相应的管理子命令，这里选取images、rmi及rm子命令举例。

● **docker images命令**

通过docker images命令可以列出主机上的镜像，默认只列出最顶层的镜像，可以使用-a选项显示所有镜像。

使用方法如下：

```
docker images [OPTIONS] [REPOSITORY[:TAG]]
```

使用示例如下：

```
$ sudo docker images
REPOSITORY                  TAG      IMAGE ID        CREATED        VIRTUAL SIZE
ubuntu                      14.04    8eaa4ff06b53    7 days ago     192.7 MB
ubuntu                      latest   8eaa4ff06b53    7 days ago     192.7 MB
busybox                     latest   e72ac664f4f0    3 months ago   2.433 MB
10.10.103.215:5000/sshd     latest   692ffdd5ad2a    3 months ago   438.9 MB
```

上例中，从REPOSITORY属性可以判断出镜像是来自于官方镜像、私人仓库还是私有服务器。

● **docker rmi和docker rm命令**

这两个子命令的功能都是删除，docker rmi命令用于删除镜像，docker rm命令用于删除容器。它们可同时删除多个镜像或容器，也可按条件来删除。

这两个命令的使用方法如下：

```
docker rm [OPTIONS] CONTAINER [CONTAINER...]
docker rmi [OPTIONS] IMAGE [IMAGE...]
```

需要注意的是，使用rmi命令删除镜像时，如果已有基于该镜像启动的容器存在，则无法直接删除，需要首先删除容器。当然，这两个子命令都提供-f选项，可强制删除存在容器的镜像或启动中的容器。

5. 容器运维操作

作为Docker的核心，容器的操作是重中之重，Docker为用户提供了丰富的容器运维操作命令，这里选取常用的attach、inspect及ps子命令举例。

- **docker attach命令**

docker attach命令对于开发者来说十分有用,它可以连接到正在运行的容器,观察该容器的运行情况,或与容器的主进程进行交互。

使用方法如下:

```
docker attach [OPTIONS] CONTAINER
```

- **docker inspect命令**

docker inspect命令可以查看镜像和容器的详细信息,默认会列出全部信息,可以通过--format参数来指定输出的模板格式,以便输出特定信息。

使用方法如下:

```
docker inspect [OPTIONS] CONTAINER|IMAGE [CONTAINER|IMAGE...]
```

具体示例如下:

```
# 查看容器的内部IP
$ sudo docker inspect --format='{{.NetworkSettings.IPAddress}}' ee36
172.17.0.8
```

- **docker ps命令**

docker ps命令可以查看容器的相关信息,默认只显示正在运行的容器的信息。可以查看到的信息包括CONTAINER ID、NAMES、IMAGE、STATUS、容器启动后执行的COMMAND、创建时间CREATED和绑定开启的端口PORTS。docker ps命令最常用的功能就是查看容器的CONTAINER ID,以便对特定容器进行操作。

使用方法如下:

```
docker ps [OPTIONS]
```

docker ps命令常用的选项有-a和-l。-a参数可以查看所有容器,包括停止的容器;-l选项则只查看最新创建的容器,包括不在运行中的容器。

6. 其他子命令

除了上述的命令外,Docker还有一系列非常有用的子命令,如固化容器为镜像的commit命令等,读者可以尝试自己探索更多有意思的命令功能。下面以一些较为常用的子命令举例。

- **docker commit命令**

commit命令可以将一个容器固化为一个新的镜像。当需要制作特定的镜像时,会进行修改容器的配置,如在容器中安装特定工具等,通过commit命令可以将这些修改保存起来,使其不会因为容器的停止而丢失。

使用方法如下：

```
docker commit [OPTIONS] CONTAINER [REPOSITORY[:TAG]]
```

提交保存时，只能选用正在运行的容器（即可以通过docker ps查看到的容器）来制作新的镜像。在制作特定镜像时，直接使用commit命令只是一个临时性的辅助命令，不推荐使用。官方建议通过docker build命令结合Dockerfile创建和管理镜像。关于docker build命令和Dockerfile的使用方法，请参考4.2节的内容。

● **events、history和logs命令**

events、history和logs这3个命令用于查看Docker的系统日志信息。events命令会打印出实时的系统事件；history命令会打印出指定镜像的历史版本信息，即构建该镜像的每一层镜像的命令记录；logs命令会打印出容器中进程的运行日志。

使用方法如下：

```
docker events [OPTIONS]
docker history [OPTIONS] IMAGE
docker logs [OPTIONS] CONTAINER
```

至此，docker常用的子命令及其选项已经讲解完毕，其他docker命令和选项用法，请读者查阅官方文档或使用docker COMMAND --help命令进一步了解。

对于Docker的操作，读者应更多地结合案例操作进行深入学习和理解，并多做练习，打下坚实的基础。同时，于读者而言，深入了解Docker的核心原理对于掌握Docker的使用操作颇有益处，具体内容可查阅第3章。

2.3 搭建你的第一个 Docker 应用栈

Docker的设计理念是希望用户能够保证一个容器只运行一个进程，即只提供一种服务。然而，对于用户而言，单一容器是无法满足需求的。通常用户需要利用多个容器，分别提供不同的服务，并在不同容器间互连通信，最后形成一个Docker集群，以实现特定的功能。对于Docker而言，现在已经有了很多优秀的工具来帮助用户搭建和管理集群。下面将通过示例搭建一个一台机器上的简化的Docker集群，让用户了解如何基于Docker构建一个特定的应用，基于Docker集群构建的应用我们称为Docker App Stack，即Docker应用栈。

2.3.1 Docker 集群部署

Docker是一个新兴的轻量级虚拟化技术，其易用、跨平台、可移植的特性使其在集群系统的搭建方面有着得天独厚的优势。Docker能够标准化封装应用程序所需的整个运行时环境，因此基于Docker，我们可以实现分布式应用集群的快速、准确、自动化部署。

考虑到读者可能是初次接触Docker的新手，我们将降低难度，在一台机器上利用Docker自带的命令行工具，搭建一个Docker应用栈，利用多个容器来组成一个特定的应用。读者可参考应用栈部署的过程，一步一步搭建你的第一个Docker应用栈。对于有一定Docker使用经验的读者，也可尝试在多台机器上搭建一个真正的Docker集群，相信这个过程将对理解Docker相关工作原理大有裨益。

2.3.2 第一个 Hello World

在Docker中，镜像是容器的基础，可以通过镜像来运行容器。本节将举例说明如何有效地利用Docker Hub中已有的镜像资源来搭建一个Docker应用栈。

在开始搭建过程前，需要对所要搭建的应用栈进行简单的设计和描述：我们将搭建一个包含6个节点的Docker应用栈，其中包括一个代理节点、两个Web的应用节点、一个主数据库节点及两个从数据库节点。应用栈具体结构如图2-2所示。

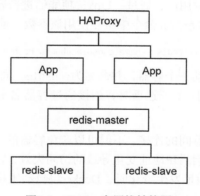

图2-2　Docker应用栈结构图

图2-2中，HAProxy是负载均衡代理节点；Redis是非关系型的数据库，它由一个主数据库节点和两个从数据库节点组成；App是应用，这里是使用Python语言、基于Django架构设计一个访问数据库的基础Web应用。

1. 获取应用栈各节点所需镜像

在搭建过程中，可以从Docker Hub获取现有可用的镜像，在这些镜像的基础上启动容器，按照需求进行修改来实现既定的功能。读者能在此过程中体会到Docker的高可移植特性所带来的便利，既提高了应用开发的效率，又降低了开发的难度。

依据上文所描述的应用栈结构，需要从Docker Hub获取HAProxy、Redis及Django的镜像。具体的操作示例如下：

```
$ sudo docker pull ubuntu
$ sudo docker pull django
$ sudo docker pull haproxy
```

```
$ sudo docker pull redis
$ sudo docker images
REPOSITORY      TAG       IMAGE ID        CREATED        VIRTUAL SIZE
redis           latest    3b7234aa3098    9 days ago     110.8 MB
haproxy         latest    380557f8f7b3    9 days ago     97.91 MB
django          latest    8b9d8caad0d9    9 days ago     885.8 MB
ubuntu          latest    8eaa4ff06b53    2 weeks ago    188.3 MB
```

2. 应用栈容器节点互联

在搭建第一个Hello World应用栈时，将在同一主机下进行Docker应用栈搭建。如果是一个真正的分布式架构集群，还需要处理容器的跨主机通信问题，在这里我们将不做介绍，请读者参考第4章高级实践中关于网络的处理方式。鉴于在同一主机下搭建容器应用栈的环境，只需要完成容器互联来实现容器间的通信即可，这里采用docker run命令的--link选项建立容器间的互联关系。

这里介绍一下--link选项的用法，通过--link选项能够进行容器间安全的交互通信，使用格式为name:alias，可在一个docker run命令中重复使用该参数。使用示例如下：

```
$ sudo docker run --link redis:redis --name console ubuntu bash
```

上例将在ubuntu镜像上启动一个容器，并命名为console，同时将新启动的console容器连接到名为redis的容器上。在使用--link选项时，连接通过容器名来确定容器，这里建议启动容器时自定义容器名。

通过--link选项来建立容器间的连接，不但可以避免容器的IP和端口暴露到外网所导致的安全问题，还可以防止容器在重启后IP地址变化导致的访问失效，它的原理类似于DNS服务器的域名和地址映射[1]。当容器的IP地址发生变化时，Docker将自动维护映射关系中的IP地址，文件示例如下：

```
# 容器启动命令
$ sudo docker run -it --name redis-slave1 --link redis-master:master redis /bin/bash
# 容器内查看/etc/hosts文件
# cat /etc/hosts
172.17.0.6      08df6a2cb468
127.0.0.1       localhost
...
172.17.0.5      master
```

该容器的/etc/host文件中记录了名称为master的连接信息，其对应IP地址为172.17.0.5，即redis-master容器的IP地址。

通过上面的原理可以将--link设置理解为一条IP地址的单向记录信息，因此在搭建容器应用栈时，需要注意各个容器节点的启动顺序，以及对应的--link参数设置。应用栈各节点的连接信息如下：

---

① link具体原理在3.8.4节有介绍。

❏ 启动redis-master容器节点；
❏ 两个redis-slave容器节点启动时要连接到redis-master上；
❏ 两个APP容器节点启动时要连接到redis-master上；
❏ HAProxy容器节点启动时要连接到两个APP节点上。

综上所述，容器的启动顺序应为：

redis-master → redis-slave → APP → HAProxy

此外，为了能够从外网访问应用栈，并通过HAProxy节点来访问应用栈中的APP，在启动HAProxy容器节点时，需要利用-p参数暴露端口给主机，即可通过主机IP加暴露的端口从外网访问搭建的应用栈。以下是整个应用栈的搭建流程示例。

3. 应用栈容器节点启动

之前已经对应用栈的结构进行了分析，获取了所需的镜像资源，同时描述了应用栈中各个容器之间的互连关系，下面开始利用所获得的镜像资源来启动各个容器。应用栈各容器节点的启动命令如下：

```
# 启动Redis容器
$ sudo docker run -it --name redis-master redis /bin/bash
$ sudo docker run -it --name redis-slave1 --link redis-master:master redis /bin/bash
$ sudo docker run -it --name redis-slave2 --link redis-master:master redis /bin/bash

# 启动Django容器，即应用
$ sudo docker run -it --name APP1 --link redis-master:db -v ~/Projects/Django/App1:
    /usr/src/app django /bin/bash
$ sudo docker run -it --name APP2 --link redis-master:db -v ~/Projects/Django/App2:
    /usr/src/app django /bin/bash

# 启动HAProxy容器
$ sudo docker run -it --name HAProxy --link APP1:APP1 --link APP2:APP2 -p 6301:6301 -v
    ~/Projects/HAProxy:/tmp haproxy /bin/bash
```

说明 以上容器启动时，为了方便后续与容器进行交互操作，统一设定启动命令为/bin/bash，请在启动每个新的容器时都分配一个终端执行。

启动的容器信息可以通过docker ps命令查看，示例如下：

```
$ sudo docker ps
CONTAINER ID          IMAGE              COMMAND        CREATED        STATUS
    PORTS                 NAMES
bc0a13093fd1          haproxy:latest     "/bin/bash"    5 days ago     Up 21 seconds
    0.0.0.0:6301->6301/tcp   HAProxy
f92e470d7c3f          django:latest      "/bin/bash"    5 days ago     Up 27 seconds
                      APP2
a1705c6e06a8          django:latest      "/bin/bash"    5 days ago     Up 34 seconds
```

	APP1			
7a9e537b661b	redis:latest	"/entrypoint.sh /bin	5 days ago	Up 46 seconds
6379/tcp	redis-slave2			
08df6a2cb468	redis:latest	"/entrypoint.sh /bin	5 days ago	Up 57 minutes
6379/tcp	redis-slave1			
bc8e79b3e66c	redis:latest	"/entrypoint.sh /bin	5 days ago	Up 58 minutes
6379/tcp	redis-master			

至此，所有搭建应用栈所需容器的启动工作已经完成。

4. 应用栈容器节点的配置

在应用栈的各容器节点都启动后，需要对它们进行配置和修改，以便实现特定的功能和通信协作，下面按照容器的启动顺序依次进行解释。

● **Redis Master主数据库容器节点的配置**

Redis Master主数据库容器节点启动后，我们需要在容器中添加Redis的启动配置文件，以启动Redis数据库。

需要说明的是，对于需要在容器中创建文件的情况，由于容器的轻量化设计，其中缺乏相应的文本编辑命令工具，这时可以利用volume来实现文件的创建。在容器启动时，利用-v参数挂载volume，在主机和容器间共享数据，这样就可以直接在主机上创建和编辑相关文件，省去了在容器中安装各类编辑工具的麻烦。

在利用Redis镜像启动容器时，镜像中已经集成了volume的挂载命令，所以我们需要通过docker inspect命令来查看所挂载volume的情况。打开一个新的终端，执行如下命令：

```
$ sudo docker inspect --format "{{ .Volumes }}"  bc8e
map[/data:/var/lib/docker/vfs/dir/f01cd2d7cecba683e74def4ae9c3c6bf5952a8cfafddbe19136d916154afee34
]
```

可以发现，该volume在主机中的目录为/var/lib/docker/vfs/dir/f01cd2d7cecba683e74def4ae9c3c6bf5952a8cfafddbe19136d916154afee34，在容器中的目录为/data。此时，可以进入主机的volume目录，利用启动配置文件模板来创建我们的主数据库的启动配置文件，执行命令如下：

```
# cd /var/lib/docker/vfs/dir/f01cd2d7cecba683e74def4ae9c3c6bf5952a8cfafddbe19136d916154afee34
# cp <your-own-redis-dir>/redis.conf redis.conf
# vim redis.conf
```

其中，<your-own-redis-dir>可以是本机上任意与redis镜像内redis版本兼容的redis目录，下同。对于Redis的主数据库，需要修改模板文件中的如下几个参数：

```
daemonize yes
pidfile /var/run/redis.pid
```

在主机创建好启动配置文件后，切换到容器中的volume目录，并复制启动配置文件到Redis的执行工作目录，然后启动Redis服务器，执行过程如下：

```
# cd /data
# cp redis.conf /usr/local/bin
# cd /usr/local/bin
# redis-server redis.conf
```

以上就是配置Redis Master容器节点的全部过程，在完成配置另外两个Redis Slave节点后，再对应用栈的数据库部分进行整体测试。

● **Redis Slave从数据库容器节点的配置**

与Redis Master容器节点类似，在启动Redis Slave容器节点后，需要首先查看volume信息。

```
$ sudo docker inspect --format "{{ .Volumes }}" 08df
map[/data:/var/lib/docker/vfs/dir/f74cebbb0d5ceea04e6f47a4750053d9f3a013938abc959d019609c4085cbf4e
]
# cd /var/lib/docker/vfs/dir/f74cebbb0d5ceea04e6f47a4750053d9f3a013938abc959d019609c4085cbf4e
# cp <your-own-redis-dir>/redis.conf redis.conf
# vim redis.conf
```

对于Redis的从数据库，需要修改如下几个参数：

```
daemonize yes
pidfile /var/run/redis.pid
slaveof master 6379
```

需要注意的是，slaveof参数的使用格式为slaveof <masterip> <masterport>，可以看到对于masterip使用了--link参数设置的连接名来代替实际IP地址。通过连接名互连通信时，容器会自动读取它的host信息，将连接名转换为实际IP地址。

在主机创建好启动配置文件后，切换到容器中的volume目录，并复制启动配置文件到Redis的执行工作目录，然后启动Redis服务器，执行过程如下：

```
# cd /data
# cp redis.conf /usr/local/bin
# cd /usr/local/bin
# redis-server redis.conf
```

同理，可以完成对另一个Redis Slave容器节点的配置。至此，便完成了所有Redis数据库容器节点的配置。

● **Redis数据库容器节点的测试**

完成Redis Master和Redis Slave容器节点的配置以及服务器的启动后，可以通过启动Redis的客户端程序来测试数据库。

首先，在Redis Master容器内，启动Redis的客户端程序，并存储一个数据，执行过程如下：

```
# redis-cli
127.0.0.1:6379> set master bc8e
OK
127.0.0.1:6379> get master
```

```
"bc8e"
```

随后，在两个Redis Slave容器内，分别启动Redis的客户端程序，查询先前在Master数据库中存储的数据，执行过程如下：

```
# redis-cli
127.0.0.1:6379> get master
"bc8e"
```

由此可以看到，Master数据库中的数据已经自动同步到了Slave数据库中。至此，应用栈的数据库部分已搭建完成，并通过测试。

● APP容器节点（Django）的配置

Django容器启动后，需要利用Django框架，开发一个简单的Web程序。

为了访问数据库，需要在容器中安装Python语言的Redis支持包，执行如下命令：

```
# pip install redis
```

安装完成后，进行简单的测试来验证支持包是否安装成功，执行过程如下：

```
# python
>>> import redis
>>> print(redis.__file__)
/usr/local/lib/python3.4/site-packages/redis/__init__.py
```

如果没有报错，说明已经可以使用Python语言来调用Redis数据库。接下来，就开始创建Web程序。以APP1为例，在容器启动时，挂载了-v ~/Projects/Django/App1:/usr/src/app的volume，方便进入主机的volume目录来对新建APP进行编辑。

在容器的volume目录/usr/src/app/下，开始创建APP，执行过程如下：

```
# 在容器内
# cd /usr/src/app/
# mkdir dockerweb
# cd dockerweb/
# django-admin.py startproject redisweb
# ls
redisweb
# cd redisweb/
# ls
manage.py  redisweb
# python manage.py startapp helloworld
# ls
helloworld  manage.py  redisweb
```

在容器内创建APP后，切换到主机的volume目录~/Projects/Django/App1，进行相应的编辑来配置APP，执行过程如下：

```
# 在主机内
```

```
$ cd ~/Projects/Django/App1
$ ls
dockerweb
```

可以看到，在容器内创建的**APP**文件在主机的volume目录下同样可见。之后，我们来修改helloworld应用的视图文件views.py。

```
$ cd dockerweb/redisweb/helloworld/
$ ls
admin.py  __init__.py  migrations  models.py  tests.py  views.py
# 利用root权限修改views.py
$ sudo su
# vim views.py
```

为了简化设计，只要求完成Redis数据库信息输出，以及从Redis数据库存储和读取数据的结果输出。views.py文件如下：

```python
from django.shortcuts import render
from django.http import HttpResponse

# 创建你自己的view
import redis

def hello(request):
    str=redis.__file__
    str+="<br>"
    r = redis.Redis(host='db', port=6379, db=0)
    info = r.info()
    str+=("Set Hi <br>")
    r.set('Hi','HelloWorld-APP1')
    str+=("Get Hi: %s <br>" % r.get('Hi'))
    str+=("Redis Info: <br>")
    str+=("Key: Info Value")
    for key in info:
        str+=("%s: %s <br>" % (key, info[key]))
    return HttpResponse(str)
```

需要注意的是，连接Redis数据库时，使用了--link参数创建db连接来代替具体的IP地址；同理，对于**APP2**，使用相应的db连接即可。

完成views.py文件修改后，接下来修改redisweb项目的配置文件setting.py，添加新建的helloworld应用，执行过程如下：

```
# cd ../redisweb/
# ls
__init__.py  __pycache__  settings.py  urls.py  wsgi.py
# vim setting.py
```

在setting.py文件中的INSTALLED_APPS选项下添加helloworld，执行过程如下：

```
# Application definition
```

```
INSTALLED_APPS = (
    'django.contrib.admin',
    'django.contrib.auth',
    'django.contrib.contenttypes',
    'django.contrib.sessions',
    'django.contrib.messages',
    'django.contrib.staticfiles',
    'helloworld',
)
```

最后，修改redisweb项目的URL模式文件urls.py，它将设置访问应用的URL模式，并为URL模式调用视图函数之间的映射表。执行如下命令：

```
# vim urls.py
```

在urls.py文件中，引入helloworld应用的hello视图，并为hello视图添加一个urlpatterns变量。urls.py文件内容如下：

```
from django.conf.urls import patterns, include, url
from django.contrib import admin
from helloworld.views import hello

urlpatterns = patterns('',
    url(r'^admin/', include(admin.site.urls)),
    url(r'^helloworld$',hello),
)
```

在主机下修改完成这几个文件后，需要再次进入容器，在目录/usr/src/app/dockerweb/redisweb下完成项目的生成。执行过程如下：

```
# python manage.py makemigrations
No changes detected
# python manage.py migrate
Operations to perform:
    Apply all migrations: sessions, contenttypes, admin, auth
Running migrations:
    Applying contenttypes.0001_initial... OK
    Applying auth.0001_initial... OK
    Applying admin.0001_initial... OK
    Applying sessions.0001_initial... OK
# python manage.py syncdb
Operations to perform:
    Apply all migrations: admin, auth, sessions, contenttypes
Running migrations:
    No migrations to apply.

You have installed Django's auth system, and don't have any superusers defined.
Would you like to create one now? (yes/no): yes
Username (leave blank to use 'root'): admin
Email address: sel@sel.com
Password:
Password (again):
Superuser created successfully.
```

　　至此，所有APP1容器的配置已经完成，另一个APP2容器配置也是同样的过程，只需要稍作修改即可。配置完成APP1和APP2容器后，就完成了应用栈的APP部分的全部配置。

　　在启动APP的Web服务器时，可以指定服务器的端口和IP地址。为了通过HAProxy容器节点接受外网所有的公共IP地址访问，实现均衡负载，需要指定服务器的IP地址和端口。对于APP1使用8001端口，而APP2则使用8002端口，同时，都使用0.0.0.0地址。以APP1为例，启动服务器的过程如下：

```
# python manage.py runserver 0.0.0.0:8001
Performing system checks...

System check identified no issues (0 silenced).
January 20, 2015 - 13:13:37
Django version 1.7.2, using settings 'redisweb.settings'
Starting development server at http://0.0.0.0:8001/
Quit the server with CONTROL-C.
```

● **HAProxy容器节点的配置**

　　在完成数据库和APP部分的应用栈部署后，最后部署一个HAProxy负载均衡代理的容器节点，所有对应用栈的访问将通过它来实现负载均衡。

　　首先，利用容器启动时挂载的volume将HAProxy的启动配置文件复制进容器中，在主机的volume目录~/Projects/HAProxy下，执行过程如下：

```
$ cd ~/Projects/HAProxy
$ vim haproxy.cfg
```

其中，haproxy.cfg配置文件的内容如下：

```
global
    log 127.0.0.1    local0      # 日志输出配置，所有日志都记录在本机，通过local0输出
    maxconn 4096     # 最大连接数
    chroot /usr/local/sbin     # 改变当前工作目录
    daemon        # 以后台形式运行HAProxy
    nbproc 4       # 启动4个HAProxy实例
    pidfile /usr/local/sbin/haproxy.pid       # pid文件位置

defaults
    log       127.0.0.1       local3    # 日志文件的输出定向
    mode      http                # { tcp|http|health } 设定启动实例的协议类型
    option dontlognull          # 保证HAProxy不记录上级负载均衡发送过来的用于检测状态没有数据的心跳包
    option redispatch           # 当serverId对应的服务器挂掉后，强制定向到其他健康的服务器
    retries 2                   # 重试两次连接失败就认为服务器不可用，主要通过后面的check检查
    maxconn 2000                # 最大连接数
    balance roundrobin          # balance有两个可用选项：roundrobin和source，其中，roundrobin表示
                                # 轮询，而source表示HAProxy不采用轮询的策略，而是把来自某个IP的请求转
                                # 发给一个固定IP的后端
    timeout connect 5000ms      # 连接超时时间
    timeout client 50000ms      # 客户端连接超时时间
    timeout server 50000ms      # 服务器端连接超时时间
```

```
listen redis_proxy 0.0.0.0:6301
    stats enable
    stats uri /haproxy-stats
        server APP1 APP1:8001 check inter 2000 rise 2 fall 5      # 你的均衡节点
        server APP2 APP2:8002 check inter 2000 rise 2 fall 5
```

随后，进入到容器的volume目录/tmp下，将**HAProxy**的启动配置文件复制到**HAProxy**的工作目录中。执行过程如下：

```
# cd /tmp
# cp haproxy.cfg /usr/local/sbin/
# cd /usr/local/sbin/
# ls
haproxy  haproxy-systemd-wrapper  haproxy.cfg
```

接下来利用该配置文件来启动**HAProxy**代理，执行如下命令：

```
# haproxy -f haproxy.cfg
```

需要注意的是，如果修改了配置文件的内容，需要先结束所有的**HAProxy**进程，并重新启动代理。可以使用killall命令来结束进程，如果镜像中没有安装该命令，则需要先安装psmisc包，执行如下命令：

```
# apt-get install psmisc
# killall haproxy
```

至此，完成了**HAProxy**容器节点的全部部署，同时也完成了整个Docker应用栈的部署。

● ***应用栈访问测试***

整个应用栈部署完成后，就可以进行访问测试。参考应用栈搭建时的结构图（见图2-2）可知，整个应用栈群的访问是通过**HAProxy**代理节点来进行的。在**HAProxy**容器节点启动时，通过-p 6301:6301参数，映射了容器访问的端口到主机上，因此可以在其他主机上，通过本地主机的IP地址和端口来访问搭建好的应用栈。

在应用栈启动后，先在本地主机上进行测试。在浏览器中访问http://172.17.0.9:6301/helloworld可以查看**APP1**或**APP2**的页面内容，如图2-3所示，具体访问到的**APP**容器节点会由**HAProxy**代理进行均衡分配。同时，可以访问http://172.17.0.9:6301/haproxy-stats来查看**HAProxy**的后台管理页面。其中，172.17.0.9为**HAProxy**容器的IP地址。

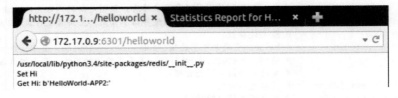

图2-3   本地主机访问应用栈

本地测试通过后，尝试在其他主机上通过应用栈入口主机的IP地址和暴露的6301端口来访问该应用栈的APP，即访问http://10.10.105.87:6301/helloworld，如图2-4所示。其中，10.10.105.87为宿主机的IP地址。

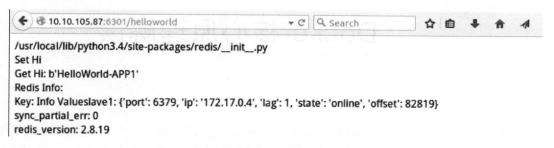

图2-4　外网其他主机访问应用栈

2.3.3　开发、测试和发布一体化

从Docker集群的搭建过程不难看出，通过Docker提供的虚拟化方式，可以快速建立起一套可复用的开发环境，以镜像的形式将开发环境分发给所有开发成员，达到了简化开发环境搭建过程的目的。Docker的优点在于可以简化CI（持续集成）和CD（持续交付）的构建流程，让开发者集中精力在应用开发上，同时运维和测试也可以并行进行，并保持整个开发、测试、发布和运维的一体化。

Docker以镜像和在镜像基础上构建的容器为基础，以容器为开发、测试和发布的单元，将与应用相关的所有组件和环境进行封装，避免了应用在不同平台间迁移时所带来的依赖性问题，确保了应用在生产环境的各阶段达到高度一致的实际效果。

在开发阶段，镜像的使用使得构建开发环境变得简单和统一。随着Docker的发展，镜像资源也日益丰富，开发人员可以轻易地找到适合的镜像加以利用。同时，利用Dockerfile也可以将一切可代码化的东西进行自动化运行。Docker最佳实践是将应用分割成大量彼此松散耦合的Docker容器，应用的不同组件在不同的容器中同步开发，互不影响，为实现持续集成和持续交付提供了先天的便利。

在测试阶段，可以直接使用开发所构建的镜像进行测试，直接免除了测试环境构建的烦恼，也消除了因为环境不一致所带来的漏洞问题。

在部署和运维阶段，与以往代码级别的部署不同，利用Docker可以进行容器级别的部署，把应用及其依赖环境打包成跨平台、轻量级、可移植的容器来进行部署。

Docker已经逐渐发展成为一个构建、发布、运行分布式应用的开放平台，以轻量级容器为核心建立起了一套完整的生态系统，它重新定义了应用开发、测试、交付和部署的过程。在当前云计算飞速发展的背景下，Docker将引领着云时代进入一个崭新的发展阶段。

第 3 章

Docker核心原理解读

本章将对Docker的各个层面进行深度剖析,从Docker背后的内核知识开始,根据Docker构架讲解组成Docker的各个模块,最终分析与用户息息相关的网络、数据、安全等问题。通过阅读本章,将会对Docker有一个全面而深入的了解。本章涵盖的内容将是读者使用Docker的重要参考,也是解决Docker问题的依据。

> **注意** 本书中Docker以1.10版本为基础,建议读者使用1.10版本的源码来作为本书的辅助学习资料。

本书将容器所在的运行环境统一称为宿主机。它既可以是硬件服务器,也可以是虚拟机(虽然Docker容器支持在容器中运行容器。除非特殊说明,本书所指的宿主机并不包括Docker容器)。

3.1 Docker 背后的内核知识

当谈论Docker时,常常会聊到Docker的实现方式。很多开发者都知道,Docker容器本质上是宿主机上的进程。Docker通过namespace实现了资源隔离,通过cgroups实现了资源限制,通过写时复制机制(copy-on-write)实现了高效的文件操作。但当更进一步深入namespace和cgroups等技术细节时,大部分开发者都会感到茫然无措。尤其是在本书的3.4节专门解释libcontainer的工作原理时,我们会接触到大量容器核心知识。所以在这里,希望先带领大家走进Linux内核,了解namespace和cgroups的技术细节。

3.1.1 namespace 资源隔离

Docker大热之后,热衷技术的开发者就会思考,想要实现一个资源隔离的容器,应该从哪些方面下手?也许第一反应就是chroot命令,这条命令给用户最直观的感受就是在使用后根目录/的挂载点切换了,即文件系统被隔离了。接着,为了在分布式的环境下进行通信和定位,容器必然要有独立的IP、端口、路由等,自然就联想到了网络的隔离。同时,容器还需要一个独立的主机名以便在网络中标识自己。有了网络，自然离不开通信，也就想到了进程间通信需要隔离。开发者可能也已经想到了权限的问题，对用户和用户组的隔离就实现了用户权限的隔离。最后，运行在容器中的应用需要有进程号（PID），自然也需要与宿主机中的PID进行隔离。

由此，基本上完成了一个容器所需要做的6项隔离，Linux内核中提供了这6种namespace隔离的系统调用，如表3-1所示。当然，真正的容器还需要处理许多其他工作。

表3-1　namespace的6项隔离

namespace	系统调用参数	隔离内容
UTS	CLONE_NEWUTS	主机名与域名
IPC	CLONE_NEWIPC	信号量、消息队列和共享内存
PID	CLONE_NEWPID	进程编号
Network	CLONE_NEWNET	网络设备、网络栈、端口等
Mount	CLONE_NEWNS	挂载点（文件系统）
User	CLONE_NEWUSER	用户和用户组

实际上，Linux内核实现namespace的一个主要目的，就是实现轻量级虚拟化（容器）服务。在同一个namespace下的进程可以感知彼此的变化，而对外界的进程一无所知。这样就可以让容器中的进程产生错觉，仿佛自己置身于一个独立的系统环境中，以达到独立和隔离的目的。

需要说明的是，本节所讨论的namespace实现针对的均是Linux内核3.8及以后的版本[①]。接下来，将首先介绍使用namespace的API，然后对这6种namespace进行逐一讲解，并通过程序让读者切身感受隔离效果[②]。

1. 进行namespace API操作的4种方式

namespace的API包括clone()、setns()以及unshare()，还有/proc下的部分文件。为了确定隔离的到底是哪6项namespace，在使用这些API时，通常需要指定以下6个参数中的一个或多个，通过|（位或）操作来实现。从表3-1可知，这6个参数分别是CLONE_NEWIPC、CLONE_NEWNS、CLONE_NEWNET、CLONE_NEWPID、CLONE_NEWUSER和CLONE_NEWUTS。

● 通过clone()在创建新进程的同时创建namespace

使用clone()来创建一个独立namespace的进程，是最常见的做法，也是Docker使用namespace最基本的方法，它的调用方式如下。

```
int clone(int (*child_func)(void *), void *child_stack, int flags, void *arg);
```

clone()实际上是Linux系统调用fork()的一种更通用的实现方式，它可以通过flags来控制使用多少功能。一共有20多种CLONE_*的flag（标志位）参数用来控制clone进程的方方面面（如是

---

① 主要原因是user namespace在内核3.8版本以后才支持。

② 参考自http://lwn.net/Articles/531114/。

否与父进程共享虚拟内存等），下面挑选与namespace相关的4个参数进行说明。

- ❑ child_func传入子进程运行的程序主函数。
- ❑ child_stack传入子进程使用的栈空间。
- ❑ flags 表示使用哪些CLONE_*标志位，与namespace相关的主要包括CLONE_NEWIPC、CLONE_NEWNS、CLONE_NEWNET、CLONE_NEWPID、CLONE_NEWUSER和CLONE_NEWUTS。
- ❑ args则可用于传入用户参数。

在后续内容中将会有使用clone()的实际程序供大家参考。

● 查看/proc/[pid]/ns文件

从3.8版本的内核开始，用户就可以在/proc/[pid]/ns文件下看到指向不同namespace号的文件，效果如下所示，形如[4026531839]者即为namespace号。

```
$ ls -l /proc/$$/ns          <<-- $$是shell中表示当前运行的进程ID号
total 0
lrwxrwxrwx. 1 mtk mtk 0 Jan  8 04:12 ipc -> ipc:[4026531839]
lrwxrwxrwx. 1 mtk mtk 0 Jan  8 04:12 mnt -> mnt:[4026531840]
lrwxrwxrwx. 1 mtk mtk 0 Jan  8 04:12 net -> net:[4026531956]
lrwxrwxrwx. 1 mtk mtk 0 Jan  8 04:12 pid -> pid:[4026531836]
lrwxrwxrwx. 1 mtk mtk 0 Jan  8 04:12 user->user:[4026531837]
lrwxrwxrwx. 1 mtk mtk 0 Jan  8 04:12 uts -> uts:[4026531838]
```

如果两个进程指向的namespace编号相同，就说明它们在同一个namespace下，否则便在不同namespace里面。/proc/[pid]/ns里设置这些link的的另外一个作用是，一旦上述link文件被打开，只要打开的文件描述符（fd）存在，那么就算该namespace下的所有进程都已经结束，这个namespace也会一直存在，后续进程也可以再加入进来。在Docker中，通过文件描述符定位和加入一个存在的namespace是最基本的方式。

另外，把/proc/[pid]/ns目录文件使用--bind方式挂载起来可以起到同样的作用，命令如下：

```
# touch ~/uts
# mount --bind /proc/27514/ns/uts ~/uts
```

为了方便起见，后面的讲解中会使用这个~/uts文件来代替/proc/27514/ns/uts。

注意   如果读者看到ns下的内容与本节所述不符，那可能是因为使用了3.8以前版本的内核。如在内核版本2.6中，该目录下存在的只有ipc、net和uts，并且以硬链接方式存在。

● 通过setns()加入一个已经存在的namespace

上文提到，在进程都结束的情况下，也可以通过挂载的形式把namespace保留下来，保留namespace的目的是为以后有进程加入做准备。在Docker中，使用docker exec命令在已经运行着的容器中执行一个新的命令，就需要用到该方法。通过setns()系统调用，进程从原先的namespace加入某个已经存在的namespace，使用方法如下。通常为了不影响进程的调用者，也为了使新加入的pid namespace生效[①]，会在setns()函数执行后使用clone()创建子进程继续执行命令，让原先的进程结束运行。

```
int setns(int fd, int nstype);
```

❑ 参数fd表示要加入namespace的文件描述符。上文提到，它是一个指向/proc/[pid]/ns目录的文件描述符，可以通过直接打开该目录下的链接或者打开一个挂载了该目录下链接的文件得到。

❑ 参数nstype让调用者可以检查fd指向的namespace类型是否符合实际要求。该参数为0表示不检查。

为了把新加入的namespace利用起来，需要引入execve()系列函数，该函数可以执行用户命令，最常用的就是调用/bin/bash并接受参数，运行起一个shell，用法如下。

```
fd = open(argv[1], O_RDONLY);    /* 获取namespace文件描述符 */
setns(fd, 0);                    /* 加入新的namespace */
execvp(argv[2], &argv[2]);       /* 执行程序 */
```

假设编译后的程序名称为setns-test。

```
# ./setns-test ~/uts /bin/bash    # ~/uts 是绑定的/proc/27514/ns/uts
```

至此，就可以在新加入的namespace中执行shell命令了，下文会多次使用这种方式来演示隔离的效果。

● **通过unshare()在原先进程上进行namespace隔离**

最后要说明的系统调用是unshare()，它与clone()很像，不同的是，unshare()运行在原先的进程上，不需要启动一个新进程。

```
int unshare(int flags);
```

调用unshare()的主要作用就是，不启动新进程就可以起到隔离的效果，相当于跳出原先的namespace进行操作。这样，就可以在原进程进行一些需要隔离的操作。Linux中自带的unshare命令，就是通过unshare()系统调用实现的。Docker目前并没有使用这个系统调用，这里不做展开，读者可以自行查阅资料学习该命令的知识。

● **fork()系统调用**

系统调用函数fork()并不属于namespace的API，这部分内容属于延伸阅读，如果读者已经对fork()有足够多的了解，可以忽略该部分。

---

① 在pid namespace一节会具体解释。

当程序调用fork()函数时，系统会创建新的进程，为其分配资源，例如存储数据和代码的空间，然后把原来进程的所有值都复制到新进程中，只有少量数值与原来的进程值不同，相当于复制了本身。那么程序的后续代码逻辑要如何区分自己是新进程还是父进程呢？

fork()的神奇之处在于它仅仅被调用一次，却能够返回两次（父进程与子进程各返回一次），通过返回值的不同就可以区分父进程与子进程。它可能有以下3种不同的返回值：

□ 在父进程中，fork()返回新创建子进程的进程ID；
□ 在子进程中，fork()返回0；
□ 如果出现错误，fork()返回一个负值。

下面给出一段实例代码，命名为fork_example.c。

```
#include <unistd.h>
#include <stdio.h>
int main (){
    pid_t fpid; // fpid表示fork函数返回的值
    int count=0;
    fpid=fork();
    if (fpid < 0)printf("error in fork!");
    else if (fpid == 0) {
        printf("I am child. Process id is %d\n",getpid());
    }
    else {
        printf("i am parent. Process id is %d\n",getpid());
    }
    return 0;
}
```

编译并执行，结果如下。

```
root@local:~# gcc -Wall fork_example.c && ./a.out
I am parent. Process id is 28365
I am child. Process id is 28366
```

代码执行过程中，在语句fpid=fork()之前，只有一个进程在执行这段代码，在这条语句之后，就变成父进程和子进程同时执行了。这两个进程几乎完全相同，将要执行的下一条语句都是if(fpid<0)，同时fpid=fork()的返回值会依据所属进程返回不同的值。

使用fork()后，父进程有义务监控子进程的运行状态，并在子进程退出后自己才能正常退出，否则子进程就会成为"孤儿"进程。

下面将根据Docker内部对namespace资源隔离使用的方式分别对6种namespace进行详细的解析。

2. UTS namespace

UTS（UNIX Time-sharing System）namespace提供了主机名和域名的隔离，这样每个Docker容器就可以拥有独立的主机名和域名了，在网络上可以被视作一个独立的节点，而非宿主机上的一个进程。Docker中，每个镜像基本都以自身所提供的服务名称来命名镜像的hostname，且不会对宿主机产生任何影响，其原理就是利用了UTS namespace。

下面通过代码来感受一下UTS隔离的效果，首先需要一个程序的骨架。打开编辑器创建uts.c文件，输入如下代码。

```c
#define _GNU_SOURCE
#include <sys/types.h>
#include <sys/wait.h>
#include <stdio.h>
#include <sched.h>
#include <signal.h>
#include <unistd.h>

#define STACK_SIZE (1024 * 1024)

static char child_stack[STACK_SIZE];
char* const child_args[] = {
    "/bin/bash",
    NULL
};

int child_main(void* args) {
    printf("在子进程中!\n");
    execv(child_args[0], child_args);
    return 1;
}

int main() {
    printf("程序开始: \n");
    int child_pid = clone(child_main, child_stack + STACK_SIZE, SIGCHLD, NULL);
    waitpid(child_pid, NULL, 0);
    printf("已退出\n");
    return 0;
}
```

编译并运行上述代码，执行如下命令，效果如下。

```
root@local:~# gcc -Wall uts.c -o uts.o && ./uts.o
程序开始:
在子进程中!
root@local:~# exit
exit
已退出
root@local:~#
```

下面将修改代码，加入UTS隔离。运行代码需要root权限，以防止普通用户任意修改系统主机名导致set-user-ID相关的应用运行出错。

```c
//[...]
int child_main(void* arg) {
    printf("在子进程中!\n");
```

```
    sethostname("NewNamespace", 12);
    execv(child_args[0], child_args);
    return 1;
}

int main() {
//[...]
int child_pid = clone(child_main, child_stack+STACK_SIZE,
    CLONE_NEWUTS | SIGCHLD, NULL);
//[...]
}
```

再次运行，可以看到hostname已经变化。

```
root@local:~# gcc -Wall namespace.c -o main.o && ./main.o
程序开始:
在子进程中！
root@NewNamespace:~# exit
exit
已退出
root@local:~#   <- 回到原来的hostname
```

值得一提的是，也许有读者会尝试不加CLONE_NEWUTS参数运行上述代码，发现主机名同样改变了，并且输入exit后主机名也恢复了，似乎并没有区别。实际上，不加CLONE_NEWUTS参数进行隔离时，由于使用sethostname函数，所以宿主机的主机名被修改了。而看到exit退出后主机名还原，是因为bash只在刚登录时读取一次UTS，不会实时读取最新的主机名。当重新登录或者使用uname命令进行查看时，就会发现产生的变化。

3. IPC namespace

进程间通信（Inter-Process Communication，IPC）涉及的IPC资源包括常见的信号量、消息队列和共享内存。申请IPC资源就申请了一个全局唯一的32位ID，所以IPC namespace中实际上包含了系统IPC标识符以及实现POSIX消息队列的文件系统。在同一个IPC namespace下的进程彼此可见，不同IPC namespace下的进程则互相不可见。

IPC namespace在实现代码上与UTS namespace相似，只是标识位有所变化，需要加上CLONE_NEWIPC参数。主要改动如下，其他部分不变，程序名称改为ipc.c[①]。

```
//[...]
int child_pid = clone(child_main, child_stack+STACK_SIZE,
        CLONE_NEWIPC | CLONE_NEWUTS | SIGCHLD, NULL);
//[...]
```

首先在shell中使用ipcmk -Q命令创建一个message queue。

```
root@local:~# ipcmk -Q
Message queue id: 32769
```

① 测试方法参考自：http://crosbymichael.com/creating-containers-part-1.html。

通过ipcs -q可以查看到已经开启的**message queue**，序号为32769。

```
root@local:~# ipcs -q
------ Message Queues --------
key         msqid   owner   perms   used-bytes   messages
0x4cf5e29f 32769    root    644     0            0
```

然后可以编译运行加入了IPC namespace隔离的ipc.c，在新建的子进程中调用的shell中执行ipcs -q查看message queue。

```
root@local:~# gcc -Wall ipc.c -o ipc.o && ./ipc.o
程序开始：
在子进程中！
root@NewNamespace:~# ipcs -q
------ Message Queues --------
key     msqid   owner   perms   used-bytes   messages
root@NewNamespace:~# exit
exit
已退出
```

从结果显示中可以发现，子进程找不到原先声明的message queue了，已经实现了IPC的隔离。

目前使用IPC namespace机制的系统不多，其中比较有名的有PostgreSQL。Docker当前也使用IPC namespace实现了容器与宿主机、容器与容器之间的IPC隔离。

4. PID namespace

PID namespace隔离非常实用，它对进程PID重新标号，即两个不同namespace下的进程可以有相同的PID。每个PID namespace都有自己的计数程序。内核为所有的PID namespace维护了一个树状结构，最顶层的是系统初始时创建的，被称为root namespace。它创建的新PID namespace被称为child namespace（树的子节点），而原先的PID namespace就是新创建的PID namespace的parent namespace（树的父节点）。通过这种方式，不同的PID namespaces会形成一个层级体系。所属的父节点可以看到子节点中的进程，并可以通过信号等方式对子节点中的进程产生影响。反过来，子节点却不能看到父节点PID namespace中的任何内容，由此产生如下结论[①]。

- 每个PID namespace中的第一个进程"PID 1"，都会像传统Linux中的init进程一样拥有特权，起特殊作用。
- 一个namespace中的进程，不可能通过kill或ptrace影响父节点或者兄弟节点中的进程，因为其他节点的PID在这个namespace中没有任何意义。
- 如果你在新的PID namespace中重新挂载/proc文件系统，会发现其下只显示同属一个PID namespace中的其他进程。
- 在root namespace中可以看到所有的进程，并且递归包含所有子节点中的进程。

---

① 部分内容引自：http://blog.dotcloud.com/under-the-hood-linux-kernels-on-dotcloud-part。

到这里，读者可能已经联想到一种在外部监控Docker中运行程序的方法了，就是监控Docker daemon所在的PID namespace下的所有进程及其子进程，再进行筛选即可。

下面通过运行代码来感受一下PID namespace的隔离效果。修改上文的代码，加入PID namespace的标识位，并把程序命名为pid.c。

```
//[...]
int child_pid = clone(child_main, child_stack+STACK_SIZE,
        CLONE_NEWPID | CLONE_NEWIPC | CLONE_NEWUTS
        | SIGCHLD, NULL);
//[...]
```

编译运行可以看到如下结果。

```
root@local:~# gcc -Wall pid.c -o pid.o && ./pid.o
程序开始：
在子进程中！
root@NewNamespace:~# echo $$
1                       <<--注意此处shell的PID变成了1
root@NewNamespace:~# exit
exit
已退出
```

打印$$可以看到shell的PID，退出后如果再次执行可以看到效果如下。

```
root@local:~# echo $$
17542
```

已经回到了正常状态。有的读者可能在子进程的shell中执行了ps aux/top之类的命令，发现还是可以看到所有父进程的PID，那是因为还没有对文件系统挂载点进行隔离，ps/top之类的命令调用的是真实系统下的/proc文件内容，看到的自然是所有的进程。所以，与其他的namespace不同的是，为了实现一个稳定安全的容器，PID namespace还需要进行一些额外的工作才能确保进程运行顺利，下面将逐一介绍。

- **PID namespace中的init进程**

在传统的Unix系统中，PID为1的进程是init，地位非常特殊。它作为所有进程的父进程，维护一张进程表，不断检查进程的状态，一旦有某个子进程因为父进程错误成为了"孤儿"进程，init就会负责收养这个子进程并最终回收资源，结束进程。所以在要实现的容器中，启动的第一个进程也需要实现类似init的功能，维护所有后续启动进程的运行状态。

当系统中存在树状嵌套结构的PID namespace时，若某个子进程成为孤儿进程，收养该子进程的责任就交给了该子进程所属的PID namespace中的init进程。

至此，可能读者已经明白了内核设计的良苦用心。PID namespace维护这样一个树状结构，有利于系统的资源监控与回收。因此，如果确实需要在一个Docker容器中运行多个进程，最先启动的命令进程应该是具有资源监控与回收等管理能力的，如bash。

● **信号与init进程**

内核还为PID namespace中的init进程赋予了其他特权——信号屏蔽。如果init中没有编写处理某个信号的代码逻辑，那么与init在同一个PID namespace下的进程（即使有超级权限）发送给它的该信号都会被屏蔽。这个功能的主要作用是防止init进程被误杀。

那么，父节点PID namespace中的进程发送同样的信号给子节点中的init进程，这会被忽略吗？父节点中的进程发送的信号，如果不是SIGKILL（销毁进程）或SIGSTOP（暂停进程）也会被忽略。但如果发送SIGKILL或SIGSTOP，子节点的init会强制执行（无法通过代码捕捉进行特殊处理），也即是说父节点中的进程有权终止子节点中的进程。

一旦init进程被销毁，同一PID namespace中的其他进程也随之接收到SIGKILL信号而被销毁。理论上，该PID namespace也不复存在了。但是如果/proc/[pid]/ns/pid处于被挂载或者打开状态，namespace就会被保留下来。然而，保留下来的namespace无法通过setns()或者fork()创建进程，所以实际上并没有什么作用。

当一个容器内存在多个进程时，容器内的init进程可以对信号进行捕获，当SIGTERM或SIGINT等信号到来时，对其子进程做信息保存、资源回收等处理工作。在Docker daemon的源码中也可以看到类似的处理方式，当结束信号来临时，结束容器进程并回收相应资源。

● **挂载proc文件系统**

前文提到，如果在新的PID namespace中使用ps命令查看，看到的还是所有的进程，因为与PID直接相关的/proc文件系统（procfs）没有挂载到一个与原/proc不同的位置。如果只想看到PID namespace本身应该看到的进程，需要重新挂载/proc，命令如下。

```
root@NewNamespace:~# mount -t proc proc /proc
root@NewNamespace:~# ps a
  PID TTY      STAT   TIME COMMAND
    1 pts/1    S      0:00 /bin/bash
   12 pts/1    R+     0:00 ps a
```

可以看到实际的PID namespace就只有两个进程在运行。

注意 此时并没有进行mount namespace的隔离，所以该操作实际上已经影响了root namespace的文件系统。当退出新建的PID namespace以后，再执行ps a时，就会发现出错，再次执行mount -t proc proc /proc可以修复错误。后面还会介绍通过mount namespace来隔离文件系统，当我们基于mount namespace实现了容器proc文件系统隔离后，我们就能在Docker容器中使用ps等命令看到与PID namespace对应的进程列表。

● **unshare()和setns()**

本章开头就谈到了unshare()和setns()这两个API，在PID namespace中使用时，也有一些特别之处需要注意。

　　unshare()允许用户在原有进程中建立命名空间进行隔离。但创建了PID namespace后，原先unshare()调用者进程并不进入新的 PID namespace，接下来创建的子进程才会进入新的namespace，这个子进程也就随之成为新namespace中的init进程。

　　类似地，调用setns()创建新PID namespace时，调用者进程也不进入新的PID namespace，而是随后创建的子进程进入。

　　为什么创建其他namespace时unshare()和setns()会直接进入新的namespace，而唯独PID namespace例外呢？因为调用getpid()函数得到的PID是根据调用者所在的PID namespace而决定返回哪个PID，进入新的PID namespace会导致PID产生变化。而对用户态的程序和库函数来说，它们都认为进程的PID是一个常量，PID的变化会引起这些进程崩溃。

　　换句话说，一旦程序进程创建以后，那么它的PID namespace的关系就确定下来了，进程不会变更它们对应的PID namespace。在Docker中，docker exec会使用setns()函数加入已经存在的命名空间，但是最终还是会调用clone()函数，原因就在于此。

5. mount namespace

　　mount namespace通过隔离文件系统挂载点对隔离文件系统提供支持，它是历史上第一个Linux namespace，所以标识位比较特殊，就是CLONE_NEWNS。隔离后，不同mount namespace中的文件结构发生变化也互不影响。可以通过/proc/[pid]/mounts查看到所有挂载在当前namespace中的文件系统，还可以通过/proc/[pid]/mountstats看到mount namespace中文件设备的统计信息，包括挂载文件的名字、文件系统类型、挂载位置等。

　　进程在创建mount namespace时，会把当前的文件结构复制给新的namespace。新namespace中的所有mount操作都只影响自身的文件系统，对外界不会产生任何影响。这种做法非常严格地实现了隔离，但对某些情况可能并不适用。比如父节点namespace中的进程挂载了一张CD-ROM，这时子节点namespace复制的目录结构是无法自动挂载上这张CD-ROM的，因为这种操作会影响到父节点的文件系统。

　　2006年引入的挂载传播（mount propagation）解决了这个问题，挂载传播定义了挂载对象（mount object）之间的关系，这样的关系包括共享关系和从属关系，系统用这些关系决定任何挂载对象中的挂载事件如何传播到其他挂载对象[1]。

- ❑ **共享关系**（share relationship）。如果两个挂载对象具有共享关系，那么一个挂载对象中的挂载事件会传播到另一个挂载对象，反之亦然。
- ❑ **从属关系**（slave relationship）。如果两个挂载对象形成从属关系，那么一个挂载对象中的挂载事件会传播到另一个挂载对象，但是反之不行；在这种关系中，从属对象是事件的接收者。

　　一个挂载状态可能为以下一种：

① 参考自：http://www.ibm.com/developerworks/library/l-mount-namespaces/。

- ❑ 共享挂载（share）
- ❑ 从属挂载（slave）
- ❑ 共享/从属挂载（shared and slave）
- ❑ 私有挂载（private）
- ❑ 不可绑定挂载（unbindable）

传播事件的挂载对象称为共享挂载；接收传播事件的挂载对象称为从属挂载；同时兼有前述两者特征的挂载对象称为共享/从属挂载；既不传播也不接收传播事件的挂载对象称为私有挂载；另一种特殊的挂载对象称为不可绑定的挂载，它们与私有挂载相似，但是不允许执行绑定挂载，即创建mount namespace时这块文件对象不可被复制。通过图3-1可以更好地了解它们的状态变化。

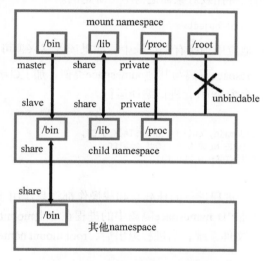

图3-1　mount各类挂载状态示意图

下面我们以图3-1为例说明常用的挂载传播方式。最上层的mount namespace下的/bin目录与child namespace通过master slave方式进行挂载传播，当mount namespace中的/bin目录发生变化时，发生的挂载事件能够自动传播到child namespace中；/lib目录使用完全的共享挂载传播，各namespace之间发生的变化都会互相影响；/proc目录使用私有挂载传播的方式，各mount namespace之间互相隔离；最后的/root目录一般都是管理员所有，不能让其他mount namespace挂载绑定。

默认情况下，所有挂载状态都是私有的。设置为共享挂载的命令如下。

```
mount --make-shared <mount-object>
```

从共享挂载状态的挂载对象克隆的挂载对象，其状态也是共享，它们相互传播挂载事件。

设置为从属挂载的命令如下。

```
mount --make-slave <shared-mount-object>
```

来源于从属挂载对象克隆的挂载对象也是从属的挂载，它也从属于原来的从属挂载的主挂载对象。

将一个从属挂载对象设置为共享/从属挂载，可以执行如下命令，或者将其移动到一个共享挂载对象下。

```
mount --make-shared <slave-mount-object>
```

如果想把修改过的挂载对象重新标记为私有的，可以执行如下命令。

```
mount --make-private <mount-object>
```

通过执行以下命令，可以将挂载对象标记为不可绑定的。

```
mount --make-unbindable <mount-object>
```

这些设置都可以递归式地应用到所有子目录中，如果读者感兴趣可以自行搜索相关命令。

在代码中实现mount namespace隔离与其他namespace类似，加上CLONE_NEWNS标识位即可。让我们再次修改代码，并且另存为mount.c进行编译运行。

```
//[...]
int child_pid = clone(child_main, child_stack+STACK_SIZE,
        CLONE_NEWNS | CLONE_NEWPID | CLONE_NEWIPC
        | CLONE_NEWUTS | SIGCHLD, NULL);
//[...]
```

CLONE_NEWNS生效之后，子进程进行的挂载与卸载操作都将只作用于这个mount namespace，因此在上文中提到的处于单独PID namespace隔离中的进程在加上mount namespace的隔离之后，即使该进程重新挂载了/proc文件系统，当进程退出后，root mount namespace（主机）的/proc文件系统是不会被破坏的。

6. network namespace

当我们了解完各类namespace，兴致勃勃地构建出一个容器，并在容器中启动一个Apache进程时，却出现了"80端口已被占用"的错误，原来主机上已经运行了一个Apache进程，这时就需要借助network namespace技术进行网络隔离。

network namespace主要提供了关于网络资源的隔离，包括网络设备、IPv4和IPv6协议栈、IP路由表、防火墙、/proc/net目录、/sys/class/net目录、套接字（socket）等。一个物理的网络设备最多存在于一个network namespace中，可以通过创建veth pair（虚拟网络设备对：有两端，类似管道，如果数据从一端传入另一端也能接收到，反之亦然）在不同的network namespace间创建通道，以达到通信目的。

一般情况下，物理网络设备都分配在最初的root namespace（表示系统默认的namespace）中。但是如果有多块物理网卡，也可以把其中一块或多块分配给新创建的network namespace。需要注意的是，当新创建的network namespace被释放时（所有内部的进程都终止并且namespace文件没有被挂载或打开），在这个namespace中的物理网卡会返回到root namespace，而非创建该进程的父进程所在的network namespace。

当说到network namespace时，指的未必是真正的网络隔离，而是把网络独立出来，给外部用户一种透明的感觉，仿佛在与一个独立网络实体进行通信。为了达到该目的，容器的经典做法就是创建一个veth pair，一端放置在新的namespace中，通常命名为eth0，一端放在原先的namespace中连接物理网络设备，再通过把多个设备接入网桥或者进行路由转发，来实现通信的目的。

也许读者会好奇，在建立起veth pair之前，新旧namespace该如何通信呢？答案是pipe（管道）。以Docker daemon启动容器的过程为例，假设容器内初始化的进程称为init。Docker daemon在宿主机上负责创建这个veth pair，把一端绑定到docker0网桥上，另一端接入新建的network namespace进程中。这个过程执行期间，Docker daemon和init就通过pipe进行通信。具体来说，就是在Docker daemon完成veth pair的创建之前，init在管道的另一端循环等待，直到管道另一端传来Docker daemon关于veth设备的信息，并关闭管道。init才结束等待的过程，并把它的"eth0"启动起来。整个结构如图3-2所示。

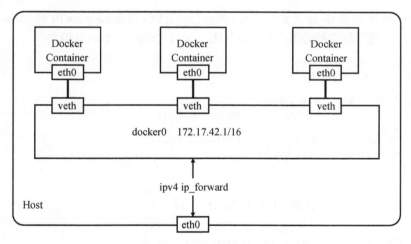

图3-2　Docker网络示意图

与其他namespace类似，对network namespace的使用其实就是在创建的时候添加CLONE_NEWNET标识位。3.8节将会详细介绍Docker的网络，此处不再赘述。

7. user namespaces

user namespace主要隔离了安全相关的标识符（identifier）和属性（attribute），包括用户ID、用户组ID、root目录、key（指密钥）以及特殊权限。通俗地讲，一个普通用户的进程通过clone()创建的新进程在新user namespace中可以拥有不同的用户和用户组。这意味着一个进程在容器外属于一个没有特权的普通用户，但是它创建的容器进程却属于拥有所有权限的超级用户，这个技术为容器提供了极大的自由。

user namespace是目前的6个namespace中最后一个支持的，并且直到Linux内核3.8版本的时候还未完全实现（还有部分文件系统不支持）。user namespace实际上并不算完全成熟，很多发行版担心安全问题，在编译内核的时候并未开启USER_NS。Docker在1.10版本中对user namespace进行了支持。只要用户在启动Docker daemon的时候指定了--userns-remap，那么当用户运行容器时，容器内部的root用户并不等于宿主机内的root用户，而是映射到宿主上的普通用户。在进行接下来的代码实验时，请确保系统的Linux内核版本高于3.8并且内核编译时开启了USER_NS（如果不会选择，请使用Ubuntu14.04）。

Linux中，特权用户的user ID就是0，演示的最后将看到user ID非0的进程启动user namespace后user ID可以变为0。使用user namespace的方法跟别的namespace相同，即调用clone()或unshare()时加入CLONE_NEWUSER标识位。修改代码并另存为userns.c，为了看到用户权限（**Capabilities**），还需要安装libcap-dev包。

首先包含以下头文件以调用Capabilities包。

```
#include <sys/capability.h>
```

其次在子进程函数中加入geteuid()和getegid()得到namespace内部的user ID，通过cap_get_proc()得到当前进程的用户拥有的权限，并通过cap_to_text()输出。

```
int child_main(void* args) {
    printf("在子进程中!\n");
    cap_t caps;
    printf("eUID = %ld;  eGID = %ld;  ",
                    (long) geteuid(), (long) getegid());
    caps = cap_get_proc();
    printf("capabilities: %s\n", cap_to_text(caps, NULL));
    execv(child_args[0], child_args);
    return 1;
}
```

在主函数的clone()调用中加入我们熟悉的标识符。

```
//[...]
int child_pid = clone(child_main, child_stack+STACK_SIZE,
        CLONE_NEWUSER | SIGCHLD, NULL);
//[...]
```

至此，第一部分的代码修改就结束了。在编译之前先查看一下当前用户的uid和guid，请注意此时显示的是普通用户。

```
$ id -u
1000
$ id -g
1000
```

然后开始编译运行，并进入新建的user namespace，会发现shell提示符前的用户名已经变为nobody。

```
$ gcc userns.c -Wall -lcap -o userns.o && ./userns.o
程序开始:
在子进程中!
eUID = 65534;  eGID = 65534;  capabilities: = cap_chown,cap_dac_override,[...]37+ep  <<--此处省略部
分输出, 已拥有全部权限
nobody@ubuntu$
```

通过验证可以得到以下信息。

❑ user namespace被创建后, 第一个进程被赋予了该namespace中的全部权限, 这样该init进程就可以完成所有必要的初始化工作, 而不会因权限不足出现错误。

❑ 从namespace内部观察到的UID和GID已经与外部不同了, 默认显示为65534, 表示尚未与外部namespace用户映射。此时需要对user namespace内部的这个初始user和它外部namespace的某个用户建立映射, 这样可以保证当涉及一些对外部namespace的操作时, 系统可以检验其权限 (比如发送一个信号量或操作某个文件)。同样用户组也要建立映射。

❑ 还有一点虽然不能从输出中发现, 但却值得注意。用户在新namespace中有全部权限, 但它在创建它的父namespace中不含任何权限, 就算调用和创建它的进程有全部权限也是如此。因此哪怕是root用户调用了clone()在user namespace中创建出的新用户, 在外部也没有任何权限。

❑ 最后, user namespace的创建其实是一个层层嵌套的树状结构。最上层的根节点就是root namespace, 新创建的每个user namespace都有一个父节点user namespace, 以及零个或多个子节点user namespace, 这一点与PID namespace非常相似。

从图3-3中可以看到, namespace实际上就是按层次关联起来, 每个namespace都发源于最初的root namespace并与之建立映射。

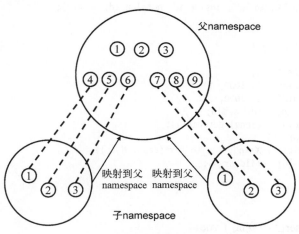

图3-3　namespace映射图[①]

---

① 图片来源:《深入Linux内核架构》第2章命名空间。

接下来就要进行用户绑定操作,通过在/proc/[pid]/uid_map和/proc/[pid]/gid_map两个文件中写入对应的绑定信息就可以实现这一点,格式如下。

```
ID-inside-ns   ID-outside-ns   length
```

写这两个文件时需要注意以下几点。

- □ 这两个文件只允许由拥有该user namespace中CAP_SETUID权限的进程写入一次,不允许修改。
- □ 写入的进程必须是该user namespace的父namespace或者子namespace。
- □ 第一个字段ID-inside-ns表示新建的user namespace中对应的user/group ID,第二个字段ID-outside-ns表示namespace外部映射的user/group ID。最后一个字段表示映射范围,通常填1,表示只映射一个,如果填大于1的值,则按顺序建立一一映射。

明白了上述原理,再次修改代码,添加设置uid和gid的函数。

```c
//[...]
void set_uid_map(pid_t pid, int inside_id, int outside_id, int length) {
    char path[256];
    sprintf(path, "/proc/%d/uid_map", getpid());
    FILE* uid_map = fopen(path, "w");
    fprintf(uid_map, "%d %d %d", inside_id, outside_id, length);
    fclose(uid_map);
}
void set_gid_map(pid_t pid, int inside_id, int outside_id, int length) {
    char path[256];
    sprintf(path, "/proc/%d/gid_map", getpid());
    FILE* gid_map = fopen(path, "w");
    fprintf(gid_map, "%d %d %d", inside_id, outside_id, length);
    fclose(gid_map);
}
int child_main(void* args) {
    cap_t caps;
    printf("在子进程中!\n");
    set_uid_map(getpid(), 0, 1000, 1);
    set_gid_map(getpid(), 0, 1000, 1);
    printf("eUID = %ld;  eGID = %ld;  ",
        (long) geteuid(), (long) getegid());
    caps = cap_get_proc();
    printf("capabilities: %s\n", cap_to_text(caps, NULL));
    execv(child_args[0], child_args);
    return 1;
}
//[...]
```

编译后即可看到user已经变成了root。

```
$ gcc userns.c -Wall -lcap -o usernc.o && ./usernc.o
程序开始:
在子进程中!
eUID = 0;  eGID = 0;  capabilities: = [...],37+ep
```

```
root@ubuntu:~#
```

至此，就已经完成了绑定的工作，可以看到演示全程都是在普通用户下执行的，最终实现了在user namespace中成为root用户，对应到外部则是一个uid为1000的普通用户。

如果要把user namespace与其他namespace混合使用，那么依旧需要root权限。解决方案是先以普通用户身份创建user namespace，然后在新建的namespace中作为root，在clone()进程加入其他类型的namespace隔离。

讲解完user namespace，再来谈谈Docker。Docker不仅使用了user namespace，还使用了在user namespace中涉及的Capabilities机制。从内核2.2版本开始，Linux把原来和超级用户相关的高级权限划分为不同的单元，称为Capability。这样管理员就可以独立对特定的Capability进行使用或禁止。Docker同时使用user namespace和Capability，这在很大程度上加强了容器的安全性。

说到安全，namespace的6项隔离看似全面，实际上依旧没有完全隔离Linux的资源，比如SELinux、cgroups以及/sys、/proc/sys、/dev/sd*等目录下的资源。关于安全，将会在3.9节中进一步探讨。

本节从namespace使用的API开始，结合Docker逐步对6个namespace进行了讲解。相信把讲解过程中所有的代码整合起来，读者也能实现一个属于自己的"shell"容器了。虽然namespace技术使用非常简单，但要真正把容器做到安全易用却并非易事。PID namespace中，需要实现一个完善的init进程来维护好所有进程；network namespace中，还有复杂的路由表和iptables规则没有配置；user namespace中还有许多权限问题需要考虑。其中的某些方面Docker已经做得不错，而有些方面才刚刚起步，这些内容我们会在3.4节libcontainer原理中详细介绍。

3.1.2　cgroups 资源限制

上一节中，我们了解了Docker背后使用的资源隔离技术namespace，通过系统调用构建一个相对隔离的shell环境，也可以称之为简单的"容器"。这一节将讲解另一个强大的内核工具——cgroups。它不仅可以限制被namespace隔离起来的资源，还可以为资源设置权重、计算使用量、操控任务（进程或线程）启停等。在本节最后介绍完基本概念后，将详细讲解Docker中使用到的cgroups内容。

注意　在Linux系统中，内核本身的调度和管理并不对进程和线程进行区分，只根据clone创建时传入参数的不同，来从概念上区别进程和线程，所以本节统一称之为任务。

---

1. cgroups是什么

cgroups最初名为process container，由Google工程师Paul Menage和Rohit Seth于2006年提出，后来由于container有多重含义容易引起误解，就在2007年更名为control groups，并整合进Linux内

核，顾名思义就是把任务放到一个组里面统一加以控制。官方的定义如下[1]：

　　　　cgroups 是 Linux 内核提供的一种机制，这种机制可以根据需求把一系列系统任务及其子任务整合（或分隔）到按资源划分等级的不同组内，从而为系统资源管理提供一个统一的框架。

通俗地说，cgroups 可以限制、记录任务组所使用的物理资源（包括 CPU、Memory、IO 等），为容器实现虚拟化提供了基本保证，是构建 Docker 等一系列虚拟化管理工具的基石。

对开发者来说，cgroups 有如下 4 个特点。

❑ cgroups 的 API 以一个伪文件系统的方式实现，用户态的程序可以通过文件操作实现 cgroups 的组织管理。

❑ cgroups 的组织管理操作单元可以细粒度到线程级别，另外用户可以创建和销毁 cgroup，从而实现资源再分配和管理。

❑ 所有资源管理的功能都以子系统的方式实现，接口统一。

❑ 子任务创建之初与其父任务处于同一个 cgroups 的控制组。

本质上来说，cgroups 是内核附加在程序上的一系列钩子（hook），通过程序运行时对资源的调度触发相应的钩子以达到资源追踪和限制的目的。

2. cgroups 的作用

实现 cgroups 的主要目的是为不同用户层面的资源管理，提供一个统一化的接口。从单个任务的资源控制到操作系统层面的虚拟化，cgroups 提供了以下四大功能[2]。

❑ **资源限制**：cgroups 可以对任务使用的资源总额进行限制。如设定应用运行时使用内存的上限，一旦超过这个配额就发出 OOM（Out of Memory）提示。

❑ **优先级分配**：通过分配的 CPU 时间片数量及磁盘 IO 带宽大小，实际上就相当于控制了任务运行的优先级。

❑ **资源统计**：cgroups 可以统计系统的资源使用量，如 CPU 使用时长、内存用量等，这个功能非常适用于计费。

❑ **任务控制**：cgroups 可以对任务执行挂起、恢复等操作。

过去有一段时间，内核开发者甚至把 namespace 也作为一个 cgroups 的子系统加入进来，也就是说 cgroups 曾经甚至还包含了资源隔离的能力。但是资源隔离会给 cgroups 带来许多问题，如 pid namespace 加入后，PID 在循环出现的时候，cgroup 会出现命名冲突、cgroup 创建后进入新的 namespace 导致其他子系统资源脱离了控制等[3]，所以在 2011 年就被移除了。

---

① 引自：https://www.kernel.org/doc/Documentation/cgroups/cgroups.txt。

② 参考自：http://en.wikipedia.org/wiki/cgroups。

③ 详见：https://git.kernel.org/cgit/linux/kernel/git/torvalds/linux.git/commit/?id=a77aea92010acf54ad785047234418d5d68772e2。

3. cgroups术语表

- **task（任务）**：在cgroups的术语中，任务表示系统的一个进程或线程。
- **cgroup（控制组）**：cgroups中的资源控制都以cgroup为单位实现。cgroup表示按某种资源控制标准划分而成的任务组，包含一个或多个子系统。一个任务可以加入某个cgroup，也可以从某个cgroup迁移到另外一个cgroup。
- **subsystem（子系统）**：cgroups中的子系统就是一个资源调度控制器。比如CPU子系统可以控制CPU时间分配，内存子系统可以限制cgroup内存使用量。
- **hierarchy（层级）**：层级由一系列cgroup以一个树状结构排列而成，每个层级通过绑定对应的子系统进行资源控制。层级中的cgroup节点可以包含零或多个子节点，子节点继承父节点挂载的子系统。整个操作系统可以有多个层级。

4. 组织结构与基本规则

在3.1.1节已经介绍过，传统的Unix任务管理，实际上是先启动init任务作为根节点，再由init节点创建子任务作为子节点，而每个子节点又可以创建新的子节点，如此往复，形成一个树状结构。而系统中的多个cgroup也构成类似的树状结构，子节点从父节点继承属性。

它们最大的不同在于，系统中的多个cgroup构成的层级并非单根结构，可以允许存在多个。如果任务模型是由init作为根节点构成的一棵树，那么系统中的多个cgroup则是由多个层级构成的森林。这样做的目的很好理解，如果只有一个层级，那么所有的任务都将被迫绑定其上的所有子系统，这会给某些任务造成不必要的限制。在Docker中，每个子系统独自构成一个层级，这样做非常易于管理。

了解了cgroups的组织结构，再来了解cgroups、任务、子系统、层级四者间的关系及其基本规则[①]。

- **规则1**：同一个层级可以附加一个或多个子系统。如图3-4所示，CPU和Memory的子系统附加到了一个层级。

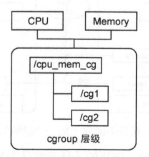

图3-4 同一个层级可以附加一个或多个子系统

---

① 参考自：https://access.redhat.com/documentation/en-US/Red_Hat_Enterprise_Linux/6/html/Resource_Management_Guide/sec-Relationships_Between_Subsystems_Hierarchies_Control_Groups_and_Tasks.html。

❑ **规则2**：一个子系统可以附加到多个层级，当且仅当目标层级只有唯一一个子系统时。图
3-5中小圈中的数字表示子系统附加的时间顺序，CPU子系统附加到层级A的同时不能再
附加到层级B，因为层级B已经附加了内存子系统。如果层级B没有附加过内存子系统，
那么CPU子系统同时附加到两个层级是允许的。

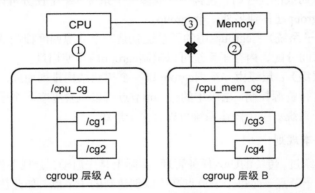

图3-5　一个已经附加在某个层级上的子系统不能附加到其他含有别的子系统的层级上

❑ **规则3**：系统每次新建一个层级时，该系统上的所有任务默认加入这个新建层级的初始化
cgroup，这个cgroup也被称为root cgroup。对于创建的每个层级，任务只能存在于其中一
个cgroup中，即一个任务不能存在于同一个层级的不同cgroup中，但一个任务可以存在于
不同层级中的多个cgroup中。如果操作时把一个任务添加到同一个层级中的另一个cgroup
中，则会将它从第一个cgroup中移除。在图3-6中可以看到，`httpd`任务已经加入到层级A
中的`/cg1`，而不能加入同一个层级中的`/cg2`，但是可以加入层级B中的`/cg3`。

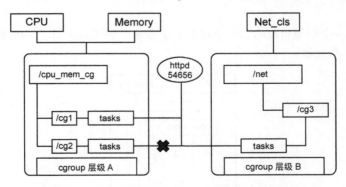

图3-6　一个任务不能属于同一个层级的不同cgroup

❑ **规则4**：任务在fork/clone自身时创建的子任务默认与原任务在同一个cgroup中，但是子任
务允许被移动到不同的cgroup中。即fork/clone完成后，父子任务间在cgroup方面是互不影
响的。图3-7中小圈中的数字表示任务出现的时间顺序，当`httpd`刚fork出另一个`httpd`时，
两者在同一个层级中的同一个cgroup中。但是随后如果ID为4840的`httpd`需要移动到其他

cgroup也是可以的，因为父子任务间已经独立。总结起来就是：初始化时子任务与父任务在同一个cgroup，但是这种关系随后可以改变。

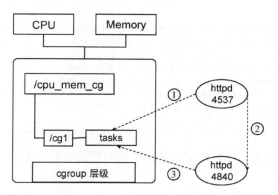

图3-7　刚fork/clone出的子任务在初始状态与其父任务处于同一个cgroup

5. 子系统简介

子系统实际上就是cgroups的资源控制系统，每种子系统独立地控制一种资源，目前Docker使用如下9种子系统，其中，net_cls子系统在内核中已经广泛实现，但是Docker尚未采用，Docker在网络方面的控制方式在3.8节有详细介绍，以下是它们的用途。

☐ blkio：可以为块设备设定输入/输出限制，比如物理驱动设备（包括磁盘、固态硬盘、USB等）。

☐ cpu：使用调度程序控制任务对CPU的使用。

☐ cpuacct：自动生成cgroup中任务对CPU资源使用情况的报告。

☐ cpuset：可以为cgroup中的任务分配独立的CPU（此处针对多处理器系统）和内存。

☐ devices：可以开启或关闭cgroup中任务对设备的访问。

☐ freezer：可以挂起或恢复cgroup中的任务。

☐ memory：可以设定cgroup中任务对内存使用量的限定，并且自动生成这些任务对内存资源使用情况的报告。

☐ perf_event：使用后使cgroup中的任务可以进行统一的性能测试。[1]

☐ net_cls：Docker没有直接使用它，它通过使用等级识别符（classid）标记网络数据包，从而允许Linux流量控制程序（Traffic Controller，TC）识别从具体cgroup中生成的数据包。

上述子系统如何使用虽然很重要，但是Docker并没有对cgroup本身做增强，容器用户一般也不需要直接操作cgroup，所以本书会在附录D和附录E中再为读者详细地讲解上述子系统的完整内容和使用方法，这里我们只大致说明一下操作流程，让读者有一个感性的认识。

Linux中cgroup的实现形式表现为一个文件系统，因此需要mount这个文件系统才能够使用

---

① Perf：Linux CPU性能探测器，详见https://perf.wiki.kernel.org/index.php/Main_Page。

（也有可能已经**mount**好了），挂载成功后，就能看到各类子系统。

```
#Ubuntu 14.04
$ mount -t cgroup
cgroup on /sys/fs/cgroup/cpuset type cgroup (rw,relatime,cpuset)
cgroup on /sys/fs/cgroup/cpu type cgroup (rw,relatime,cpu)
cgroup on /sys/fs/cgroup/cpuacct type cgroup (rw,relatime,cpuacct)
cgroup on /sys/fs/cgroup/memory type cgroup (rw,relatime,memory)
cgroup on /sys/fs/cgroup/devices type cgroup (rw,relatime,devices)
cgroup on /sys/fs/cgroup/freezer type cgroup (rw,relatime,freezer)
cgroup on /sys/fs/cgroup/blkio type cgroup (rw,relatime,blkio)
cgroup on /sys/fs/cgroup/net_cls type cgroup (rw,net_cls)
cgroup on /sys/fs/cgroup/perf_event type cgroup (rw,relatime,perf_event)
```

以**cpu**子系统为例，先看一下挂载了这个子系统的控制组下的文件。

```
$ ls /sys/fs/cgroup/cpu
cgroup.clone_children  cgroup.procs        cpu.cfs_period_us  cpu.rt_period_us  cpu.shares
release_agent
cgroup.sane_behavior  cpu.cfs_quota_us  cpu.rt_runtime_us  cpu.stat    notify_on_release  tasks
```

在**/sys/fs/cgroup**的**cpu**子目录下创建控制组，控制组目录创建成后，它下面就会有很多类似的文件了。

```
# in /sys/fs/cgroup/cpu
$ sudo mkdir cg1
$ ls cg1
cgroup.clone_children  cgroup.procs  cpu.cfs_period_us  cpu.cfs_quota_us  cpu.rt_period_us
cpu.rt_runtime_us  cpu.shares  cpu.stat  notify_on_release  tasks
```

下面的例子展示了如何限制**PID**为**18828**的进程的**cpu**使用配额：

```
# 限制18828进程
$ echo 18828 >> /sys/fs/cgroup/cpu/cg1/tasks
# 将cpu限制为最高使用20%
$ echo 20000 > /sys/fs/cgroup/cpu/cg1/cpu.cfs_quota_us
```

在**Docker**的实现中，**Docker daemon**会在单独挂载了每一个子系统的控制组目录（比如**/sys/fs/cgroup/cpu**）下创建一个名为docker的控制组，然后在docker控制组里面，再为每个容器创建一个以容器**ID**为名称的容器控制组，这个容器里的所有进程的进程号都会写到该控制组tasks中，并且在控制文件（比如**cpu.cfs_quota_us**）中写入预设的限制参数值。综上，docker组的层级结构如下。

```
$ tree cgroup/cpu/docker
cgroup/cpu/docker/
├── 0e8220dbfeac5cb96eb34c4b1a0d648e9358f205bec8c803bc1f7fc178cb8f78 #这是容器ID
│   ├── cgroup.clone_children
│   ├── cgroup.procs
│   ├── cpu.cfs_period_us
│   ├── cpu.cfs_quota_us #这里有值
│   ├── cpu.rt_period_us
│   ├── cpu.rt_runtime_us
```

```
|       ├──── cpu.shares
|       ├──── cpu.stat
|       ├──── notify_on_release
|       └──── tasks
├──── cgroup.clone_children
├──── cgroup.procs
├──── cpu.cfs_period_us
├──── cpu.cfs_quota_us
├──── cpu.rt_period_us
├──── cpu.rt_runtime_us
├──── cpu.shares
├──── cpu.stat
├──── notify_on_release
└──── tasks
```

关于Docker如何实现cgroup的配置的问题，将会在3.4节libcontainer里做解释。

6. cgroups实现方式及工作原理简介

在对cgroups规则和子系统有了一定了解以后，下面简单介绍操作系统内核级别上cgroups的工作原理，希望能有助于读者理解cgroups如何对Docker容器中的进程产生作用。

cgroups的实现本质上是给任务挂上钩子，当任务运行的过程中涉及某种资源时，就会触发钩子上所附带的子系统进行检测，根据资源类别的不同，使用对应的技术进行资源限制和优先级分配。

● **cgroups如何判断资源超限及超出限额之后的措施**

对于不同的系统资源，cgroups提供了统一的接口对资源进行控制和统计，但限制的具体方式则不尽相同。比如memory子系统，会在描述内存状态的"mm_struct"结构体中记录它所属的cgroup，当进程需要申请更多内存时，就会触发cgroup用量检测，用量超过cgroup规定的限额，则拒绝用户的内存申请，否则就给予相应内存并在cgroup的统计信息中记录。实际实现要比以上描述复杂得多，不仅需考虑内存的分配与回收，还需考虑不同类型的内存如cache（缓存）和swap（交换区内存拓展）等。

进程所需的内存超过它所属的cgroup最大限额以后，如果设置了OOM Control（内存超限控制），那么进程就会收到OOM信号并结束；否则进程就会被挂起，进入睡眠状态，直到cgroup中其他进程释放了足够的内存资源为止。Docker中默认是开启OOM Control的。其他子系统的实现与此类似，cgroups提供了多种资源限制的策略供用户选择。

● **cgroup与任务之间的关联关系**

实现上，cgroup与任务之间是多对多的关系，所以它们并不直接关联，而是通过一个中间结构把双向的关联信息记录起来。每个任务结构体task_struct中都包含了一个指针，可以查询到对应cgroup的情况，同时也可以查询到各个子系统的状态，这些子系统状态中也包含了找到任务的指针，不同类型的子系统按需定义本身的控制信息结构体，最终在自定义的结构体中把子系统状态指针包含进去，然后内核通过container_of（这个宏可以通过一个结构体的成员找到结构体

自身)等宏定义来获取对应的结构体,关联到任务,以此达到资源限制的目的。同时,为了让cgroups便于用户理解和使用,也为了用精简的内核代码为cgroup提供熟悉的权限和命名空间管理,内核开发者们按照Linux 虚拟文件系统转换器（Virtual Filesystem Switch，VFS）接口实现了一套名为cgroup的文件系统,非常巧妙地用来表示cgroups的层级概念,把各个子系统的实现都封装到文件系统的各项操作中。有兴趣的读者可以阅读VFS[①]的相关内容,在此就不赘述了。

● **Docker在使用cgroup时的注意事项**

在实际的使用过程中,Docker需要通过挂载cgroup文件系统新建一个层级结构,挂载时指定要绑定的子系统。把cgroup文件系统挂载上以后,就可以像操作文件一样对cgroups的层级进行浏览和操作管理（包括权限管理、子文件管理等）。除了cgroup文件系统以外,内核没有为cgroups的访问和操作添加任何系统调用。

如果新建的层级结构要绑定的子系统与目前已经存在的层级结构完全相同,那么新的挂载会重用原来已经存在的那一套（指向相同的css_set）。否则,如果要绑定的子系统已经被别的层级绑定,就会返回挂载失败的错误。如果一切顺利,挂载完成后层级就被激活并与相应子系统关联起来,可以开始使用了。

目前无法将一个新的子系统绑定到激活的层级上,或者从一个激活的层级中解除某个子系统的绑定。

当一个顶层的cgroup文件系统被卸载（unmount）时,如果其中创建过深层次的后代cgroup目录,那么就算上层的cgroup被卸载了,层级也是激活状态,其后代cgroup中的配置依旧有效。只有递归式地卸载层级中的所有cgroup,那个层级才会被真正删除。

在创建的层级中创建文件夹,就类似于fork了一个后代cgroup,后代cgroup中默认继承原有cgroup中的配置属性,但是可以根据需求对配置参数进行调整。这样就把一个大的cgroup系统分割成一个个嵌套的、可动态变化的“软分区”。

● **/sys/fs/cgroup/cpu/docker/<container-ID>下文件的作用**

前面已经说过,以资源开头（比如cpu.shares）的文件都是用来限制这个cgroup下任务的可用的配置文件。

一个cgroup创建完成,不管绑定了何种子系统,其目录下都会生成以下几个文件,用来描述cgroup的相应信息。同样,把相应信息写入这些配置文件就可以生效,内容如下。

❑ tasks：这个文件中罗列了所有在该cgroup中任务的TID,即所有进程或线程的ID。该文件并不保证任务的TID有序,把一个任务的TID写到这个文件中就意味着把这个任务加入这个cgroup中,如果这个任务所在的任务组与其不在同一个cgroup,那么会在cgroup.procs文件里记录一个该任务所在任务组的TGID值,但是该任务组的其他任务并不受影响。

① 参见http://en.wikipedia.org/wiki/Virtual_file_system。

- ❑ cgroup.procs：这个文件罗列所有在该cgroup中的TGID（线程组ID），即线程组中第一个进程的PID。该文件并不保证TGID有序和无重复。写一个TGID到这个文件就意味着把与其相关的线程都加到这个cgroup中。
- ❑ notify_on_release：填0或1，表示是否在cgroup中最后一个任务退出时通知运行release agent，默认情况下是0，表示不运行。
- ❑ release_agent：指定release agent执行脚本的文件路径（该文件在最顶层cgroup目录中存在），这个脚本通常用于自动化卸载无用的cgroup。

本节由浅入深地讲解了cgroups，从cgroups是什么，到cgroups该怎么用，最后对大量的cgroup子系统配置参数进行了梳理。可以看到，内核对cgroups的支持已经较多，但是依旧有许多工作需要完善。如网络方面目前通过TC（Traffic Controller）来控制，未来需要统一整合；优先级调度方面依旧有很大的改进空间。

3.2 Docker 架构概览

Docker使用了传统的client-server架构模式，总架构图如图3-8所示。用户通过Docker client与Docker daemon建立通信，并将请求发送给后者。而Docker的后端是松耦合结构，不同模块各司其职，有机组合，完成用户的请求。

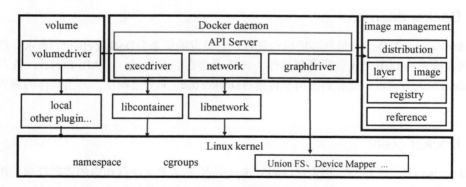

图3-8　Docker架构总览

从图3-8中可以看出，Docker daemon是Docker架构中的主要用户接口。首先，它提供了API Server用于接收来自Docker client的请求，其后根据不同的请求分发给Docker daemon的不同模块执行相应的工作，其中对容器运行时、volume、镜像以及网络方面的具体实现已经放在daemon以外的模块或项目中[1]。值得注意的是，Docker一直致力于将其自己进一步解耦[2]，削减Docker

---

[1] 其中libcontainer、libnetwork已经成为单独项目，独立于docker项目。而volumedriver和distribution、registry、layer、image、reference只是相对独立的代码模块。

[2] 重构方面的动向可以参考Docker的roadmap，网址见https://github.com/docker/docker/blob/v1.10.0/ROADMAP.md。

daemon的功能，熟悉本书上一版本或者Docker早期版本的读者在对照图3-8时一定也注意到了这种变化。

Docker通过driver模块来实现对Docker容器执行环境的创建和管理。当需要创建Docker容器时，可通过镜像管理（image management）部分的distribution和registry模块从Docker registry中下载镜像，并通过镜像管理的image、reference和layer存储镜像的元数据，通过镜像存储驱动graphdriver将镜像文件存储于具体的文件系统中；当需要为Docker容器创建网络环境时，通过网络管理模块network调用libnetwork创建并配置Docker容器的网络环境；当需要为容器创建数据卷volume时，则通过volume模块调用某个具体的volumedriver，来创建一个数据卷并负责后续的挂载操作；当需要限制Docker容器运行资源或执行用户指令等操作时，则通过execdriver来完成。libcontainer是对cgroups和namespace的二次封装，execdriver是通过libcontainer来实现对容器的具体管理，包括利用UTS、IPC、PID、Network、Mount、User等namespace实现容器之间的资源隔离和利用cgroups实现对容器的资源限制。当运行容器的命令执行完毕后，一个实际的容器就处于运行状态，该容器拥有独立的文件系统、相对安全且相互隔离的运行环境。Docker 1.9版本以后，volume和network的生命周期都是独立于容器的，与容器一样是Docker中的一等公民，Docker用户可以单独增删改查volume或者network，然后在创建容器的时候根据需要配置给容器。

在对各个模块进行深入探讨之前，我们首先对各个模块的功能进行简单介绍。

3.2.1　Docker daemon

Docker daemon是Docker最核心的后台进程，它负责响应来自Docker client的请求，然后将这些请求翻译成系统调用完成容器管理操作。该进程会在后台启动一个API Server，负责接收由Docker client发送的请求；接收到的请求将通过Docker daemon分发调度，再由具体的函数来执行请求。

3.2.2　Docker client

Docker client是一个泛称，用来向Docker daemon发起请求，执行相应的容器管理操作。它既可以是命令行工具docker，也可以是任何遵循了Docker API的客户端。目前，社区中维护着的Docker client种类非常丰富，涵盖了包括C#（支持Windows）、Java、Go、Ruby、JavaScript等常用语言，甚至还有使用Angular库编写的WebUI格式的客户端，足以满足大多数用户的需求。

3.2.3　镜像管理

Docker通过distribution、registry、layer、image、reference等模块实现了Docker镜像的管理，我们将这些模块统称为镜像管理（image management）。在Docker 1.10以前的版本中，这一功能是通过graph组件来完成的。下面进行简单介绍，具体细节在3.5节还会详细说明。

- distribution负责与Docker registry交互，上传下载镜像以及存储与v2 registry有关的元数据。
- registry模块负责与Docker registry有关的身份验证、镜像查找、镜像验证以及管理registry mirror等交互操作。
- image模块负责与镜像元数据有关的存储、查找，镜像层的索引、查找以及镜像tar包有关的导入、导出等操作。
- reference负责存储本地所有镜像的repository和tag名，并维护与镜像ID之间的映射关系。
- layer模块负责与镜像层和容器层元数据有关的增删查改，并负责将镜像层的增删查改操作映射到实际存储镜像层文件系统的graphdriver模块。

3.2.4 execdriver、volumedriver、graphdriver

前面提到，Docker daemon负责将用户请求转译成系统调用，进而创建和管理容器。而在具体实现过程中，为了将这些系统调用抽象成为统一的操作接口方便调用者使用，Docker把这些操作分成了容器执行驱动、volume存储驱动、镜像存储驱动3种，分别对应execdriver、volumedriver和graphdriver。

- execdriver是对Linux操作系统的namespaces、cgroups、apparmor、SELinux等容器运行所需的系统操作进行的一层二次封装，其本质作用类似于LXC，但是功能要更全面。这也就是为什么LXC会作为execdriver的一种实现而存在。当然，execdriver最主要的实现，也是现在的默认实现，是Docker官方编写的libcontainer库。
- volumedriver是volume数据卷存储操作的最终执行者，负责volume的增删改查，屏蔽不同驱动实现的区别，为上层调用者提供一个统一的接口。Docker中作为默认实现的volumedriver是local，默认将文件存储于Docker根目录下的volume文件夹里。其他的volumedriver均是通过外部插件实现的。
- graphdriver是所有与容器镜像相关操作的最终执行者。graphdriver会在Docker工作目录下维护一组与镜像层对应的目录，并记下镜像层之间的关系以及与具体的graphdriver实现相关的元数据。这样，用户对镜像的操作最终会被映射成对这些目录文件以及元数据的增删改查，从而屏蔽掉不同文件存储实现对于上层调用者的影响。在Linux环境下，目前Docker已经支持的graphdriver包括aufs、btrfs、zfs、devicemapper、overlay和vfs。

3.2.5 network

在Docker 1.9版本以前，网络是通过networkdriver模块以及libcontainer库完成的，现在这部分功能已经分离成一个libnetwork库独立维护了[1]。libnetwork抽象出了一个容器网络模型（Container Network Model，CNM），并给调用者提供了一个统一抽象接口，其目标并不仅限于Docker容器。

---

[1] https://github.com/docker/libnetwork。

CNM模型对真实的容器网络抽象出了沙盒（sandbox）、端点（endpoint）、网络（network）这3种对象，由具体网络驱动（包括内置的Bridge、Host、None和overlay驱动以及通过插件配置的外部驱动）操作对象，并通过网络控制器提供一个统一接口供调用者管理网络。网络驱动负责实现具体的操作，包括创建容器通信所需的网络，容器的network namespace，这个网络所需的虚拟网卡，分配通信所需的IP，服务访问的端口和容器与宿主机之间的端口映射，设置hosts、resolv.conf、iptables等。具体的网络模型介绍以及实现参见本书3.8节。

在大致了解了Docker的组织和架构之后，我们首先从client和daemon入手，深入解读Docker的核心原理。

3.3 client 和 daemon

使用过Docker的用户恐怕对docker这个命令是再熟悉不过了，不知读者有没有思考过，当使用这个命令时究竟都发生了什么？该从哪里入手去跟踪一个docker命令的执行流程呢？实际上，要回答这个问题，首先需要了解docker命令的两种模式：client模式和daemon模式。

3.3.1 client 模式

什么是Docker的client模式呢？我们知道，docker命令对应的源文件是docker/docker.go（如果不做说明，根路径是项目的根目录docker/），它的使用方式如下：

```
docker [OPTIONS] COMMAND [arg...]
```

其中OPTIONS参数称为flag，任何时候执行一个docker命令，Docker都需要先解析这些flag，然后按照用户声明的COMMAND向指定的子命令执行对应的操作。

如果子命令为daemon，Docker就会创建一个运行在宿主机的daemon进程（docker/daemon.go#mainDaemon），即执行daemon模式。其余子命令都会执行client模式。处于client模式下的docker命令工作流程包含如下几个步骤。

1. 解析flag信息

docker命令支持大量的OPTION，或者说flag，这里列出对于运行在client模式下的docker比较重要的一些flag。

- ❑ Debug，对应-D和--debug参数，它将向系统中添加DEBUG环境变量且赋值为1，并把日志显示等级调为DEBUG级，这个flag用于启动调试模式。
- ❑ LogLevel，对应-l和--log-level参数，默认等级为info，即只输出普通的操作信息。用户可以指定的日志等级现在有panic、fatal、error、warn、info、debug这几种。
- ❑ Hosts，对应-H和--host=[]参数，对于client模式，就是指本次操作需要连接的Docker daemon位置，而对于daemon模式，则提供所要监听的地址。若Hosts变量或者系统环境变

量DOCKER_HOST不为空，说明用户指定了host对象；否则使用默认设定，默认情况下Linux
系统设置为unix:///var/run/docker.sock。

❑ protoAddrParts，这个信息来自于-H参数中://前后的两部分的组合，即与Docker daemon
建立通信的协议方式与socket地址。

2. 创建client实例

client的创建就是在已有配置参数信息的基础上，调用api/client/cli.go#NewDockerCli，需
要设置好proto（传输协议）、addr（host的目标地址）和tlsConfig（安全传输层协议的配置），
另外还会配置标准输入输出及错误输出。

3. 执行具体的命令

Docker client对象创建成功后，剩下的执行具体命令的过程就交给cli/cli.go来处理了。

● 从命令映射到对应的方法

cli主要通过反射机制，从用户输入的命令（比如run）得到匹配的执行方法（比如CmdRun），
这也是所谓"约定大于配置"的方法命名规范。

同时，cli会根据参数列表的长度判断是否用于多级Docker命令支持（例如未来也许会加入
一条命令，如docker group run可以指定一组Docker容器一起运行某个命令），然后根据找到的执
行方法，把剩余参数传入并执行。若传入的方法不合法或参数不正确，则返回docker命令的帮助
信息并退出。

在v1.10的Docker中，每一个类似api/client/commnds.go#CmdRun的方法都被剥离出来作为一
个单独的文件存在，例如读者想要学习docker run这个命令的执行过程，就需要寻找api/client/
run.go这个文件。

● 执行对应的方法，发起请求

找到具体的执行方法后，就开始执行。虽然请求内容会有所不同，但执行流程大致相同。基
本的执行流程如下所示。

❑ 解析传入的参数，并针对参数进行配置处理。
❑ 获取与Docker daemon通信所需要的认证配置信息。
❑ 根据命令业务类型，给Docker daemon发送POST、GET等请求。
❑ 读取来自Docker daemon的返回结果。

由此可见，在请求执行过程中，大多都是将命令行中关于请求的参数进行初步处理，并添加
相应的辅助信息，最终通过指定的协议给Docker daemon发送Docker client API请求，主要的任务
执行均由Docker daemon完成。

至此，client模式下的一个命令的处理流程就结束了，接下来介绍daemon模式。

3.3.2　daemon 模式

上一节提到了Docker运行时如果使用docker daemon子命令，就会运行Docker daemon。本节将重点讲解Docker daemon在启动过程中所做的工作。

一旦docker进入了daemon模式，剩下的初始化和启动工作就都由Docker的docker/daemon.go#CmdDaemon来完成。

Docker daemon通过一个server模块（api/server/server.go）接收来自client的请求，然后根据请求类型，交由具体的方法去执行。因此daemon首先需要启动并初始化这个server。另一方面，启动server后，Docker进程需要初始化一个daemon对象（daemon/daemon.go）来负责处理server接收到的请求。

下面是Docker daemon启动与初始化过程的详细解析。

1. API Server的配置和初始化过程

首先，在docker/daemon.go#CmdDaemon中，Docker会继续按照用户的配置完成server的初始化并启动它。这个server在3.2节中提到过，它又称为API Server，顾名思义就是专门负责响应用户请求并将请求交给daemon具体方法去处理的进程。它的启动过程如下。

(1) 整理解析用户指定的各项参数。

(2) 创建PID文件。

(3) 加载所需的server辅助配置，包括日志、是否允许远程访问、版本以及TLS认证信息等。

(4) 根据上述server配置，加上之前解析出来的用户指定的server配置（比如Hosts），通过goroutine的方式启动API Server。这个server监听的socket位置就是Hosts的值。

(5) 创建一个负责处理业务的daemon对象（对应daemon/damone.go）作为负责处理用户请求的逻辑实体。

(6) 对APIserver中的路由表进行初始化，即将用户的请求和对应的处理函数相对应起来。

(7) 设置一个channel，保证上述goroutine只有在server出错的情况下才会退出。

(8) 设置信号捕获，当Docker daemon进程收到INT、TERM、QUIT信号时，关闭API Server，调用shutdownDaemon停止这个daemon。

(9) 如果上述操作都成功，API Server就会与上述daemon绑定，并允许接受来自client的连接。

(10) 最后，Docker daemon进程向宿主机的init守护进程发送"READY=1"信号，表示这个Docker daemon已经开始正常工作了。

那么shutdownDaemon是如何来关闭一个daemon的呢？这个流程包括如下步骤。

(1) 创建并设置一个channel，使用select监听数据。在正确完成关闭daemon工作后将该channel

关闭，标识该工作的完成；否则在超时（15秒）后报错。

(2) 调用daemon/daemon.go#Shutdown方法执行如下工作。

- 遍历所有运行中的容器，先使用SIGTERM软杀死容器进程，如果10秒内不能完成，则使用SIGKILL强制杀死。
- 如果netController被初始化过，调用#libnetwork/controller.go#GC方法进行垃圾回收。
- 结束运行中的镜像存储驱动进程。

在1.6版本的早期和以前的所有版本，上述server的启动和初始化使用了一种复杂的Job机制（API Server即被看作一种Job），并且依赖于一个专门的Docker Engine来管理和运行这些Job。到1.7版本，这个设计已经在整个社区的推动下被重构了，浙江大学SEL实验室云计算团队也参与到了此次重构的过程中。所以本书介绍的是新的server初始化流程，该server会通过与daemon对象绑定来接收并处理完成具体的请求（类似一个API接收器绑定了一个业务逻辑处理器）。目前的1.10版仍然保持了这个设计。

2. daemon对象的创建与初始化过程

既然API Server是同daemon对象绑定起来共同完成工作的，那么这个daemon对象是如何创建出来的呢？事实上，这个过程对应的正是daemon/daemon.go#NewDaemon方法。

NewDaemon过程会按照Docker的功能点，逐条为daemon对象所需的属性设置用户或者系统指定的值，这是一个相当复杂的过程。

截止到本书截稿，这个过程需要完成的配置至少包括了如下功能点：Docker容器的配置信息、检测系统支持及用户权限、配置工作路径、加载并配置graphdriver、创建Docker网络环境、创建并初始化镜像数据库、创建容器管理驱动、检测DNS配置和加载已有Docker容器等。下面将为读者一一解释。

● Docker容器的配置信息

容器配置信息的主要功能是：供用户自由配置Docker容器的可选功能，使得Docker容器的运行更贴近用户期待的运行场景。配置信息的处理包含以下几个部分。

- 设置默认的网络最大传输单元：当用户没有对-mtu参数进行指定时，将其设置为1500。否则，沿用用户指定的参数值。
- 检测网桥配置信息：此部分配置为进一步配置Docker网络提供铺垫，将在3.8.2节中详细介绍。

● 检测系统支持及用户权限

初步处理完Docker的配置信息之后，Docker对自身运行的环境进行了一系列的检测，主要包括3个方面。

- 操作系统类型对Docker daemon的支持，目前Docker daemon只能运行在Linux系统上。

　　❑ 用户权限的级别，必须是 root 权限。

　　❑ 内核版本与处理器的支持，只支持 amd64 架构的处理器，且内核版本必须升至 3.10.0 及以上。

● **配置 daemon 工作路径**

　　配置 Docker daemon 的工作路径，主要是创建 Docker daemon 运行中所在的工作目录，默认为 /var/lib/docker。若该目录不存在，则会创建，并赋予 0700 权限。

● **配置 Docker 容器所需的文件环境**

　　这一步 Docker daemon 会在 Docker 工作根目录 /var/lib/docker 下面初始化一些重要的目录和文件，来构建 Docker 容器工作所需的文件系统环境。

　　第一，创建容器配置文件目录。Docker daemon 在创建 Docker 容器之后，需要将容器内的配置文件放到这个目录下统一管理。目录默认位置为：/var/lib/docker/containers，它下面会为每个具体容器保存如下几个配置文件，其中 xxx 为容器 ID：

```
ls /var/lib/docker/containers/xxx
xxx-json.log  config.json  hostconfig.json hostname hosts
resolv.conf  resolv.conf.hash
```

　　这些配置文件里包含了这个容器的所有元数据。

　　第二，配置 graphdriver 目录。它用于完成 Docker 容器镜像管理所需的底层存储驱动层。所以，在这一步的配置工作就是加载并配置镜像存储驱动 graphdriver，创建存储驱动管理镜像层文件系统所需的目录和环境，初始化镜像层元数据存储。

　　创建 graphdriver 时，首先会从环境变量 DOCKER_DRIVER 中读用户指定的驱动，若为空，则开始遍历优先级数组选择一个 graphdriver。在 Linux 环境下，优先级从高到低依次为 aufs、btrfs、zfs、devicemapper、overlay 和 vfs。在不同操作系统下，优先级列表的内容和顺序都会不同，而且随着内核的发展以及驱动的完善，会继续发生变化。

　　需要注意，目前 vfs 在 Docker 中是用来管理 volume 的，并不作为镜像存储使用。另外，由于目前在 overlay 文件系统上运行的 Docker 容器不兼容 SELinux，因此当 config 中配置信息需要启用 SELinux 并且 driver 的类型为 overlay 时，该过程就会报错。

　　当识别出对应的 driver（比如 aufs）后，Docker 会执行这个 driver 对应的初始化方法（位于 daemon/graphdriver/aufs/aufs.go），这个初始化的主要工作包括：尝试加载内核 aufs 模块来确定 Docker 主机支持 aufs；发起 statfs 系统调用获取当前 Docker 主目录（/var/lib/docker/）的文件系统信息，确定 aufs 是否支持该文件系统；创建 aufs 驱动根目录（默认：/var/lib/docker/aufs）并将该目录配置为私有挂载；在根目录下创建 mnt、diff 和 layers 目录作为 aufs 驱动的工作环境。

　　上述工作完成后，graphdriver 的配置工作就完成了。

　　第三，配置镜像目录。主要工作是在 Docker 主目录下创建一个 image 目录，来存储所有镜像和镜像层管理数据，默认目录为"/var/lib/docker/image/"。在image目录下，每一个graphdriver都有一个具体的目录用于存储使用该graphdriver存储的镜像相关的元数据。

根据上一步graphdriver的选择情况（这里以aufs为例），创建image/aufs/layerdb/目录作为镜像层元数据存储目录，并创建MetadataStore用来管理这些元数据。根据graphdriver与元数据存储结构创建layerStore，用来管理所有的镜像层和容器层，将逻辑镜像层的操作映射到物理存储驱动层graphdriver的操作；创建用于对registry的镜像上传下载的uploadManager和downloadManager。

创建image/aufs/imagedb/目录用于存储镜像的元数据，并根据layerStore创建imageStore，用来管理镜像的元数据。layerdb和imagedb目录下的文件结构和作用会在3.6节中详细说明。

第四，调用volume/local/local.go#New创建volume驱动目录（默认为/var/lib/docker/volumes），Docker中volume是宿主机上挂载到Docker容器内部的特定目录。volumes目录下有一个metadata.db数据库文件用于存储volume相关的元数据，其余以volume ID命名的文件夹用于存储具体的volume内容。默认的volume驱动是local，用户也可以通过插件的形式使用其他volume驱动来存储。

第五，准备"可信镜像"所需的工作目录。在Docker工作根目录下创建trust目录。这个存储目录可以根据用户给出的可信url加载授权文件，用来处理可信镜像的授权和验证过程。

第六，创建distributionMetadataStore和referenceStore。referenceStore用于存储镜像的仓库列表。记录镜像仓库的持久化文件位于Docker根目录下的image/[graphdriver]/repositories.json中，主要用于做镜像ID与镜像仓库名之间的映射。distributionMetadataStore存储与第二版镜像仓库registry有关的元数据，主要用于做镜像层的diff_id与registry中镜像层元数据之间的映射。

第七，将持久化在Docker根目录中的镜像、镜像层以及镜像仓库等的元数据内容恢复到daemon的imageStore、layerStore和referenceStore中。

第八，执行镜像迁移。由于Docker 1.10版本以后，镜像管理部分使用了基于内容寻址存储（content-addressable storage）。升级到1.10以上的新版本后，在第一次启动daemon时，为了将老版本中的graph镜像管理迁移到新的镜像管理体系中，这里会检查Docker根目录中是否存在graph文件夹，如果存在就会读取graph中的老版本镜像信息，计算校验和并将镜像数据写入到新版的imageStore和layerStore中。读者需要注意的是，迁移镜像中计算校验和是一个非常占用CPU的工作，并且在未完成镜像迁移时，Docker daemon是不会响应任何请求的，所以如果你本地的老版本镜像和容器比较多，或者是在对服务器负载和响应比较敏感的线上环境尝试升级Docker版本，那就要注意妥善安排时间了。Docker官方也提供了迁移工具让用户在老版本daemon运行的时候进行镜像的迁移[①]。

综上，这里Docker daemon需要在Docker根目录（/var/lib/docker）下创建并初始化一系列跟容器文件系统密切相关的目录和文件。这些文件和目录的具体作用我们会在讲解镜像和volume的时候做详细解释，这里先给读者进行一个简单的总结。

① https://docs.docker.com/engine/migration/。

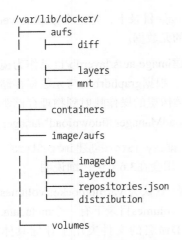

```
/var/lib/docker/
├── aufs                               # aufs驱动工作的目录
│   ├── diff                           # aufs文件系统的所有层的存储目录（新下载的镜像内
│   │                                    容就逐层保存在这里）
│   ├── layers                         # 存储上述所有aufs层之间的关系等元数据
│   └── mnt                            # aufs文件系统的挂载点，如果容器中写了一个新文件，
│                                        会出现在这里
├── containers                         # 容器的配置文件目录
│
├── image/aufs                         # 存储镜像和镜像层信息，注意这里只是元数据，真正
│   │                                    的镜像层内容保存在aufs/diff下
│   ├── imagedb                        # 存储所有镜像的元数据
│   ├── layerdb                        # 存储所有镜像层和容器层的元数据
│   ├── repositories.json              # 记录镜像仓库中所有镜像的repository和tag名
│   └── distribution
│
└── volumes                            # volumes的工作目录，存放所有volume数据和元数据
```

● **创建Docker daemon网络**

创建Docker daemon运行环境的时候，创建网络环境是极为重要的一个部分。这不仅关系着容器对外的通信，同样也关系着容器间的通信。网络部分早已被抽离出来作为一个单独的模块，称为libnetwork。libnetwork通过插件的形式为Docker提供网络功能，使得用户可以根据自己的需求实现自己的driver来提供不同的网络功能。截止到Docker 1.10版本，libnetwork实现了host、null、bridge和overlay的驱动。其中，bridge driver为默认驱动，和之前版本中的Docker网络功能是基本等价的，这一部分的解析在本书3.8节中会详述。需要注意的是，同之前的Docker网络一样，bridge driver并不提供跨主机通信的能力，overlay driver则适用于多主机环境。

● **初始化execdriver**

execdriver是Docker中用来管理Docker容器的驱动。Docker会调用execdrivers中的NewDriver()函数来创建新的execdriver。

在创建execdriver的时候，需要注意以下5部分信息。

☐ 运行时中指定使用的驱动类别，在默认配置文件中默认使用native，即其对应的容器运行时为libcontainer；

☐ 用户定义的execdriver选项，即-exec-opt参数值；

☐ 用户定义的-exec-root参数值，Docker execdriver运行的root路径，默认为/var/run/docker；

☐ Docker运行时的root路径，默认为/var/lib/docker；

☐ 系统功能信息，包括容器的内存限制功能、交换区内存限制功能、数据转发功能以及AppArmor安全功能等。

AppArmor通过host主机是否存在/sys/kernel/security/apparmor来判断是否加入AppArmor配置，这部分会在3.9节中介绍。

最后，如果选择了native作为这个execdriver的驱动实现，上述driver的创建过程就会新建一个libcontainer，这个libcontainer会在后面创建和启动Linux容器时发挥作用。

● **daemon对象诞生**

Docker daemon进程在经过以上诸多设置以及创建对象之后，最终创建出了daemon对象实例，其属性总结如下。

- ❑ ID：根据传入的证书生成的容器ID，若没有传入则自动使用ECDSA加密算法生成。
- ❑ repository：部署所有Docker容器的路径。
- ❑ containers：用于存储具体Docker容器信息的对象。
- ❑ execCommands：Docker容器所执行的命令。
- ❑ referenceStore：存储Docker镜像仓库名和镜像ID的映射。
- ❑ distributionMetadataStore：v2版registry相关的元数据存储。
- ❑ trustKey：可信任证书。
- ❑ idIndex：用于通过简短有效的字符串前缀定位唯一的镜像。
- ❑ sysInfo：Docker所在宿主机的系统信息。
- ❑ configStore：Docker所需要的配置信息。
- ❑ execDriver：Docker容器执行驱动，默认为native类型。
- ❑ statsCollector：收集容器网络及cgroup状态信息。
- ❑ defaultLogConfig：提供日志的默认配置信息。
- ❑ registryService：镜像存储服务相关信息。
- ❑ EventsService：事件服务相关信息。
- ❑ volumes：volume所使用的驱动，默认为local类型。
- ❑ root：Docker运行的工作根目录。
- ❑ uidMaps：uid的对应图。
- ❑ gidMaps：gid的对应图。
- ❑ seccompEnabled：是否使用seccompute。
- ❑ nameIndex：记录键和其名字的对应关系。
- ❑ linkIndex：容器的link目录，记录容器的link关系。

● **恢复已有的Docker容器**

当Docker daemon启动时，会去查看在daemon.repository也就是在/var/lib/docker/containers中的内容。若有已经存在的Docker容器，则将相应信息收集并进行维护，同时重启restart policy为always的容器。

综上所述，Docker daemon的启动看起来非常复杂，这是Docker在演进的过程中不断添加功能点造成的。但不管今后Docker的功能点增加多少，Docker daemon进程的启动都将遵循以下3步。

(1) 首先是启动一个API Server，它工作在用户通过-H指定的socket上面；

(2) 然后Docker使用NewDaemon方法创建一个daemon对象来保存信息和处理业务逻辑；

(3) 最后将上述API Server和daemon对象绑定起来，接收并处理client的请求。

只不过，NewDaemon方法的长度会不断增加而已。

提示   上述过程主要涉及daemon/daemon.go#NewDaemon这部分源码，读者若有兴趣可以进一步深
入研究。

3.3.3　从 client 到 daemon

在前面的小节中已经描述过Docker client和daemon启动并初始化的全过程，接下来的问题是，一个已经在运行的daemon是如何响应并处理来自client的请求的呢？就从docker run这个命令说起吧。

1. 发起请求

(1) docker run命令开始运行，用户端的Docker进入client模式，开始了3.3.1节讲述的client工作过程；

(2) 经过初始化，新建出了一个client；

(3) 上述client通过反射机制找到了CmdRun方法。

CmdRun在解析过用户提供的容器参数等一系列操作后，最终发出了这样两个请求：

```
"POST", "/containers/create?"+containerValues  //创建容器
"POST", "/containers/"+createResponse.ID+"/start" //启动容器
```

至此，client的主要任务结束。

前面说过，daemon在启动后维护了一个API Server来响应上述请求，同样遵循"约定大于配置"的原则，daemon端负责响应第一个create请求的方法是：api/server/server.go#postContainersCreate。

在1.6版本及以前，Docker daemon会将一个创建容器的Job交给所谓的Docker Engine来接管接下来的任务。不过这个过程已经被完全废弃并且再也不会回来了。所以接下来我们会按照1.10版本的方式讲解daemon创建和启动容器的过程，解析过程读者完全不需要翻阅代码。

2. 创建容器

估计读者已经猜到，在这一步Docker daemon并不需要真正创建一个Linux容器，它只需要解析用户通过client提交的POST表单，然后使用这些参数在daemon中新建一个container对象出来即可。这个container实体就是container/container_unix.go，其中的CommonContainer字段定义在container/container.go中，为Linux平台和Windows平台上容器共有的属性，本书主要以Linux平台为主，这里将Linux平台上容器最重要的定义片段一并列举如下。

```
// Definition of Docker Container
ID                      string
Created                 time.Time
Path                    string
Config                  *runconfig.Config
ImageID                 string `json:"Image"`
NetworkSettings         *network.Settings
Name                    string
ExecDriver              string //这个很重要，后面会提到
RestartCount            int
UpdateDns               bool
MountPoints             map[string]*mountPoint
command                 *execdriver.Command //这个也很重要，后面也会提到
monitor                 *containerMonitor

...

AppArmorProfile         string
HostnamePath            string
HostsPath               string
ShmPath                 string
MqueuePath              string
ResolvConfPath          string
SeccompProfile          string
```

这里需要额外注意的是daemon属性，即container是能够知道管理它的daemon进程信息的，很快会看到这个关系的作用。

上述过程完成后，container的信息会作为Response返回给client，client会紧接着发送start请求。

3. 启动容器

这时候daemon这边的重点来了。API Server接收到start请求后会告诉Docker daemon进行container启动容器操作，这个过程是daemon/start.go。

注意　1.7版本以后的Docker不仅把所有的client端的请求都使用了一个对应的api/client/{请求名称}.go文件来定义，在daemon端，所有请求的处理过程也放在daemon/{请求名称}.go文件中来定义。读者可以根据自己想了解的内容寻找对应的文件。

此时，由于container所需的各项参数，比如NetworkSettings、ImageID等，都已经在创建容器过程中赋好了值，Docker daemon会在start.go中直接执行daemon.ContainerStart，就能够在宿主机上创建对应的容器了。

等一下，创建容器的过程不是要创建namespace，配置cgroup，挂载rootfs吗？谁负责做这些事情呢？答案当然还是Docker daemon。containerMonitor将daemon设置为自己的supervisor。所以经过一系列调用后，daemon.ContainerStart实际上执行操作的是：

```
containerMonitor.daemon.Run(container ...)
```

即告诉daemon进程：请使用本container相关信息作参数，执行对应execdriver的Run方法。

提示 具体来说，daemon/container.go#ContainerStart其实是经过了waitForStart以及daemon/
monitor.go#start的连续调用最终变成daemon.Run的，读者可以自行跟踪上述几个方法。

---

4. 最后一步

"万事俱备，只欠东风。"在Docker daemon已经完成了所有的准备工作，最后下达了执行Run操作的命令后，Docker该如何指挥操作系统，来为用户启动一个容器出来呢？

答案很简单，所有需要跟操作系统打交道的任务都交给ExecDriver.Run（具体是哪种Driver由container决定）来完成。

读者应该已经了解，execdriver是daemon的一个重要组成部分，它封装了对namepace、cgroup等所有对OS资源进行操作的所有方法。而在Docker中，execdriver的默认实现（native）就是libcontainer了。

所以在这最后一步，Docker daemon只需要向execdriver提供如下三大参数，接着等待返回结果就可以了。

- ❑ commandv：该容器需要的所有配置信息集合（container的属性之一）；
- ❑ pipes：用于将容器stdin、 stdout、stderr重定向到daemon；
- ❑ startCallback()：回调方法。

在下一节里，将会带领读者进入libcontainer的世界，深入解析它如何仅凭借上述三项内容完成Docker容器的创建。

建议 希望读者能够学会上述跟踪一个Docker命令运行的过程，以1.10版本为例总结如下。
- ❑ docker/docekr.go是所有命令的起始。它创建出来的client（DockerCli）对应api/client/cli.go。
- ❑ api目录下是所有与"client如何发送请求""server如何响应请求"相关的文件。
- ❑ api/client/xxx.go中定义Cmdxxx函数，其中调用的cli.client.xxx函数指明了该命令发起何种HTTP请求。
- ❑ api/server/router中则按照不同的请求类型定义了所有响应具体请求的方法。
- ❑ 每个请求的处理函数都会对应一个daemon/xxx.go文件，daemon会使用其中相应的函数来对请求进行处理。
- ❑ 处理过程中负责执行具体动作的daemon对象是daemon/daemon.go#NewDaemon创建出来的。
- ❑ daemon所使用到的Container对象即container/container_unix.go。
- ❑ 一般daemon对象的具体动作再执行下去就是去调用execdriver了。比如启动容器调用的就是daemon/execdriver/native/driver.go#Run（三大参数），然后交由底层模块处理。

3.4 libcontainer

说到底，容器是一个与宿主机系统共享内核但与系统中的其他进程资源相隔离的执行环境。Docker通过对namespaces、cgroups、capabilities以及文件系统的管理和分配来"隔离"出一个上述执行环境，这就是Docker容器。

如果读者直接阅读Docker execdriver的代码，可能会觉得这部分对libcontainer的使用比较晦涩难懂。其实，execdriver首先要完成的工作是在拿到了Docker daemon提交command信息之后，生成一份专门的容器配置。

这个容器配置的生成过程虽然复杂，但是原理很简单。例如，在Docker daemon提交过来的command中，包含namespace、cgroups以及未来容器中将要运行的进程的重要信息。其中Network、Ipc、Pid等字段描述了隔离容器所需的namespace。

```
type Command struct {
    CommonCommand

    Ipc               *Ipc           `json:"ipc"`
    Pid               *Pid           `json:"pid"`
    ReadonlyRootfs    bool           `json:"readonly_rootfs"`   // rootfs是否为只读
    UTS               *UTS           `json:"uts"`
    ...
    ...
}
```

CommonCommand字段中包含了Linux平台和Windows平台通用的配置信息。本节主要对Linux平台上的容器runtime和libcontainer进行讲解，不对Windows相关的代码做过多解读。

```
type CommonCommand struct {
    ...
    Mounts        []Mount       `json:"mounts"`          // volume挂载点信息
    Network       *Network      `json:"network"`         // cgroups相关配置
    ProcessConfig ProcessConfig `json:"process_config"`  // 容器中init进程的相关信息
    ProcessLabel  string        `json:"process_label"`   // 描述容器中的进程
    Resources     *Resources    `json:"resources"`       // cgroups相关配置
    Rootfs        string        `json:"rootfs"`          // 容器的rootfs
    WorkingDir    string        `json:"working_dir"`     // 容器中的工作目录
    ...
}
```

Resources字段包含了该容器cgroups的配置信息，定义如下：

```
type Resources struct {
    Memory      int64    `json:"memory"`
    MemorySwap  int64    `json:"memory_swap"`
    CpuShares   int64    `json:"cpu_shares"`
    CpusetCpus  string   `json:"cpuset_cpus"`
    CpusetMems  string   `json:"cpuset_mems"`
    CpuPeriod   int64    `json:"cpu_period"`
```

```
    CpuQuota        int64               `json:"cpu_quota"`
    ...
}
```

ProcessConfig字段描述容器中未来要运行的进程信息，定义如下：

```
type ProcessConfig struct {
    Entrypoint string    `json:"entypoint"`// Dockerfile里指定的Entrypoint, 默认是/bin/sh -c
    Arguments  []string `json:"arguments"`// 用户指定的cmd会作为Entrypoint的执行参数
    ...
}
```

这时，execdriver会加载一个预定义的容器配置模板container，然后在模板中添加来自command的相关信息：

```
container := &configs.Config{
    ...
    Namespaces: configs.Namespaces([]configs.Namespace{
        {Type: "NEWNS"},
        {Type: "NEWUTS"},
        {Type: "NEWIPC"},
        {Type: "NEWPID"},
        {Type: "NEWNET"},
        {Type: "NEWUSER"},
    }),
        Cgroups:configs.Cgroup(
        ...
            ScopePrefix: "docker",
            Resources: &configs.Resources{
                AllowAllDevices:  false,
                MemorySwappiness: -1,
            },
            ...
        )
    ...
}
```

等到上述容器配置模板container中的所有项都按照command提供的内容填好之后，一份该容器专属的容器配置container就生成好了。注意，小写的container其实是一个存储配置信息的对象，后面我们很快会提到大写的Container，它才是libcontainer里的容器对象。container可以理解为libcontainer与Docker daemon之间进行信息交换的标准格式。之后，libcontainer就能根据这份配置知道它需要在宿主机上创建MOUNT、UTS、IPC、PID、NET这5个namespace以及相应的cgroups配置，从而创建出Docker容器。在接下来的两节里，我们将从源代码层次分析上述整个过程。

提示 上述容器配置模板位于daemon/execdriver/native/template/default_template_linux.
go。其中大多数启动容器所需的基础配置，比如**namespace**、系统目录的挂载等属性都已
经定义好了。**CommonCommand**的定义在daemon/execdriver/driver.go#CommonCommand
中，读者可以做对比。

上述实现的全过程是daemon/execdriver/native/driver.go#Run按照先后顺序调用下述几
个方法。

- ❑ 创建容器配置：daemon/execdriver/native/create.go#createContainer；
- ❑ 加载模板：daemon/execdriver/native/driver_linux.go#InitContainer；
- ❑ 在createContainer方法中执行一系列creatXXX方法填充模板。

3.4.1 libcontainer 的工作方式

上一节讲到，execdriver的Run方法通过Docker daemon提交的command信息创建了一份可以供
libcontainer解读的容器配置container。这一节将讲解execdriver接下来如何调用libcontainer加载容
器配置container，继而创建真正的Docker容器。Open Container Initiative（OCI）组织成立以后，
libcontainer进化为runC，因此从技术上说，未来libcontainer/runC创建的将是符合Open Container
Format（OCF）标准的容器。

这个阶段，execdriver需要借助libcontainer处理以下事情。

- ❑ 创建libcontainer构建容器需要使用的"进程"，进程对象（非真正进程），称为Process；
- ❑ 设置容器的输出管道，这里使用的就是Docker daemon提供给libcontainer的pipes，详见上
  一节的描述；
- ❑ 使用名为Factory的工厂类，通过factory.Create(<容器ID>, <容器配置container>)创建一
  个"逻辑"上的容器，称为Container，在这个过程中，容器配置container会填充到Container
  对象的config项里，container的使命至此就完成了；
- ❑ 执行Container.Start(Process)启动物理的容器；
- ❑ execdriver执行由Docker daemon提供的startCallback完成回调动作；
- ❑ execdriver执行Process.Wait，一直等上述Process的所有工作都完成。

可以看到，libcontainer对Docker容器做了一层更高级的抽象，它定义了Process和Container
来对应Linux中"进程"与"容器"的关系。一旦"物理"的容器创建成功，其他调用者就可以
通过容器ID获取这个逻辑容器Container，接着使用Container.Stats得到容器的资源使用信息，
或者执行Container.Destory来销毁这个容器。

综上，libcontainer中最主要的内容是Process、Container以及Factory这3个逻辑实体的实现
原理，而execdriver或者其他调用者只要依次执行"使用Factory创建逻辑容器Container"、"启动
逻辑容器Container"和"用逻辑容器创建物理容器"，即可完成Docker容器的创建。

接下来，我们将深入到libcontainer内部，为读者解读其背后的机制。

3.4.2 libcontainer 实现原理

这一节，我们先把前面Docker daemon借助execdriver创建和启动容器的过程归纳为如下一段伪代码，使读者对这个过程有个初步的认识，也方便读者能在接下来介绍Process、Factory和Container的过程中进行参照和对比。

```
// 在Docker daemon中创建driver(默认用libcontainer)，并在这个过程中初始化Factory，默认为Linux的工厂类
factory = libcontainer.New()
...
// 在Docker daemon中会调用execdriver.Run，提交三大参数，容器配置、管道描述符和回调函数
driver.Run(command, pipes, startCallback)
// 接下来创建容器的全过程都在driver中执行，也就是libcontainer

// 1. 使用工厂Factory和容器配置container创建逻辑容器(Container)，container中的各项内容均来自command参数
Container = factory.Create("id", container)

// 2. 创建将要在容器内运行的进程（Process）
Process = libcontainer.Process{
    // Args数组就是用户在Dockerfile里指定的Entrypoint的命令和参数集合，同样解析自command参数
    Args:   "/bin/bash", "-x",
    Env:    "PATH=/bin",
    Cwd:    "/",
    User:   "daemon",
    Stdin:  os.Stdin,
    Stdout: os.Stdout,
    Stderr: os.Stderr,
}

// 3. 使用上述Process启动物理容器
Container.Start(Process)

// 在这里执行回调方法startCallback等，略去

// 4. 等待直到物理容器创建成功
status = Process.Wait()

// 5. 如果需要的话，销毁物理容器
Container.Destroy()
```

好了，接下来进入正题，我们先从Factory创建逻辑容器Container开始。

1. 用Factory创建逻辑容器Container

libcontainer中Factory存在的意义就是能够创建一个逻辑上的"容器对象"Container，这个逻辑上的"容器对象"并不是一个运行着的Docker容器，而是包含了容器要运行的指令及其参数、namespace和cgroups配置参数等。对于Docker daemon来说，容器的定义只需要一种就够了，不同的容器只是实例的内容（属性和参数）不一样而已。对于libcontainer来说，由于它需要与底层系

统打交道，不同的平台就需要创建出完全异构的"逻辑容器对象"（比如Linux容器和Windows容器），这也就解释了为什么这里会使用"工厂模式"：今后libcontainer可以支持更多平台上各种类型的容器的实现，而execdriver调用libcontainer创建容器的方法却不会受到影响。

下面解释一下Factory的Create操作具体做的事情。

- 验证容器运行的根目录（默认/var/lib/docker/containers）、容器ID（字母、数字和下划线构成，长度范围为1~1024）和容器配置这三项内容的合法性。
- 验证上述容器ID与现有的容器不冲突。
- 在根目录下创建以ID为名的容器工作目录（/var/lib/docker/containers/{容器ID}）。
- 返回一个Container对象，其中的信息包括了容器ID、容器工作目录、容器配置、初始化指令和参数（即dockerinit），以及cgroups管理器（这里有直接通过文件操作管理和systemd管理两个选择，默认选第一种）。

至此，Container就已经创建和初始化完毕了。

2. 启动逻辑容器Container

前面提到，Container主要包含了容器配置、控制等信息，是对不同操作系统下容器实现的抽象，目前Linux平台下的容器更为完善。

参与物理容器创建过程的Process一共有两个实例，第一个叫Process，用于物理容器内进程的配置和IO的管理，前面的伪码中创建的Process就是指它；另一个叫ParentProcess，负责从物理容器外部处理物理容器启动工作，与Container对象直接进行交互。启动工作完成后，Parent-Process负责执行等待、发信号、获得容器内进程pid等管理工作。

ParentProcess出现在哪里呢？答案是在启动逻辑容器的时候，即Container.Start()执行的时候。Container的Start()启动过程主要有两个工作：创建ParentProcess实例，然后执行Parent-Process.start()来启动物理容器。

创建ParentProcess的过程如下。

(1) 创建一个管道（pipe），用来与容器内未来要运行的进程通信（这个pipe不同于前面的输出流pipes，后面会做解释）。

(2) 根据逻辑容器Container中与容器内未来要运行的进程相关的信息创建一个容器内进程启动命令cmd对象，这个对象由Golang语言中的os/exec包进行声明，Docker会调用os/exec包中的内置函数，根据cmd对象来创建一个新的进程，即容器中的第一个进程dockerinit。而cmd对象则需要从Container中获得的属性包括启动命令的路径、命令参数、输入输出、执行命令的根目录以及进程管道pipe等。

(3) 为cmd添加一个环境变量_LIBCONTAINER_INITTYPE=standard来告诉将来的容器进程（dockerinit）当前执行的是"创建"动作。设置这个标志是因为libcontainer还可以进入已有的容器执行子进程，即docker exec指令执行的效果。

(4) 将容器需要配置的**namespace**添加到cmd的Cloneflags中，表示将来这个cmd要运行在上述namespace中。若需要加入**user namespace**，还要针对配置项进行用户映射，默认映射到宿主机的root用户。

(5) 将Container中的容器配置和Process中的**Entrypoint**信息合并为一份容器配置加入到ParentProcess当中。

实际上，ParentProcess是一个接口，上述过程真正创建的是一个称为initProcess的具体实现对象。cmd、pipe、cgroup管理器和容器配置这4部分共同组成了一个initProcess。这个对象是用来"创建容器"所需的ParentProcess，这主要是为了同setnsProcess区分，后者的作用是进入已有容器。逻辑容器Container启动的过程实际上就是initProcess对象的构建过程，而构建initProcess则是为创建物理容器做准备。

接下来逻辑容器Container执行initProcess.start()，真正的**Docker**容器终于可以诞生了。

3. 用逻辑容器创建物理容器

逻辑容器Container通过initProcess.start()方法新建物理容器的过程如下。

(1) **Docker daemon**利用Golang的exec包执行initProcess.cmd，其效果等价于创建一个新的进程并为它设置**namespace**。这个cmd里指定的命令就是容器诞生时的第一个进程。对于**libcontainer**来说，这个命令来自于execdriver新建容器时加载**daemon**的initPath，即Docker工作目录下的**/var/lib/docker/init/dockerinit-{version}**文件。dockerinit进程所在的**namespace**即用户为最终的**Docker**容器指定的**namespace**。

(2) 把容器进程dockerinit的**PID**加入到**cgroup**中管理。至此我们可以说dockerinit的容器隔离环境已经初步创建完成。

(3) 创建容器内部的网络设备，包括lo和veth。这一部分涉及netlink等，将在3.8节详细介绍。

(4) 通过管道发送容器配置给容器内进程dockerinit。

(5) 通过管道等待dockerinit根据上述配置完成所有的初始化工作，或者出错返回。

综上所述，ParentProcess即（initProcess，后面不再进行区分了）启动了一个子进程dockerinit作为容器内的初始进程，接着，ParentProcess作为父进程通过**pipe**在容器外面对dockerinit管理和维护。那么在容器内部，dockerinit又做了哪些初始化工作呢？

dockerinit进程只有一个功能，那就是执行reexec.init()，该init方法做什么工作，是由对应的execdrive注册到reexec当中的具体实现来决定的。对于**libcontainer**来说，这里要注册执行的是Factory当中的StartInitialization()。再次提醒读者，接下来的所有动作都发生在容器内部。

❑ 创建pipe管道所需的文件描述符。
❑ 通过管道获取ParentProcess传来的容器配置，如**namespace**、网络等信息。
❑ 从配置信息中获取并设置容器内的环境变量，如区别新建容器和在已存在容器中执行命令的环境变量`_LIBCONTAINER_INITTYPE`。

- □ 如果用户在`docker run`中指定了`-ipc`、`-pid`、`-uts`参数，则dockerinit还需要把自己加入到用户指定的上述**namespace**中。
- □ 初始化网络设备，这些网络设备正是在ParentProcess中创建出来的lo和veth。这里的初始化工作包括：修改名称、分配MAC地址、设置MTU、添加IP地址和配置默认网关等。
- □ 设置路由和RLIMIT参数。
- □ 创建mount namespace，为挂载文件系统做准备。
- □ 在上述**mount namespace**中设置挂载点，挂载**rootfs**和各类文件设备，比如`/proc`。然后通过`pivot_root`切换进程根路径到**rootfs**的根路径。
- □ 写入hostname等，加载profile信息。
- □ 比较当前进程的父进程ID与初始化进程一开始记录下来的父进程ID，如果不相同，说明父进程异常退出过，终止这个初始化进程。否则执行最后一步。
- □ 最后一步，使用execv系统调用执行容器配置中的Args指定的命令。

上述Args指定的命令是什么呢？读者不妨回顾一下3.4.2节一开始总结的那段伪码。可以发现，Args[0]正是用户指定的Entrypoint，Args[1,2,3..]则是该指令后面跟的运行参数。所以当容器创建成功后，它里面运行起来的进程已经从dockerinit变成了用户指定的命令Entrypoint（如果不指定，Docker默认的是**Entrypoint**为`/bin/sh -c`）。execv调用就是为了保证这个"替换"发生后的Entrypoint指令继续使用原先dockerinit的PID等信息。

如果用户执行的是`docker run -i -t ubuntu <cmd>`呢？那么，所有用户指定的`<cmd>`都会作为Entrypoint的参数保存在前面说过的Args[0..]里。

至此，容器的创建和启动过程宣告结束，上述全部过程可以通过图3-9来描述。

我们可以清晰地看到，**Docker daemon**如何将容器创建所需的配置和用户需要启动的命令交给libcontainer，后者又如何根据这些信息创建逻辑容器和父进程（步骤①），接下来父进程执行**Cmd.start**，才真正创建（clone）出了容器的**namespace**环境，并且通过dockerinit以及管道来完成整个容器的初始化过程。在整个过程中，容器进程则经历了3个阶段的变化。

(1) **Docker daemon**进程进行"用Facotry创建逻辑容器Container""启动逻辑容器Container"等准备工作，构建ParentProcess对象，然后利用它创建容器内的第一个进程dockerinit。

(2) dockerinit利用reexec.init()执行StartInitialization()。这里dockerinit会将自己加入到用户指定的**namespace**（如果指定了的话），然后再开始进行容器内部的各项初始化工作。

(3) StartInitialization()使用execv系统调用执行容器配置中的**Args**指定的命令，即Entry-Point和`docker run`的[COMMAND]参数。

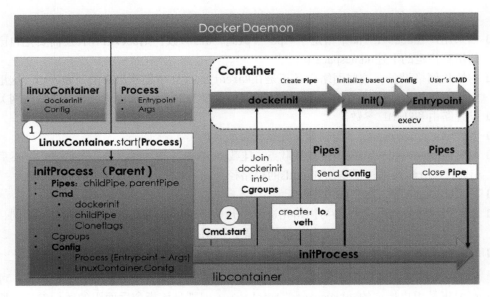

图3-9　容器的启动和创建过程示意图

那么Docker daemon如何管理已经创建后的Docker容器呢？下面我们就来说明容器创建后的通信方式——管道。

4. Docker daemon与容器之间的通信方式

前面解析的容器进程启动后需要做初始化工作，就使用了namespace隔离后的两个进程间的通信。我们把负责创建容器的进程称为父进程，容器进程称为子进程。父进程克隆出子进程以后，依旧是共享内存的。如何让子进程感知内存中写入了新数据依旧是一个问题，一般有以下4种方法。

- ❑ 发送信号通知（signal）
- ❑ 对内存轮询访问（poll memory）
- ❑ sockets通信（sockets）
- ❑ 文件和文件描述符（files and file-descriptors）

对于signal而言，本身包含的信息有限，需要额外记录，namespace带来的上下文变化使其操作更为复杂，并不是最佳选择。显然通过轮询内存的方式来沟通是一个非常低效的做法。另外，因为Docker会加入network namespace，实际上初始时网络栈也是完全隔离的，所以socket方式并不可行。

Docker最终选择的方式就是管道——文件和文件描述符方式。在Linux中，通过pipe(int fd[2])系统调用就可以创建管道，参数是一个包含两个整型的数组。调用完成后，在fd[1]端写入的数据，就可以从fd[0]端读取，如下所示：

```
// 全局变量
int fd[2];
// 在父进程中进行初始化
pipe(fd);
// 关闭管道文件描述符
close(checkpoint[1]);
```

调用pipe函数后,创建的子进程会内嵌这个打开的文件描述符,对fd[1]写入数据后可以在fd[0]端读取。通过管道,父子进程之间就可以通信。这个通信完成的标志就在于EOF信号的传递。众所周知,当打开的文件描述符都关闭时,才能读到EOF信号。因此libcontainer中父进程在通过pipe向子进程发送完毕初始化所需信息后,先关闭自己这一端的管道,然后等待子进程关闭另一端的管道文件描述符,传来EOF表示子进程已经完成了这些初始化工作。综上,在libcontainer中,ParentProcess进程与容器进程(cmd,也就是dockerinit进程)的通信方式如图3-10所示。

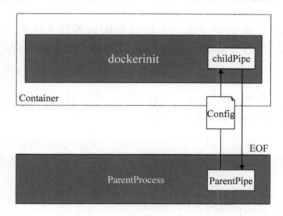

图3-10　libcontainer宿主机与容器初始化通信方式

至此,libcontainer主要的实现原理就介绍完毕了。

3.4.3　使用 runC 与 libcontainer 进行交互

Linux基金会于2015年6月成立OCI(Open Container Initiative)组织,旨在围绕容器格式和运行时制定一个开放的工业化标准。制定容器格式标准(Open Container Format,OCF)的宗旨概括来说就是不受上层结构的限定,如特定的客户端、编排栈等,同时也不受特定的供应商或项目的限定,即不限于某种特定操作系统、硬件、CPU架构、公有云等。runC直接对libcontainer包进行调用,去除了Docker包含的诸如镜像、volume等高级特性,以最朴素简洁的方式达到符合OCF标准的容器管理实现。

在本节的最后,我们必须要介绍一下runc的使用方法。nsinit是一个为了方便不通过Docker就可以直接使用libcontainer而开发的命令行工具。它可以用于启动一个容器或者在已有的容器中执行命令。使用nsinit需要有rootfs及相应的配置文件。

1. runC的构建

使用runC需要相关容器配置文件以及rootfs，相关配置文件可以使用runc spec命令来进行生成。其中的config.json为容器的基础配置文件，runtime.json为容器的运行时文件。其中rootfs最简单、最常用的是使用Docker busybox，可以使用如下命令生成。

```
mkdir rootfs
docker export $(docker create busybox) | tar -C rootfs -xvf -
```

官方的README文档中已经给出具体的构建步骤，此处不再赘述。在准备好相关配置文件以及rootfs之后，只需执行如下命令，即可进行创建并运行一个名为runc-test的容器（需要root权限）。

```
runc start runc-test
```

执行完成后会在/run/runc之下生成一个以容器ID命名的文件夹，该文件夹下会生成一个state.json文件，表示容器的状态，其中的内容与配置参数中的内容类似，展示容器的状态。

2. runC的使用

目前runC定义了多个指令，使用runc -h就可以看到，对于每个单独的指令使用--help就能获得更详细的使用参数，如runc start --help。

runC这个命令行工具是借助开源项目github.com/codegangsta/cli实现的，main.go中定义了各个子命令，而每个子命令又使用单独的.go文件进行实现，这使得runC本身的代码非常简洁明了。具体的命令功能如下。

- ❑ delete：删除任何被此容器所占用的资源。
- ❑ events：展示容器中类似于OOM提示，CPU、内存和IO的使用情况。
- ❑ exec：在容器中执行一个新的进程。
- ❑ init：这是一个内置的参数，用户并不能直接使用。这个命令是在容器内部执行，为容器进行namespace初始化，并在完成初始化后执行用户指令。所以在代码中，运行runc exec后，传入到容器中运行的实际上是runc init，把用户指令作为配置项传入。
- ❑ kill：给容器中的init发送一个特性的信号（默认为SIGTERM）。
- ❑ list：列出在给定目录下被runC启动的容器。
- ❑ ps：展示容器中运行的进程。
- ❑ pause/resume：暂停/恢复容器中的进程。
- ❑ spec：使用内置的默认参数加上执行命令时用户添加的部分参数，生成一份容器可用的标准配置文件。
- ❑ start：创建并启动一个容器。
- ❑ state：展示容器状态，就是读取state.json文件。
- ❑ update：更新容器的资源文件。

❏ checkpoint：保存容器的检查点快照并结束容器进程，需要填--image-path参数，后面是检查点保存的快照文件路径，完整的命令示例如下。

```
runc checkpoint runc-test --image-path=/tmp/criu
```

❏ restore：从容器检查点快照恢复容器进程的运行，参数同上。

综上，runC与Docker execdriver进行的工作基本相同，在Docker的源码中并不会涉及runC包的调用，但runC为libcontainer自身的调试和使用带来了极大的便利。

本节主要介绍了用于Docker容器管理的libcontainer，从libcontainer的使用入手解读源码实现方式。我们深入到容器进程内部，感受到了libcontainer周到全面的设计。总体而言，libcontainer本身主要分为三大块工作内容，一是容器的创建及初始化，二是容器生命周期管理，三是进程管理，调用方为Docker的execdriver。容器的监控主要通过cgroups的状态统计信息，未来会加入进程追踪等更丰富的功能。另一方面，libcontainer在安全支持方面也为用户尽可能多地提供了支持和选择。遗憾的是，容器安全的配置需要用户对系统安全本身有足够深的理解，可见libcontainer依旧有很多工作要完善。Docker社区的火热带动了大家对libcontainer的关注，相信在不久的将来，libcontainer就会变得更安全，更易用。

3.5 Docker 镜像管理

通过3.4节，我们已经了解了使用libcontainer可以快速构建起应用的运行环境。但是当需要进行容器迁移，对容器的运行环境进行全盘打包时，libcontainer就束手无策了。Docker的设计很好地考虑到了这一点，它采用了神奇的"镜像"技术，作为Docker管理文件系统以及运行环境的强有力补充。在Docker 1.10版本后，镜像管理以及存储发生了较大的改变，很多原有的概念不再适用，本节主要根据最新的标准来阐述Docker镜像的管理，部分地方会忽略Docker为了兼容以往版本镜像的代码。

3.5.1 什么是 Docker 镜像

Docker镜像是一个只读的Docker容器模板，含有启动Docker容器所需的文件系统结构及其内容，因此是启动一个Docker容器的基础。Docker镜像的文件内容以及一些运行Docker容器的配置文件组成了Docker容器的静态文件系统运行环境——rootfs。可以这么理解，Docker镜像是Docker容器的静态视角，Docker容器是Docker镜像的运行状态。

1. rootfs

rootfs是Docker容器在启动时内部进程可见的文件系统，即Docker容器的根目录。rootfs通常包含一个操作系统运行所需的文件系统，例如可能包含典型的类Unix操作系统中的目录系统，如/dev、/proc、/bin、/etc、/lib、/usr、/tmp及运行Docker容器所需的配置文件、工具等。

在传统的 Linux 操作系统内核启动时，首先挂载一个只读（read-only）的 rootfs，当系统检测其完整性之后，再将其切换为读写（read-write）模式。而在 Docker 架构中，当 Docker daemon 为 Docker 容器挂载 rootfs 时，沿用了 Linux 内核启动时的方法，即将 rootfs 设为只读模式。在挂载完毕之后，利用联合挂载（union mount）技术在已有的只读 rootfs 上再挂载一个读写层。这样，可读写层处于 Docker 容器文件系统的最顶层，其下可能联合挂载多个只读层，只有在 Docker 容器运行过程中文件系统发生变化时，才会把变化的文件内容写到可读写层，并隐藏只读层中的老版本文件。

2. Docker 镜像的主要特点

为了更好地理解 Docker 镜像的结构，下面介绍一下 Docker 镜像设计上的关键技术。

● 分层

Docker 镜像是采用分层的方式构建的，每个镜像都由一系列的"镜像层"组成。分层结构是 Docker 镜像如此轻量的重要原因，当需要修改容器镜像内的某个文件时，只对处于最上方的读写层进行变动，不覆写下层已有文件系统的内容，已有文件在只读层中的原始版本仍然存在，但会被读写层中的新版文件所隐藏。当使用 docker commit 提交这个修改过的容器文件系统为一个新的镜像时，保存的内容仅为最上层读写文件系统中被更新过的文件。分层达到了在不同镜像之间共享镜像层的效果。

● 写时复制

Docker 镜像使用了写时复制（copy-on-write）策略，在多个容器之间共享镜像，每个容器在启动的时候并不需要单独复制一份镜像文件，而是将所有镜像层以只读的方式挂载到一个挂载点，再在上面覆盖一个可读写的容器层。在未更改文件内容时，所有容器共享同一份数据，只有在 Docker 容器运行过程中文件系统发生变化时，才会把变化的文件内容写到可读写层，并隐藏只读层中的老版本文件。写时复制配合分层机制减少了镜像对磁盘空间的占用和容器启动时间。

● 内容寻址

在 Docker 1.10 版本后，Docker 镜像改动较大，其中最重要的特性便是引入了内容寻址存储（content-addressable storage）的机制，根据文件内容来索引镜像和镜像层。与之前版本对每一个镜像层随机生成一个 UUID 不同，新模型对镜像层的内容计算校验和，生成一个内容哈希值，并以此哈希值代替之前的 UUID 作为镜像层的唯一标志。该机制主要提高了镜像的安全性，并在 pull、push、load 和 save 操作后检测数据的完整性。另外，基于内容哈希来索引镜像层，在一定程度上减少了 ID 的冲突并且增强了镜像层的共享。对于来自不同构建的镜像层，只要拥有相同的内容哈希，也能被不同的镜像共享。

● 联合挂载

通俗地讲，联合挂载技术可以在一个挂载点同时挂载多个文件系统，将挂载点的原目录与被挂载内容进行整合，使得最终可见的文件系统将会包含整合之后的各层的文件和目录。实现这种联合挂载技术的文件系统通常被称为联合文件系统（union filesystem）。如图3-11所示，以运行Ubuntu:14.04镜像后容器中的aufs文件系统为例。由于初始挂载时读写层为空，所以从用户的角度看，该容器的文件系统与底层的rootfs没有差别；然而从内核的角度来看，则是显式区分开来的两个层次。当需要修改镜像内的某个文件时，只对处于最上方的读写层进行了变动，不覆写下层已有文件系统的内容，已有文件在只读层中的原始版本仍然存在，但会被读写层中的新版文件所隐藏，当docker commit这个修改过的容器文件系统为一个新的镜像时，保存的内容仅为最上层读写文件系统中被更新过的文件。

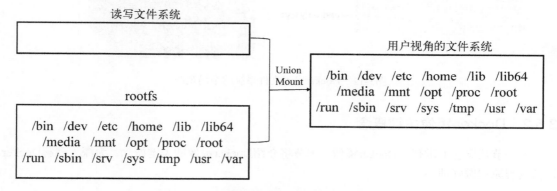

图3-11　aufs挂载Ubuntu 14.04文件系统示意图

联合挂载是用于将多个镜像层的文件系统挂载到一个挂载点来实现一个统一文件系统视图的途径，是下层存储驱动（如aufs、overlay等）实现分层合并的方式。所以严格来说，联合挂载并不是Docker镜像的必需技术，比如我们在使用Device Mapper存储驱动时，其实是使用了快照技术来达到分层的效果，没有联合挂载这一概念。

3. Docker镜像的存储组织方式

综合考虑镜像的层级结构，以及volume、init-layer、可读写层这些概念，一个完整的、在运行的容器的所有文件系统结构可以用图3-12来描述。从图中我们不难看到，除了echo hello进程所在的cgroups和namespace环境之外，容器文件系统其实是一个相对独立的组织。可读写部分（read-write layer以及volumes）、init-layer、只读层（read-only layer）这3部分结构共同组成了一个容器所需的下层文件系统，它们通过联合挂载的方式巧妙地表现为一层，使得容器进程对这些层的存在一点都不知道。

由于在Docker 1.10版本中，Docker镜像的存储方式发生了较大的改变，本书将在3.6节中进一步阐述镜像存储设计上的细节。

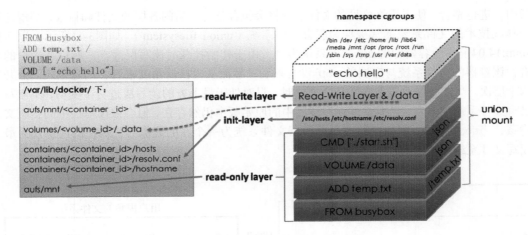

图3-12　Docker容器文件系统的全局视图

3.5.2　Docker 镜像关键概念

上一节从概念上讲解了Docker镜像，本节将介绍Docker镜像的关键概念，为深入理解Docker镜像实现原理做好铺垫。

1. registry

我们知道，每个Docker容器都从Docker镜像生成。俗话说，"巧妇难为无米之炊"，当使用docker run命令启动一个容器时，从哪里获取需要的镜像呢？答案是，如果头一次基于某个镜像启动容器，宿主机上并不存在需要的镜像，那么Docker将从registry中下载该镜像并保存到宿主机；否则，直接从宿主机镜像完成启动。那么，registry是什么呢？

registry用以保存Docker镜像，其中还包括镜像层次结构和关于镜像的元数据。可以将registry简单地想象成类似于Git仓库之类的实体。

用户可以在自己的数据中心搭建私有的registry，也可以使用Docker官方的公用registry服务，即Docker Hub[①]。它是由Docker公司维护的一个公共镜像仓库，供用户下载使用。Docker Hub中有两种类型的仓库，即用户仓库（user repository）与顶层仓库（top-level repository）。用户仓库由普通的Docker Hub用户创建，顶层仓库则由Docker公司负责维护，提供官方版本镜像。理论上，顶层仓库中的镜像经过Docker公司验证，被认为是架构良好且安全的。

2. repository

repository即由具有某个功能的Docker镜像的所有迭代版本构成的镜像组。由上文可知，registry由一系列经过命名的repository组成，repository通过命名规范对用户仓库和顶层仓库进行组

---

① 参见https://hub.docker.com/。

织。用户仓库的命名由用户名和repository名两部分组成，中间以"/"隔开，即username/repository_name的形式，repository名通常表示镜像所具有的功能，如ansible/ubuntu14.04-ansible；而顶层仓库则只包含repository名的部分，如ubuntu。

读者也许会产生疑问，通常将ubuntu视为镜像名称，这里却解释为repository，那么repository和镜像之间是什么关系呢？事实上，repository是一个镜像集合，其中包含了多个不同版本的镜像，使用标签进行版本区分，如ubuntu:14.04、ubuntu:12.04等，它们均属于ubuntu这个repository。

一言以蔽之，registry是repository的集合，repository是镜像的集合。

3. manifest

manifest（描述文件）主要存在于registry中作为Docker镜像的元数据文件，在pull、push、save和load中作为镜像结构和基础信息的描述文件。在镜像被pull或者load到Docker宿主机时，manifest被转化为本地的镜像配置文件config。新版本（v2，schema 2）的manifest list可以组合不同架构实现同名Docker镜像的manifest，用以支持多架构Docker镜像。

4. image和layer

Docker内部的image概念是用来存储一组镜像相关的元数据信息，主要包括镜像的架构（如amd64）、镜像默认配置信息、构建镜像的容器配置信息、包含所有镜像层信息的rootfs。Docker利用rootfs中的diff_id计算出内容寻址的索引（chainID）来获取layer相关信息，进而获取每一个镜像层的文件内容。

layer（镜像层）是一个Docker用来管理镜像层的中间概念，本节前面提到镜像是由镜像层组成的，而单个镜像层可能被多个镜像共享，所以Docker将layer与image的概念分离。Docker镜像管理中的layer主要存放了镜像层的diff_id、size、cache-id和parent等内容，实际的文件内容则是由存储驱动来管理，并可以通过cache-id在本地索引到。

关于image和layer在镜像存储方面的概念与关联，本书3.6节将会有详细的描述。

5. Dockerfile

镜像如此有趣，也许现在读者已经迫不及待地想一试身手，构建属于自己的镜像了。Dockerfile是在通过docker build命令构建自己的Docker镜像时需要使用到的定义文件。它允许用户使用基本的DSL语法来定义Docker镜像，每一条指令描述了构建镜像的步骤。如何定义Dockerfile的规则请参见本书4.3节。

3.5.3　Docker 镜像构建操作

本节将从读者最熟悉的几个镜像操作命令入手，一步一步地阐述Docker如何处理这些镜像操作。本节在描述中会忽略掉与底层存储驱动相关的细节，在3.6节会专门解释存储驱动这一部分内容。

Docker提供了比较简单的方式来构建镜像或者更新现有的镜像——docker build和docker

commit。不过原则上讲，用户并不能"无中生有"地创建一个镜像，无论是启动一个容器或者构建一个镜像，都是在其他镜像的基础上进行的，Docker有一系列镜像称为基础镜像（如基础Ubuntu镜像ubuntu、基础Fedora镜像fedora等），基础镜像便是镜像构建的起点。不同的是，docker commit是将容器提交为一个镜像，也就是从容器更新或者构建镜像；而docker build是在一个镜像的基础上构建镜像。

1. commit镜像

docker commit命令只提交容器镜像发生变更了的部分，即修改后的容器镜像与当前仓库中对应镜像之间的差异部分，这使得该操作实际需要提交的文件往往并不多。

Docker daemon接收到对应的HTTP请求后，需要执行的步骤如下。

(1) 根据用户输入pause参数的设置确定是否暂停该Docker容器的运行。

(2) 将容器的可读写层导出打包，该读写层代表了当前运行容器的文件系统与当初启动该容器的镜像之间的差异。

(3) 在层存储（layerStore）中注册可读写层差异包。

(4) 更新镜像历史信息和rootfs，并据此在镜像存储（imageStore）中创建一个新的镜像，记录其元数据。

(5) 如果指定了repository信息，则给上述镜像添加tag信息。

2. build构建镜像

一般来说，用户主要使用Dockerfile和docker build命令来完成一个新镜像的构建。这条命令的格式如下：

```
Usage: docker build [OPTIONS] PATH | URL | -
```

其中PATH或URL所指向的文件称为context（上下文），context包含build Docker镜像过程中需要的Dockerfile以及其他的资源文件。下面介绍该命令的执行流程。

● **Docker client端**

当Docker client接收到用户命令，首先解析命令行参数。根据第一个参数的不同，将分为以下4种情况分别处理。

情况1：第一个参数为"-"，即

```
#从STDIN中读入Dockerfile，没有context。
$ sudo docker build - < Dockerfile
```

或者

```
#从STDIN中读入压缩的context。
$ sudo docker build - < context.tar.gz
```

此时，则根据命令行输入参数对Dockerfile和context进行设置。

情况2：第一个参数为URL，且是git repository URL，如

```
$ sudo docker build github.com/creack/docker-firefox
```

则调用git clone --depth 1 --recursive 命令克隆该GitHub repository，该操作会在本地的一个临时目录中进行，命令成功之后该目录将作为context传给Docker daemon，该目录中的Dockerfile会被用来进行后续构建Docker镜像。

情况3：第一个参数为URL，且不是git repository URL，则从该URL下载context，并将其封装为一个io流——io.Reader，后面的处理与**情况1**相同，只是将STDIN换为了io.Reader。

情况4：其他情况，即context为本地文件或目录的情况。

```
#使用了当前文件夹作为context
$ sudo docker build -t vieux/apache:2.0 .
```

或者

```
#使用/home/me/myapp/dockerfiles/debug作为Dockerfile，并且使用/home/me/myapp作为context
$ cd /home/me/myapp/some/dir/really/deep
$ sudo docker build -f /home/me/myapp/dockerfiles/debug /home/me/myapp
```

如果目录中有.dockerignore文件，则将context中文件名满足其定义的规则的文件都从上传列表中排除，不打包传给Docker daemon。但唯一的例外是.dockerignore文件中若误写入了.dockerignore本身或者Dockerfile，将不会产生作用。如果用户定义了tag，则对其指定的repository和tag进行验证。

完成了相关信息的设置之后，Docker client向Docker server发送POST/build的HTTP请求，包含了所需的context信息。

● **Docker server端**

Docker server接收到相应的HTTP请求后，需要做的工作如下。

(1) 创建一个临时目录，并将context指定的文件系统解压到该目录下。

(2) 读取并解析Dockerfile。

(3) 根据解析出的Dockerfile遍历其中的所有指令，并分发到不同的模块去执行。Dockerfile每条指令的格式均为INSTRUCTION arguments，INSTRUCTION是一些特定的关键词，包括FROM、RUN、USER等，都会映射到不同的parser进行处理。

(4) parser为上述每一个指令创建一个对应的临时容器，在临时容器中执行当前指令，然后通过commit使用此容器生成一个镜像层。

(5) Dockerfile中所有的指令对应的层的集合，就是此次build后的结果。如果指定了tag参数，便给镜像打上对应的tag。最后一次commit生成的镜像ID就会作为最终的镜像ID返回。

3.5.4　Docker 镜像的分发方法

Docker技术兴起的原动力之一，是在不同的机器上创造无差别的应用运行环境。因此，能够方便地实现"在某台机器上导出一个Docker容器并且在另外一台机器上导入"这一操作，就显得非常必要。docker export与docker import命令实现了这一功能。当然，由于Docker容器与镜像的天然联系性，容器迁移的操作也可以通过镜像分发的方式达成，这里可以用到的方法是docker push和docker pull，或者docker save和docker load命令进行镜像的分发，不同的是docker push通过线上Docker Hub的方式迁移，而docker save则是通过线下包分发的方式迁移。

所以，我们不难看到同样是对容器进行持久化操作，直接对容器进行持久化和使用镜像进行持久化的区别在于以下两点。

- ❑ 两者应用的对象有所不同，docker export用于持久化容器，而docker push和docker save用于持久化镜像。
- ❑ 将容器导出后再导入（exported-imported）后的容器会丢失所有的历史，而保存后再加载（saved-loaded）的镜像则没有丢失历史和层，这意味着后者可以通过docker tag命令实现历史层回滚，而前者不行。

更具体一些，我们可以从实现的角度来看一下pull、push、export以及save。

1. pull镜像

Docker的server端收到用户发起的pull请求后，需要做的主要工作如下。

(1) 根据用户命令行参数解析出其希望拉取的repository信息，这里repository可能为tag格式，也可能为digest格式。

(2) 将repository信息解析为RepositryInfo并验证其是否合法。

(3) 根据待拉取的repository是否为official版本以及用户没有配置Docker Mirrors获取endpoint列表，并遍历endpoint，向该endpoint指定的registry发起会话。endpoint偏好顺序为API版本v2>v1，协议https>http。

(4) 如果待拉取的repository为official版本，或者endpoint的API版本为v2，Docker便不再尝试对v1 endpoint发起会话，直接向v2 registry拉取镜像。

(5) 如果向v2 registry拉取镜像失败，则尝试从v1 registry拉取。

下面仅以向v2 registry拉取镜像的过程为例总结一次拉取过程。

(1) 获取v2 registry的endpoint。

(2) 由endpoint和待拉取镜像名创建HTTP会话、获取拉取指定镜像的认证信息并验证API版本。

(3) 如果tag值为空，即没有指定标签，则获取v2 registry中repository的tag list，然后对于tag list中的每一个标签，都执行一次pullV2Tag方法。该方法的功能分成两大部分，一是验证用户请求；

二是当且仅当某一层不在本地时进行拉取这一层文件到本地。

注意 以上描述的是Docker server端对于tag为空的处理流程。需要说明的是，Docker client端在 pull镜像时如果用户没有指定tag，则client会默认使用latest作为tag，即Docker server端会 收到latest这个tag，所以并不会执行以上描述的过程。但如果用户在client端没有指定tag， 而是指定了下载同一个repository所有tag镜像的flag，即-a，那么传给server的tag仍然保持 空，这时候才会执行以上描述的过程。

---

(4) 如果tag值不为空，则只对指定标签的镜像进行上述工作。

2. push镜像

当用户制作了自己的镜像后，希望将它上传至仓库，此时可以通过docker push命令完成该 操作。而在Docker server接收到用户的push请求后的关键步骤如下。

(1) 解析出repository信息。

(2) 获取所有非Docker Mirrors的endpoint列表，并验证repository在本地是否存在。遍历 endpoint，然后发起同registry的会话。如果确认会话对方API版本是v2，则不再对v1 endpoint发起 会话。

(3) 如果endpoint对应版本为v2 registry，则验证被推registry的访问权限，创建V2Pusher，调用 pushV2 Repository方法。这个方法会判断用户输入的repository名字是否含有tag，如果含有，则 在本地repository中获取对应镜像的ID，调用pushV2Tag方法；如果不含有tag，则会在本地repository 中查询对应所有同名repository，对其中每一个获取镜像ID，执行pushV2Tag方法。

(4) 这个方法会首先验证用户指定的镜像ID在本地ImageStore中是否存在。接下来，该方法 会对从顶向下逐个构建一个描述结构体，上传这些镜像层。将这些镜像内容上传完毕后，再将一 份描述文件manifest上传到registry。

(5) 如果镜像不属于上述情况，则Docker会调用pushRepository方法来推送镜像到v1 registry， 并根据待推送的repository和tag信息保证当且仅当某layer在enpoint上不存在时，才上传该layer。

3. docker export命令导出容器

Docker server接收到相应的HTTP请求后，会通过daemon实例调用ContainerExport方法来进 行具体的操作，这个过程的主要步骤如下。

(1) 根据命令行参数（容器名称）找到待导出的容器。

(2) 对该容器调用containerExport()函数导出容器中的所有数据，包括：

❑ 挂载待导出容器的文件系统；
❑ 打包该容器basefs（即graphdriver上的挂载点）下的所有文件。以aufs为例，basefs对应的

　　是aufs/mnt下对应容器ID的目录；

　　□ 返回打包文档的结果并卸载该容器的文件系统。

(3) 将导出的数据回写到HTTP请求应答中。

4. docker save命令保存镜像

Docker client发来的请求由getImagesGet Handler进行处理，该Handler调用ExportImage函数进行具体的处理。

ExportImage会根据imageStore、layerStore、referenceStore构建一个imageExporter，调用其save函数导出所有镜像。

save函数负责查询到所有被要求export的镜像ID（如果用户没有指定镜像标签，会指定默认标签latest），并生成对应的镜像描述结构体。然后生成一个saveSession并调用其save函数来处理所有镜像的导出工作。

save函数会创建一个临时文件夹用于保存镜像json文件。然后循环遍历所有待导出的镜像，对每一个镜像执行saveImage函数来导出该镜像。另外，为了与老版本repository兼容，还会将被导出的repository的名称、标签及ID信息以JSON格式写入到名为repositories的文件中。而新版本中被导出的镜像配置文件名、repository的名称、标签以及镜像层描述信息则是写入到名为manifest.json的文件中。最后执行文件压缩并写入到输出流。

saveImage函数首先根据镜像ID在imageStore中获取image结构体。其次是一个for循环，遍历该镜像RootFS中所有layer，对各个依赖layer进行export工作，即从顶层layer、其父layer及至base layer。循环内的具体工作如下。

(1) 为每个被要求导出的镜像创建一个文件夹，以其镜像ID命名。

(2) 在该文件夹下创建VERSION文件，写入"1.0"。

(3) 在该文件夹下创建json文件，在该文件中写入镜像的元数据信息，包括镜像ID、父镜像ID以及对应的Docker容器ID等。

(4) 在该文件夹下创建layer.tar文件，压缩镜像的filesystem。该过程的核心函数为TarLayer，对存储镜像的diff路径中的文件进行打包。

(5) 对该layer的父layer执行下一次循环。

为了兼容V1版本镜像格式，上述循环保持不变，随后为该镜像生成一份名为$digest_id.json的配置文件，并将配置文件的创建修改时间重置为镜像的创建修改时间。

综上所述，本节从概念阐述与源码分析两个角度深入剖析了镜像技术在Docker架构中的应用，相信读者也对如何与Docker镜像交互有了自己的见解。当然，由于Docker镜像是构建Docker服务的基础，相关的命令还远不只此，等待读者亲手实践。而在上述镜像功能的分析和梳理中其实涉及很多关于镜像文件和目录的操作，这一部分跟底层的存储驱动比如aufs是息息相关的，接下来我们就为读者讲解这部分内容。

3.6 Docker 存储管理

在3.5节中介绍了镜像分层、写时复制机制以及内容寻址存储（content-addressable storage），为了支持这些特性，Docker设计了一套镜像元数据管理机制来管理镜像元数据。另外，为了能够让Docker容器适应不同平台不同应用场景对存储的要求，Docker提供了各种基于不同文件系统实现的存储驱动来管理实际镜像文件。

3.6.1 Docker 镜像元数据管理

Docker镜像在设计上将镜像元数据与镜像文件的存储完全隔离开了。3.5节曾经介绍过与Docker镜像管理相关的概念，包括repository、image、layer。Docker在管理镜像层元数据时，采用的也正是从上至下repository、image、layer三个层次。由于Docker以分层的形式存储镜像，所以repository与image这两类元数据并无物理上的镜像文件与之对应，而layer这种元数据则存在物理上的镜像层文件与之对应。本节将从实现的角度分条介绍Docker如何管理与存储这些概念。

1. repository元数据

在3.5节中提到repository即由具有某个功能的Docker镜像的所有迭代版本构成的镜像库。repository在本地的持久化文件存放于/var/lib/docker/image/some_graph_driver/repositories.json中，结构如下所示：

```
/var/lib/docker/image/aufs# cat repositories.json | python -mjson.tool
{
    "Repositories": {
        "busybox": {
            "busybox:latest":
                "sha256:47bcc53f74dc94b1920f0b34f6036096526296767650f223433fe65c35f149eb"
        },
        "fedora": {
            "fedora:latest":
                "sha256:ddd5c9c1d0f2a08c5d53958a2590495d4f8a6166e2c1331380178af425ac9f3c"
        },
        "ubuntu": {
            "ubuntu:14.04":
                "sha256:90d5884b1ee07f7f791f51bab92933943c87357bcd2fa6be0e82c48411bbb653"
        }
    }
}
```

文件中存储了所有repository的名字（如busybox），每个repository下所有版本镜像的名字和tag（如busybox:latest）以及对应的镜像ID。而referenceStore的作用便是解析不同格式的repository

名字，并管理repository与镜像ID的映射关系。

注意　当前Docker默认采用SHA256算法根据镜像元数据配置文件计算出镜像ID。

---

2. image元数据

image元数据包括了镜像架构（如amd64）、操作系统（如Linux）、镜像默认配置、构建该镜像的容器ID和配置、创建时间、创建该镜像的Docker版本、构建镜像的历史信息以及rootfs组成。其中构建镜像的历史信息和rootfs组成部分除了具有描述镜像的作用外，还将镜像和构成该镜像的镜像层关联了起来。Docker会根据历史信息和rootfs中的diff_ids计算出构成该镜像的镜像层的存储索引chainID，这也是Docker 1.10镜像存储中基于内容寻址的核心技术，详细计算方式将在稍后的章节中叙述。

imageStore则管理镜像ID与镜像元数据之间的映射关系以及元数据的持久化操作，持久化文件位于/var/lib/docker/image/[graph_driver]/imagedb/content/sha256/[image_id]中。

3. layer元数据

layer对应镜像层的概念，在Docker 1.10版本以前，镜像通过一个graph结构管理，每一个镜像层都拥有元数据，记录了该层的构建信息以及父镜像层ID，而最上面的镜像层会多记录一些信息作为整个镜像的元数据。graph则根据镜像ID（即最上层的镜像层ID）和每个镜像层记录的父镜像层ID维护了一个树状的镜像层结构。

在Docker 1.10版本后，镜像元数据管理巨大改变之一便是简化了镜像层的元数据，镜像层只包含一个具体的镜像层文件包。用户在Docker宿主机上下载了某个镜像层之后，Docker会在宿主机上基于镜像层文件包和image元数据，构建本地的layer元数据，包括diff、parent、size等。而当Docker将在宿主机上产生新的镜像层上传到registry时，与新镜像层相关的宿主机上的元数据也不会与镜像层一块打包上传。

Docker中定义了Layer和RWLayper两种接口，分别用来定义只读层和可读写层的一些操作，又定义了roLayer和mountedLayer，分别实现了上述两种接口。其中，roLayer用于描述不可改变的镜像层，mountedLayer用于描述可读写的容器层。

具体来说，roLayer存储的内容主要有索引该镜像层的chainID、该镜像层的校验码diffID、父镜像层parent、graphdriver存储当前镜像层文件的cacheID、该镜像层的大小size等内容。这些元数据的持久化文件位于/var/lib/docker/image /[graph_driver]/layerdb/sha256/[chainID]/文件夹下，其中，diffID和size可以通过一个该镜像层包计算出来；chainID和父镜像层parent需要从所属image元数据中计算得到；而cacheID是在当前Docker宿主机上随机生成的一个uuid，在当前宿主机上与该镜像层一一对应，用于标示并索引graphdriver中的镜像层文件。

在layer的所有属性中，diffID采用SHA256算法，基于镜像层文件包的内容计算得到。而

chainID是基于内容存储的索引，它是根据当前层与所有祖先镜像层diffID计算出来的，具体算法如下。

- 如果该镜像层是最底层（没有父镜像层），该层的diffID便是chainID。
- 该镜像层的chainID计算公式为chainID(n)=SHA256(chain(n-1) diffID(n))，也就是根据父镜像层的chainID加上一个空格和当前层的diffID，再计算SHA256校验码。

mountedLayer存储的内容主要为索引某个容器的可读写层（也叫容器层）的ID（也对应容器的ID）、容器init层在graphdriver中的ID——initID、读写层在graphdriver中的ID——mountID以及容器层的父层镜像的chainID——parent。持久化文件位于/var/lib/docker/image/[graph_driver]/layerdb/mounts/[container_id]/路径下。

3.6.2　Docker 存储驱动

在3.5节中介绍了镜像分层与写时复制机制，为了支持这些特性，Docker提供了存储驱动的接口。存储驱动根据操作系统底层的支持提供了针对某种文件系统的初始化操作以及对镜像层的增、删、改、查和差异比较等操作。目前存储系统的接口已经有aufs、btrfs、devicemapper、vfs、overlay、zfs这6种具体实现，其中vfs不支持写时复制，是为使用volume（Docker提供的文件管理方式，在3.7节将会具体介绍）提供的存储驱动，仅仅做了简单的文件挂载操作；剩下5种存储驱动支持写时复制，它们的实现有一定的相似之处。本节内容将介绍Docker对所有存储驱动的管理方式，并以aufs、overlay和devicemapper为例介绍存储驱动的具体实现。

在启动Docker服务时使用docker daemon -s some_driver_name来指定使用的存储驱动，当然指定的驱动必须被底层操作系统支持。

1. 存储驱动的功能与管理

在3.2节的架构中已经提到，Docker中管理文件系统的驱动为graphdriver。其中定义了统一的接口对不同的文件系统进行管理，在Docker daemon启动时就会根据不同的文件系统选择合适的驱动，本节将针对GraphDriver中的功能进行详细的介绍。

● 存储驱动接口定义

GraphDriver中主要定义了Driver和ProtoDriver两个接口，所有的存储驱动通过实现Driver接口提供相应的功能，而ProtoDriver接口则负责定义其中的基本功能。这些基本功能包括如下8种。

- String()返回一个代表这个驱动的字符串，通常是这个驱动的名字。
- Create()创建一个新的镜像层，需要调用者传进一个唯一的ID和所需的父镜像的ID。
- Remove()尝试根据指定的ID删除一个层。
- Get()返回指定ID的层的挂载点的绝对路径。
- Put()释放一个层使用的资源，比如卸载一个已经挂载的层。

❑ Exists()查询指定的ID对应的层是否存在。

❑ Status()返回这个驱动的状态，这个状态用一些键值对表示。

❑ Cleanup()释放由这个驱动管理的所有资源，比如卸载所有的层。

而正常的Driver接口实现则通过包含一个ProtoDriver的匿名对象实现上述8个基本功能，除此之外，**Driver**还定义了其他4个方法，用于对数据层之间的差异（**diff**）进行管理。

❑ Diff()将指定ID的层相对父镜像层改动的文件打包并返回。

❑ Changes()返回指定镜像层与父镜像层之间的差异列表。

❑ ApplyDiff()从差异文件包中提取差异列表，并应用到指定ID的层与父镜像层，返回新镜像层的大小。

❑ DiffSize()计算指定ID层与其父镜像层的差异，并返回差异相对于基础文件系统的大小。

GraphDriver还提供了naiveDiffDriver结构，这个结构就包含了一个ProtoDriver对象并实现了Driver接口中与差异有关的方法，可以看作Driver接口的一个实现。

综上所述，**Docker**中的任何存储驱动都需要实现上述Driver接口。当我们在**Docker**中添加一个新的存储驱动的时候，可以实现Driver的全部12个方法，或是实现ProtoDriver的8个方法再使用naiveDiffDriver进一步封装。不管那种做法，只要集成了基本存储操作和差异操作的实现，一个存储驱动就算开发完成了。

● ***存储驱动的创建过程***

首先，前面提到的各类存储驱动都需要定义一个属于自己的初始化过程，并且在初始化过程中向GraphDriver注册自己。GraphDriver维护了一个drivers列表，提供从驱动名到驱动初始化方法的映射，这用于将来根据驱动名称查找对应驱动的初始化方法。

而所谓的注册过程，则是存储驱动通过调用GraphDriver提供自己的名字和对应的初始化函数，这样GraphDriver就可以将驱动名和这个初始化方法保存到drivers。

当需要创建一个存储驱动时（比如**aufs**的驱动），GraphDriver会根据名字从drivers中查找到这个驱动对应的初始化方法，然后调用这个初始化函数得到对应的Driver对象。这个创建过程如下所示。

(1) 依次检查环境变量DOCKER_DRIVER和变量DefaultDriver是否提供了合法的驱动名字（比如**aufs**），其中DefaultDriver是从**Docker daemon**启动时的--storage-driver或者-s参数中读出的。获知了驱动名称后，GraphDriver就调用对应的初始化方法，创建一个对应的Driver对象实体。

(2) 若环境变量和配置默认是空的，则GraphDriver会从驱动的优先级列表中查找一个可用的驱动。"可用"包含两个意思：第一，这个驱动曾经注册过自己；第二，这个驱动对应的文件系统被操作系统支持（这个支持性检查会在该驱动的初始化过程中执行）。在**Linux**平台下，目前优先级列表依次包含了这些驱动：**aufs**、**btrfs**、**zfs**、**devicemapper**、**overlay**和**vfs**。

(3) 如果在上述6种驱动中查找不到可用的，则GrapthDriver会查找所用注册过的驱动，找到第一个注册过的、可用的驱动并返回。不过这一设计只是为了将来的可扩展性而存在，用于查找自定义的存储驱动插件，现在有且仅有的上述6种驱动一定会注册自己。

2. 常用存储驱动分析

了解了存储驱动的基本功能与管理方式以后，本节以aufs、devicemapper以及overlay为例，分析存储驱动的实现方式。

1. aufs

首先，让我们来简单认识一下aufs。aufs（advanced multi layered unification filesystem）[①] 是一种支持联合挂载的文件系统，简单来说就是支持将不同目录挂载到同一个目录下，这些挂载操作对用户来说是透明的，用户在操作该目录时并不会觉得与其他目录有什么不同。这些目录的挂载是分层次的，通常来说最上层是可读写层，下层是只读层。所以，aufs的每一层都是一个普通文件系统。

当需要读取一个文件A时，会从最顶层的读写层开始向下寻找，本层没有，则根据层之间的关系到下一层开始找，直到找到第一个文件A并打开它。

当需要写入一个文件A时，如果这个文件不存在，则在读写层新建一个；否则像上面的过程一样从顶层开始查找，直到找到最近的文件A，aufs会把这个文件复制到读写层进行修改。

由此可以看出，在第一次修改某个已有文件时，如果这个文件很大，即使只要修改几个字节，也会产生巨大的磁盘开销。

当需要删除一个文件时，如果这个文件仅仅存在于读写层中，则可以直接删除这个文件；否则就需要先删除它在读写层中的备份，再在读写层中创建一个whiteout文件来标志这个文件不存在，而不是真正删除底层的文件。

当新建一个文件时，如果这个文件在读写层存在对应的whiteout文件，则先将whiteout文件删除再新建。否则直接在读写层新建即可。

那么镜像文件在本地存放在哪里呢？

我们知道Docker的工作目录是**/var/lib/docker**，查看该目录下的内容可以看到如下文件。

```
/var/lib/docker# ls
aufs/  containers/  image/  network/  tmp/  trust/  volumes/
```

如果你正在使用或者曾经使用过aufs作为存储驱动，就会在Docker工作目录和image下发现aufs目录。关于**image/aufs**目录下的内容，本书在前面已经比较详细地介绍过了，是用于存储镜像相关的元数据的，存储逻辑上的镜像和镜像层。

下面一起探究/var/lib/docker下另一个aufs文件夹。

```
/var/lib/docker/aufs# ls
```

---

① 在**aufs version 2**以前，**aufs**是AnotherUnionFS的简称。

```
diff/   layers/   mnt/
```

进入其中可以看到3个目录，其中mnt为aufs的挂载目录，diff为实际的数据来源，包括只读层和可读写层，所有这些层最终一起被挂载在mnt上的目录，layers下为与每层依赖有关的层描述文件。

最初，mnt和layers都是空目录，文件数据都在diff目录下。一个Docker容器创建与启动的过程中，会在/var/lib/docker/aufs下面新建出对应的文件和目录。由于改版后，Docker镜像管理部分与存储驱动在设计上完全分离了，镜像层或者容器层在存储驱动中拥有一个新的标示ID，在镜像层（roLayer）中称为cacheID，容器层（mountedLayer）中为mountID。在Unix环境下，mountID是随机生成的并保存在mountedLayer的元数据mountID中，持久化在image/aufs/layerdb/mounts/[container_id]/mount-id中。由于讲解的是容器创建过程中新创建的读写层，下面以mountID为例。创建一个新镜像层的步骤如下。

(1) 分别在mnt和diff目录下创建与该层的mountID同名的子文件夹。

(2) 在layers目录下创建与该层的mountID同名的文件，用来记录该层所依赖的所有的其他层。

(3) 如果参数中的parent项不为空（这里由于是创建容器，parent就是镜像的最上层），说明该层依赖于其他的层。GraphDriver就需要将parent的mountID写入到该层在layers下对应mountID的文件里。然后GraphDriver还需要在layers目录下读取与上述parent同mountID的文件，将parent层的所有依赖层也复制到这个新创建层对应的层描述文件中，这样这个文件才记录了该层的所有依赖。创建成功后，这个新创建的层的描述文件如下：

```
$ cat /var/lib/docker/aufs/layers/<mountID>
// 父层的ID
f0ce1c53a3d1ed981cf45c92c14711ec3a9929943c2e06128fb62281426c20b6
// 接下来3条是父层的描述文件的全部内容
4fdd0019e2153bc182860fa260495e9cb468b8e7bbe1e0d564fd7750869f9095
40437055b94701b71abefb1e48b6ae585724533b64052f7d72face83fe3b95cd
ff3601714f3169317ed0563ff393f282fbb6ac9a5413d753b70da72881d74975
```

随后GraphDriver会将diff中属于容器镜像的所有层目录以只读方式挂载到mnt下，然后在diff中生成一个以当前容器对应的<mountID>-init命名的文件夹作为最后一层只读层，这个文件夹用于挂载并重新生成如下代码段所列的文件：

```
"/dev/pts":          "dir",
"/dev/shm":          "dir",
"/proc":             "dir",
"/sys":              "dir",
"/.dockerinit":      "file",
"/.dockerenv":       "file",
"/etc/resolv.conf":  "file",
"/etc/hosts":        "file",
"/etc/hostname":     "file",
"/dev/console":      "file",
"/etc/mtab":         "/proc/mounts",
```

可以看到这些文件与这个容器内的环境息息相关，但并不适合被打包作为镜像的文件内容（毕竟文件里的内容是属于这个容器特有的），同时这些内容又不应该直接修改在宿主机文件上，所以Docker容器文件存储中设计了mountID-init这么一层单独处理这些文件。这一层只在容器启动时添加，并会根据系统环境和用户配置自动生成具体的内容（如DNS配置等），只有当这些文件在运行过程中被改动后并且docker commit了才会持久化这些变化，否则保存镜像时不会包含这一层的内容。

所以严格地说，Docker容器的文件系统有3层：可读写层（将来被commit的内容）、init层和只读层。但是这并不影响我们传统认识上可读写层+只读层组成的容器文件系统：因为init层对于用户来说是完全透明的。

接下来会在diff中生成一个以容器对应mountID为名的可读写目录，也挂载到mnt目录下。所以，将来用户在容器中新建文件就会出现在mnt下以mountID为名的目录下，而该层对应的实际内容则保存在diff目录下。

至此我们需要明确，所有文件的实际内容均保存在diff目录下，包括可读写层也会以mountID命名出现在diff目录下，最终会整合到一起联合挂载到mnt目录下以mountID为名的文件夹下。接下来我们统一观察mnt对应的mountID下的变化。

首先让我们看看要运行的镜像对应的容器ID，其容器短ID为"7e7d365e363e"。

```
/var/lib/docker/aufs/mnt# docker ps -a
CONTAINER ID        IMAGE               COMMAND
7e7d365e363e        ubuntu:14.04        "/bin/bash"
```

查看容器层对应mountID为"7e2152451105f352a78421a9f78061bdc8c9895002dcd12f71bf49b7057f2b45"。

```
/var/lib/docker/# cat image/aufs/layerdb/mounts/7e7d365e363e.../mount-id
7e2152451105f352a78421a9f78061bdc8c9895002dcd12f71bf49b7057f2b45
```

再来看看该容器运行前对应的mnt目录，看到对应mountID文件夹下是空的。

```
/var/lib/docker/aufs/mnt# du -h . --max-depth=1 | grep 7e2152451105f
4.0K    ./7e2152451105f352a78421a9f78061bdc8c9895002dcd12f71bf49b7057f2b45
4.0K    ./7e2152451105f352a78421a9f78061bdc8c9895002dcd12f71bf49b7057f2b45-init
```

然后我们启动容器，再次查看对应的mountID文件夹的大小。

```
/var/lib/docker/aufs/mnt# docker start 7e7d365e363e
7e7d365e363e
/var/lib/docker/aufs/mnt# du -h . --max-depth=1 | grep 7e2152451105f
208M    ./7e2152451105f352a78421a9f78061bdc8c9895002dcd12f71bf49b7057f2b45
4.0K    ./7e2152451105f352a78421a9f78061bdc8c9895002dcd12f71bf49b7057f2b45-init
```

可以看到以mountID命名的文件夹变大了，进入可以看到已经挂载了对应的系统文件。

```
/var/lib/docker/aufs/mnt/7e2152451105f<此处省略部分>b45# ls -F
bin/   dev/   home/   lib64/   mnt/   proc/   run/   srv/   tmp/   var/
```

```
boot/  etc/  lib/  media/  opt/  root/  sbin/  sys/  usr/
```

接下来我们进入容器，查看容器状态，并添加一个1GB左右的文件。

```
# docker exec -it 7e7d365e363e /bin/bash
root@7e7d365e363e:/# ls
bin   dev  home  lib64  mnt  proc  run   srv  tmp  var
boot  etc  lib   media  opt  root  sbin  sys  usr
root@7e7d365e363e:~# mkdir test
root@7e7d365e363e:~# cd test/
root@7e7d365e363e:~/test# ls
root@7e7d365e363e:~/test# dd if=/dev/zero of=test.txt bs=1M count=1024
1024+0 records in
1024+0 records out
1073741824 bytes (1.1 GB) copied, 2.983 s, 360 MB/s
root@7e7d365e363e:~/test# du -h test.txt
1.1G    test.txt
```

当我们在容器外查看文件变化时可以看到，以mountID命名的文件夹大小出现了变化，如下所示。

```
/var/lib/docker/aufs/mnt# du -h . --max-depth=1 | grep 7e2152451105f
1.3G    ./7e2152451105f352a78421a9f78061bdc8c9895002dcd12f71bf49b7057f2b45
4.0K    ./7e2152451105f352a78421a9f78061bdc8c9895002dcd12f71bf49b7057f2b45-init
```

我们在容器中生成的文件出现在对应容器对应mountID文件夹中的root文件夹内。而当我们停止容器时，mnt下相应mountID的目录被卸载，而diff下相应文件夹中的文件依然存在。当然，这仅限于当前宿主机，当我们需要迁移容器时，需要把这些内容保存成镜像再操作。

综上所述，以aufs为例的话，Docker镜像的主要存储目录和作用可以通过图3-13来解释。

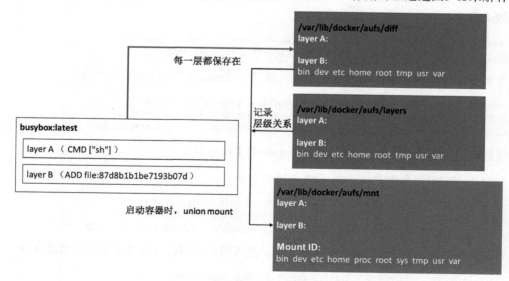

图3-13   Docker镜像在aufs文件系统的组织形式

最后，当我们用docker commit把容器提交成镜像后，就会在diff目录下生成一个新的cacheID命名的文件夹，存放了最新的差异变化文件，这时一个新的镜像层就诞生了。而原来的以mountID为名的文件夹已然存在，直至对应容器被删除。

2. Device Mapper

Device Mapper是Linux 2.6内核中提供的一种从逻辑设备到物理设备的映射框架机制，在该机制下，用户可以很方便地根据自己的需要制定实现存储资源的管理策略[①]。

简单来说，Device Mapper包括3个概念：映射设备、映射表和目标设备，如图3-14所示。映射设备是内核向外提供的逻辑设备。一个映射设备通过一个映射表与多个目标设备映射起来，映射表包含了多个多元组，每个多元组记录了这个映射设备的起始地址、范围与一个目标设备的地址偏移量的映射关系。目标设备可以是一个物理设备，也可以是一个映射设备，这个映射设备可以继续向下迭代。一个映射设备最终通过一棵映射树映射到物理设备上。Device Mapper本质功能就是根据映射关系描述IO处理规则，当映射设备接收到IO请求的时候，这个IO请求会根据映射表逐级转发，直到这个请求最终传到最底层的物理设备上。

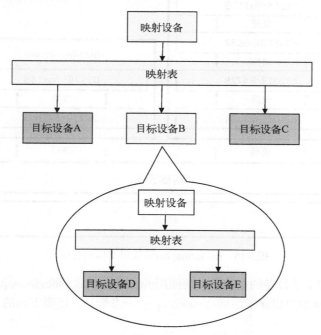

图3-14　Device Mapper机制示意图

Docker下面的devicemapper存储驱动是使用Device Mapper的精简配置（thin-provisioning）和快照（snapshotting）功能实现镜像的分层。这个模块使用了两个块设备（一个用于存储数据，另

①参考自http://www.ibm.com/developerworks/cn/linux/l-devmapper/index.html。

一个用于存储元数据），并将其构建成一个资源池（thin pool）用以创建其他存储镜像的块设备。数据区为生成其他块设备提供资源，元信息存储了虚拟设备和物理设备的映射关系。Copy on Write发生在块存储级别。devicemapper在构建一个资源池后，会先创建一个有文件系统的基础设备，再通过从已有设备创建快照的方式创建新的设备，这些新创建的块设备在写入内容之前并不会分配资源。所有的容器层和镜像层都有自己的块设备，均是通过从其父镜像层创建快照的方式来创建（没有父镜像层的层从基础设备创建快照）。层次结构如图3-15所示。

值得说明的是，devicemapper存储驱动根据使用的两个基础块设备是真正的块设备还是稀疏文件挂载的loop设备分为两种模式，前者称为direct-lvm模式，后者是Docker默认的loop-lvm模式。两种方式对于配置的好的Docker用户来说是完全透明的，驱动层的工作方式也一致，但由于底层存储方式不同导致两者性能差别很大。考虑到loop-lvm不需要额外配置的易用性，Docker将其作为devicemapper的默认模式，但在生产环境中，推荐使用direct-lvm模式。

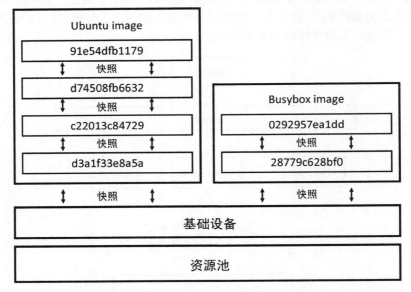

图3-15   devicemapper镜像层结构示意图[1]

在已经创建好两个块设备的基础上，要使用direct-lvm模式的devicemapper存储驱动[2]，需要在Docker daemon启动的时候除了添加-s=devicemapper参数外，还要下列的参数指定存储数据和元数据的块设备。

```
--storage-opt dm.datadev=/path/to/data \
--storage-opt dm.metadatadev=/path/to/metadata
```

[1] https://docs.docker.com/v1.10/engine/userguide/storagedriver/device-mapper-driver。

[2] 详细配置参见https://docs.docker.com/v1.10/engine/userguide/storagedriver/device-mapper-driver/#configure-direct-lvm-mode-for-production。

与aufs一样，如果Docker使用过devicemapper存储驱动，在/var/lib/docker/下会创建devicemapper/以及image/devicemapper目录。同样，image/devicemapper也是存储了镜像和逻辑镜像层的元数据信息。

最终，具体的文件都会存储在/var/lib/docker/devicemapper文件夹下，这个文件夹下有3个子文件夹，其中mnt为设备挂载目录，devicemapper下存储了loop-lvm模式下的两个稀疏文件，metadata下存储了每个块设备驱动层的元数据信息。

以loop-lvm模式为例，在devicemapper实际查看一下，可以看到data是一个100GB的稀疏文件，它包含了所有镜像和容器的实际文件内容，是整个资源池的默认大小①。每一个容器默认被限制在10GB大小的卷内，可以通过重新启动daemon，并添加参数--storage-opt dm.basesize=[size]调整基础块设备的大小，原有镜像层、容器层以及在原有镜像基础上创建的容器层的大小限制不受影响，只有在更改参数后pull下来的镜像的基础上创建的容器才会生效，并且basesize只能比原来的大，否则daemon会报错。

```
[root@centos devicemapper]# ll -h
total 519M
-rw-------. 1 root root 100G 6月  17 09:18 data
-rw-------. 1 root root 2.0G 6月  17 09:18 metadata
```

可以看到，实际占用为519M，当我们再次pull新的镜像或者启动容器在其中增加文件时，基本上只增加了data文件的大小，其他文件并没有变化。

3. overlay

OverlayFS是一种新型联合文件系统（union filesystem），它允许用户将一个文件系统与另一个文件系统重叠（overlay），在上层的文件系统中记录更改，而下层的文件系统保持不变。相比于aufs，OverlayFS在设计上更简单，理论上性能更好，最重要的是，它已经进入Linux 3.18版本以后的内核主线，所以在Docker社区中很多人都将OverlayFS视为aufs的接班人。Docker的overlay存储驱动便建立在OverlayFS的基础上。

OverlayFS主要使用4类目录来完成工作，被联合挂载的两个目录lower和upper，作为统一视图联合挂载点的merged目录，还有作为辅助功能的work目录。作为upper和lower被联合挂载的统一视图，当同一路径的两个文件分别存在两个目录中时，位于上层目录upper中的文件会屏蔽位于下层lower中的文件，如果是同路径的文件夹，那么下层目录中的文件和文件夹会被合并到上层。在对可读写的OverlayFS挂载目录中的文件进行读写删等操作的过程与挂载两层的aufs（下层是只读层，上层是可读写层）是类似的。需要注意的一点是，第一次以write方式打开一个位于下层目录的文件时，OverlayFS会执行一个copy_up将文件从下层复制到上层，与aufs不同的是，

---

① 调整资源池大小方法https://docs.docker.com/v1.11/engine/userguide/storagedriver/device-mapper-driver/#increase-capacity-on-a-running-device。

这个copy_up的实现不符合POSIX标准[①]。OverlayFS在使用上非常简单,首先使用命令lsmod | grep overlay确认内核中是否存在overlay模块,如果不存在,需要升级到3.18以上的内核版本,并使用modprobe overlay加载。然后再创建必要文件夹并执行mount命令即可完成挂载,最后可以通过查看mount命令的输出来确认挂载结果。

```
[root@centos tmp]# mkdir lower upper work merged
[root@centos tmp]# mount -t overlay overlay
-olowerdir=./lower,upperdir=./upper,workdir=./work ./merged
[root@centos tmp]# mount | grep overlay
overlay on /tmp/merged type overlay (rw,relatime,lowerdir=./lower,upperdir=./upper,workdir=./work)
```

在了解了OverlayFS的原理后,下面介绍一下Docker的overlay存储驱动是如何实现的。

首先请读者直观感受一下overlay的目录结构。overlay存储驱动的工作目录是/var/lib/docker/overlay/,在本书的实验环境中,该存储驱动下共存储了两个镜像与一个容器。

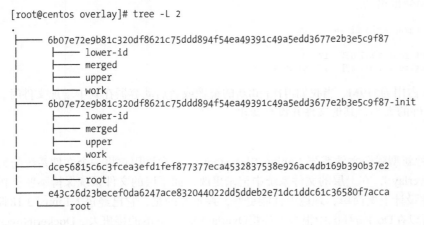

```
[root@centos overlay]# tree -L 2
.
├── 6b07e72e9b81c320df8621c75ddd894f54ea49391c49a5edd3677e2b3e5c9f87
│   ├── lower-id
│   ├── merged
│   ├── upper
│   └── work
├── 6b07e72e9b81c320df8621c75ddd894f54ea49391c49a5edd3677e2b3e5c9f87-init
│   ├── lower-id
│   ├── merged
│   ├── upper
│   └── work
├── dce56815c6c3fcea3efd1fef877377eca4532837538e926ac4db169b390b37e2
│   └── root
└── e43c26d23becef0da6247ace832044022dd5ddeb2e71dc1ddc61c36580f7acca
    └── root

12 directories, 2 files
```

读者可以清楚地看到overlay目录下面以UUID命名的文件夹下的目录结构分为两种,一种是只有root目录的,另一种则有3个文件夹和一个文件lower-id。根据UUID中是否带-init后缀以及UUID名,很容易能判断出来,前者是镜像层的目录,后者是容器层(包括init层)的目录。读者可能会觉得比较奇怪,为什么镜像层与容器层要采用不同的目录结构。前面介绍OverlayFS原理是将一层目录重叠于另一层目录之上,也就是说OverlayFS文件系统只会涉及两个目录,而Docker镜像却可能有许多层[②]。为了解决这种不对应的情况,overlay存储驱动在存储镜像层的时候,会把父镜像层的内容"复制"到当前层,然后再写入当前层,为了节省存储空间,在"复制"的过程中,普通文件是采用硬链接的方式链接到父镜像层对应文件,其他类型的文件或文件夹则是按照原来的内容重新创建。所以上层镜像层拥有其依赖镜像层的所有文件,而最上面的镜像层则拥

---

① 内容参考自OverlayFS设计文档https://www.kernel.org/doc/Documentation/filesystems/overlayfs.txt。
② 大多数存储驱动设定的上限是128层。

有了整个镜像的文件系统，这也是为什么镜像层对应的目录中只有一个root文件夹。

至于另一种目录结构，细心的读者可能已经参照上面介绍OverlayFS工作的4种目录找到了对应关系。upper对应上层目录，merged对应挂载点目录，work对应辅助工作（比如copy_up操作需要用到）目录，但lower-id却是一个文件，里面记录了该容器层所属容器的镜像最上面镜像层的cache-id，在本书上面的实验环境中，lower-id内记录的是e43c26d23b<省略部分...>acca，Docker使用该cache-id找到所依赖镜像层的root目录作为下层目录。

在准备最上层可读写容器层的时候，会将init层的lower-id与upper目录中的内容全部复制到容器层中。最后为容器准备rootfs时，将对应的4种文件夹联合挂载即可。下面通过在容器里面新建一个文件，然后在存储驱动对应目录中查看，请读者直观感受一下具体的文件存储位置。

```
[root@centos overlay]# docker exec ee010c656c88 sh -c "echo 'Hello ZJU-SEL' > /root/SEL-TEST"
[root@centos overlay]# cat 6b07e72e9<省略部分...>9f87/merged/root/SEL-TEST
Hello ZJU-SEL
[root@centos overlay]# cat 6b07e72e9<省略部分...>9f87/upper/root/SEL-TEST
Hello ZJU-SEL
```

最后需要说明一下，虽然overlay存储驱动曾经一度被提议提升为默认驱动[①]，但其本身仍是一个发展相对初级的存储驱动，用户需要谨慎在生产环境中使用。相对于aufs，除了本节开始提到的优点之外，由于OverlayFS只实现了POSIX标准的子集（例如copy-up等操作不符合POSIX标准），在运行在overlay存储驱动上的容器中直接执行yum命令会出现问题；另外一点就是，在使用overlay存储驱动时会消耗大量的inode，尤其是对于本地镜像和容器比较多的用户，而inode只能在创建文件系统的时候指定[②]。

本节讨论了Docker对镜像元数据、文件系统的管理方法并介绍了3种典型存储驱动的具体实现。用户在使用Docker的时候，可以根据自己的需求和底层操作系统的支持情况灵活地选择最合适的存储驱动。

3.7　Docker 数据卷

在3.5节已经提到，Docker的镜像是由一系列的只读层组合而来的，当启动一个容器时，Docker加载镜像的所有只读层，并在最上层加入一个读写层。这个设计使得Docker可以提高镜像构建、存储和分发的效率，节省了时间和存储空间，然而也存在如下问题。

- ❏ 容器中的文件在宿主机上存在形式复杂，不能在宿主机上很方便地对容器中的文件进行访问。

[①] 最后由于overlay一些关键问题没有解决以及Issue里面还存在许多相关的bug，提议未被接纳。参见https://github.com/docker/docker/pull/12354。

[②] Docker社区有打算采用OverlayFS挂载多个下层目录的特性构建新的overlay存储驱动，该PR理论上可以解决inode消耗过多的问题：https://github.com/docker/docker/pull/22126。

□ 多个容器之间的数据无法共享。

□ 当删除容器时，容器产生的数据将丢失。

为了解决这些问题，Docker引入了数据卷（volume）机制[①]。volume是存在于一个或多个容器中的特定文件或文件夹，这个目录以独立于联合文件系统的形式在宿主机中存在，并为数据的共享与持久化提供以下便利。

□ volume在容器创建时就会初始化，在容器运行时就可以使用其中的文件。

□ volume能在不同的容器之间共享和重用。

□ 对volume中数据的操作会马上生效。

□ 对volume中数据的操作不会影响到镜像本身。

□ volume的生存周期独立于容器的生存周期，即使删除容器，volume仍然会存在，没有任何容器使用的volume也不会被Docker删除。

Docker提供了volumedriver接口，通过实现该接口，我们可以为Docker容器提供不同的volume存储支持。当前官方默认实现了local这种volumedriver，它使用宿主机的文件系统为Docker容器提供volume。本节接下来的讨论都将默认针对local这种volumedriver。

3.7.1　数据卷的使用方式

为容器添加volume，类似于Linux的mount操作，用户将一个文件夹作为volume挂载到容器上，可以很方便地将数据添加到容器中供其中的进程使用。多个容器可以共享同一个volume，为不同容器之间的数据共享提供了便利。

1. 创建volume

Docker1.9版本引入了新的子命令，即docker volume。用户可以使用这个命令对volume进行创建、查看和删除，与此同时，传统的-v参数创建volume的方式也得到了保留。

用户可以使用docker volume create创建一个volume，以下命令创建了一个指定名字的volume。

```
$ sudo docker volume create --name vol_simple
```

说明　Docker当前并未对volume的大小提供配额管理，用户在创建volume时也无法指定volume的大小。在用户使用Docker创建volume时，由于采用的是默认的local volumedriver，所以volume的文件系统默认使用宿主机的文件系统，如果用户需要创建其他文件系统的volume，则需要使用其他的volumedriver。

---

① 参考自Docker官方对volume的定义：https://docs.docker.com/v1.10/engine/userguide/containers/dockervolumes/。

用户在使用docker run 或docker create创建新容器时，也可以使用-v标签为容器添加volume，以下命令创建了一个随机名字的volume，并挂载到容器中的/data目录下。

```
$ sudo docker run -d -v /data ubuntu /bin/bash
```

以下命令创建了一个指定名字的volume，并挂载到容器中的/data目录下。

```
$ sudo docker run -d -v vol_simple:/data ubuntu /bin/bash
```

Docker在创建volume的时候会在宿主机/var/lib/docker/volume/中创建一个以volume ID为名的目录，并将volume中的内容存储在名为_data的目录下。

使用docker volume inspect命令可以获得该volume包括其在宿主机中该文件夹的位置等信息。

```
$ sudo docker volume inspect vol_simple
[
    {
        "Name": "vol_simple",
        "Driver": "local",
        "Mountpoint": "/var/lib/docker/volumes/vol_simple/_data"
    }
]
```

2. 挂载volume

用户在使用docker run 或docker create创建新容器时，可以使用-v标签为容器添加volume。用户可以将自行创建或者由Docker创建的volume挂载到容器中，也可以将宿主机上的目录或者文件作为volume挂载到容器中。下面分别介绍这两种挂载方式。

用户可以使用如下命令创建volume，并将其创建的volume挂载到容器中的/data目录下。

```
$ sudo docker volume create --name vol_simple
$ sudo docker run -d -v vol_simple: /data ubuntu /bin/bash
```

如果用户不执行第一条命令而直接执行第二条命令的话，Docker会代替用户来创建一个名为vol_simple的volume，并将其挂载到容器中的/data目录下。

用户也可以使用如下命令创建一个随机ID的volume，并将其挂载到/data目录下。

```
$ sudo docker run -d -v /data ubuntu /bin/bash
```

以上命令都是将自行创建或者由Docker创建的volume挂载到容器中。Docker同时也允许我们将宿主机上的目录挂载到容器中。

```
$ sudo docker run -v /host/dir:/container/dir ubuntu /bin/bash
```

使用以上命令将宿主机中的/host/dir文件夹作为一个volume挂载到容器中的/container/dir。文件夹必须使用绝对路径，如果宿主机中不存在/host/dir，将创建一个空文件夹。在/host/dir文件夹中的所有文件或文件夹可以在容器的/container/dir文件夹下被访问。如果镜像中原本存在

/container/dir文件夹，该文件夹下原有的内容将被隐藏，以保持与宿主机中的文件夹一致。

用户还可以将单个的文件作为volume挂载到容器中。

```
$ sudo docker run -it --name vol_file  -v /host/file:/container/file ubuntu /bin/bash
```

使用上条命令将主机中的/host/file文件作为一个volume挂载到容器中的/container/file。文件必须使用绝对路径，如果文件中不存在/host/file，则Docker会创建一个同名空目录。挂载后文件内容与宿主机中的文件一致，也就是说如果容器中原本存在/container/file，该文件将被隐藏。

将主机上的文件或文件夹作为volume挂载时，可以使用:ro指定该volume为只读。

```
$ sudo docker run -it --name vol_read_only  -v /host/dir:/container/dir:ro ubuntu /bin/bash
```

类似于SELinux这类的标签系统，可以在volume挂载时使用z和Z来指定该volume是否可以共享。Docker中默认的是z，即共享该volume。用户也可以在挂载时使用Z来标注该volume为私有数据卷。

```
$ sudo docker run -it --name vol_unshared  -v /host/dir:/container/dir:Z ubuntu /bin/bash
```

在使用docker run 或docker create创建新容器时，可以使用多个-v标签为容器添加多个volume。

```
$ sudo docker run -it --name vol_mult -v /data1 -v /data2 -v /host/dir:/container/dir ubuntu /bin/bash
```

3. 使用Dockerfile添加volume

使用VOLUME指令向容器添加volume。

```
VOLUME /data
```

在使用docker build命令生成镜像并且以该镜像启动容器时会挂载一个volume到/data。与上文中vol_simple例子类似，如果镜像中存在/data文件夹，这个文件夹中的内容将全部被复制到宿主机中对应的文件夹中，并且根据容器中的文件设置合适的权限和所有者。

类似地，可以使用VOLUME指令添加多个volume。

```
VOLUME ["/data1", "/data2"]
```

与使用docker run -v不同的是，VOLUME指令不能挂载主机中指定的文件夹。这是为了保证Dockerfile的可移植性，因为不能保证所有的宿主机都有对应的文件夹。

需要注意的是，在Dockerfile中使用VOLUME指令之后的代码，如果尝试对这个volume进行修改，这些修改都不会生效。在下面的例子中，在创建volume后，尝试在其中添加一些初始化的文件并改变文件所有权[①]。

---

① 参考自http://container-solutions.com/2014/12/understanding-volumes-docker/。

```
FROM ubuntu
RUN useradd foo
VOLUME /data
RUN touch /data/file
RUN chown -R foo:foo /data
```

通过这个Dockerfile创建镜像并启动容器后，该容器中存在用户foo，并且能看到在/data挂载的volume，但是/data文件夹内并没有文件file，更别说file的所有者并没有被改变为foo。这是由于Dockerfile中除了FROM指令的每一行都是基于上一行生成的临时镜像运行一个容器，执行一条指令并执行类似docker commit的命令得到一个新的镜像，这条类似docker commit的命令不会对挂载的volume进行保存。所以上面的Dockerfile最后两行执行时，都会在一个临时的容器上挂载/data，并对这个临时的volume进行操作，但是这一行指令执行并提交后，这个临时的volume没有被保存，我们通过最后生成的镜像创建的容器所挂载的volume是没有操作过的。

如果想要对volume进行初始化或者改变所有者，可以使用以下方式。

```
FROM ubuntu
RUN useradd foo
RUN mkdir /data && touch /data/file
RUN chown -R foo:foo /data
VOLUME /data
```

通过这个Dockerfile创建镜像并启动容器后，volume的初始化是符合预期的，这是由于在挂载volume时，/data已经存在，/data中的文件以及它们的权限和所有者设置会被复制到volume中。

此外，与RUN指令在镜像构建过程中执行不同，CMD指令和ENTRYPOINT指令是在容器启动时执行，使用如下Dockerfile也可以达到对volume初始化的目的。

```
FROM ubuntu
RUN useradd foo
VOLUME /data
CMD touch /data/file && chown -R foo:foo /data
```

4. 共享volume (--volumes-from)

在使用docker run或docker create创建新容器时，可以使用--volumes-from标签使得容器与已有的容器共享volume。

```
$ sudo docker run --rm -it --name vol_use --volumes-from vol_simple ubuntu /bin/bash
```

新创建的容器vol_use与之前创建的容器vol_simple共享volume，这个volume目的目录也是/data。如果被共享的容器有多个volume（如上文中出现的vol_mult），新容器也将有多个volume，并且其挂载的目的目录也与vol_mult中的相同。

可以使用多个--volumes-from标签，使得容器与多个已有容器共享volume。

```
$ sudo docker run --rm -it --name vol_use_mult --volumes-from vol_1 --volumes-from vol_2 ubuntu /bin/bash
```

一个容器挂载了一个 volume，即使这个容器停止运行，该 volume 仍然存在，其他容器也可以使用 --volumes-from 与这个容器共享 volume。如果有一些数据，比如配置文件、数据文件等，要在多个容器之间共享，一种常见的做法是创建一个数据容器，其他的容器与之共享 volume。

```
$ sudo docker run --name vol_data -v /data ubuntu echo "This is a data-only container"
$ sudo docker run -it --name vol_share1 --volumes-from vol_data ubuntu /bin/bash
$ sudo docker run -it --name vol_share2 --volumes-from vol_data ubuntu /bin/bash
```

上述命令首先创建了一个挂载了 volume 的数据容器 vol_data，这个容器仅仅输出了一条提示后就停止运行以避免浪费资源。接下来的两个容器 vol_share1 和 vol_share2 与这个数据容器共享这个 volume。这样就将两个需要共享数据的容器进行了较好的解耦，避免了容器之间因为共享数据而产生相互依赖。

5. 删除 volume

如果创建容器时从容器中挂载了 volume，在 /var/lib/docker/volumes 下会生成与 volume 对应的目录，使用 docker rm 删除容器并不会删除与 volume 对应的目录，这些目录会占据不必要的存储空间，即使可以手动删除，因为有些随机生成的目录名称是无意义的随机字符串，要知道它们是否与未被删除的容器对应也十分麻烦。所以在删除容器时需要对容器的 volume 妥善处理。在删除容器时一并删除 volume 有以下 3 种方法。

- 使用 docker volume rm <volume_name> 删除 volume。
- 使用 docker rm -v <container_name> 删除容器。
- 在运行容器时使用 docker run --rm，--rm 标签会在容器停止运行时删除容器以及容器所挂载的 volume。

需要注意的是，在使用 docker volume rm 删除 volume 时，只有当没有任何容器使用该 volume 的时候，该 volume 才能成功删除。另外两种方法只会对挂载在该容器上的未命名的 volume 进行删除，而会对用户指定名字的 volume 进行保留。

如果 volume 是在创建容器时从宿主机中挂载的，无论对容器进行任何操作都不会导致其在宿主机中被删除，如果不需要这些文件，只能手动删除它们。

6. 备份、恢复或迁移 volume

volume 作为数据的载体，在很多情况下需要对其中的数据进行备份、迁移，或是从已有数据恢复。以上文中创建的容器 vol_simple 为例，该容器在 /data 挂载了一个 volume。如果需要将这里面的数据备份，一个很容易想到的方法是使用 docker inspect 命令查找到 /data 在宿主机上对应的文件夹位置，然后复制其中的内容或是使用 tar 进行打包；同样地，如果需要恢复某个 volume 中的数据，可以查找到 volume 对应的文件夹，将数据复制进这个文件夹或是使用 tar 从存档文件中恢复。这些做法可行但并不值得推荐，下面推荐一个用 --volumes-from 实现的 volume 的备份与恢复方法。

备份volume可以使用以下方法。

```
$ sudo docker run --rm --volumes-from vol_simple -v $(pwd):/backup ubuntu tar cvf /backup/data.tar /data
```

vol_simple容器包含了我们希望备份的一个volume，上面这行命令启动了另外一个临时的容器，这个容器挂载了两个volume，第一个volume来自于vol_simple容器的共享，也就是需要备份的volume，第二个volume将宿主机的当前目录挂载到容器的/backup下。容器运行后将要备份的内容（/data文件夹）备份到/backup/data.tar，然后删除容器，备份后的data.tar就留在了当前目录。

恢复volume可以使用以下方法。

```
$ sudo docker run -it --name vol_bck -v /data ubuntu /bin/bash
$ sudo docker run --rm --volumes-from vol_bck -v $(pwd):/backup ubuntu tar xvf /backup/data.tar -C /
```

首先运行了一个新容器作为数据恢复的目标。第二行指令启动了一个临时容器，这个容器挂载了两个volume，第一个volume与要恢复的volume共享，第二个volume将宿主机的当前目录挂载到容器的/backup下。由于之前备份的data.tar在当前目录下，那么它在容器中的/backup也能访问到，容器启动后将这个存档文件中的/data恢复到根目录下，然后删除容器，恢复后的数据就在vol_bck的volume中了。

3.7.2 数据卷原理解读

在直观地了解了volume的使用方法之后，本节将深入到源码中分析volume的具体工作原理。

前面已经提到，Docker的volume的本质是容器中一个特殊的目录。在容器的创建过程中，Docker会将宿主机上的指定目录（一个以volume ID为名称的目录，或者指定的宿主机目录）挂载到容器中指定的目录上，这里使用的挂载方法是绑定挂载（bind mount），故挂载完成后的宿主机目录和容器内的目标目录表现一致。

例如，用户执行docker run -v /data busybox /bin/sh指定容器里的/data目录为一个volume，实际上相当于在创建容器的过程中在容器里执行如下代码：

```
// 将宿主机上的volume_id目录绑定挂载到rootfs中指定的挂载点/data上
mount("/var/lib/docker/volumes/volume_id/_data", "rootfs/data", "none", MS_BIND, NULL)
```

而如果用户执行的是docker run -v /var/log:/data busybox /bin/sh的话，则实际对应了：

```
// 将宿主机上的/var/log目录绑定挂载到rootfs中指定的挂载点/data上
mount("/var/log", "rootfs/data", "none", MS_BIND, NULL)
```

所以接下来，在处理完所有的mount操作之后（真正需要Docker容器挂载的除了volume目录还包括rootfs，init-layer里的内容，/proc设备等），Docker只需要通过chdir和pivot_root切换进程的根目录到rootfs中，这样容器内部进程就只能看见以rootfs为根的文件内容以及被mount到rootfs之下的各项目录了。例如，下面的data目录就是生成出来的volume挂载点了：

```
root@in_the_container:/# ls
bin boot data dev etc home lib lib64 media mnt opt proc root run sbin srv sys tmp usr
var
```

在了解了以上原理之后，我们就不难知道，Docker daemon在为容器挂载目录的过程中着重处理的事情就是如何组装出合适的mount指令，而在源码中，挂载点这个结构体中则包含了组装mount命令所有需要的信息。本节接下来将进行详解介绍。

1. 创建volume

不论用户使用什么方式创建或运行一个带volume的容器，volume的来源只有两种，即用户通过命令行指定的绑定挂载和从其他容器共享。

所以，Docker首先需要根据用户指定的volume类型，判断并新建对应的挂载点。Docker在创建volume的过程中主要进行了如下操作。

- ❑ 解析参数并生成参数列表，每一个参数描述了一个volume和容器的对应关系或是一个容器与其他容器共享volume的情况。
- ❑ 初始化并使用参数列表中的参数生成挂载点列表，这一过程在创建容器时执行，即在宿主机和容器文件目录下创建上述挂载点中所需的路径。
- ❑ 将挂载点列表传递给libcontainer，按照挂载点列表中指定的路径、mount参数、读写标志执行所有的mount操作，完成从宿主机到容器内挂载点的映射，这一过程在容器启动时才会执行。

如上所述，volume的创建依照容器启动的过程可以很明显地分为两个阶段。第一阶段为容器创建阶段，Docker根据两种不同的volume来源组装挂载点列表。第二阶段为容器启动阶段，libcontainer使用组装好的挂载点列表进行mount操作，完成volume的创建。

下面先对容器创建阶段中，两种不同来源volume的挂载点组装进行详细解释。

对用户通过命令行指定的绑定挂载，Docker会从用户输入的参数中解析出宿主机上源目录路径（可选）、volume的名字（可选）、容器内挂载位置、挂载模式（可选）这这几个变量，并且会对挂载位置是否为绝对路径进行检查。

在对用户输入的参数进行解析后，如果用户没有指定volume的名字，则会生成一个随机的volume名字。而Docker会负责维护一个本地的volume列表，该列表中存储了所有本地有名字的volume，列表的键为volume的名字，值为volume的存储路径和驱动名称。如果用户指定了volume的名字，那么Docker会在volume列表中查找是否已经有对应的volume。若Docker没有在volume列表中找到对应的volume，Docker会创建一个以此名字命名的volume，并将该volume加入到Docker维护的volume列表中，然后创建一个新的挂载点。如果找到了对应的volume，则将其中的信息复制到新创建的挂载点中（主要信息为volume的源地址）。

Docker为每一个容器都维护着如下所示的挂载点组成的列表，在这个挂载点中填写上述宿主机上源目录路径、容器内挂载位置、读写权限等信息。

```
type MountPoint struct {
    Source        string      // 源目录
    Destination   string      // 目的目录
    RW            bool        // 是否可写
    Name          string      // volume的名字
    Driver        string      // volume driver的名字
    Volume        Volume      // 该挂载点所对应的本地volume信息
    Mode          string      // 挂载的模式
    Propagation   string      // 挂载的拓展选项
    Named         bool        // 该挂载点是否被命名
}
```

表3-2中详细解释了不同参数所得到的挂载点的主要字段，以帮助读者更好地解释理解绑定挂载的参数解释过程。

对于共享的volume，Docker从输入参数中解析出“volume容器ID”“是否可读”两个变量。接着根据容器ID查找到对应的容器对象Container，然后根据该对象中volumes数组复制并创建新的挂载点，并加入到上面提到的挂载点列表中。

表3-2 不同参数所得到的挂载点的主要字段

成　员	-v vol_simple:/containerdir	-v /containerdir	-v /hostdir:/containerdir:ro
Source	/var/lib/docker/volumes/vol_simple/_data	/var/lib/docker/volumes/随机ID/_data	/hostdir
Destination	/containerdir	/containerdir	/containerdir
RW	true	true	false
Name	vol_simple	随机ID	nill
Named	true	false	false

从两种不同方式得到挂载点之后，两种不同的volume来源则被统一成为格式相同的挂载点，那么Docker就无需关心这个volume从何而来，只需读取挂载点列表中的各个挂载点中的信息，就可以完成绑定挂载。这个过程发生在容器启动阶段。下面对其进行详细的介绍。

首先，Docker会根据目的目录的级数对挂载点列表中的挂载点进行排序，来确保正确的挂载顺序，以确保挂载操作不会存在覆盖，如避免目的目录/container/dir对目标目录/container的覆盖。然后Docker将挂载点改装成libcontainer可以识别的格式，并将其中的Device字段指定为bind。接下来Docker将新的挂载点列表传递给libcontainer。每一个列表项的格式如下所示。

```
Source:             m.Source,
Destination:        m.Destination,
Device:             "bind",
Flags:              flags,
PropagationFlags:   pFlags,
```

其中挂载的源是宿主机上的路径，目标是容器中的路径，并设置对应的读写权限和拓展选项。这个列表项就是最终组装好的一个mount指令所需的参数，所以对libcontainer而言，挂载点列表不再存在，只需要按照上述参数执行mount命令就可以完成volume的挂载了。

2. 删除volume

删除volume主要有前面提到的两种方法，第一，使用docker volume rm命令进行删除，第二，使用docker run --rm和docker rm -v在删除容器时删除所关联的volume。

使用第一种方式删除volume时，Docker首先会检查是否还有容器在使用这个volume，如果这个volume还被其他容器所使用，则返回错误信息，并终止删除。如果没有容器在使用这个volume，那么Docker会将这个volume在宿主机上对应的目录删除，并删除其维护的本地volume列表中的相关信息。

在使用第二种方式进行volume删除时，其volume的删除过程与第一种类似，不过需要注意的是，这种删除的方式会过滤掉挂载点中Named字段为true的volume，也就是说这种方式并不会对命名的volume进行删除。

3. volume相关的配置文件

Docker的每个容器在/var/lib/docker/containers文件夹下有一个以容器ID命名的子文件夹，这个子文件夹中的config.json文件是这个容器的配置文件，可以从中看到这个容器所使用的volume ID以及它们的可写情况。如果你要查看volume的具体信息，你可以在/var/lib/docker/volumes文件夹下找与volume ID或者volume名字命名的子文件夹，这个子文件夹中的_data目录存储了该volume中的所有内容。

本节介绍了volume这一Docker对数据管理的机制，重点讨论了对volume的创建、共享、删除的操作方法和技巧，并对背后的原理进行了简单的分析。在介绍完存储之后，下一节将开始分析Docker的网络管理机制。

3.8   Docker 网络管理

虚拟化技术是云计算的主要推动技术，而相较于服务器虚拟化及存储虚拟化的不断突破和成熟，网络虚拟化似乎有些跟不上节奏，成为目前云计算发展的一大瓶颈。Docker作为云计算领域的一颗耀眼新星，彻底释放了轻量级虚拟化的威力，使得计算资源的利用率提升到了一个新的层次，大有取代虚拟机的趋势。同时在前文提及，Docker借助强大的镜像技术，让应用的分发、部署与管理变得异常便捷。那么，Docker的网络功能又如何，能否满足各种场景的需求？本节就将介绍Docker网络的功能和实现方式。

3.8.1   Docker 网络基础

在深入Docker内部的网络实现原理之前，先从一个用户的角度来直观感受一下Docker的网络架构与基本操作。

1. Docker网络架构

Docker在1.9版本中引入了一整套的docker network子命令和跨主机网络支持。这允许用户可以根据他们应用的拓扑结构创建虚拟网络并将容器接入其所对应的网络。其实，早在Docker1.7版本中，网络部分代码就已经被抽离并单独成为了Docker的网络库，即libnetwork。在此之后，容器的网络模式也被抽象变成了统一接口的驱动。

为了标准化网络驱动的开发步骤和支持多种网络驱动，Docker公司在libnetwork中使用了CNM（Container Network Model）。CNM定义了构建容器虚拟化网络的模型，同时还提供了可以用于开发多种网络驱动的标准化接口和组件。

libnetwork和Docker daemon及各个网络驱动的关系可以通过图3-16进行形象的表示。

如图3-16所示，Docker daemon通过调用libnetwork对外提供的API完成网络的创建和管理等功能。libnetwork中则使用了CNM来完成网络功能的提供。而CNM中主要有沙盒（sandbox）、端点（endpoint）和网络（network）这3种组件。libnetwork中内置的5种驱动则为libnetwork提供了不同类型的网络服务。下面分别对CNM中的3个核心组件和libnetwork中的5种内置驱动进行介绍。

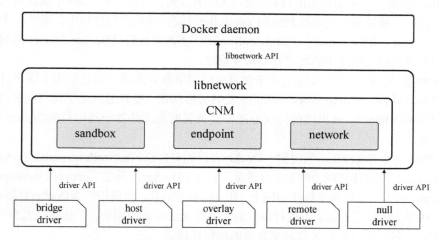

图3-16　Docker网络虚拟化架构

CNM中的3个核心组件如下。

❑ **沙盒**：一个沙盒包含了一个容器网络栈的信息。沙盒可以对容器的接口、路由和DNS设置等进行管理。沙盒的实现可以是Linux network namespace、FreeBSD Jail或者类似的机制。一个沙盒可以有多个端点和多个网络。

❑ **端点**：一个端点可以加入一个沙盒和一个网络。端点的实现可以是veth pair、Open vSwitch内部端口或者相似的设备。一个端点只可以属于一个网络并且只属于一个沙盒。

❑ **网络**：一个网络是一组可以直接互相联通的端点。网络的实现可以是Linux bridge、VLAN

等。一个网络可以包含多个端点。

libnetwork中的5种内置驱动如下。

- □ bridge驱动。此驱动为Docker的默认设置，使用这个驱动的时候，libnetwork将创建出来的Docker容器连接到Docker网桥上（Docker网桥稍后会做介绍）。作为最常规的模式，bridge模式已经可以满足Docker容器最基本的使用需求了。然而其与外界通信使用NAT，增加了通信的复杂性，在复杂场景下使用会有诸多限制。

- □ host驱动。使用这种驱动的时候，libnetwork将不为Docker容器创建网络协议栈，即不会创建独立的network namespace。Docker容器中的进程处于宿主机的网络环境中，相当于Docker容器和宿主机共用同一个network namespace，使用宿主机的网卡、IP和端口等信息。但是，容器其他方面，如文件系统、进程列表等还是和宿主机隔离的。host模式很好地解决了容器与外界通信的地址转换问题，可以直接使用宿主机的IP进行通信，不存在虚拟化网络带来的额外性能负担。但是host驱动也降低了容器与容器之间、容器与宿主机之间网络层面的隔离性，引起网络资源的竞争与冲突。因此可以认为host驱动适用于对于容器集群规模不大的场景。

- □ overlay驱动。此驱动采用IETF标准的VXLAN方式，并且是VXLAN中被普遍认为最适合大规模的云计算虚拟化环境的SDN controller模式。在使用的过程中，需要一个额外的配置存储服务，例如Consul、etcd或ZooKeeper。还需要在启动Docker daemon的的时候额外添加参数来指定所使用的配置存储服务地址。

- □ remote驱动。这个驱动实际上并未做真正的网络服务实现，而是调用了用户自行实现的网络驱动插件，使libnetwork实现了驱动的可插件化，更好地满足了用户的多种需求。用户只要根据libnetwork提供的协议标准，实现其所要求的各个接口并向Docker daemon进行注册。

- □ null驱动。使用这种驱动的时候，Docker容器拥有自己的network namespace，但是并不为Docker容器进行任何网络配置。也就是说，这个Docker容器除了network namespace自带的loopback网卡外，没有其他任何网卡、IP、路由等信息，需要用户为Docker容器添加网卡、配置IP等。这种模式如果不进行特定的配置是无法正常使用的，但是优点也非常明显，它给了用户最大的自由度来自定义容器的网络环境。

在初步了解了libnetwork中各个组件和驱动后，为了帮助读者更加深入地理解libnetwork中的CNM模型和熟悉docker network子命令的使用，这里介绍一个libnetwork官方GitHub上示例的搭建过程，并在搭建成功后对其中容器之间的连通性进行验证，如图3-17所示。

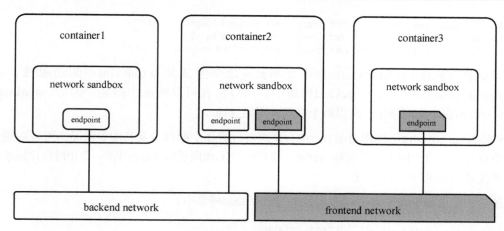

图3-17　CNM主要组件示例图[①]

在这个例子中，使用Docker默认的**bridge**驱动进行演示。在此例中，会在Docker上组成一个网络拓扑的应用。

- ❑ 它有两个网络，其中**backend network**为后端网络，**frontend network**则为前端网络，两个网络互不联通。
- ❑ 其中container1和container3各拥有一个端点，并且分别加入到后端网络和前端网络中。而container2则有两个端点，图3-17它们两个分别加入到后端网络和前端网络中。

通过以下命令分别创建名为**backend**和**frontend**的两个网络。

```
$ sudo docker network create backend
$ sudo docker network create frontend
```

使用`docker network ls`可以查看这台主机上所有的Docker网络。

```
NETWORK ID          NAME            DRIVER
97b529e88db9        backend         bridge
c2c8c87e975f        frontend        bridge
fded32c2349a        bridge          bridge
93606ac66fdb        none            null
5b4c9f6ce4d5        host            host
```

除了刚才创建的**backend**和**frontend**之外，还有3个网络。这3个网络是**Docker daemon**默认创建的，分别使用了3种不同的驱动，而这3种驱动则对应了**Docker**原来的3种网络模式，这个在后面做详细讲解。需要注意的是，3种内置的默认网络是无法使用`docker network rm`进行删除的。

在创建了所需要的两个网络之后，接下来创建3个容器，并使用如下命令将名为`container1`和`container2`的容器加入到**backend**网络中，将名为`container3`的容器加入到**frontend**网络中。

---

① 图片来自libnetwork官方GitHub：https://github.com/docker/libnetwork/blob/master/docs/design.md。

```
$ sudo docker run -it --name container1 --net backend busybox
$ sudo docker run -it --name container2 --net backend busybox
$ sudo docker run -it --name container3 --net frontend busybox
```

分别在 container1 和 container3 中使用 ping 命令测试其与 container2 的连通性，因为 container1 与 container2 都在 **backend** 网络中，所以两者可以连通。但是，因为 container3 和 container2 不在一个网络中，所以两个之间并不能连通。

可以在 container2 中使用命令 ifconfig 来查看此容器中的网卡及其配置情况。可以看到，此容器中只有一块以太网卡，其名称为 **eth0**，并且配置了和网桥 backend 同在一个 IP 段的 IP 地址，这个网卡就是 **CNM** 模型中的端点。

最后，使用如下命令将 container2 加入到 **frontend** 网络中。

```
sudo docker network connect frontend container2
```

再次，在 container2 中使用命令 ifconfig 来查看此容器中的网卡及其配置情况。发现多了一块名为 eth1 的以太网卡，并且其 IP 和网桥 frontend 同在一个 IP 段。测试 container2 与 container3 的连通性后，可以发现两者已经连通。

可以看出，docker network connect 命令会在所连接的容器中创建新的网卡，以完成其与所指定网络的连接。

2. bridge 驱动实现机制分析

前面我们演示了 bridge 驱动下的 CNM 使用方式，接下来本节将会分析 bridge 驱动的实现机制。

● docker0 网桥

当在一台未经特殊网络配置的 Ubuntu 机器上安装完 Docker 之后，在宿主机上通过使用 ifconfig 命令可以看到多了一块名为 docker0 的网卡，假设 IP 为 172.17.0.1/16。有了这样一块网卡，宿主机也会在内核路由表上添加一条到达相应网络的静态路由，可通过 route -n 命令查看。

```
$ route -n
...
172.17.0.0      0.0.0.0         255.255.0.0     U     0     0        0 docker0
```

此条路由表示所有目的 IP 地址为 172.17.0.0/16 的数据包从 docker0 网卡发出。

然后使用 docker run 命令创建一个执行 shell(/bin/bash)的 **Docker** 容器,假设容器名称为 con1。

在 con1 容器中可以看到它有两块网卡 lo 和 eth0。lo 设备不必多说，是容器的回环网卡；eth0 即为容器与外界通信的网卡，eth0 的 IP 为 172.17.0.2/16，和宿主机上的网桥 docker0 在同一个网段。

查看 con1 的路由表，可以发现 con1 的默认网关正是宿主机的 docker0 网卡，通过测试，con1 可以顺利访问外网和宿主机网络，因此表明 con1 的 eth0 网卡与宿主机的 docker0 网卡是相互连通的。

这时在其他控制台窗口查看宿主机的网络设备，会发现有一块以 "veth" 开头的网卡，如

vethe043f86，我们可以大胆猜测这块网卡肯定是veth设备了，而veth pair总是成对出现的。在3.1节中介绍过，**veth pair**通常用来连接两个**network namespace**，那么另一个应该是Docker容器con1中的eth0了。之前已经判断con1容器的eth0和宿主机的docker0是相连的，那么vethe043f86也应该是与docker0相连的，不难想到，docker0就不只是一个简单的网卡设备了，而是一个网桥。

真实情况正是如此，图3-18即为Docker默认网络模式（bridge模式）下的网络环境拓扑图，创建了docker0网桥，并以veth pair连接各容器的网络，容器中的数据通过docker0网桥转发到eth0网卡上。

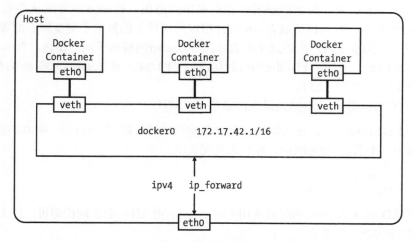

图3-18 Docker网络bridge模式示意图

这里网桥的概念等同于交换机，为连在其上的设备转发数据帧。网桥上的veth网卡设备相当于交换机上的端口，可以将多个容器或虚拟机连接在其上，这些端口工作在二层，所以是不需要配置IP信息的。图中docker0网桥就为连在其上的容器转发数据帧，使得同一台宿主机上的Docker容器之间可以相互通信。读者应该注意到docker0既然是二层设备，其上怎么也配置了IP呢？docker0是普通的Linux网桥，它是可以在上面配置IP的，可以认为其内部有一个可以用于配置IP信息的网卡接口（如同每一个Open vSwitch网桥都有一个同名的内部接口一样）。在Docker的桥接网络模式中，docker0的IP地址作为连于之上的容器的默认网关地址存在。

在Linux中，可以使用brctl命令查看和管理网桥（需要安装bridge-utils软件包）如查看本机上的Linux网桥以及其上的端口：

```
$ sudo brctl show
bridge name     bridge id          STP enabled     interfaces
docker0         8000.56847afe9799  no              vethe043f86
```

更多关于brctl命令的功能和使用方法，请读者通过man brctl或brctl --help查阅，在第4章中，会大量用到此命令。

docker0网桥是在**Docker daemon**启动时自动创建的，其IP默认为172.17.0.1/16，之后创建的**Docker**容器都会在docker0子网的范围内选取一个未占用的IP使用，并连接到docker0网桥上。**Docker**提供了如下参数可以帮助用户自定义docker0的设置。

❑ --bip=CIDR：设置docker0的IP地址和子网范围，使用CIDR格式，如192.168.100.1/24。注意这个参数仅仅是配置docker0的，对其他自定义的网桥无效。并且在指定这个参数的时候，宿主机是不存在docker0的或者docker0已存在且docker0的IP和参数指定的IP一致才行。

❑ --fixed-cidr=CIDR：限制**Docker**容器获取IP的范围。**Docker**容器默认获取的IP范围为**Docker**网桥（docker0网桥或者--bridge指定的网桥）的整个子网范围，此参数可将其缩小到某个子网范围内，所以这个参数必须在**Docker**网桥的子网范围内。如docker0的IP为172.17.0.1/16，可将--fixed-cidr设为172.17.1.1/24，那么**Docker**容器的IP范围将为172.17.1.1 ～ 172.17.1.254。

❑ --mtu=BYTES：指定docker0的最大传输单元（MTU）。

除了使用docker0网桥外，还可以使用自己创建的网桥，使用--bridge=BRIDGE参数指定。使用如下命令添加一个名为br0的网桥，并且为其配置IP。

```
$ sudo brctl addbr br0
$ sudo ifconfig br0 188.18.0.1
```

然后在启动**Docker daemon**的时候使用--bridge=br0指定使用br0网桥即可。注意此参数若和--bip参数同时使用会产生冲突。

以上参数在**Docker daemon**启动时指定，如docker daemon --fixed-cidr=172.17.1.1/24。在**Ubuntu**中，也可以将这些参数写在DOCKER_OPTS变量中（位于/etc/default/docker文件中），然后重启**Docker**服务。

● **iptables规则**

Docker安装完成后，将默认在宿主机系统上增加一些iptables规则，以用于**Docker**容器和容器之间以及和外界的通信，可以使用iptables-save命令查看。其中nat表上的POSTROUTING链有这么一条规则：

```
-A POSTROUTING -s 172.17.0.0/16 ! -o docker0 -j MASQUERADE
```

这条规则关系着**Docker**容器和外界的通信，含义是将源地址为172.17.0.0/16的数据包（即**Docker**容器发出的数据），当不是从docker0网卡发出时做SNAT（源地址转换，将IP包的源地址替换为相应网卡的地址）。这样一来，从**Docker**容器访问外网的流量，在外部看来就是从宿主机上发出的，外部感觉不到**Docker**容器的存在。那么，外界想要访问**Docker**容器的服务时该怎么办？我们启动一个简单的Web服务容器，观察iptables规则有何变化。

首先启动一个Web容器，将其5000端口映射到宿主机的5000端口上。

```
$ sudo docker run -d -p 5000:5000 training/webapp python app.py
```

然后查看iptables规则，省略部分无用信息。

```
$ sudo iptables-save
...
*nat
-A DOCKER ! -i docker0 -p tcp -m tcp --dport 5000 -j DNAT --to-destination 172.17.0.4:5000
...
*filter
-A DOCKER -d 172.17.0.4/32 ! -i docker0 -o docker0 -p tcp -m tcp --dport 5000 -j ACCEPT
...
```

可以看到，在nat和filter的DOCKER链中分别增加了一条规则，这两条规则将访问宿主机5000端口的流量转发到172.17.0.4的5000端口上（真正提供服务的Docker容器IP端口），所以外界访问Docker容器是通过iptables做DNAT（目的地址转换）实现的。此外，Docker的forward规则默认允许所有的外部IP访问容器，可以通过在filter的DOCKER链上添加规则来对外部的IP访问做出限制，如只允许源IP为**8.8.8.8**的数据包访问容器，需要添加如下规则：

```
iptables -I DOCKER -i docker0 ! -s 8.8.8.8 -j DROP
```

不仅仅是与外界间通信，Docker容器之间互相通信也受到iptables规则限制。通过前面的学习，了解到同一台宿主机上的Docker容器默认都连在docker0网桥上，它们属于一个子网，这是满足相互通信的第一步。同时，Docker daemon会在filter的FORWARD链中增加一条ACCEPT的规则（--icc=true）：

```
-A FORWARD -i docker0 -o docker0 -j ACCEPT
```

这是满足相互通信的第二步。当Docker daemon启动参数--icc（icc参数表示是否允许容器间相互通信）设置为false时，以上规则会被设置为DROP，Docker容器间的相互通信就被禁止，这种情况下，想让两个容器通信就需要在docker run时使用--link选项。

在Docker容器和外界通信的过程中，还涉及了数据包在多个网卡间的转发（如从docker0网卡到宿主机eth0的转发），这需要内核将ip-forward功能打开，即将ip_forward系统参数设为1。Docker daemon启动的时候默认会将其设为1（--ip-forward=true），也可以通过以下命令手动设置：

```
$ echo 1 > /proc/sys/net/ipv4/ip_forward
$ cat /proc/sys/net/ipv4/ip_forward
1
```

以上过程中所涉及的Docker daemon启动参数如下。

❑ --iptables：是否允许Docker daemon设置宿主机的iptables规则，默认为true。当设为false时，Docker daemon将不会改变你宿主机上的iptables规则。

❑ --icc：是否允许Docker容器间相互通信，默认为true。true或false改变的是FORWARD链中相应iptables规则的策略（ACCEPT、DROP）。由于操作的是iptables规则，所以需要

--iptables=true才能生效。

❑ --ip-forward：是否将ip_forward参数设为1，默认为true，用于打开Linux内核的ip数据
包转发功能。

这些参数也是在Docker daemon启动时进行设置的，所以可以设置在DOCKER_OPTS变量中。

● **Docker容器的DNS和主机名**

同一个Docker镜像可以启动很多个Docker容器，通过查看，它们的主机名并不一样，也即是
说主机名并非是被写入镜像中的。在3.4节中已经提及，实际上容器中/etc目录下有3个文件是容
器启动后被虚拟文件覆盖掉的，分别是/etc/hostname、/etc/hosts、/etc/resolv.conf，通过在
容器中运行mount命令可以查看。

```
$$ mount
...
/dev/disk/by-uuid/1fec...ebdf on /etc/hostname type ext4 ...
/dev/disk/by-uuid/1fec...ebdf on /etc/hosts type ext4 ...
/dev/disk/by-uuid/1fec...ebdf on /etc/resolv.conf type ext4 ...
...
```

这样能解决主机名的问题，同时也能让DNS及时更新（改变resolv.conf）。由于这些文件的维
护方法随着Docker版本演进而不断变化，因此尽量不修改这些文件，而是通过Docker提供的参数
进行相关设置，参数配置方式如下。

❑ -h HOSTNAME 或者 --hostname=HOSTNAME：设置容器的主机名，此名称会写在/etc/hostname
和/etc/hosts文件中，也会在容器的bash提示符中看到。但是在外部，容器的主机名是无法
查看的，不会出现在其他容器的hosts文件中，即使使用docker ps命令也会查看不到。此参
数是docker run命令的参数，而非Docker daemon的启动参数。

❑ --dns=IP_ADDRESS...：为容器配置DNS，写在/etc/resolv.conf中。该参数既可以在Docker
daemon启动的时候设置也可以在docker run时设置，默认为8.8.8.8和8.8.4.4。

注意对以上3个文件的修改不会被docker commit保存，也就是不会保存在镜像中，重启容器
也会导致修改失效。另外，在不稳定的网络环境下使用需要特别注意DNS的设置。

至此，Docker基础的网络使用方式已经介绍完了，相信通过本节的介绍，读者对如何选择
使用libnetwork的5种驱动已经有了一定的理解。下一节开始，将针对Docker网络配置的原理进
行分析。

3.8.2　Docker daemon 网络配置原理

在对Docker的网络环境有了一定的认识之后，将深入到源代码中理解Docker的网络原理。在
Docker 1.6以及之前的版本中，Docker自身的网络主要分为两部分：Docker daemon的网络配置和
libcontainer的网络配置。Docker daemon的网络指daemon启动时，在主机系统上所做的网络设置，

可以被所有Docker容器所使用；libcontainer的网络配置则针对具体的容器，是在使用docker run命令启动容器时，根据传入的参数为容器做的网络配置工作。

但是随着社区和用户对网络功能改善的需求日益迫切，Docker网络的代码也在飞速地变化，在1.7以及后续的版本中，Docker网络将变为Docker中的"一等公民"，所有跟网络相关的代码都已经从Docker daemon主代码和libcontainer的代码中分离出来，整合成为一个单独的库——libnetwork。libnetwork通过插件的形式允许用户可以根据自己的需求来实现自己的network driver。所谓driver，就是以前Docker daemon中网络相关代码加上libcontainer中网络相关的代码的集合。目前libnetwork实现了5种驱动，其中的bridge驱动为libnetwork的默认驱动，本书在代码解读的过程中也将以bridge驱动为主。

Docker daemon在每次启动的过程中，都会初始化自身的网络环境，这样的网络环境最终为Docker容器提供网络通信服务。3.3节中已经介绍过了Docker daemon的启动流程，这里再着重介绍一下其中关于网络初始化的部分。

1. 与网络相关的配置参数

Docker daemon启动的过程中，在配置参数Config结构体中保存了一个用于网络配置的结构体bridgeConfig。daemon启动过程中与网络相关的参数配置都定义在bridgeConfig中，主要包括以下几项：EnableIptables、EnableIpForward、EnableIpMasq、DefaultIp、Iface、IP、FixedCIDR、InterContainerCommunication，这些变量在Config中的默认值以及作用如下。

- EnableIptables：默认值为true，对应于Docker daemon启动时的--iptables参数，作用为是否允许Docker daemon在宿主机上添加iptables规则。
- EnableIpMasq：默认为true，对应于Docker daemon启动时的--ip-masq参数，作用为是否为Docker容器通往外界的包做SNAT。在3.8.1节中我们介绍过一个MASQUERADE的iptables规则，此变量即控制是否添加那条规则。
- DefaultIp：对应--ip参数，默认值为"0.0.0.0"。这个变量的作用为：当启动容器做端口映射时，将DefaultIp作为默认使用的IP地址。
- EnableIpForward、Iface、IP、FixedCIDR、InterContainerCommunication分别对应--ip-forward、--bridge、--bip、--fixed-cidr、--icc。

Docker daemon通过这些配置项来决定如何初始化网络。每一个配置项都有其默认值，但用户可以使用Docker daemon的启动参数来改变其默认值，达到自定义Docker daemon网络的效果。

2. 初始化过程

3.3节已经介绍了Docker daemon的启动过程，本节将关注其中与Docker网络初始化相关的细节。

- **网络参数校验**

当Docker daemon启动时，首先对启动参数进行解析，将参数值赋予相应的变量。然后对这些配置选项进行判断和校验。关于网络方面，主要检查了3对互斥配置选项。

首先是Iface和IP，也就是不能在指定自定义网桥的同时又指定新建网桥的IP。为什么？如果指定了自定义的网桥，那么该网桥已经存在，无需指定网桥的IP地址；相反，若用户指定网桥IP，那么该网桥肯定还未新建成功，则Docker daemon在新建网桥时使用默认网桥名docker0，并绑定IP。这也就是在3.8.1节中讲解--bip参数时，说此参数只能配置docker0网桥的原因。

第二对互斥选项是EnableIptables和InterContainerCommunication，3.8.1节中介绍过--icc参数的原理，如果InterContainerCommunication为false，就需要修改iptables规则，而EnableIptables为false则规定不允许Docker daemon修改宿主机的iptables规则，因此两参数不能同为false。此外，EnableIpMasq选项也与iptables规则相关，因此在iptables规则禁止的情况下，EnableIpMasq也不能为true。

● 是否初始化bridge驱动

参数校验完成后，接着判断Iface和disableNetworkBridge的值是否相同，Iface保存的是网桥名称，disableNetworkBridge是一个字符串常量，值为none。因此，若用户通过传过来的参数将Iface设为none，则config.DisableBridge变量为true，否则为false。

接下来会调用libnetwork.New()生成网络控制器controller，这个控制器主要用于创建和管理Network。然后会通过null驱动和host驱动来进行默认的网络创建。

最后会根据DisableBridge的值来决定bridge驱动是否进行初始化。若DisableNetwork为false，则运行initBridgeDriver函数。initBridgeDriver函数就是完成默认的bridge驱动的初始化任务。

● 处理网桥参数

已经知道Docker网桥默认为docker0，也可以通过--bridge参数指定自定义的网桥。处理用户自定义网桥的流程分为如下两步。

(1) 将用户指定的网桥名称传入Iface，若Iface不为空，则将其传赋值给bridgeName。如果Iface为空，则将bridgeName指定为DefaultNetworkBridge。DefaultNetworkBridge是一个字符串常量，为docker0，即表示当用户没有传入网桥参数时，启用默认网桥docker0。

(2) 首先，寻找Docker网桥名是否在宿主机上有对应的显卡，如果存在则返回其IP等信息，否则则从系统预定义的IP列表中分配一个可用IP。如果用户没有使用--bip来指定Docker网桥的IP地址，那么上面得到的IP会被写入ipamV4Conf结构体中，此结构体用于保存关于Docker网桥上有关IPV4的相关信息，如果用户进行了指定则会将指定的IP信息写入ipamV4Conf结构体中。接下来，如果FixedCIDR参数不为空，则将用户传入的网络范围写入到ipamV4Conf结构体中。如果默认的网关不为空，则将其信息写入到ipamV4Conf结构体中。然后，如果参数FixedCIDRv6不为空，则将用户指定的IPV6网络范围和相关的IPV6配置信息写入ipamV6Conf中。最后使用上述信息作为参数调用controller.NewNetwork()函数，并指定bridge驱动来创建Docker网桥。

● 创建网桥设置队列

当需要Docker daemon创建网络时，则调用`controller.NewNetwork()`函数来通过libnetwork完成创建，实现过程的主要步骤如下。

(1) 使用IP管理器的默认驱动创建IP管理器，并使用IP管理器从其自身维护的IP池中获取参数中指定的IP地址段。

(2) 在确保新的网络设置和已经存在的网络不冲突之后，创建与这个驱动（即bridge驱动）相符的配置结构体`network`。接下来根据配置中的网桥名寻找对应的网桥。如果网桥不存在，则将创建网桥的步骤加入设置队列。

(3) 定义关于网络隔离的iptables规则设置的函数，在接下来的步骤中加入到设置队列中，以确保不同网络之间相互隔离。

(4) 将IPV4配置到网桥上、IPV6配置、IPV6转发、开启本地回环接口的地址路由、开启iptables、IPV4和IPV6的网关信息配置、网络隔离的iptables规则设置和网桥网络过滤等步骤加入到设置队列中。

(5) 最后，运行设置队列中的所有步骤，主要通过netlink进行系统调用来完成Docker网桥的创建和配置工作。

● 更新相关配置信息

完成上述操作后，libnetwork会将各种相关配置信息存储到Docker的LibKV数据仓库中，以备后续的查找和使用。

到这里，`initNetworkController`函数的执行就完成了，也代表着Docker daemon启动过程中网络初始化的部分也已完成。下一节，将讲解Docker容器的网络部分。

3.8.3　libcontainer 网络配置原理

Docker容器的网络就是在创建特定容器的时候，根据传入的参数为容器配置特定的网络环境，主要内容包括为容器配置网卡、IP、路由、DNS等一系列任务。Docker容器一般使用`docker run`命令来创建，其关于网络方面的参数有`--net`、`--dns`等。`--net`是一个非常重要的参数，用于指定3.8.1节中介绍过的容器的网络模式。本节将深入libcontainer组件，分析容器内部的网络环境是如何建立起来的。

1. 命令行参数阶段

当`docker run`命令执行的时候，会首先创建一个DockerCli类型的变量来表示Docker客户端，然后根据具体的命令调用相应的函数来完成请求，如run命令就是调用`CmdRun`函数来完成的。`CmdRun`函数主要实现的功能有以下几点。

- 解析docker run命令的参数，并存入相应的变量（config、hostConfig、networkingConfig、cmd等）中。
- 发送请求给Docker daemon，创建Docker容器对象，完成容器启动前的准备工作。
- 发送请求给Docker daemon，启动容器。

Docker run命令中提供的关于容器配置的参数首先保存在了Config、HostConfig以及NetworkingConfig这3个结构中。结构体定义都放在在engine-api项目中的types包中，虽然3个结构体保存的都是具体Docker容器相关的配置，但还是有所区别。Config保存的是不依赖于宿主机的信息，也就是可以迁移的信息，其他与宿主机关联的信息都保存在HostConfig中，在Docker将网络模块独立为一个项目后，将网络参数部分从原来的配置中抽出为NetworkingConfig。Config中保存有Hostname（容器主机名）、NetworkDisabled（是否关闭容器网络功能）、MacAddress（网卡MAC地址）等；HostConfig保存有Dns（容器的DNS）、NetworkMode（容器的网络模式）；NetworkingConfig保存了一组端点参数与所属网络名的map，docker run与docker network connect的网络配置均会保存在该map中。以上配置项都有对应的命令行参数，通过名字读者应该能对应起来（其中NetworkDisabled对应--networking参数，此参数已被弃用，其值默认为false）。

解析完docker run命令行参数以后，Docker客户端利用Docker daemon暴露的API接口，分别将创建容器与启动容器的请求发送至Docker daemon，完成容器的创建和启动。因此CmdRun函数除了解析并组装与网络相关的命令行参数外，不做网络方面的具体配置，具体的网络配置还是由Docker daemon来完成。

2. 创建容器阶段

当Docker客户端将创建容器的请求发送给Docker daemon后，Docker daemon开始创建容器，主要完成以下工作。

- 校验hostConfig、Config与NetworkingConfig中的参数。
- 根据需要调整HostConfig的参数。
- 根据传入的容器配置和名称创建对应的容器。

容器创建的最终返回一个Container对象，Container对象就是容器的数据结构表示，其中有一个名为NetworkSettings的属性，描述了容器的具体网络信息，其结构主要包含如下属性。

- Bridge：容器所连接到的网桥。
- SandboxID：容器对应Sandbox的ID。
- HairpinMode：是否开启hairpin模式。
- Ports：容器映射的端口号。
- SandboxKey：Sandbox对应network namespace文件的路径。
- Networks：保存了容器端点配置与所属网络名的map。
- IsAnonymousEndpoint：容器是否未指定名字name。

以上这些数据除了IsAnonymousEndpoint外，都需要在容器启动阶段才能完全确定。因此创建容器阶段只是定义了一些数据结构，创建了Container对象，完成了容器启动前的准备工作。

3. 启动容器阶段

容器创建完成之后，Docker客户端会发送启动容器请求。daemon首先获取到需要启动的容器，然后调用容器的Start函数去真正启动容器，这个过程在3.4节已经介绍，其中与网络相关的主要有以下3个函数。

- ❑ initializeNetwork：初始化Container对象中与网络相关的属性；
- ❑ populateCommand：填充Docker Container内部需要执行的命令，Command中含有进程启动命令，还含有容器环境的配置信息，也包括网络配置；
- ❑ container.waitForStart：实现Docker Container内部进程的启动，进程启动之后，为进程创建网络环境等。

下面详细介绍这3个函数。

- ● **initializeNetworking函数**

initializeNetworking函数主要用来设置容器的主机名以及/etc/hosts文件，根据不同的容器网络模式配置有不同的设置，处理流程如下。

(1) 若网络模式为container模式，则说明容器与其他容器共用网络。首先找到被引用的容器对象，然后让新容器使用被引用容器的hostname、hosts、resolv.conf文件，并和被引用主机同一个主机名和域名。

(2) 若网络模式为host模式，则将容器的主机名和域名设置为与主机相同。首先调用os.Hostname()获取宿主机的主机名，分离出主机名和域名分别填写到容器Config对应的域中，然后继续执行下一步。

(3) host模式或其他情况则执行allocateNetwork函数，然后创建hostname文件并填入域名和主机名。allocateNetwork函数主要为容器清理遗留的Sandbox，更新NetworkSettings属性，并对每一个容器加入的网络调用connectToNetwork函数。connectToNetwork函数会调用libnetwork.network.CreateEndpoint和libnetwork.controller.NewSandbox为容器当前网络创建Endpoint和Sandbox（Sandbox对应一个容器，仅创建一次），将Endpoint加入到该Sandbox中，以及为容器更新NetworkSettings属性。这两个libnetwork的函数会在稍后的libnetwork小节中讲述。

- ● **populateCommand函数**

populateCommand函数主要为容器初始化容器的执行命令。简单来说，Command类型包含了两部分内容：第一，运行容器内进程的外部命令exec.Cmd；第二，运行容器时启动进程需要的所有环境基础信息：包括容器进程组的使用资源、网络环境、使用设备、工作路径以及namespace相关信息等。

网络环境的相关属性为 Network，主要包括 MTU、待加入 container 网络的容器 ID、网络 namespace 的路径以及是否为 Host 网络模式。populateCommand 函数初始化网络相关属性的流程如下。

(1) 判断容器的网络。

(2) 若容器禁用了网络，则不对 Network 属性做任何动作；若容器为 host 模式或者 execdriver 不支持钩子，则将 Network 中的 NamespacePath 设置为容器对应的 SandboxKey；若容器为 container 模式，则将被引用容器的 ID 赋值给 Network 的 ContainerID 属性。

(3) 当 Network 类型初始化完成之后，将其传递给 Command 对象。

● **waitForStart 函数**

在容器启动函数 Start 执行的最后一步调用了 waitForStart 函数。查看 waitForStart 函数可知，该函数首先为要启动的容器创建了一个容器监控对象，用来监控容器中第一个进程的执行；然后启动容器进程并开始监控。监控对象启动的是最终调用 daemon 的 Run 函数，该函数主要工作就是为 execdriver 封装一个 Hooks 结构体并将 setNetworkNamespaceKey 作为 Hooks.PreStart 钩子函数，最后调用 execdriver 的 Run 函数来完成进程的启动。到这里，Docker daemon 启动容器的动作就转交给了 execdriver 来完成，那么接下来就继续进入 execdriver 中进行分析。

4. execdriver 网络执行流程

execdriver 是 Docker daemon 的执行驱动，用来启动容器内部进程的执行。在 3.4 节中已经描述了容器的启动，这里我们还是关注其中的网络配置参数。

这里主要是配置表示命名空间的 namespaces 属性，namespaces 列出了当启动容器进程时需要新创建的命名空间。network namespace 的配置是通过调用 execdriver 的 createNetwork 函数实现的。该函数根据 Docker 容器的不同网络模式执行不同的动作，流程如下。

(1) 根据 execdriver.Command 对象中的 Network 属性判断出采用不同的方式配置网络。

(2) 若 Network.ContainerID 不为空，则为 container 模式，则首先在处于活动状态的容器列表中查找被引用的容器，接着找到被引用容器中进程的 network namespace 路径。假如被引用容器的第一个进程在主机中的 PID 为 12345，则 network namespace 的路径为 /proc/12345/ns/net。然后将该路径放入到 libcontainer.Config.Namespaces 中。

(3) 若 Network.NamespacePath 不为空，对应 host 模式，则将 Network.NamespacePath 写入 libcontainer.Config.Namespaces 中。

(4) 其他情况下，表示目前暂时无法获得 network namespace，则为 libcontianer 设置 PreStart 钩子函数，主要工作是遍历 execdriver 提供的 preStart 钩子函数并执行。前面 daemon 中调用 Run 函数时已经将 setNetworkNamespaceKey 函数封装为 PreStart 钩子函数了。

createNetwork 函数执行完后，就已经把 network namespace 信息或者能够配置 network namespace的钩子函数全部记录到libcontainer里了。然后容器就开始执行，所以接着进入libcontainer中继续跟踪容器的网络。

5. libcontainer网络执行流程

在libnetwork被分离出来前，Docker网络的内核态配置是由libcontianer完成的，但在Docker容器启动的调用流程下，libcontainer只是负责触发libcontianer.Config.Hooks中的Prestart钩子函数来完成容器网络的底层配置，具体触发的地方位于libcontainer/process_linux.go文件中的initProcess.start方法中，在容器的init进程启动时调用。虽然随后的createNetworkInterfaces函数仍然存在并被调用了，但由于该函数是通过遍历libcontainer.Config.Networks数组内定义好的网络信息来配置网络的，而前面execdriver并未填充该数组，所以Docker容器启动流程下并不会在libcontainer中创建网络环境。暂时保留这部分只是为了兼容一些遗留代码。

在这里讲解一下容器启动前触发的Prestart钩子函数setNetworkNamespaceKey，虽然该函数真正定义的地方是在daemon/container_operations_unix.go。setNetworkNamespaceKey的主要工作是获取network namespace并与容器对应的sandbox关联起来。首先通过容器pid获取容器network namespace文件的位置——/proc/[pid]/ns/net，再通过容器ID获取其对应的sandbox，最后调用sandbox的SetKey完成底层网络的创建。下面本书将带领读者继续探究libnetwork中对网络的配置。

6. libnetwork实现内核态网络配置

libnetwork对内核态网络的配置包括启动容器和libcontainer网络执行流程两个阶段,下面我们分别进行介绍。

● 启动容器

函数network.CreateEndpoint通过处理传入的endpoint参数和默认配置构建endpoint对象，再调用addEndpoint函数，获取network对应的驱动driver，调用驱动层的CreateEndpoint在网络驱动层创建endpoint。下面本书以默认的bridge驱动为例讲解创建endpoint的流程。

位于drivers/bridge/bridge.go的CreateEndpoint是最终创建endpoint的地方，实际工作为veth网络栈的创建，主要流程如下。

(1) 处理endpoint对象的参数并创建bridgeEndpoint对象。

(2) 分别生成host和container端（也就是sandbox）veth设备的名字并组建Veth对象，调用netlink.LinkAdd函数创建veth pair设备，再分别为两个veth设备配置MTU。

(3) 调用addTobridge将host端veth设备的加入网桥。

(4) 将container端veth设备的名字和传入的interface参数（MAC地址、IP地址等）配置给bridgeEndpoint，停用该veth设备并配置MAC地址。

(5) 启用host端的veth设备。

(6) 调用allocatePorts函数处理端口映射。

至此，host端的veth设备已经初始化完毕，container端也就是sandbox端的veth设备还需要一些配置在启动容器时完成。

● **libcontainer网络执行流程**

前面提到在libcontianer触发的配置网络的钩子函数最后调用了libnetwork的sanbox.SetKey函数，主要流程如下。

(1) 如果原来的sandbox的network namespace已经存在的话，则释放资源。

(2) 据sandbox的Key创建文件并与传入的network namespace路径进行绑定挂载，这样便将Sandbox与network namespace通过Key属性关联起来。

(3) 如果原来的network namespace存在并且为它配备了resolver（用于网络名解析），则为当前sandbox重新启动。

(4) 遍历sandbox所有的endpoint，对每一个调用populateNetworkResources函数配置网络资源。该函数主要流程为根据endpoint需要为sandbox启动resolver；根据endpoint的interface信息调用AddInterface函数创建实际的interface；根据与该sandbox的关联信息（joinInfo）创建静态路由；遍历sandbox的所有endpoint，为每一个更新网关（gateway）；更新sandbox的持久化数据。

SetKey最终调用了位于osl/interface_linux.go里的AddInterface进行**interface**的配置。需要说明的是，osl包主要是对操作系统层操作的封装，而下面的函数流程仍然是针对上面使用bridge驱动创建的endpoint。

除了一些interface参数的处理配置，该函数主要的工作是构建两个函数prefunc和postfunc，并以此为参数调用nsInvoke函数，下面按执行流程描述这些函数的功能。

(1) nsInvoke函数打开传入的**network namespace**路径，获取namespace的文件描述符nsFd，并以此调用prefunc。

(2) prefunc函数通过传入的名字获取对应的interface（也就是启动容器阶段创建的container端的veth设备），再调用LinkSetNsFd将veth设备加入到nsFd对应namespace中。

(3) 回到nsInvoke函数调用netns.Set将当前进程的network namespace设置为nsFd对应的namespace。这样做的目的是为了操作nsFd所在namespace的veth设备。

(4) 调用postfunc函数。根据名字获取veth设备的interface，停用该设备，将前面interface的参数配置到veth设备的interface上，再启用设备，最后为veth设备配置路由规则。

(5) defer语句生效，调用ns.SetNamespace恢复该进程的network namespace。

至此，bridge模式的veth网络栈配置完成。

以上过程中调用到的函数所进行的底层操作最后都由netlink包通过系统调用来实现。SetKey函数执行完成后，Docker容器相应的网络栈环境即已经完成创建，容器内部的应用进程可以使用不同的网络栈环境与外界或者内部进行通信。

3.8.4　传统的 link 原理解析

在使用Docker容器部署服务的时候，经常会遇到需要容器间交互的情况，如Web应用与数据库服务。在3.8.1节中，了解到容器间的通信由Docker daemon的启动参数--icc控制。很多情况下，为了保证容器以及主机的安全，--icc通常设置为false。这种情况下该如何解决容器间的通信呢？通过容器向外界进行端口映射的方式可以实现通信，但这种方式不够安全，因为提供服务的容器仅希望个别容器可以访问。除此之外，这种方式需要经过NAT，效率也不高。这时候，就需要使用Docker的连接（linking）系统了。Docker的连接系统可以在两个容器之间建立一个安全的通道，使得接收容器（如Web应用）可以通过通道得到源容器（如数据库服务）指定的相关信息。

在Docker 1.9版本后，网络操作独立成为一个命令组（docker network），link系统也与原来不同了，Docker为了保持对向上兼容，若容器使用默认的bridge模式网络，则会默认使用传统的link系统；而使用用户自定义的网络（user-defined network），则会使用新的link系统，这部分将会在下一小节介绍。

1. 使用link通信

link是在容器创建的过程中通过--link参数创建的。还是以Web应用与数据库为例来演示link的使用。首先，新建一个含有数据库服务的Docker容器，取名为db。然后，新建一个包含Web应用的Docker容器，取名为web，并将web连接到db上，操作如下。

```
$ sudo docker run -d --name db training/postgres
$ sudo docker run -d -P --name web --link db:webdb training/webapp python app.py
```

--link参数的格式是这样的 --link <name or id>:alias。其中name是容器通过--name参数指定或自动生成的名字，如"db""web"等，而不是容器的主机名。alias为容器的别名，如本例中的webdb。

这样一个link就创建完成了，web容器可以从db容器中获取数据。web容器叫作接收容器或父容器，db容器叫作源容器或子容器。一个接收容器可以设置多个源容器，一个源容器也可以有多个接收容器。那么，link究竟做了什么呢？Docker将连接信息以下面两种方式保存在接收容器中。

❑ 设置接收容器的环境变量。
❑ 更新接收容器的/etc/hosts文件。

2. 设置接收容器的环境变量

当两个容器通过--link建立了连接后，会在接收容器中额外设置一些环境变量，以保存源容器的一些信息。这些环境变量包含以下几个方面。

❑ 每有一个源容器，接收容器就会设置一个名为<alias>_NAME环境变量，alias为源容器的别名，如上面例子的web容器中会有一个WEBDB_NAME=/web/webdb的环境变量。

❑ 预先在源容器中设置的部分环境变量同样会设置在接收容器的环境变量中，这些环境变量包括Dockerfile中使用ENV命令设置的，以及docker run命令中使用-e、--env=[]参数设置的。如db容器中若包含doc=docker的环境变量，则web容器的环境变量则包含WEBDB_ENV_doc=docker。

❑ 接收容器同样会为源容器中暴露的端口设置环境变量。如db容器的IP为172.17.0.2，且暴露了8000的tcp端口，则在web容器中会看到如下环境变量。其中，前4个环境变量会为每一个暴露的端口设置，而最后一个则是所有暴露端口中最小的一个端口的URL（若最小的端口在TCP和UDP上都使用了，则TCP优先）。

```
WEBDB_PORT_8080_TCP_ADDR=172.17.0.82
WEBDB_PORT_8080_TCP_PORT=8080
WEBDB_PORT_8080_TCP_PROTO=tcp
WEBDB_PORT_8080_TCP=tcp://172.17.0.82:8080
WEBDB_PORT=tcp://172.17.0.82:8080
```

从上面的示例中，看到--link是docker run命令的参数，也就是说link是在启动容器的过程中创建的。因此，回到容器的启动过程中，去看看link是如何完成以上环境变量的设置的。我们发现在容器启动过程中（daemon/start.go中的containerStart函数）需要调用setupLinkedContainers函数，发现这个函数最终返回的是env变量，这个变量中包含了由于link操作，所需要额外为启动容器创建的所有环境变量，其执行过程如下。

(1) 找到要启动容器的所有子容器，即所有连接到的源容器。

(2) 遍历所有源容器，将link信息记录起来。

(3) 将link相关的环境变量（包括当前容器和源容器的IP、源容器的名称和别称、源容器中设置的环境变量以及源容器暴露的端口信息）放入到env中，最后将env变量返回。

(4) 若以上过程中出现错误，则取消做过的修改。

值得注意的是，在传统的link方式中，要求当前容器和所有的源容器都必须在默认网络中。

3. 更新接收容器的/etc/hosts文件

Docker容器的IP地址是不固定的，容器重启后IP地址可能就和之前不同了。在有link关系的两个容器中，虽然接收方容器中包含有源容器IP的环境变量，但是如果源容器重启，接收方容器中的环境变量不会自动更新。这些环境变量主要是为容器中的第一个进程所设置的，如sshd等守护进程。因此，link操作除了在将link信息保存在接收容器中之外，还在/etc/hosts中添加了一项——源容器的IP和别名（--link参数中指定的别名），以用来解析源容器的IP地址。并且当源容器重启后，会自动更新接收容器的/etc/hosts文件。需要注意的是这里仍然用的是别名，而不是源容器的主机名（实际上，主机名对外界是不可见的）。因此，可以用这个别名来配置应用程序，而不需要担心IP的变化。

Docker容器/etc/hosts文件的设置也是在容器启动的时候完成的。在3.8.2节中介绍过initializeNetworking函数，在非container模式下，会调用这样一条函数链allocateNetwork->

connectToNetwork->libnetwork.controller.NewSandbox来创建当前容器的sandbox，在这个过程中会调用setupResolutionFiles来配置hosts文件和DNS。配置hosts文件分为两步，一是调用buildHostsFiles函数构建当前sandbox（对应当前容器）的hosts文件，先找到接收容器（将要启动的容器）的所有源容器，然后将源容器的别名和IP地址添加到接收容器的/etc/hosts文件中；二是调用updateParentHosts来更新所有父sandbox（也就是接收容器对应的sandbox）的hosts文件，将源容器的别名和IP地址添加到接收容器的/etc/hosts文件中。

这样，当一个容器重启以后，自身的hosts文件和以自己为源容器的接收容器的hosts文件都会更新，保证了link系统的正常工作。

4. 建立iptables规则进行通信

在接收容器上设置了环境变量和更改了/etc/hosts文件之后，接收容器仅仅是得到了源容器的相关信息（环境变量、IP地址），并不代表源容器和接收容器在网络上可以互相通信。当用户为了安全起见，将Docker daemon的--icc参数设置为false时，容器间的通信就被禁止了。那么，Docker daemon如何保证两个容器间的通信呢？答案是为连接的容器添加特定的iptables规则。

接着刚刚web和db的例子来具体解释，当源容器（db容器）想要为外界提供服务时，必定要暴露一定的端口，如db容器就暴露了tcp/5432端口。这样，仅需要web容器和db容器在db容器的tcp/5432端口上进行通信就可以了，假如web容器的IP地址为172.17.0.2/16，db容器的IP地址为172.17.0.1/16，则web容器和db容器建立连接后，在主机上会看到如下iptables规则。

```
-A DOCKER -s 172.17.0.2/32 -d 172.17.0.1/32 -i docker0 -o docker0 -p tcp -m tcp --dport 5432 -j ACCEPT
-A DOCKER -s 172.17.0.1/32 -d 172.17.0.2/32 -i docker0 -o docker0 -p tcp -m tcp --sport 5432 -j ACCEPT
```

这两条规则确保了web容器和db容器在db容器的tcp/5432端口上通信的流量不会被丢弃掉，从而保证了接收容器可以顺利地从源容器中获取想要的数据。

处理端口映射的过程是在启动容器阶段创建endpoint的过程中。仍然以bridge驱动为例，CreateEndpoint最后会调用allocatePort来处理端口暴露。这里需要注意以下两点。

(1) 得到源容器所有暴露出来的端口。注意这里是容器全部暴露的端口，而不仅仅是和主机做了映射的端口。

(2) 遍历源容器暴露的端口，为每一个端口添加如上的两条iptables规则。

Link是一种比端口映射更亲密的Docker容器间通信方式，提供了更安全、高效的服务，通过环境变量和/etc/hosts文件的设置提供了从别名到具体通信地址的发现，适合于一些需要各组件间通信的应用。

3.8.5 新的 link 介绍

相比于传统的link系统提供的名字和别名的解析、容器间网络隔离（--icc=false）以及环境变量的注入，Docker v1.9后为用户自定义网络提供了DNS自动名字解析、同一个网络中容器间的隔离、可以动态加入或者退出多个网络、支持--link为源容器设定别名等服务。在使用上，可以说除了环境变量的注入，新的网络模型给用户提供了更便捷和更自然的使用方式而不影响原有的使用习惯。

在新的网络模型中，link系统只是在当前网络给源容器起了一个别名，并且这个别名只对接收容器有效。新旧link系统的另一个重要的区别是新的link系统在创建一个link时并不要求源容器已经创建或者启动。比如我们使用bridge驱动创建一个自定义网络isolated_nw，再运行一个容器container1加入该网络并链接另一个容器container2，虽然container2还并不存在，如下代码所示。

```
$ docker network create isolated_nw
9db097769d0944234c0427855e6839167b50b97dcbd9ee31221b7b1a463b0617
$ docker run --net=isolated_nw -it --name=container1 --link container2:c2 busybox
/ # ping c2
ping: bad address 'c2'
```

可以看到，在上面的例子中，不需要依赖container2的存在而创建link。下面再来创建container2。

```
$ docker run --net=isolated_nw -itd --name=container2 busybox
1fb96362c5edd631bafdef811606253b530329e80cebdf79ebeff44385b0b932
```

下面再来尝试网络的连通性。

```
/ # ping c2
/etc # ping -c 3 c2
PING c2 (172.18.0.3): 56 data bytes
64 bytes from 172.18.0.3: seq=0 ttl=64 time=0.441 ms
64 bytes from 172.18.0.3: seq=1 ttl=64 time=0.196 ms
64 bytes from 172.18.0.3: seq=2 ttl=64 time=0.161 ms

--- c2 ping statistics ---
3 packets transmitted, 3 packets received, 0% packet loss
round-trip min/avg/max = 0.161/0.266/0.441 ms
/ # cat /etc/hosts
127.0.0.1    localhost
::1    localhost ip6-localhost ip6-loopback
fe00::0    ip6-localnet
ff00::0    ip6-mcastprefix
ff02::1    ip6-allnodes
ff02::2    ip6-allrouters
172.18.0.2    7cc009be825a
```

可以看到，创建并启动完container2后，就可以在container1里面ping container2的别名c2了（同样也可以ping名字和ID），验证了网络的连通性。另外在查看/etc/hosts文件后，发现里面并没有container2的相关信息，这表示新的link系统的实现与原来的配置hosts文件的方式并不相同。实际上，Docker是通过DNS解析的方式提供名字和别名的解析，这很好地解决了在传统link系统中由于容器重启造成注入的环境变量更新不及时的问题。在新的link系统下，用户甚至可以实现一对容器之间相互link。

从本节的介绍中，可以看到Docker通过libnetwork库使用Linux网桥、端口映射、iptables规则和link等技术完成了Docker的网络功能，已经能满足简单应用在单机环境下的基本需求。此外，libnetwork还通过overlay驱动构建overlay网络允许跨主机通信；通过为用户创建独立的网络环境来实现多租户的隔离；通过配置IPAM也可以实现容器的固定IP等功能。目前，Docker将网络单独成一个库——libnetwork，但是其还处于雏形阶段。在Docker官方完善网络功能之前，就需要引入额外的机制来扩展Docker的网络。本书第4章将继续介绍如何解决Docker用户的复杂网络需求。

3.9 Docker 与容器安全

容器安全是目前Docker社区极为关注的一个问题，Docker能否大规模用于生产环境，尤其是公有云环境，关键就在于Docker是否能提供安全的环境。本节我们将围绕Docker目前的安全机制、使用Docker过程中可能存在的安全问题以及如何增强Docker安全这三个方面，一起来探讨Docker与容器安全的问题，希望通过原理性的分析能够尽可能多地给大家以启发。

3.9.1 Docker 的安全机制

Docker目前已经在安全方面做了一定的工作,包括Docker daemon在以TCP形式提供服务的同时使用传输层安全协议；在构建和使用镜像时会验证镜像的签名证书；通过cgroups及namespaces来对容器进行资源限制和隔离；提供自定义容器能力(capability)的接口；通过定义seccomp profile限制容器内进程系统调用的范围等。如果合理地实现上述安全方案，可以在很大程度上提高Docker容器的安全性。

1. Docker daemon安全

Docker向外界提供服务主要有4种通信形式，默认是以Unix域套接字的方式来与客户端进行通信。这种方式相对于TCP形式比较安全，只有进入daemon宿主机所在机器并且有权访问daemon的域套接字才可以和daemon建立通信。

如果以TCP形式向外界提供服务，可以访问到daemon所在主机的用户都可能成为潜在的攻击者。同时，由于数据传输需要通过网络进行，数据可能被截获甚至修改。为了提高基于TCP的通信方式的安全性，Docker为我们提供了TLS(Transport Layer Security)传输层安全协议。在Docker中可以设置--tlsverify来进行安全传输检验，通过--tlscacert（信任的证书）、--tlskey（服务器或者客户端秘钥）、--tlscert（证书位置）3个参数来配置。安全认证主要是在服务器端设置，客户端可以对服务端进行验证。客户端在访问daemon时只需要提供签署的证书，那么就可以使用Docker daemon服务。Docker官网提供了详细的证书配置过程，有兴趣的读者可以参考官网daemon HTTPS的配置。

2. 镜像安全

Docker目前提供registry访问权限控制以保证镜像安全。另外，Docker从1.3版本开始就有了镜像数字签名[①]功能，用以防止官方镜像被篡改或损坏，以此来保证官方镜像的完整性，但是镜像校验功能仅当访问官方 V2 registry 时才会生效，需要用户进行 docker login 登录。

● **Docker registry 访问控制**

目前 Docker 使用一个中心验证服务器来完成 Docker registry 的访问权限控制，每一个 Docker 客户端对 registry 进行 pull/push 操作的时候都会经过如下 6 个步骤。

(1) 客户端尝试对 registry 发起 push/pull 操作。

(2) 如果 registry 的访问需要认证，registry 就会返回一个含有如何完成认证 challenge 的 401 Unauthorized HTTP 响应。

(3) 客户端向认证服务器请求一个 Bearer token。

(4) 认证服务器返回给客户端一个加密的 Bearer token，用来代表客户端被授权的访问权限。

(5) 客户端再次尝试用头部嵌有 Bearer token 的请求向原来的 registry 发起请求。

(6) registry 验证客户端请求中的 Bearer token 及其包含的授权空间权限。如果正确，便建立与客户端的 push/pull 会话。

步骤 (2) 中的 401 HTTP 响应中含有一个认证 challenge，下面以 OAuth 2.0 认证框架为例进行说明。

```
Www-Authenticate: Bearer
realm="https://auth.docker.io/token",service="registry.docker.io",scope="repository:hub_user_name/
image_name:pull,push"
```

该 challenge 指示了 registry 要求获取 token 的服务器 https://auth.docker.io/token 以及客户端要求的授权空间的权限（上例便是对 hub_user_name/image_name repository 的 pull 和 push 权限）。为了完成这个 challenge，客户端会向 https://auth.docker.io/token 发起一个 GET 请求，尝试获取认证 token，该请求中包含了来自 WWW-Authenticate 的 service 和 scope 的值。

● **验证校验和**

镜像校验和用来保证镜像的完整性，以预防可能出现的镜像破坏。Docker registry 下的每一个镜像都对应拥有自己的 manifest 文件以及该文件本身的签名。其中的信息包括镜像所在的命名空间、镜像在此仓库下对应的标签、镜像校验方法及校验和、镜像形成时的运行信息以及 manifest 文件本身的签名。

下面以镜像拉取过程 docker pull 为例来分析镜像校验和如何起作用，这条命令的具体执行过程在 3.5.4 节中已详细描述过，下面只分析其中最后一步拉取镜像的过程。

[①] 数字签名应用了公钥密码领域使用的单向函数原理。单向函数所指的正向操作非常简单，而逆向操作非常困难的函数，比如大整数乘法。

❑ 获取镜像tag或者digest所对应的manifest文件，根据manifest的类型分别处理，下面以当前版本中默认的schema2为例。

❑ 根据manifest内容计算digest，如果是通过digest进行镜像的拉取操作，便验证计算结果与命令行传入的digest是否一致。

❑ 从manifest中提取镜像ID判断该镜像是否已经存在，若存在则结束。

❑ 根据镜像ID（即镜像配置文件的digest）拉取镜像的配置文件，计算该配置文件内容的digest并验证与镜像ID是否一致。

❑ 根据manifest中引用的镜像层描述结构从底至顶顺序交由下载管理器下载镜像层。将下载完成的镜像层压缩包解压后注册至layerStore中，返回一个layer结构用于描述该镜像层。

❑ 注册过程中与镜像安全有关的部分便是根据镜像文件tar包计算校验和（即该镜像层的diffID），最后存入layer结构中返回。

❑ 镜像校验和计算策略：镜像本质上是一个tar格式文件包。tar包是一个单独的文件，tar包的每一个文件在tar包中都是以一个File Entry形式存在，每一个File Entry又包含Header和Body。每个File Entry的Header以及Body都会加入镜像的校验和计算。首先单独计算每一个File Entity的Header和Body校验值，然后把所有文件校验和进行哈希计算，最后计算结果作为镜像的校验和。

❑ 最后遍历所有layer，根据每一个镜像层的diffID按顺序组合成rootfs的DiffIDs，并与镜像配置文件中的diffIDs域中的内容对比，如果一致则根据镜像配置文件在ImageStore中创建该镜像；否则返回一个rootfs不匹配的错误。

在Docker pull镜像的过程中进行了多次根据内容哈希的验证。如果在命令行中用digest拉取镜像，则会验证拉取manifest的digest（一种根据manifest内容计算的校验和）与传入的digest是否一致；在根据manifest中镜像ID拉取镜像配置文件后，会根据配置文件内容生成digest并验证与镜像ID是否一致；在下载manifest中引用的镜像层后，会根据镜像文件计算出校验和diffID，并与镜像配置文件中记录的diffID验证对比。每一步不可靠的网络传输后都会计算校验和与前一步的可靠结果进行验证，这些校验过程保证了镜像内容的可靠性。

3. 内核安全

内核为容器提供两种技术cgroups和namespace，分别对容器进行资源限制和资源隔离，使容器仿佛是在使用一台独立主机环境。

● cgroups资源限制

容器本质上是进程，cgroups的存在就是为了限制宿主机上不同容器的资源使用量，避免单个容器耗尽宿主机资源而导致其他容器异常。读者可以在3.1.2节找到cgroups的详细介绍。

● namespace资源隔离

为了使容器处在独立的环境中，Docker使用namespace技术来隔离容器，使容器与容器之间、容器与宿主机之间相互隔离。读者可以在3.1.1节找到namespace的详细介绍。

Docker对uts、ipc、pid、network、mount这5种namespace有完整的支持，而Docker 1.10版本的发布又增加了对user namespace的支持。如本书3.1节描述的那样，在Docker 1.10版本中，只要用户在启动Docker daemon的时候指定了--userns-remap，那么当用户运行容器时，容器内部的root用户并不等于宿主机内的root用户，而是映射到宿主上的普通用户。除了上述资源之外，还有诸多系统资源未进行隔离，如/proc和/sys信息未完成隔离，SELinux、time、syslog和/dev设备等信息均未隔离。可见在内核安全方面，Docker距离真正的安全还有一定的距离。

4. 容器之间的网络安全

Docker daemon指定--icc标志的时候，可以禁止容器与容器之间通信，主要通过设定iptables规则实现，具体的原理在3.8.1节中已经介绍。

5. Docker容器能力限制

docker run参数中提供了容器能力配置的接口，可以在创建容器时在容器默认能力的基础上对容器的能力进行增加或者减少，配置命令如下。

```
Usage: docker run [OPTIONS] IMAGE [COMMAND] [ARG...]
Run a command in a new container
    --cap-add=[]                 Add Linux capabilities
    --cap-drop=[]                Drop Linux capabilities
```

什么是能力呢？Linux超级用户权限划分为若干组，每一组代表了所能执行的系统调用操作，以此来切割超级用户权限。比如NET_RAW表示用户可以创建原生套接字。如果是root用户，但是被剥夺了这些能力，那么依旧无法执行系统调用。这样做的好处是可以分解超级用户所拥有的权限。对于普通用户，有时需要使用超级用户权限的部分能力，但是为了安全又不便把该普通用户提升为超级用户，此时可以考虑为该用户增加一些能力，但不需要赋予其所有超级用户权限。Docker正是使用这种方法在更细的粒度上限制容器进程所能使用的系统调用。

容器默认拥有的能力包括CHOWN、DAC_OVERRIDE、FSETID、FOWNER、MKNOD、NET_RAW、SETGID、SETUID、SETFCAP、SETPCAP、NET_BIND_SERVICE、SYS_CHROOT、KILL和AUDIT_WRITE，其中较为主要的几个作用如下。

- ❑ CHOWN：允许任意更改文件UID以及GID。
- ❑ DAC_OVERRIDE：允许忽略文件的读、写、执行访问权限检查。
- ❑ FSETID：允许文件修改后保留setuid/setgid标志位。
- ❑ SETGID：允许改变进程组ID。
- ❑ SETUID：允许改变进程用户ID。
- ❑ SETFCAP：允许向其他进程转移或者删除能力。
- ❑ NET_RAW：允许创建RAW和PACKET套接字。
- ❑ MKNOD：允许使用mknod创建指定文件。
- ❑ SYS_REBOOT：允许使用reboot或者kexec_load。kexec_load功能是加载新的内核作为reboot重新启动所需内核。

❑ SYS_CHROOT：允许使用 **chroot**。

❑ KILL：允许发送信号。

❑ NET_BIND_SERVICE：允许绑定常用端口号（端口号小于1024）。

❑ AUDIT_WRITE：允许审计日志写入。

● **削减能力**

可以通过命令削减Docker容器进程的能力，假设不需要使用SETGID、SETUID的能力，可以执行如下操作。

```
docker run --cap-drop SETUID --cap-drop SETGID -it  ubuntu:trusty  /bin/bash
```

削减了这两个能力以后，容器进程试图调用setuid、setgid时会执行失败。

可以通过docker ps && docker inspect命令查看容器的进程cid，执行pscap | grep cid查看进程的能力①，执行结果如下所示。

```
root bash chown, dac_override, fowner, fsetid, kill, setpcap, net_bind_service, net_raw, sys_chroot,
mknod, audit_write, setfcap
```

可以看到，此时容器的进程能力中已经没有SETGID和SETUID能力了。

● **增添能力**

如果容器需要使用默认能力之外的能力，可以通过在docker run时使用--cap-add参数来增加能力，如给容器增加一个允许修改系统时间的命令：

```
docker run --cap-drop ALL --cap-add  SYS_TIME ntpd /bin/sh
```

同上，查看进程的能力，执行结果如下所示。

```
24015 26333 root  bash  chown, dac_override, fowner, fsetid, kill, setgid, setpcap, net_bind_service,
net_raw, sys_chroot, sys_time, mknod, audit_write, setfcap
```

可以看到容器中已经增加了sys_time能力，可以修改系统时间了。

6. seccomp

从Docker 1.10版本开始，Docker安全特性中增加了对seccomp的支持。seccomp（secure computing mode）是Linux的一种内核特性，可用于限制进程能够调用的系统调用（system call）的范围，从而减少内核的攻击面，被广泛用于构建沙盒。

● **使用seccomp**

使用seccomp的前提是Docker构建时已包含seccomp，并且内核中的CONFIG_SECCOMP已开启。可使用如下方法检查内核是否支持seccomp：

---

① **pscap**需要安装，执行sudo apt-get install libcap-ng-utils。

```
$ cat /boot/config-`uname -r` | grep CONFIG_SECCOMP=
CONFIG_SECCOMP=y
```

说明　Docker 目前使用 seccomp 2.2.1 版本，该版本仅在如下发行版中得到支持：Debian 9 "Stretch"、Ubuntu 15.10 "Wily"、Fedora 22、CentOS 7 和 Oracle Linux 7。在 Ubuntu 14.04 上启用 Docker 的 seccomp 功能，需要下载最新的 Docker Linux Binary [①]。

- **seccomp profile**

在 Docker 中，我们通过为每个容器编写 json 格式的 seccomp profile 来实现对容器中进程系统调用的限制。Docker 也提供了默认 seccomp profile 供所有容器使用，默认 seccomp profile 片段如下：

```
{
    "defaultAction": "SCMP_ACT_ERRNO",
    "architectures": [
        "SCMP_ARCH_X86_64",
        "SCMP_ARCH_X86",
        "SCMP_ARCH_X32"
    ],
    "syscalls": [
        {
            "name": "accept",
            "action": "SCMP_ACT_ALLOW",
            "args": []
        },
        {
            "name": "accept4",
            "action": "SCMP_ACT_ALLOW",
            "args": []
        },
        ...
    ]
}
```

其中 name 是系统调用的名称，action 是发生系统调用时 seccomp 的操作，args 是系统调用的参数限制条件。

seccomp profile 包含 3 个部分：

❏ 默认操作（default Action）
❏ 系统调用所支持的 Linux 架构（architectures）
❏ 系统调用具体规则（syscalls）

在 seccomp profile 规则中，可定义以下 5 种行为来对进程的系统调用行为做出响应。

❏ SCMP_ACT_KILL。当进程调用某系统调用，内核会发出 SIGSYS 信号终止该进程，该进程不

---

① 下载地址：https://docs.docker.com/engine/installation/binaries/。

会接收到这个信号。

❑ SCMP_ACT_TRAP。当进程调用某系统调用，该进程会接收到SIGSYS信号，并根据该信号改变自身的行为。

❑ SCMP_ACT_ERRNO。当进程调用某系统调用，系统调用失败，进程会接收到返回值，该返回值与Linux内核的errno对应。

❑ SCMP_ACT_TRACE。当进程调用某系统调用，进程会被跟踪。

❑ SCMP_ACT_ALLOW。进程系统调用被允许。

为具备广泛应用场景的Docker容器提供放之四海皆准的默认系统调用限制规则是一件难度很高的事情。当前Docker提供的默认seccomp profile只能限制少量"问题系统调用"，也就是64位Linux内核提供的313个系统调用中的44个。而限制更多的系统调用则可能会影响容器化应用的正常功能。

● 使用seccomp profile

默认情况下，Docker运行容器时会使用默认的seccomp profile。 可将unconfined传入docker run的security-opt seccomp选项禁用默认的seccomp profile：

```
$ docker run --rm -it --security-opt seccomp:unconfined hello-world
```

也可通过docker run的security-opt seccomp选项，使用特定的seccomp profile：

```
$ docker run --rm -it --security-opt seccomp:/path/to/seccomp/profile.json hello-world
```

理想状况下，不同的Docker容器应根据自身的运行需要，定义个性化的seccomp profile，限制运行时的系统调用。但定制化seccomp profile并非易事，普通程序员可能为了防止容器内的应用出现难以预料的故障而放弃限制更多的系统调用。

3.9.2　Docker 安全问题

Docker在安全方面已经做了不少工作，但Docker安全问题仍然非常多，社区对此极为关注。本节将从资源限制、容器逃逸、容器内网络攻击以及超级权限等问题来描述可能出现的安全问题。

1. 磁盘资源限制问题

容器本质上是一个进程，通过通过镜像层叠的方式来构建容器的文件系统。当需要改写文件时，把改写的文件复制到最顶层的读写层，其本质上还是在宿主机文件系统的某一目录下存储这些信息。所有容器的rootfs最终存储在宿主机上。所以，极有可能出现一个容器把宿主机上所有的磁盘容量耗尽的情况，届时其他容器将无法进行文件存储操作，所以有必要对容器的磁盘使用量进行限制。在3.9.3节将介绍对磁盘容量进行限制的方法。

2. 容器逃逸问题

容器的安全问题一直制约着容器技术的进一步发展，在全虚拟化和半虚拟化中，每一个租户都独立运行一个内核，比Docker使用操作系统虚拟化更安全。操作系统虚拟化指的是共享内核、内存、CPU以及磁盘等，所以容器的安全问题特别突出，其中尤以容器逃逸问题最为著名。当容器从监狱（jail）中逃出时，所有容器以及宿主机都将受到威胁。容器逃逸的情况很多，目前已经发生多次容器逃逸的事件，下面为大家介绍2014年的一个案例，该案例通过open_by_handle_at调用暴力扫描宿主机文件系统获取宿主机敏感文件，以此达到逃逸效果。

这个案例即著名的**shocker.c**[①]程序，下面对这个程序如何逃逸做出分析。

程序主要利用从宿主机挂载dockerinit程序到容器，打开此文件获得宿主机文件系统中的一个文件描述符。这一过程通过open_by_handle_at函数来实现，其函数原型如下。

```
int open_by_handle_at(int mount_fd, struct file_handle *handle, int flags);
```

其中传入的参数含义如下。

- ❑ file_handle：描述了一个文件或者目录。file_handle是本程序的关键所在，在64位操作系统中大小为8个字节，前面4个字节为文件inode号。
- ❑ mount_fd：指向某一文件系统中文件或目录的文件描述符，此文件系统为file_handle所描述的文件或目录所在的文件系统。

下面就socker.c源代码进行原理解读，源代码相对较长，这里隐去一些实现的细节，主要为读者理清此次逃逸的过程。

(1) 程序首先打开从宿主机文件系统挂载到容器内的某一文件，以获取宿主机的文件描述符引用。这个引用作为open_by_handle_at的第一个参数。注意，之后的所有扫描操作都会在宿主机的文件系统上进行，而非容器自身的rootfs。

(2) 构造根目录/的file_handle类型的数据，在大部分文件系统中根目录的inode编号为2，所以在f_handle中指定节点编号。

```
struct my_file_handle root_h = {
    .handle_bytes = 8,
    .handle_type = 1,
    .f_handle = {`0x02, 0, 0, 0`, 0, 0, 0, 0} //在此
};
```

(3) 打开file_handle所描述的目录，首先通过open_by_handle_at返回此目录的内部描述符，然后打开此文件描述符，遍历此目录下的所有文件。比较目录的名字和所要查找文件的目录，比如需要查找/etc/shadow，首先去匹配etc字符串，然后匹配shadow文件。找到对应的子目录就记录其inode号。

(4) 递归执行查找操作。在上一步已经查找到了etc目录的inode号，此时重新构造file_handle结构体。后面4个字节采用暴力的方式来设置，从0到0xffffffff进行遍历，然后再通过open_by_

---

① 参见**https://github.com/gabrtv/shocker/blob/master/shocker.c**。

handle方法来打开这个目录或者文件，如果可以打开，说明后面4个字节设置正确，新的file_handle已经扫描完成，重新构造file_handle，此时再次回到第(3)步。

(5) 递归结束条件。查找"/"字符，如果已经到最后一个文件，比如/etc/shadow上，那么将会查找失败，此时将结束递归。将输入的最后找到文件file_handle描述符输出到oh参数中，此时需要查找的文件的file_handle结构已经构造完成。

(6) 在第(5)步结束时，已经获取到目标文件/etc/shadow的file_handle，通过open_by_handle来构造目标文件的文件描述符，注意，此时构造出来的文件描述符将指向宿主机的/etc/shadow文件描述符，而非容器内的/etc/shadow文件。

(7) 在第(6)步中已经获取了宿主机目标文件的文件描述符，此时可以对目标文件进行任何操作，如果需要对目标文件进行其他操作，需要在open_by_handle_at时指定对应的参数。

至此，至此容器已经成功逃逸，宿主机目标文件已经被成功读取。再来梳理一下这个过程，它主要是利用open_by_handle_at调用，通过构造file_handle来获取目标文件的inode索引号，然后利用获得的inode索引再次构造file_handle，并调用open_by_handle_at函数，如此循环缩小范围，最终读取目标文件。简单来说，就是Docker从宿主机上挂载了dockerinit到容器内，导致程序可以调用open_by_handle_at去扫描宿主机的文件系统。

分析此次逃逸的问题，归根结底还是在于没有禁止open_by_handle_at的能力，通过**man capabilities**查找帮助文档，可以看到对应的能力为CAP_DAC_READ_SEARCH。

这个问题在Docker 1.0版本之前都会出现，因为Docker采用黑名单形式来限制容器的能力，只禁止列出来的部分能力，所以会出现通过open_by_handle_at进行暴力扫描的问题。而在1.0版本之后采用白名单的形式来限制容器的能力，会给出一份默认的能力清单，除清单上的能力外，其他均禁止。

3. 容器DoS攻击与流量限制问题

目前，在公网上的DoS攻击（deny-of-service，拒绝服务攻击）预防已经有很成熟的产品，这对传统网络有比较好的防御效果，但是随着虚拟化技术的兴起，攻击数据包可能不需要通过物理网卡就可以攻击同一个宿主机下的其他容器。所以传统DoS预防措施对容器之间的DoS攻击没有太大效果。

默认的Docker网络是网桥模式，所有容器连接到网桥上。容器通过veth pair技术创建veth pair网卡，然后将其中一端放入容器内部并且命名为eth0，另外一张网卡留在宿主机网络环境中。容器内网卡发出的数据包都会发往宿主机上对应网卡，再由物理网卡进行转发。同理，物理网卡收到的数据根据地址会相应发送到不同的容器内。实际上所有容器在共用一张物理网卡。如果在同一宿主机中的某一个容器抢占了大部分带宽，将会影响其他容器的使用，例如大流量的容器内下载程序会影响其他交互式应用的访问。

4. 超级权限问题

Docker 在 0.6 版本的时候给容器引入了超级权限，可以在 docker run 时加上 --privileged 参数，使容器获得超级权限。下面来看看 --privileged 之后做了什么？

Docker 首先去检测 docker run 时是否指定了 --privileged 标志，如果指定就调用 setPrivileged 这个操作。setPrivileged 函数完成两件事情，一是获取所有能力赋值给容器，二是扫描宿主机所有设备文件挂载到容器内。

首先执行 container.Capabilities = capabilities.GetAllCapabilities() 获取超级用户权限的所有能力，然后将其设置为 container 的能力。之后再执行 'hostDeviceNodes, err := devices.GetHostDeviceNodes() 获取宿主机的设备文件，将其设置为 MountConfig 参数传入。下面分别来解释一下这两个函数做了什么。

● **GetAllCapabilities 做了什么**

能力的主体是进程，通过限制各个进程的能力来限制用户的权限。能力分为 effective、permitted、inheritable 和 bounding 这 4 种。

❏ effective：表示进程当前有效能力位图（位图的每一比特代表从超级用户权限分离出来的能力，该位为 1 则代表拥有该能力）。

❏ permitted：表示进程可以使用的能力位图，这和 effective 的区别在于 permitted 可以有很多能力，但是进程不一定用，可以通过系统调用进行更改，但是最多不超过 permitted 赋予的能力。

❏ inheritable：表示当前进程的子进程可以继承的能力位图。

❏ bounding：表示 inheritable 能力的超集，用来限制可以加入到 inheritable 集合的能力。

GetAllCapabilities() 函数相当于把超级用户的权限全部赋值给当前容器，也就是当前容器不再受超级权限能力的限制。

下面来看看具体的区别。

❏ 执行 docker run -it ubuntu:trusty /bin/bash。

❏ 通过 docker inspect container_id 查看容器进程 pid，可在 state 字段查询到。

❏ 执行 cat /proc/$pid/status 可以查看到如下 4 个 capability 位图。

```
CapInh: 00000000a80425fb
CapPrm: 00000000a80425fb
CapEff: 00000000a80425fb
CapBnd: 00000000a80425fb
```

❏ 再执行 docker run -it --privileged ubuntu:trusty /bin/bash 操作同上，查看 /proc/$pid/ status，可以看到如下 4 个 capability 位图。可以看到加上 --privileged 标志之后，与添加之前，两个容器进程之间能力位图的差别。加上 --privileged 的能力位图与超级用户的能力位图一样。

```
CapInh: 0000001ffffffffff
CapPrm: 0000001ffffffffff
CapEff: 0000001ffffffffff
CapBnd: 0000001ffffffffff
```

● **GetHostDeviceNodes做了什么**

GetHostDeviceNodes将会获取宿主机目录下的所有设备文件，并将其设置到容器。下面来看GetDeviceNodes具体实现。GetHostDeviceNodes函数调用getDeviceNodes("/dev")，在getDevice-Nodes()函数中，首先通过ioutilReadDIr读取/dev目录，遍历该目录下的所有文件。如果是目录，那么除了**pts**、**shm**、**fd**、**mqueue**以及**console**之外，其他目录都保存下来，返回给调用者。如果不是目录，就直接将此设备加入到返回的结果中，返回给调用者。

查看下Docker容器没有`--privliege`参数时，即普通权限下/dev目录下的文件。

```
root@e98b1e81f278:/# ls /dev/
console  full kcore   null pts    shm    stdin  tty    zero
fd       fuse mqueue ptmx random stderr stdout urandom
```

相比之下，再来看看加了`--privilege`参数时，即超级权限下的/dev目录文件。

```
root@2398a48493f1:/# ls /dev | sort
autofs bsg btrfs-control bus console cpu cpu_dma_latency cuse ecryptfs fb0 fd full fuse  hidraw0
hpet input kcore kmsg loop-control loop* mapper mcelog mem mqueue net network_latency
network_throughput null port ppp psaux ptmx pts ram* random rfkill rtc0 sda* sg0 sg1 shm
snapshot snd sr0 stderr stdin stdout tty* ttyprintk uhid uinput urandom vcs* vcsa* vfio vga_arbiter
vhci vhost-net zero
```

可以看到，加了特权后，宿主机所有设备文件都挂载在容器内。

这一节可以看到，`--privilege`参数给的权限太多，使用`--privileged`时需要慎重考虑。如果需要挂载某个特定的设备，可以通过`--device=/dev/sdc:/dev/xvdc:rwm`操作，来把容器需要使用的设备定向挂载到容器，而不是把宿主机的全部设备挂载到容器上。此外，可以通过`--add-cap`和`--drop-cap`这两个Docker参数来对容器的能力进行调整，以最大限度地保证容器使用的安全。

3.9.3 Docker 安全的解决方案

目前来看，Docker通过一些额外的工具来加强安全。比如，使用SELinux限制进程访问的资源；使用quota等技术限制容器磁盘使用量；使用traffic controller技术对容器的流量进行控制。通过这些工具的配合来加强Docker的安全。

1. SELinux

本节首先对SELinux进行介绍，然后以开启SELinux之后ssh无法远程登录为例，对无法登录的原因进行分析，让读者在这个过程中学会根据自己的实际需求制定相应的访问控制策略。

● SELinux概述

SELinux是由内核实现的MAC（Mandatory Access Control，强制访问控制），可以说SELinux就是一个MAC系统。SELinux为每一个进程设置一个标签，称为进程的域，为文件设置标签，称为类型。每一标签由User、Role、Type和Level这4部分组成。

- **User**：SELinux用户是由权限构成的集合，而非Linux用户。系统在登录的时候会为Linux用户匹配一个SELinux用户，通过semanage login -l可以看到Linux用户和SELinux用户的映射。如下所示，用户登录默认会被映射到SELinux的unconfined_u用户，root用户也会被映射到unconfined_u用户，system_u用户则会被映射到SELinux的system_u用户。除了这些SELinux默认的的用户，用户也可以增加自定义的用户。

```
root@docker-2:/home/laicb# semanage login -l
Login Name              SELinux User            MLS/MCS Range
__default__             unconfined_u            s0-s0:c0.c255
root                    unconfined_u            s0-s0:c0.c255
system_u                system_u                s0-s0:c0.c255
```

- **Type**：Type是SELinux访问控制的基础，描述进程所能访问的资源类型。常见文件资源的类型有blk_file、che_file、dir、fd、fifo_file、fie、filesystem、lnk_file和sock_file等，它们分别用于标识块文件、字符文件、目录、文件描述符文件、**fifo**文件、文件系统、链接和套接字文件等。容器文件一般表示为svirt_sandbox_file_t或者svirt_lxc_file_t。常见域有很多，不同类型的容器的需求不一样，容器域一般使用svirt_lxc_net_t来标示其域，也可以自己为容器定义域。
- **Role**：角色是一些类型的组合，是用户和类型的过渡。一个用户可以有多个角色。一个角色可以使用不同类型。
- **Level**：定义更加具体的权限，可以有两种选择，一种是MLS（多层级安全），另外一种是MCS（多级分类安全）。

MLS从高到低将权限分为TopSecret、Secret、Condifidental和Unclassified这4个级别。采用BLP模型，对每一个实体进行分类，高级别的实体不可以写低级别的实体，低级别的实体不可以读高级别的实体。所有信息从低级别流向高级别，保证了信息的安全。

MCS是另外一种方式，通过一个敏感度和一个分类来表示。敏感度有着严格的分级，从s0到s15，一共分为16级，标号越高，敏感度等级越高。分类用来进行数据划分，对文件的同一类型或者同一域的数据打上标签。当你需要访问数据时，必须有足够的敏感度和正确的分类。比如s0-s5:c0.c10,c12代表当前的敏感度是s0，最高可以达到s5的敏感度。可以访问的类别有c0到c10以及c12，中间的"."表示描述的是范围。同一类别下，高等级敏感度可读低等级敏感度的数据，低等级可以向高等级数据汇报写入。

提示　这里分享几条比较实用的命令。

　　❑ 查看进程上下文: `ps -efZ`

　　❑ 查看文件上下文: `ls -Z`

　　❑ 查看当前用户的上下文 `id -Z`

● **SELinux的3种模式**

SELinux提供了如下3种工作模式。

❑ Enforcing: SELinux策略被强制执行,根据SELinux策略来拒绝或者是通过操作。

❑ Permissive: SELinux策略并不会执行,原本在Enforcing模式下应该被拒绝的操作,在该模式下只会触发安全事件日志记录,而不会拒绝此操作的执行。

❑ Disabled: SELinux被关闭,SELinux不会执行任何策略。

通过setenforce来设置SELinux工作模式,setenforce用法如下。

```
setenforece
usage: setenforce [ Enforcing | Permissive | 1 | 0 ]
```

❑ setenforce为1,设置为Enforcing模式。

❑ setenforce为0,设置为Permissive模式。

❑ setenforce为-1,设置为Disabled模式。

通过getenforce来获取当前SELinux的状态。

● **SELinux的3种访问控制方式**

❑ `Type Enforcement`: 类型强制,是SELinux下的主要访问控制机制。

❑ `Role-Based Access Control`(RBAC): 基于SELinux用户,注意是SELinux用户,不是普通Linux用户,如果想知道自己对应的Linux用户对应什么SELinux,通过 `semanage login -l` 命令可以查看用户。

❑ `Multi-Level Security`(MLS): 多级分类安全,也就是我们所指定的level标签。

● *类型强制访问控制*

在SELinux中,所有访问都必须是明确授权的,即默认情况下未授权的访问都会被拒绝。SELinux是对现有的以用户或用户组来进行文件读、写和执行的安全增强,并不是替换掉原有的安全认证体系。简单来说,SELinux是在以用户为中心的经典安全体系之后的第二道屏障。主体和客体的级别都已经明确,那它们是如何关联起来呢? SELinux采用的是策略,在策略中明确指定规则。一条SELinux规则由以下4部分组成。

❑ 源类型: 指的是进程的类型,称为域。

❑ 目标类型: 指的是被进程访问的客体的类型,称为类型。

□ 客体类别：指定允许访问的客体类别。

□ 权限：指定源类型可以对目标类型所做的操作。

比如：

```
allow sshd_t console_device_t : chr_file { ioctl write getattr lock append open } ;
```

这一条策略规则，其源类型是sshd_t的类型，允许访问console_device_t类型客体。源类型可以在客体执行的权限是ioctl、write、getatr、lock、append、open等操作。通过这条规则定义了主体与客体之间的权限控制联系。

● 直观地理解SELinux

下面举一个简单的例子帮助读者更好地理解SELinux。准备两台机器，假设一台主机名为docker-2，另一台主机名为test。docker-2上装有selinux和sshd服务，两台机器上的操作系统均为Ubuntu 12.04，下面我们开始SELinux的直观体验过程。

首先在docker-2机器上，执行getenforce命令获取当前的SELinux模式，通过执行setenforce命令将当前SELinux工作模式设置为Enforcing。

然后尝试从test机器远程登录到docker-2这台机器上，虽然账号验证成功，但是在打开bash程序时出现permisson denied，如下所示。

```
/bin/bash: Permission denied
Connection to 10.10.105.58 closed.
```

当把docker-2机器上的selinux服务关掉时，再使用ssh登录到docker-2机器上是正常的。因此问题很可能出现在SELinux的权限上。查看系统日志/var/log/syslog，可以发现在系统日志中出现了如下日志信息。

```
May 13 10:45:54 docker-2 kernel: [70865.394000] type=1400 audit(1431485154.717:284): avc:  denied
{ transition } for pid=3275 comm="sshd" path="/bin/bash" dev="dm-0" ino=262187
scontext=system_u:system_r:sshd_t:s0  tcontext=unconfined_u:unconfined_r:unconfined_t:s0-s0:c0.c255
tclass=process
```

现在来解读这条日志，它描述的是一条SELinux的审计信息，信息的各条目功能含义如下。

□ Mar 13 10:45:54：审计信息产生的时间。

□ docker-2：系统主机名。

□ avc:denied：表示SELinux执行动作。

□ pid=3275：表示此条操作源的进程ID。

□ comm：表示执行的命令。

□ path：表示此条操作源想要操作的对象。

□ dev="dm-0"： 表示目标文件的文件系统所在设备的位置。

□ ino=262187：表示目标文件所在的索引节点号。

❑ scontext=system_u:system_r:sshd_t:s0：表示操作源进程的上下文，用户是system_u，角色是system_r，域为sshd_t,MLS level s0。

❑ tcontext=unconfined_u:unconfined_r:unconfined_t:s0-s0:c0.c255：表示目标进程的上下文。

通过策略分析工具apol打开/etc/selinux/ubuntu/policy目录下的策略文件policy.X（X代表policy的版本号），根据日志中的操作信息新建查询，发现并没有匹配规则，自然SELinux会拒绝此次访问请求。

增加策略

解决此问题只需在docker-2机器上增加一条策略规则，允许此类操作即可。如何去增加匹配规则呢？SELinux为我们提供了两个很好的工具：audit2why和audit2allow。这两条命令都能从审计日志中提取类型强制访问控制规则。audit2why描述产生的规则信息，用户可以根据信息判断是否需要加入这条规则。audit2allow除了生成描述的规则信息以外，还会生成可用于添加到SELinux的策略规则文件。接着将规则文件加入到SELinux的策略模块，从系统日志中查找到关于sshd进程的有关审计日志，然后将其作为audit2allow命令的输入，命令如下：

```
root@docker-2:/home/root/sshdallow# grep sshd /var/log/syslog | audit2allow -M sshdallow
******************* IMPORTANT ************************
To make this policy package active, execute:
semodule -i sshdallow.pp
root@docker-2:/home/root/sshdallow# ls
sshdallow.pp  sshdallow.te
```

执行此命令后生成了sshdallow.te和sshdallow.pp两个文件。sshdallow.te文件中的内容描述了此次生成的规则信息，sshdallow.pp就是可添加到SELinux中的文件。可以看到sshdallow.te文件内容如下：

```
$ cat sshdallow.te
module sshdallow 1.0;
require {
    type unconfined_t;
    type sshd_t;
    class process transition;
}
#============= sshd_t ==============
allow sshd_t unconfined_t:process transition;
```

在最后一行中可以看到需要添加一条规则，允许进程从sshd_t域转移到unconfined_t域。sshd所在域就是sshd_t，/bin/bash所在域是unconfined_t，sshd采用进程并发方式，收到请求时fork出一个子进程，并在子进程中执行/bin/bash命令，这样子进程就从sshd_t域转换到了unconfined_t域。通过semodule命令可以将sshdallow.pp策略文件加入到SELinux的策略模块，执行命令如下：

```
sudo semodule -i sshdallow.pp
```

保险起见，可以通过执行如下命令来检查sshdallow模块是否已经加入内核策略模块。

```
semodule -l | grep sshdallow
```

至此，SELinux的规则已经添加成功了。如过此时再次尝试从test机器ssh连接docker-2机器上，可以看到访问成功。

通过这次直观体验你可以明白，实际上，SELinux就是通过策略来控制主体与客体之间的访问规则。

● 为什么在Docker中使用SELinux

阅读完我们对SELinux的介绍，可能你会问，为什么要在Docker中使用SELinux呢？原因可简单总结为以下3点。

❑ SELinux把所有进程和文件都打上标签。进程之间相互隔离，SELinux策略控制进程如何访问资源，也就是限制容器如何去访问资源。

❑ SELinux策略是全局的，它不是针对具体用户设定，而是强制整个系统去遵循，使攻击者很难突破。

❑ 减少提权攻击的风险，如果一个进程被攻陷，攻击者将会获得该进程的所有权限，访问该进程能访问的权限。比如Apache的httpd进程被攻陷，那么它仅能访问httpd所能访问的文件，而无法去访问其他目录的文件（如/home、/etc/passwd等目录就不行），防止了更为严重的危害。

虽然SELinux功能强大，但是注意SELinux不是一个杀毒软件，不能替换防火墙、密码等其他安全体系。SELinux不是对现有的安全体制进行替换，而是增添一道严格的防线而已。

● Docker中启用SELinux

对SELinux有了一定了解之后，我们将介绍如何在Docker中使用SELinux。在Docker启动时执行docker -d --selinux-enabled=true让Docker daemon启用SELinux，当然前提是宿主机已经安装了SELinux，并且确保SELinux已经处于enforcing模式或者处于Permissive状态。对于不同的应用需要设置不同的能力，对应用的能力进行定制化，所以需要读者根据自己应用需要，为容器设置标签。

docker run的时候可以指定容器的user、role、type、level等标签信息。

```
--security-opt="label:user:USER"   : Set the label user for the container
--security-opt="label:role:ROLE"   : Set the label role for the container
--security-opt="label:type:TYPE"   : Set the label type for the container
--security-opt="label:level:LEVEL" : Set the label level for the container
--security-opt="label:disable"     : Turn off label confinement for the container
--security-opt="apparmor:PROFILE"  : Set the apparmor profile to be applied to the container
```

容器进程的默认标签为system_u:system_r:svirt_lxc_net_t（分别对应用户、角色、类型），容器文件的默认文件类型为system_u:object_r:svirt_sandbox_file_t。默认的层级将由Docker

生成，由一个敏感度以及两个MCS级别构成，Docker保证生成的层级的唯一性。当用户通过上述指令指定用户、角色、类型和层级时将覆盖默认类型。

通过添加security-opt参数设置容器进程的用户、角色、域、级别等信息。如果你启用了SELinux而使用docker run时不指定标签信息，那么将会运行失败，查看daemon日志，会看到Permission Denied信息。Docker对前文中提到的SELinux的3种访问控制方式均有支持。

- □ TE形式：docker run -it --security-opt="label:type:svirt_lxc_net_t" ubuntu:trusty /bin/bash
- □ MCS形式：docker run --security-opt label:level:s0:c100,c200 -i -t ubuntu:trusty /bin/bash
- □ MLS形式：docker run --security-opt label:level:TopSecret -i -t rhel7 bash

同一类型进程，每一个进程有自己独有的目标文件。比如Docker创建每一个容器的进程域是相同的，但是进程的MCS是不一样的。能够访问的目标文件也不一样，这样做到了容器之间的相互隔离。Docker daemon会为每一个容器分配两个MCS级别，这样容器与容器的文件也得到隔离。

对于复杂的业务可能需要为容器指定特定的类型，需要自己去编写规则文件，这门槛较高，需要对SELinux有较深的了解。

2. 磁盘限额

Docker目前提供--storge-opt=[]来进行磁盘限制，不过此选项目前仅仅支持Device Mapper文件系统的磁盘限额。其他几种存储引擎都还不支持。由于目前cgroups没有对磁盘资源进行限制，Linux磁盘限额使用的quota技术主要是基于用户和文件系统的，基于进程或者目录磁盘限额还是比较麻烦。下面提供几种可能解决方案去实现容器磁盘限额。

- □ 为每一个容器创建一个用户，所有用户共用宿主机上的一块磁盘。通过限制用户在这块磁盘上的使用量来限定容器的磁盘使用量。不过磁盘限额仅仅对普通用户有用，对超级用户没有限制。
- □ 选择支持可以对某一个目录进行限额的文件系统支持，比如XFS[①]可以支持用户、用户组、目录、项目等形式对磁盘使用量进行限制。
- □ 让Docker定期检查每一个容器的磁盘使用量，这是最差的一种方法，对Docker本身的性能也会造成影响。
- □ 创建虚拟文件系统，此文件系统仅供某一个容器使用。

下面介绍创建虚拟文件系统来对磁盘限额的操作方法，首先创建虚拟文件系统，然后把Docker的rootfs构建于虚拟文件系统之上。

---

① 参见http://en.wikipedia.org/wiki/XFS。

Linux支持从磁盘文件创建一个虚拟文件系统，将此虚拟文件系统设置为容器所使用的文件系统，如此便可以用来限制某一个目录的磁盘使用量，步骤如下。

(1) 创建一个4G的文件。

```
sudo dd if=/dev/zero of=/usr/disk-quota.ext3 count=4096 bs=1MB
```

(2) 在此磁盘文件上创建文件系统。

```
mkfs -t ext3  -F /usr/disk-quota.ext3
```

注意加上-F标志，否则mkfs会去检查某一个文件是否是设备文件。

(3) 挂载这个文件系统到指定容器目录。

```
mount -o loop,rw,usrquota,grpquota /usr/disk-quota.ext3  /path/to/image/top/level
```

将创建的虚拟文件系统作为rootfs最顶层的layer，Docker对磁盘文件的存储操作都限制其上，这样就可以限制容器的磁盘最大使用量。当然对于需要共享的数据，可以采用挂载volume方式进行磁盘数据存储，这里只是预防一种可能存在的攻击。

3. 宿主机内容器流量限制

Docker已经为容器的资源限制做了许多工作，但是在网络带宽方面却没有进行限制，这就可能导致一些安全隐患，尤其是使用Docker构建容器云时，可能存在多租户共同使用宿主机资源的情况，这种问题就显得尤为突出，极有可能出现诸如容器内Dos攻击等危害。无限制的大流量访问会破坏容器的实时交互能力，所以需要对容器流量进行限制。

● **trafic controller概述**

traffic controller是Linux的流量控制模块，其原理是为数据包建立队列，并且定义了队列中数据包的发送规则，从而实现在技术上对流量进行限制、调度等控制操作。

traffic controller中的流量控制队列分为两种：无类队列和分类队列。

- □ **无类队列**就是对进入网卡的数据进行统一对待，无类队列能够接受数据包并对网卡流量整形，但是不能对数据包进行细致划分，无类队列规定主要有PFIFO_FAST、TBF和SFQ等，无类队列的流量整形手段主要是排序、限速以及丢包。
- □ **分类队列**则是对进入网卡的数据包根据不同的需求以分类的方式区分对待。数据包进入分类队列后，通过过滤器对数据包进行分类，过滤器返回一个决定，这个决定指向某一个分类，队列就根据这个返回的决定把数据包发送到相应的某一类队列中排队。每个子类可以再次使用自己的过滤器对数据进一步的分类，直到不需要分类为止，数据包最终会进入相关类的队列中排队。

traffic controller流量控制方式分为4种。

- □ SHAPING：流量被限制时，它的传输速率就被控制在某个值以下，限制阈值可以远小于有效带宽，这样可以平滑网络的突发流量，使网络更稳定，SHAPING方式适用于限制外出的流量。

❑ SCHEDULING：通过调度数据包传输的优先级数据，可以在带宽范围内对不同的传输流按照优先级分配，适用于限制外出的流量。

❑ POLICING：SHAPING用于处理向外流量，而POLICING用于处理接收到数据，对数据流量进行限制。

❑ DROPPING：如果流量超过设置的阈值就丢弃数据包，向内向外皆有效。

下面将分别为大家介绍无类队列和分类队列的使用方法。

● **无类队列的使用**

无类队列的使用方法比较简单，TBF（Token Bucket Filter）是无类队列中比较常用的一种队列，TBF只是对数据包流量进行SHAPING，并不做SCHEDULING。如果你只是简单地限制网卡的流量，这会是一个很高效的方式。使用无类队列进行流量限制比较简单，Linux下对流量进行限制的命令工具是tc，命令如下所示。

```
tc disc add dev eth1 root handle 1:0 tbf  rate 128kbit  burst 1000  latency 50ms
```

其中各字段含义如下。

❑ tc disc add dev eth1表示在设备eth1上添加队列；
❑ root表示根节点，没有父亲节点；
❑ handle 1:0表示队列句柄；
❑ tbf表示使用无类队列TBF；
❑ rate 128kbit：速率是128kbit；
❑ burst 1000：桶尺寸为1000；
❑ latency 50ms：数据包最多等待50ms。

● **分类队列的使用**

如果需要对数据包进一步细分，对不同类型数据进行区别对待，分类队列就非常适合。CBQ（Class Based Queue）是一种比较常用的分类队列。在分类队列中多了类和过滤器两个概念。通过过滤器把数据包划分到不同的类里面，再递归地处理这些类。下面以一个简单例子来描述分类队列的使用。

假设我们有一个如下的场景：主机上有一张带宽为100Mbit/s的物理网卡，在这台主机上开启了3个服务：ftp服务、snmp服务以及http服务，我们需要对这3种服务的带宽进行限制，那么可以进行如下操作。

首先建立一个根队列：

```
tc disc add dev eth0 root handle 1:0 cbq bandwidth 100Mbit avpkt 1000 cell 8
```

然后在此队列下建立3个类：

```
tc class add dev eth0 parent 1:0 classic 1:1 cbq bandwidth 100Mbit rate 5Mbit weight 0.5Mbit prio 5
cell 8 avpkt 1000
tc class add dev eth0 parent 1:0 classic 1:2 cbq bandwidth 100Mbit rate 10Mbit weight 0.5Mbit prio 5
cell 8 avpkt 1000
tc class add dev eth0 parent 1:0 classic 1:3 cbq bandwidth 100Mbit rate 15Mbit weight 0.5Mbit prio 5
cell 8 avpkt 1000
```

接下来再在3个类下建立队列或者对类进一步划分：

```
tc qdisc add dev eth0 parent 1:1 handle 10:0
tc disc add dev eth0 parent 1:2  handle   20:0
tc disc add dev eth0 parent 1:3 handle    30:0
```

最后再为根队列建立3个过滤器：

```
tc filter add dev eth0 parent  1:0 protocol  ip prio 1 u32 math ip sport 20 0xfffff flowid 1:1
tc filter add dev eth0 parent  1:0 protocol  ip prio 1 u32 math ip sport 161 0xfffff flowid 1:2
tc filter add dev eth0 parent  1:0 protocol  ip prio 1 u32 math ip sport 80 0xfffff flowid 1:3
```

由此可见，我们为根队列创建了3个分类，分别对ftp、snmp以及http这3种服务的数据包进行限制，其余数据包将不受影响。

● 在Docker中使用traffic controller

前面提到过Docker会通过veth pair技术创建一对虚拟网卡对，一张放在宿主机网络环境中，一张放在容器的namespace里。如果我们需要对容器的流量进行限制，那只需要在宿主机的veth*网卡上进行流量限制，将traffic controller中的dev指定为veth*。在创建容器时添加此规则，如果你不需要容器之间在三层和四层间通信，指定icc参数可以禁止容器间直接通信。如果需要容器之间进行直接通信或者需要对不同容器的流量进行限制，就需要预防同一台宿主机上容器之间进行Dos攻击，此时可以采用traffic controller容器对容器网卡流量进行限制，这在一定程度上可以减轻Dos攻击危害。

4. GRSecurity内核安全增强工具

同一台宿主机上的容器是共享内核、内存、磁盘以及带宽等，所有容器都在共享宿主机的物理资源，所以Linux内核提供了namespace来进行资源隔离，通过cgroups来限制容器的资源使用。但是在内存安全问题上仍有很多问题，比如C/C++等非内存安全的语言，并不会去检查数组的边界，程序可能会超越边界，而破坏相邻的内存区域。因此需要一些内存破坏的防御工作，去补充namespace和cgroups。GRSecurity是一个对内核的安全扩展，通过智能访问控制来阻止内存破坏，预防0day漏洞等。GRSecurity对用户提供了丰富的安全限制，可以提供内存破坏防御、文件系统增强等各式各样的防御。

5. 关于fork炸弹

众所周知，fork炸弹（fork bomb）是一种利用系统调用fork（或其他等效的方式）进行的服务阻断攻击的手段。简单来说，所谓fork炸弹就是以极快的速度创建大量进程（进程数呈以2为底数的指数增长趋势），并以此消耗系统分配予进程的可用空间使进程表饱和，从而使系统无法运行新程序。

另一方面，由于fork炸弹程序所创建的所有实例都会不断探测空缺的进程槽并尝试取用以创建新进程，因而即使在某进程终止后也基本不可能运行新进程。而且，fork炸弹生成的子程序在消耗进程表空间的同时也会占用CPU和内存，从而导致系统与现有进程运行速度放缓，响应时间也会随之大幅增加，以致于无法正常完成任务，从而使系统的正常运作受到严重影响[1]。

这个攻击手段在容器云中尤为凸显：毕竟容器中运行着的应用是用户自己上传的，它完全可以就是一个fork炸弹；而不同用户的容器往往会共用一个宿主机，再加上容器本身在内核层面隔离性的不足，使得一旦fork炸弹被触发，能够带来的影响往往是灾难性的。

所以fork炸弹的应对从一开始就是很受社区关注的（比如issue 6479）。不过到目前为止，现有的方案都不算完美解决。

● 通过ulimit限制最大进程数目

说起进程数限制，大家可能知道ulimit的nproc这个配置：当调用fork创建一个进程时，如果该UID用户的进程数之和大于等于进程的RLIMIT_NPROC值时，fork调用将会失败返回。

由于ulimit在1.6.0以上的Docker中已经被支持，所以用户可以直接使用docker run --ulimit来为每个容器单独配置ulimit参数了（比如nproc=2）。可遗憾的是，正如上面所说，nproc是一个以用户为管理单位的设置选项，即它调节的是属于一个用户UID的最大进程数之和。这是nproc与其他ulimit选项的一个显著的不同点。

这就意味着这个限制是对于该容器首进程所属的用户（以UID区分）下所有的容器进程有效的，而并不是像我们预想中那样能够分别对每个容器里能够创建的进程数做限制，比如：

```
# 我们使用daemon用户启动4个容器，并设置允许的最大进程数为3
docker run -d -u daemon --ulimit nproc=3 busybox top
docker run -d -u daemon --ulimit nproc=3 busybox top
docker run -d -u daemon --ulimit nproc=3 busybox top
docker run -d -u daemon --ulimit nproc=3 busybox top # 这个容器会失败并报错：资源不足
```

上述例子中，我们指定使用daemon用户来在容器中启动top进程，结果启到第4个容器的时候就报错了。而实际上，我们本来想限制的是：在每个容器里，用户最多只能创建3个进程。

另外，默认情况下，Docker在容器中启动的进程是root用户下的，而ulimit的nproc参数无法对超级用户进行限制。所以，准确地说，目前在Docker中无法使用ulimit来限制fork炸弹问题。

● 限制内核内存使用

前面提到过，fork炸弹的一大危害是它会消耗掉一系列的内核资源，比如进程表、内核内存

---

[1] 引自维基百科Fork_bomb：https://en.wikipedia.org/wiki/Fork_bomb。

等。其中，由于内核内存资源永远保存在内存中而不会交换到swap区，所以fork炸弹可以轻而易举地形成对系统的Dos攻击。

不过，这同时也就意味着我们可通过限制进程的内核内存资源使用来限制fork炸弹。事实上，很多内核开发者都建议使用kmem（即Cgroup的memory.kmem.limit_in_bytes）来限制fork炸弹，这的确有效，但是同时也带来了如下3个问题。

❏ 目前Docker还不支持直接配置memory.kmem.limit_in_bytes。不过已经有PR #14006[①]来解决这个问题。

❏ kmem不是仅用来存储进程相关信息的，它还保存了一些诸如文件系统相关、内核加密等内核数据。这就意味这简单粗暴地限制死kmem的使用很可能会对其他正常的操作产生影响。

❏ Linux的4.0内核之前的kmem实现存在泄露问题，4.0+之后解决了内存泄露问题。但是4.0+版本是刚刚发布的，在生产环境中的大规模使用至少还需一段时间。

● **cgroup pid子系统**

目前，Linux内核有一个还在开发中的特性叫作cgroup pids子系统，这个子系统将可以允许用户配置在一定条件下直接拒绝fork调用、以及增加了任务计数器子系统等功能，从而完美解决fork炸弹的问题，所以非常值得期待。

总体来看，Docker自身已经提供了很多安全机制，在使用Docker的时候，需要充分利用Docker已有的安全机制，在多用户环境下则尤其需要注意Docker的安全问题。Docker目前仍然只适于运行可信应用程序，如果需要运行任意代码，安全很难得到保证，可以通过利用SELinux、GRSecurity等工具来增强容器安全。

---

① 参见https://github.com/docker/docker/pull/14006。

## 第 4 章

Docker 高级实践技巧

本书的第2章和第3章分别介绍了Docker基本概念、基本使用方法和核心原理，那么我们在实践中应该如何使用Docker？Docker是否可以用来解决实践中这样或那样的问题？这是整个容器行业需要回答的一些大问题，本书在接下来的章节将试图从各个角度回答这些问题。而本章将从以下角度对Docker的实践进行讲解，包括容器化思维、Docker网络高级实践、Dockerfile最佳实践、Docker容器的监控以及微服务配置中心etcd。而在大规模环境下如何编排调度海量的Docker容器，如何解决容器化应用的弹性伸缩、高可用性保障等问题，将在本书的第二部分进行详细讲解。

4.1 容器化思维

一些人将Docker视为轻量级虚拟机技术，如果你是混迹IT圈、经验十足的老手，也许会提出如下问题：如果需要进入容器调试，该怎么办？sshd要怎么配置？容器里是否应该默认存在一个公钥文件？应该如何做备份容器？看来如果真把Docker当成虚拟机用，仍然很难。

要正确使用Docker，就要建立起容器化思维。从技术角度理解容器化思维，就是要意识到容器的本质是一个进程以及运行该进程所需的各种依赖。当有了容器化思维，再来看前面这些问题，就能明白该从哪里入手了。比如，当理解了容器实际上是一个进程，那么我们就不需要去备份一个容器了，而是应该把需要备份的数据放在容器外挂的volume里或者数据库里。本节接下来将会通过分析"SSH服务器的替代方案"和"Docker内应用日志管理方案"这两个问题，来举例说明如何用容器化思维解决一些日常运维中的问题。

4.1.1 SSH 服务器的替代方案

试想一下，当用户知道容器实际上是一个进程，还会在进程里启动一个SSH服务器吗？显然不会，那么就自然不需要考虑sshd的配置问题，也不用考虑公钥的管理问题。实际上Docker提供了一个docker exec命令，可以在已运行的容器中执行想要的命令，并得到反馈的结果。这个命令实际上可以解决大部分需要ssh进入容器的问题，提供与宿主机原有功能的结合，同样也可以解决诸如定时任务等问题。可见，SSH服务器的使用是跟具体的需求相结合的。

对于用户需要进入容器修改配置文件的需求。如果需要长期使用这份配置文件，那么它应该被集成到镜像中；如果需要经常修改这份配置文件，那么应该使用Docker数据卷共享这份配置，具体操作方法详见3.7节。

对于某些特殊需求需要进入容器，如程序调试等，则可以使用docker exec直接在容器中启动一个shell，然后再进行一系列操作。如：

```
$ sudo docker exec -it <containerName> bash
```

4.1.2   Docker 内应用日志管理方案

当前Docker对运行在它内部应用的日志管理较薄弱，每个运行在容器内应用的日志输出统一保存在宿主机的/var/log目录下，文件夹以容器ID命名。当前Docker仅将应用的stdout和stderr两个日志输出通过通道重定向到/var/log下。Docker以JSON消息记录每一行日志，这将导致文件增长过快，从而超过主机磁盘限额。此外，日志没有自动切分功能，docker logs命令返回的日志记录也过于冗长。

目前处理Docker日志的主流方案，按照日志处理工具安装的位置主要分为3种[1]。

- **在容器内收集**。除了正在运行的应用程序外，每个容器设置一个日志收集进程。这种方案需要定制Docker镜像，典型代表为baseimage-docker[2]项目，它使用runit[3]连同syslog提供了这方面的日志收集方案示例。
- **在容器外收集**。在宿主机上运行一个单独收集日志的代理，收集所有容器的日志。容器有一个从该宿主机挂载的volume卷，它们把日志记录在挂载卷中，由代理进程接收。当然，也可以使用代理直接处理存储在/var/log目录下的容器日志，该方案的典型代表为Fluentd项目[4]。
- **在专用容器中收集**。这是直接在宿主机上运行代理收集日志的变种方案。该收集代理同样运行在一个容器中，并且该容器的卷使用docker run的volumes-from选项被绑定给所有应用程序容器。这种方案的实现细节可以参考Docker and Logstash一文[5]。

由此可见，目前Docker的日志处理方案虽然并不完善，但灵活多样。如果与docker ps等命令结合使用，还可以获得与容器日志相对应的应用状态信息。

---

① 参考自《使用Fluentd管理Docker日志》（http://segmentfault.com/a/1190000000730444）。

② https://github.com/phusion/baseimage-docker。

③ http://smarden.org/runit。

④ https://github.com/fluent/fluentd。

⑤ https://denibertovic.com/post/docker-and-logstash-smarter-log-management-for-your-containers/。

4.1.3 容器化思维及更多

我们在前面讲到，从技术角度理解容器化思维就是要意识到容器的本质是一个进程以及运行该进程所需要的各种依赖。但如果我们不止步于"从技术角度理解容器化思维"，而是把容器化思维扩展到"如何更好地使用容器"这一层面，那么容器化思维所包含的概念和实践方法就有很多了。其中，读者接触的比较多的应该就是微服务了。

所谓微服务模式有如下三大特性。

❑ **彼此独立**：微服务模式下的每一个组成部分，都是一个独立的服务，有一整套完整的运行机制以及标准化的对外接口。不依赖于其他部分就能正常运转，同时可以探测其他组成部分的存在。

❑ **原子化**：微服务应该是不可再分的原子化服务。如果一个服务还能继续划分为几个更小的服务，那便不能称为微服务，而更像是由多个微服务组成的"微系统"。

❑ **组合和重构**：微服务的最大特点就在于它能快速地组合和重构，彼此组合成一个系统。系统里所有的实体在逻辑上是等价的，因此它的结构相对简单和松散，具有极强的可扩展性和鲁棒性。

谈到容器经常会谈起微服务，这是因为容器技术轻量级的特性和"构建一次，到处运行"的特性降低了微服务型应用的额外开销（overhead），提升了微服务式的应用开发流程效率，使得微服务的开发模式成为可能[①]。而与之相关的可以涵盖在容器化思维内的理念还包括DevOps、持续集成和持续交付（CICD）以及不可变基础设施（immutable infrastructure）。这些理念都可以单独成书了，所以我们就不在本书中过多讨论，感兴趣的读者可以充分利用搜索引擎。

总之，我们在使用Docker时需要关注容器本身，时刻提醒自己我是在使用容器，从而享受它带来的种种便利，如快速的应用分发能力、高效的操作及反应能力、弹性灵活的部署能力以及低廉的部署成本；同时我们也要学习和解决围绕容器的各类实践问题，如网络、存储、监控、资源控制、配置管理、安全等。本书将在后面的章节中继续讨论这些问题。

4.2 Docker 高级网络实践

在3.8节中，我们已经详细解读了Docker中libnetwork提供的4种驱动，它们各有千秋，但实际上每一种方式都有一定的局限性。假设需要运营一个数据中心的网络，我们有许多宿主机，每台宿主机上运行了数百个甚至上千个Docker容器，使用4种网络驱动的具体情况如下。

❑ 使用host驱动可以让容器与宿主机共用同一个网络栈，这么做看似解决了网络问题，可实际上并未使用network namespace的隔离，缺乏安全性。

[①] 实际上，如果容器内部存在缺乏init进程等问题，在不做特殊处理的情况下，容器并不适合用来跑复杂的单体式应用（monolith）。

- 使用Docker默认的bridge驱动，容器没有对外IP，只能通过NAT来实现对外通信。这种方式不能解决跨主机容器间直接通信的问题，难以满足复杂场景下的需求。
- 使用overlay驱动，可以用于支持跨主机的网络通信，但必须要配合Swarm进行配置和使用才能实现跨主机的网络通信。
- 使用null驱动实际上不进行任何网络设置。

可见，为了实现数据中心大量容器间的跨主机网络通信，为了更灵活地实现容器间网络的共享与隔离，也为了在管理成千上万个容器时可以更加自动化地进行网络配置，我们需要学习更高级的网络实践方案。

本节主要讲述Docker网络的高级实践部分，将通过一些工具和额外的操作来突破Docker网络原有的限制，实现一些更高级的功能，以满足实际运用中的复杂需求。在4.2.1节中，将介绍Linux network namespace的一些基本用法和配置，以便读者在实际使用中可以通过手动方式调试网络。在4.2.2节中，将介绍一个Docker官方专为容器SDN解决方案开发的工具，并介绍使用这个工具进行跨主机通信的配置方式。在本节的最后两部分4.2.4节和4.2.5节中，将介绍一个强大的虚拟网络交换机Open vSwitch，使用它可以解决更多实际环境中的复杂网络问题，使网络配置管理更加简单可行。

4.2.1 玩转 Linux network namespace

第3章已经介绍过Linux network namespace，这里将从实践的角度讲述如何在Ubuntu系统下操作Linux network namespace，为后续对Docker网络做高级配置做好准备。

ip是Linux系统下一个强大的网络配置工具，它不仅可以替代一些传统的网络管理工具，如ifconfig、route等，还可以实现更为丰富的功能。下面将介绍如何使用ip命令来配置管理network namespace。

1. 使用ip netns命令操作network namespace

ip netns命令是用来操作network namespace的指令，具体使用方法如下。

创建一个network namespace：

```
# 创建一个名为nstest的network namespace
$ sudo ip netns add nstest
```

列出系统中已存在的network namespace：

```
$ sudo ip netns list
nstest
```

删除一个network namespace：

```
# 删除nstest
$ sudo ip netns delete nstest
```

在network namespace中执行一条命令：

```
# 命令格式
sudo ip netns exec <network namespace name> <command>
# 如显示nstest namespace中的网卡信息
$ sudo ip netns exec nstest ip addr
1: lo: <LOOPBACK> mtu 65536 qdisc noop state DOWN group default
    link/loopback 00:00:00:00:00:00 brd 00:00:00:00:00:00
```

使用ip netns exec来执行命令稍显麻烦，可以使用一个更直接的办法——在network namespace中启动一个shell，具体示例如下：

```
# 命令格式
sudo ip netns exec <network namespace name> bash
```

这样就可以在上面执行命令，就好像使用者进入了这个network namespace中；若要退出则输入exit即可。

2. 使用ip命令为network namespace配置网卡

当使用ip netns add命令创建了一个network namespace后，就拥有了一个独立的网络空间，可以根据需求来配置该网络空间，如添加网卡、配置IP、设置路由规则等。下面以之前建立的名为nstest的network namespace为例来演示如何进行这些操作。

当使用ip命令创建一个network namespace时，会默认创建一个回环设备（loopback interface: lo）。该设备默认不启动，用户最好将其启动。

```
$ sudo ip netns exec nstest ip link set dev lo up
```

在主机上创建两张虚拟网卡veth-a和veth-b。

```
$ sudo ip link add veth-a type veth peer name veth-b
```

将veth-b设备添加到nstest这个network namespace中，veth-a留在主机中。

```
$ sudo ip link set veth-b netns nstest
```

现在nstest这个network namespace就有了两块网卡lo和veth-b，来验证一下：

```
$ sudo ip netns exec nstest ip link
```

```
lo: <LOOPBACK,UP,LOWER_UP> mtu 65536 qdisc noqueue state UNKNOWN mode DEFAULT
    link/loopback 00:00:00:00:00:00 brd 00:00:00:00:00:00
veth-b: <BROADCAST,MULTICAST> mtu 1500 qdisc noop state DOWN mode DEFAULT qlen 1000
    link/ether 72:01:ad:c5:67:84 brd ff:ff:ff:ff:ff:ff
```

现在可以为网卡分配IP并启动网卡了：

```
# 在主机上为veth-a配置IP并启动
$ sudo ip addr add 10.0.0.1/24 dev veth-a
$ sudo ip link set dev veth-a up

# 为nstest中的veth-b配置IP并启动
```

```
$ sudo ip netns exec nstest ip addr add 10.0.0.2/24 dev veth-b
$ sudo ip netns exec nstest ip link set dev veth-b up
```

给两张网卡配置了IP后，会在各自的network namespace中生成一条路由，用ip route或route -a命令查看一下：

```
# 在主机中
$ sudo ip route
...
10.0.0.0/24 dev veth-a  proto kernel  scope link  src 10.0.0.1

# 在nstest network namespace中
$ sudo ip netns exec nstest ip route
10.0.0.0/24 dev veth-b  proto kernel  scope link  src 10.0.0.2
```

这两条路由表明的意义是目的地址为10.0.0.0/24网络的IP包分别从veth-a和veth-b发出。

现在nstest这个network namespace有了自己的网卡、IP地址、路由表等信息，俨然成了一台小型的"虚拟机"。测试一下它的连通性，以检查配置是否正确。

从主机的veth-a网卡ping nstest network namespace的veth-b网卡：

```
$ ping 10.0.0.2
PING 10.0.0.2 (10.0.0.2) 56(84) bytes of data.
64 bytes from 10.0.0.2: icmp_req=1 ttl=64 time=0.054 ms
...
```

从nstest network namespace的veth-b网卡ping主机的veth-a网卡：

```
$ sudo ip netns exec nstest ping 10.0.0.1
PING 10.0.0.1 (10.0.0.1) 56(84) bytes of data.
64 bytes from 10.0.0.1: icmp_req=1 ttl=64 time=0.064 ms
...
```

3. 将两个network namespace连接起来

很多时候，想搭建一个复杂的网络环境来测试数据，往往受困于没有足够的资源来创建虚拟机。掌握了如何配置network namespace后，便可以轻松解决这个问题。可以在一台普通的机器上，以非常简单的方式创建很多相互隔离的network namespace，然后通过网卡、网桥等虚拟设备将它们连接起来，组成想要的拓扑网络。下面来演示一个简单的例子——将两个network namespace通过veth pair设备连接起来。具体过程如下：

```
# 创建两个network namespace ns1, ns2
$ sudo ip netns add ns1
$ sudo ip netns add ns2
# 创建veth pair设备veth-a, veth-b
$ sudo ip link add veth-a type veth peer name veth-b
# 将网卡分别放到两个namespace中
$ sudo ip link set veth-a netns ns1
$ sudo ip link set veth-b netns ns2
# 启动两张网卡
```

```
$ sudo ip netns exec ns1 ip link set dev veth-a up
$ sudo ip netns exec ns2 ip link set dev veth-b up
# 分配IP
$ sudo ip netns exec ns1 ip addr add 10.0.0.1/24 dev veth-a
$ sudo ip netns exec ns2 ip addr add 10.0.0.2/24 dev veth-b
# 验证连通
$ sudo ip netns exec ns1 ping 10.0.0.2
PING 10.0.0.2 (10.0.0.2) 56(84) bytes of data.
64 bytes from 10.0.0.2: icmp_req=1 ttl=64 time=0.054 ms
...
```

通过veth pair设备连接起来的两个network namespace就好像直接通过网线连接起来的两台机器，其拓扑图如图4-1所示。

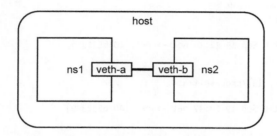

图4-1 通过veth pair连接的两个network namespace

如果有更多network namespace需要连接，那就有必要引入虚拟网桥了，就如同Docker的网络一样。

4. 使用ip命令配置Docker容器网络

第3章已经介绍过，Docker正是使用Linux namespaces技术进行资源隔离的，网络也是如此。当用默认网络模式（bridge模式）启动一个Docker容器时，一定是在主机上新创建了一个Linux network namespace。用户可以按照在network namespace中配置网络的方法来配置Docker容器的网络。

首先，启动一个名为test1的Docker容器：

```
$ sudo docker run -itd --name test1 ubuntu /bin/bash
```

然后，使用ip netns list命令查看是否可以看到新创建的network namespace。执行命令后发现并没有看到新增加的network namespace。这并不代表Docker容器没有创建network namespace，只是ip netns命令无法查看罢了，这与ip netns命令的工作方式有关。

当使用ip netns命令创建了两个network namespaces（ns1和ns2）后，会在/var/run/netns目录下看到ns1和ns2两项：

```
$ ls -la /var/run/netns/
total 0
drwxr-xr-x  2 root root  80 Sep 19 22:18 .
```

```
drwxr-xr-x 39 root root 1500 Sep 19 22:18 ..
-r--r--r-- 1 root root    0 Sep 19 22:18 ns1
-r--r--r-- 1 root root    0 Sep 19 22:18 ns2
```

ip netns list命令在/var/run/netns目录下查找network namespace。由于Docker创建的network namespace并不在此目录下创建任何项，因此，需要一些额外的操作来使ip命令可以操纵Docker创建的network namespace。

Linux下的每一个进程都会属于一个特定的network namespace，来看一下不同network namespace环境中/proc/$PID/ns目录下有何区别。

```
# /proc/self链接到当前正在运行的进程
# 主机默认的network namespace中
$ ls -la /proc/self/ns/
...
lrwxrwxrwx 1 root root 0 Sep 19 22:36 net -> net:[4026531956]
...
# 在ns1中
$ ip netns exec ns1 ls -la /proc/self/ns/
...
lrwxrwxrwx 1 root root 0 Sep 19 22:37 net -> net:[4026532399]
...
# 在ns2中
$ ip netns exec ns2 ls -la /proc/self/ns/
...
lrwxrwxrwx 1 root root 0 Sep 19 22:41 net -> net:[4026532485]
...
```

从上面可以发现，不同network namespace中的进程有不同的net:[]号码分配。这些号码代表着不同的network namespace，拥有相同net:[]号码的进程属于同一个network namespace。只要将代表Docker创建的network namespace的文件链接到/var/run/netns目录下，就可以使用ip netns命令进行操作了，具体步骤如下：

```
# 用docker inspect查看test1容器的PID
$ sudo docker inspect --format '{{ .State.Pid }}' test1
31203
# 若不存在/var/run/netns目录，则创建
$ sudo mkdir -p /var/run/netns
# 在/var/run/netns目录下创建软链接，指向test1容器的network namespace
$ sudo ln -s /proc/31203/ns/net /var/run/netns/test1
# 测试是否成功
$ sudo ip netns list
ns1
ns2
test1
$ sudo ip netns exec test1 ip link
1: lo: <LOOPBACK,UP,LOWER_UP> mtu 65536 qdisc noqueue state UNKNOWN mode DEFAULT group default
    link/loopback 00:00:00:00:00:00 brd 00:00:00:00:00:00
52: eth0: <BROADCAST,UP,LOWER_UP> mtu 1500 qdisc pfifo_fast state UP mode DEFAULT group default qlen
    1000
    link/ether 02:42:ac:11:00:04 brd ff:ff:ff:ff:ff:ff
```

完成以上配置后，就可以自行配置Docker的网络环境了。另外，需要读者注意的是，在不开特权模式的情况下（--privileged=false），是没有权限直接在Docker容器内部进行网络配置的，而特权模式会给主机带来安全隐患，因此最好使用ip netns exec命令来进行Docker容器网络的配置。

除了ip netns命令外，还有一些其他工具可以进入Linux namespace，比如nsenter。nsenter可以更方便地操作Docker的namespace，但需要额外安装。在Ubuntu下，由于util-linux软件包版本较早，需要从源码安装。为此，Jerome Petazzoni使用了Docker容器来帮助用户完成安装，详见nsenter[①]。

4.2.2　pipework 原理解析

Docker现有的网络模式比较简单，扩展性和灵活性都不能满足很多复杂应用场景的需求。很多时候用户都需要自定义Docker容器的网络，而非使用Docker默认创建的IP和NAT规则。例如，浙江大学SEL实验室云计算团队之前在使用Docker容器来安装部署Cloud Foundry时，为了方便Cloud Foundry各节点之间以及各节点和本地主机之间的通信，一个简单的做法就是将Docker容器网络配置到本地主机网络的网段中。那么该如何操作呢？下面我们就来分析一下。

1. 将Docker容器配置到本地网络环境中

如果想要使Docker容器和容器主机处于同一个网络，那么容器和主机应该处在一个二层网络中。能想到的场景就是把两台机器连在同一个交换机上，或者连在不同的级联交换机上。在虚拟场景下，虚拟网桥可以将容器连在一个二层网络中，只要将主机的网卡桥接到虚拟网桥中，就能将容器和主机的网络连接起来。构建完拓扑结构后，只需再给Docker容器分配一个本地局域网IP就大功告成了。如何为Docker容器配置网络环境在4.2.1节中已经介绍过，因此整个方案已经确定可行。

下面通过一个例子来分析一下这个过程。本地网络为10.10.103.0/24，网关为10.10.103.254，有一台IP地址为10.10.103.91/24的主机（网卡为eth0），要在这台主机上启动一个名为test1的Docker容器，并给它配置IP为10.10.103.95/24。由于并不需要Docker提供的网络，所以用--net=none参数来启动容器。具体示例如下：

```
# 启动一个名为test1的Docker容器
$ sudo docker run -itd --name test1 --net=none ubuntu /bin/bash
# 创建一个供容器连接的网桥br0
$ sudo brctl addbr br0
$ sudo ip link set br0 up
# 将主机eth0桥接到br0上，并把eth0的IP配置在br0上。由于是远程操作，会导致网络断开，因此这里放在
一条命令中执行
$ sudo ip addr add 10.10.103.91/24 dev br0; \
        sudo ip addr del 10.10.103.91/24 dev eth0; \
```

① https://github.com/jpetazzo/nsenter。

```
    sudo brctl addif br0 eth0; \
    sudo ip route del default; \
    sudo ip route add default via 10.10.103.254 dev br0
```

```
# 找到test1的PID，保存到pid中
$ pid=$(sudo docker inspect --format '{{ .State.Pid }}' test1)
# 将容器的network namespace添加到/var/run/netns目录下
$ sudo mkdir -p /var/run/netns
$ sudo ln -s /proc/$pid/ns/net /var/run/netns/$pid

# 创建用于连接网桥和Docker容器的网卡设备
# 将veth-a连接到br0网桥中
$ sudo ip link add veth-a type veth peer name veth-b
$ sudo brctl addif br0 veth-a
$ sudo ip link set veth-a up
# 将veth-b放到test1的netwrok namespace中，重命名为eth0，并为其配置IP和默认路由
$ sudo ip link set veth-b netns $pid
$ sudo ip netns exec $pid ip link set dev veth-b name eth0
$ sudo ip netns exec $pid ip link set eth0 up
$ sudo ip netns exec $pid ip addr add 10.10.103.95/24 dev eth0
$ sudo ip netns exec $pid ip route add default via 10.10.103.254
```

完成上面的配置之后，Docker容器和主机连接的网络拓扑如图4-2所示。

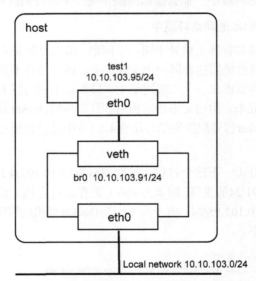

图4-2   容器连接到本地的网络拓扑图

现在test1容器可以很方便地实现与本地主机相互访问，并且test1容器可以通过本地网络的网关10.10.103.254访问外部网络。

2. pipework解析

从上面可以发现，配置Docker容器的网络是相当烦琐的。如果需要经常自定义Docker网络，

可考虑提炼上述过程，编写成shell脚本，方便操作。事实上，目前已有了一个这样的工具来帮助用户扩展Docker的网络功能，这就是由Docker公司工程师Jerome Petazzoni在GitHub上发布的名为pipework[①]的工具。pipework号称是容器的SDN解决方案，可以在复杂场景下将容器连接起来。它既支持普通的LXC容器，也支持Docker容器。随着Docker网络的不断改进，pipework工具的很多功能可能会被Docker原生支持，因此pipework只是目前的过渡方案之一。下面来看一下pipework的功能和实现。

● **支持Linux网桥连接容器并配置容器IP地址**

在上一个例子中，用了很多ip命令来配置test1容器的IP地址和网关，用pipework工具则可以很方便地完成配置，具体示例如下：

```
# 下载pipework
$ git clone https://github.com/jpetazzo/pipework
# 将pipework脚本放入PATH环境变量所指定的目录下，如/usr/local/bin/
$ sudo cp ~/pipework/pipework /usr/local/bin/

# 完成test1的配置
$ sudo pipework br0 test1 10.10.103.95/24@10.10.103.254
```

这一行配置命令执行的操作如下：

❑ 查看主机中是否存在**br0**网桥，不存在就创建；
❑ 向**test1**中加入一块名为**eth1**的网卡，并配置IP地址为10.10.103.95/24；
❑ 若**test1**中已经有默认路由，则删掉，把10.10.103.254设为默认路由的网关；
❑ 将**test1**容器连接到之前创建的网桥**br0**上。

这个过程和之前采用ip命令配置的过程类似，两者差异在哪里？来看一下pipework完成上面配置所执行的代码。

```
# IFACE保存传进去的第一个参数，即br0
IFNAME=$1
# 判断主机中是否存在br0，并判断其类型
if [ -d /sys/class/net/$IFNAME/bridge ]
    then
        IFTYPE=bridge
        BRTYPE=linux
...
# 若主机中不存在br0，则从名称头部"br"判断它为Linux网桥，并创建br0
case "$IFNAME" in
br*)
    IFTYPE=bridge
    BRTYPE=linux
    ;;
...
[ $IFTYPE = bridge ] && [ ! -d /sys/class/net/$IFNAME ] && {
```

① https://github.com/jpetazzo/pipework。

```
[ $BRTYPE = linux ] && {
    (ip link add dev $IFNAME type bridge > /dev/null 2>&1) || (brctl addbr $IFNAME)
    ip link set $IFNAME up
}
...

# CONTAINER_IFNAME中保存了需要添加到Docker容器中网卡的名称，默认为eth1
# 可以使用-i参数自定义，如pipework br0 -i eth2 ...
if [ "$2" = "-i" ]; then
    CONTAINER_IFNAME=$3
    shift 2
fi
...
CONTAINER_IFNAME=${CONTAINER_IFNAME:-eth1}

# IPADDR保存要配置的IP地址，GATEWAY保存网关信息
# IP地址一定要指定子网掩码。网关使用"@"符号接在IP地址后，也可以不指定
IPADDR=$3
...
if echo $IPADDR | grep -q @
then
    GATEWAY=$(echo $IPADDR | cut -d@ -f2)
    IPADDR=$(echo $IPADDR | cut -d@ -f1)
else
    GATEWAY=
fi

# GUESTNAME保存要配置的容器的名称，即test1
# 通过Docker容器名称test1找到容器的PID，并最终保存到NSPID中
GUESTNAME=$2
...
DOCKERPID=$(docker inspect --format='{{ .State.Pid }}' $GUESTNAME
...
if [ $DOCKERPID ]; then
    NSPID=$DOCKERPID

# 将Docker容器的network namespace软链接到/var/run/netns目录下
ln -s /proc/$NSPID/ns/net /var/run/netns/$NSPID

# 创建veth pair设备，名称分别为LOCAL_IFNAME和GUEST_IFNAME，并将LOCAL_IFNAME放到之前创建的br0网桥上
LOCAL_IFNAME="v${CONTAINER_IFNAME}pl${NSPID}"
GUEST_IFNAME="v${CONTAINER_IFNAME}pg${NSPID}"
ip link add name $LOCAL_IFNAME mtu $MTU type veth peer name $GUEST_IFNAME mtu $MTU
brctl addif $IFNAME $LOCAL_IFNAME
ip link set $LOCAL_IFNAME up

# 将GUEST_IFNAME放入Docker容器中，并重命名为eth1
ip link set $GUEST_IFNAME netns $NSPID
ip netns exec $NSPID ip link set $GUEST_IFNAME name $CONTAINER_IFNAME

# 给Docker容器新增加的网卡配置IP地址和网关
ip netns exec $NSPID ip addr add $IPADDR dev $CONTAINER_IFNAME
[ "$GATEWAY" ] && {
ip netns exec $NSPID ip route delete default >/dev/null 2>&1 && true
```

```
}
ip netns exec $NSPID ip link set $CONTAINER_IFNAME up
[ "$GATEWAY" ] && {
ip netns exec $NSPID ip route get $GATEWAY >/dev/null 2>&1 || \
ip netns exec $NSPID ip route add $GATEWAY/32 dev $CONTAINER_IFNAME
ip netns exec $NSPID ip route replace default via $GATEWAY
}
```

从代码中可以看出来，pipework执行Docker容器网卡配置的操作与我们之前所述并无二致，只要掌握了4.2.1节的内容，pipework的原理也便不难掌握。

- **支持使用macvlan设备将容器连接到本地网络**

除了使用Linux Bridge将Docker容器桥连接到本地网络中之外，还有另外一种方式，即使用主机网卡的macvlan子设备。macvlan设备是从网卡上虚拟出的一块新网卡，它和主网卡分别有不同的MAC地址，可以配置独立的IP地址。macvlan早前在LXC中被广泛使用，目前Docker网络本身不提供macvlan支持，但可以借助pipework来完成macvlan配置。如果采用macvlan来完成之前例子，那么整个过程只需要执行一条命令：

```
$ sudo pipework eth0 test1 10.10.103.95/24@10.10.103.254
```

这里，pipework的第一个参数是主机上的一块以太网卡，而非网桥。pipework不会再创建veth pair设备来连接容器和网桥，转而采用macvlan设备作为test1容器的网卡，操作过程如下：

(1) 从主机的eth0上创建一块macvlan设备，将macvlan设备放入到test1中并命名为eth1；

(2) 为test1中新添加的网卡配置IP地址为10.10.103.95/24；

(3) 若test1中已经有默认路由，则删掉，把10.10.103.254设为默认路由的网关。

除了创建的设备不一样外，给容器配置IP和网关的代码还是和上文一致。pipework创建macvlan设备的代码如下：

```
# 用ip命令在eth0上创建macvlan设备
ip link add link $IFNAME dev $GUEST_IFNAME mtu $MTU type macvlan mode bridge
#将创建的macvlan设备放入Docker容器中，并重命名为eth1
ip link set $GUEST_IFNAME netns $NSPID
ip netns exec $NSPID ip link set $GUEST_IFNAME name $CONTAINER_IFNAME
# 设置IP和网关
...
```

从eth0上创建出的macvlan设备放在test1后，test1容器就可以和本地网络中的其他主机通信了。但是，如果在test1所在主机上却不能访问test1，因为进出macvlan设备的流量被主网卡eth0隔离了，主机不能通过eth0访问macvlan设备。要解决这个问题，需要在eth0上再创建一个macvlan设备，将eth0的IP地址移到这个macvlan设备上，代码如下（若远程操作，请放在一条命令中执行）：

```
ip addr del 10.10.103.91/24 dev eth0
ip link add link eth0 dev eth0m type macvlan mode bridge
ip link set eth0m up
```

```
ip addr add 10.10.103.91/24 dev eth0m
route add default gw 10.10.103.254
```

● 支持DHCP获取容器的IP

　　Docker社区中经常会有使用者发问，如何让Docker容器通过DHCP方式获取IP地址？看来DHCP获取IP的需求也非常迫切。目前较好的解决方案还是依赖pipework。如果Docker要接入的网络环境中存在DHCP服务器，那么Docker容器就可以通过发送DHCP请求获取新网卡的网络配置信息。具体用法是将pipework指令中的IP地址参数替换为dhcp，示例如下：

```
# 手动配置IP地址的命令
$ sudo pipework eth0 test1 10.10.103.95/24@10.10.103.254

# 通过主机网络中的DHCP服务器获取IP地址的命令
$ sudo pipework eth0 test1 dhcp
```

pipework中DHCP的相关代码如下：

```
if [ "$IPADDR" = "dhcp" ]
then
    [ $DHCP_CLIENT = "udhcpc"  ] && ip netns exec $NSPID $DHCP_CLIENT -qi $CONTAINER_IFNAME -x
        hostname:$GUESTNAME
    if [ $DHCP_CLIENT = "dhclient"  ]
    then
        # kill dhclient after get ip address to prevent device be used after container close
        ip netns exec $NSPID $DHCP_CLIENT -pf "/var/run/dhclient.$NSPID.pid" $CONTAINER_IFNAME
        kill "$(cat "/var/run/dhclient.$NSPID.pid")"
        rm "/var/run/dhclient.$NSPID.pid"
    fi
    [ $DHCP_CLIENT = "dhcpcd" ] && ip netns exec $NSPID $DHCP_CLIENT -q $CONTAINER_IFNAME -h $GUESTNAME
```

　　从以上代码可以看到，DHCP服务除了要求主机环境中存在DHCP服务器外，Docker主机上还必须安装有DHCP客户端（如udhcpc、dhclient或者dhcpcd）。pipework根据不同的DHCP客户端执行不同的命令发送DHCP请求。

● 支持Open vSwitch

　　Open vSwitch是一个开源的虚拟交换机，相比于Linux Bridge，Open vSwitch支持VLAN、QoS等功能，同时还提供对OpenFlow协议的支持，可以很好地与SDN体系融合。因此，提供对Open vSwitch的支持，有助于借助Open vSwitch的强大功能来扩展Docker网络。不过，目前pipework对Open vSwitch的支持低相对简单，并没有涉及很多高级的功能。

　　具体用法是将pipework第一个参数设为Open vSwitch网桥。若需要pipework创建Open vSwitch网桥，则要将网桥的名称以"ovs"开头。示例如下：

```
pipework ovsbr0 $CONTAINERID 192.168.1.2/24
```

　　代码过程和Linux Bridge的情况基本一样，只是创建网桥和将容器连接至网桥的命令稍有差异，示例如下：

```
# 创建Open vSwitch网桥的命令
ovs-vsctl add-br $IFNAME
# 将veth pair的另一端$LOCAL_IFNAME放入Open vSwitch的命令
ovs-vsctl add-port $IFNAME $LOCAL_IFNAME ${VLAN:+"tag=$VLAN"}
```

ovs-vsctl命令是Open vSwitch操作网桥的命令，其具体的使用方法，请读者使用ovs-vsctl--help命令查看。

● **支持设置网卡MAC地址以及配置容器VLAN**

pipework除了支持给网卡配置IP外，还可以指定网卡的MAC地址。具体用法是在IP参数后面再加一个MAC地址的参数，示例如下：

```
pipework br0 $CONTAINERID  dhcp fa:de:b0:99:52:1c
```

它的实现过程也很简单，用ip命令配置一下即可，示例如下：

```
[ "$MACADDR" ] && ip netns exec $NSPID ip link set dev $CONTAINER_IFNAME address $MACADDR
```

如果想给Docker容器划分VLAN，那么可以把MAC参数写成[MAC]@VID，其中，MAC地址可以省略，VID为VLAN的ID号。设置VLAN只支持Open vSwitch和macvlan设备，不支持普通的Linux网桥。示例如下：

```
pipework ovsbr0 $CONTAINERID dhcp @10
```

其实现过程就是在给Open vSwitch添加端口的时候指定端口的VLAN ID，示例如下：

```
ovs-vsctl add-port $IFNAME $LOCAL_IFNAME ${VLAN:+"tag=$VLAN"}
```

在后面的4.2.4节中我们将详细介绍如何进行Docker容器的VLAN划分。

4.2.3 pipework 跨主机通信

如果将Docker容器应用在大规模集群环境中，不可避免地会遭遇Docker容器跨主机通信的问题。在目前Docker默认网络环境下，单台主机上的Docker容器可以通过docker0网桥直接通信，而不同主机上的Docker容器之间只能通过在主机上做端口映射的方法进行通信。这种端口映射方式对很多集群应用来说极不方便。如果能使Docker容器之间直接使用本身IP地址进行通信，很多问题便会自然化解。那么，如何在当前Docker网络环境下实现这样的需求呢？下面来介绍两种实现方法。

1. 桥接

在4.2.2节中，演示了如何使用虚拟网桥将Docker容器桥接到本地网络环境中。按照这种方法，把同一个局域网中不同主机上的Docker容器都配置在主机网络环境中，它们之间可以直接通信。但这么做可能会出现下列问题：

❑ Docker容器占用主机网络的IP地址；

❑ 大量Docker容器可能引起广播风暴，导致主机所在网络性能的下降；

❑ Docker容器连在主机网络中可能引起安全问题。

因此，如果情况不是无法回避，必须将Docker容器连接在主机网络中，最好还是将其分离开。为了隔离Docker容器间网络和主机网络，需要额外使用一块网卡桥接Docker容器。思路还是与采用一块网卡时一样：在所有主机上用虚拟网桥将本机的Docker容器连接起来，然后将一块网卡加入到虚拟网桥中，使所有主机上的虚拟网桥级联在一起，这样，不同主机上的Docker容器也就如同连在了一个大的逻辑交换机上。

关于Docker容器的IP，由于不同机器上的Docker容器可能获得相同的IP地址，因此需要解决IP的冲突问题。一种方法是使用pipework为每一个容器分配一个不同的IP，而不使用Docker daemon分配的IP。此种方法相当烦琐，因此一般采用另外一种方法——为每一台主机上的Docker daemon指定不同的--fixed-cidr参数，将不同主机上的Docker容器的地址限定在不同的网段中。为了方便读者理解，下面看一下如图4-3所示的场景。

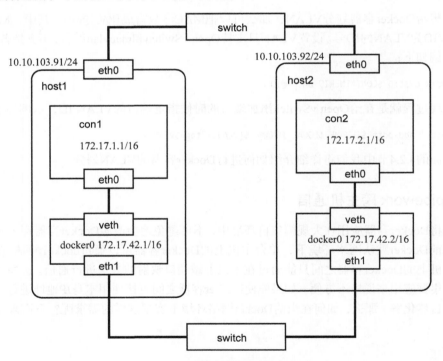

图4-3   桥接网络拓扑图

图中，两台Ubuntu的主机host1和host2，每台主机上有两块网卡eth0和eth1。eth0作为主机的主网卡连在主机的局域网环境中，其IP分别为10.10.103.91/24和10.10.103.92/24；eth1用来桥接不同主机上的Docker容器，因此eth1不需要配置IP。

Docker安装完成后，在host1主机上看到docker0的IP为172.17.42.1/16，Docker容器也就是从docker0所在的网络中获取IP。在本例中，将host1上的Docker容器的IP范围限制在172.17.1.0/24网段中，将host2上的Docker容器的IP范围限制在172.17.2.0/24网段中，同时将host2的docker0网桥地址改为172.17.42.2/16，以避免和host1的docker0的IP冲突，然后将eth1桥接到docker0中。注意，host1和host2上容器被分配的IP子网掩码跟容器所在宿主机上的docker0的子网掩码保持一致，而不是配置为**fixed-cidr**的子网掩码。配置如下：

```
# 在host1上做如下操作
$ sudo echo 'DOCKER_OPTS="--fixed-cidr=172.17.1.1/24"'>> /etc/default/docker
$ sudo service docker stop
$ sudo service docker start
# 将eth1网卡接入到docker0网桥中
$ sudo brctl addif docker0 eth1

# 在host2上做如下操作
$ sudo echo 'DOCKER_OPTS="--fixed-cidr=172.17.2.1/24"'>> /etc/default/docker
# 为避免和host1上的docker0的IP冲突，修改docker0的IP
$ sudo ifconfig docker0 172.17.42.2/16
$ sudo service docker stop
$ sudo service docker start
$ sudo brctl addif docker0 eth1
```

对docker0网桥的上述配置只是暂时生效，在重启机器后，配置会失效。如果需要持久化配置，可将docker0配置信息写入/etc/network/interfaces目录下，示例如下：

```
# host2上docker0的配置，注意网桥的配置和普通网卡的配置略有不同
auto docker0
iface docker0 inet static
    address 172.17.42.2
    netmask 255.255.0.0
    bridge_ports eth1
    bridge_stp off
    bridge_fd 0
```

在host1和host2上分别创建两个Docker容器con1、con2，使用nc命令测试con1和con2的连接，示例如下：

```
# 在host1上启动一个容器con1
$ sudo docker run -it --rm --name con1 ubuntu /bin/bash
# 在con1容器中，操作如下
$ ifconfig eth0
eth0  Link encap:Ethernet  HWaddr 02:42:ac:11:01:01
      inet addr:172.17.1.1 Bcast:0.0.0.0 Mask:255.255.0.0
      inet6 addr: fe80::42:acff:fe11:101/64 Scope:Link
      UP BROADCAST RUNNING  MTU:1500  Metric:1
      RX packets:139 errors:0 dropped:0 overruns:0 frame:0
      TX packets:25 errors:0 dropped:0 overruns:0 carrier:0
      collisions:0 txqueuelen:0
      RX bytes:20020 (20.0 KB)  TX bytes:1810 (1.8 KB)
$ route -n
```

```
Destination      Gateway         Genmask         Flags Metric Ref    Use Iface
0.0.0.0          172.17.42.1     0.0.0.0         UG    0      0        0 eth0
172.17.0.0       0.0.0.0         255.255.0.0     U     0      0        0 eth0

$ nc -l 172.17.1.1 9000

# 启动一个容器con2
$ sudo docker run -it --rm --name con2 ubuntu /bin/bash
# 在con2容器中，操作如下
$ ifconfig eth0
eth0  Link encap:Ethernet  HWaddr 02:42:ac:11:02:01
      inet addr:172.17.2.1  Bcast:0.0.0.0  Mask:255.255.0.0
      inet6 addr: fe80::42:acff:fe11:201/64 Scope:Link
      UP BROADCAST RUNNING  MTU:1500  Metric:1
      RX packets:330 errors:0 dropped:0 overruns:0 frame:0
      TX packets:50 errors:0 dropped:0 overruns:0 carrier:0
      collisions:0 txqueuelen:0
      RX bytes:48607 (48.6 KB)  TX bytes:3199 (3.1 KB)
$ nc -w 1 -v 172.17.1.1 9000
Connection to 172.17.1.1 9000 port [tcp/*] succeeded!
```

从上例可以发现，容器con1和con2已经可以成功通信了。

容器con1（172.17.1.1）向容器con2（172.17.2.1）发送数据的过程是这样的：首先，通过查看本身的路由表发现目的地址和自己处于同一网段，那么就不需要将数据发往网关，可以直接发给con2，con1通过ARP广播获取到con2的MAC地址；然后，构造以太网帧发往con2即可。此过程数据流经的路径如图4-3中两个容器的eth0网卡所连接的路径，其中docker0网桥充当普通的交换机转发数据帧。

2. 直接路由

桥接方式是将所有主机上的Docker容器放在一个二层网络中，它们之间的通信是由交换机直接转发，不通过路由器。另一种跨主机通信的方式是通过在主机中添加静态路由实现的。如果有两台主机host1和host2，两主机上的Docker容器是两个独立的二层网络，将con1发往con2的数据流先转发到主机host2上，再由host2再转发到其上的Docker容器中；反之亦然。

由于使用容器的IP进行路由，就需要避免不同主机上的Docker容器使用相同的IP，所以应该为不同的主机分配不同的IP子网。为了方便读者理解，这里有一个如图4-4所示的场景。

图4-4中，两台Ubuntu的主机host1和host2，每台主机上有一块网卡。host1的IP地址为10.10.103.91/24，host2的IP地址为10.10.103.92/24。host1上的Docker容器在172.17.1.0/24子网中，host2上的Docker容器在172.17.2.0/24子网中，并且在两台主机上有这样的规则——所有目的地址为172.17.1.0/24的包都被转发到host1，目的地址为172.17.2.0/24的包都被转发到host2。为此做如下配置。

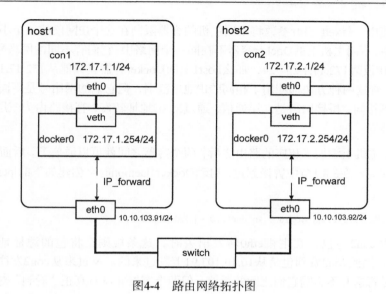

图4-4 路由网络拓扑图

```
# 在host1上做如下操作
# 配置docker0
$ sudo ifconfig docker0 172.17.1.254/24
$ sudo service docker restart
# 添加路由，将目的地址为172.17.2.0/24的包转发到host2
$ sudo route add -net 172.17.2.0 netmask 255.255.255.0 gw 10.10.103.92
# 配置iptables规则
$ sudo iptables -t nat -F POSTROUTING
$ sudo iptables -t nat -A POSTROUTING -s 172.17.1.0/24 ! -d 172.17.0.0/16 -j MASQUERADE
# 启动容器con1
$ sudo docker run -it --name con1 ubuntu /bin/bash
# 在con1容器中
# nc -l 9000


# 在host2上做如下操作
# 配置docker0
$ sudo ifconfig docker0 172.17.2.254/24
$ sudo service docker restart
# 添加路由，将目的地址为172.17.1.0/24的包转发到host1
$ sudo route add -net 172.17.1.0 netmask 255.255.255.0 gw 10.10.103.91
# 配置iptables规则
$ sudo iptables -t nat -F POSTROUTING
$ sudo iptables -t nat -A POSTROUTING -s 172.17.2.0/24 ! -d 172.17.0.0/16 -j MASQUERADE
# 启动容器con2
$ sudo docker run -it --name con2 ubuntu /bin/bash
# 在con2容器中
# nc -w 1 -v 172.17.1.1 9000
Connection to 172.17.1.1 9000 port [tcp/*] succeeded!
```

需要注意的是，此处配置容器IP范围的方法和之前桥接网络中所使用的方法不同。在桥接网络中，所有主机上的容器都在172.17.0.0/16这个大网络中，这从docker0的IP（172.17.42.1/16）可以看出，只是使用--fixed-cidr参数将不同主机的容器限制在这个IP网段的一个小范围内。而在直接路由方法中，不同主机上的Docker容器不在同一个网络中，它们有不同的网络号，如果将host1上的docker0的IP设为172.17.1.254/24，那么host1上的Docker容器就只能从172.17.1.0/24网段中获取IP。所以，尽管这两种方法都使用了相同的IP地址范围，但它们的网络号是不同的，因此涉及的转发机制也不相同，桥接网络是二层通信，通过MAC地址转发；直接路由为三层通信，通过IP地址进行路由转发。

上例中，在主机上添加了相应的路由之后，两个容器之间就可以通信了。后面配置的iptables规则是什么作用呢？在3.8.1节中曾谈到过，启动Docker daemon时会创建如下的iptable规则，用于容器与外界通信。

```
-A POSTROUTING -s 172.17.0.0/16 ! -o docker0 -j MASQUERADE
```

从con1发往con2的包，在主机eth0转发出去时，这条规则会将包的源地址改为eth0地址（10.10.103.91），因此con2看到包是从10.10.103.91上发过来的。反过来从con2发往con1的包也是相同的原理。尽管这并不影响它们之间的通信，但两个容器并没有真正"看到"对方。所以上例将这条iptable规则删除了（iptables -t nat -F POSTROUTING表示清空nat表，也可使用-D参数单独删除这条规则），这样两容器之间的通信就没有SNAT转换了。但是删除这条规则后，容器通往外界的流量也没有了SNAT转换，会导致容器访问不了外部网络。为此，需要额外添加一条新的MASQUERADE规则到POSTROUTING链中，使所有目标地址不是172.17.0.0/16的包都经过SNAT转换。

综上所述，从con1发往con2的包，首先发往con1的网关docker0（172.17.1.254），然后通过查看主机的路由得知需要将包发给host2（10.10.103.92），包到达host2后再转发给host2的docker0（172.17.2.254），最后到达容器con2中。

本节介绍的两种跨主机通信方式简单有效，但它们都要求主机在同一个局域网中。如果两台主机在不同的二层网络中，又该如何实现容器间的跨主机通信呢？在4.2.5节中，将介绍使用隧道技术解决容器的跨网络通信。

4.2.4   OVS 划分 VLAN

在计算机网络中，传统的交换机虽然能隔离冲突域，提高每一个端口的性能，但并不能隔离广播域，当网络中的机器足够多时会引发广播风暴。同时，不同部门、不同组织的机器连在同一个二层网络中也会造成安全问题。因此，在交换机中划分子网、隔离广播域的思路便形成了VLAN的概念。VLAN（Virtual Local Area Network）即虚拟局域网，按照功能、部门等因素将网络中的机器进行划分，使之分属于不同的部分，每一个部分形成一个虚拟的局域网，共享一个单独的广播域。这样就可以把一个大型交换网络划分为许多个独立的广播域，即VLAN。

VLAN技术将一个二层网络中的机器隔离开来，那么如何区分不同VLAN的流量呢？IEEE

802.1q协议规定了VLAN的实现方法，即在传统的以太网帧中再添加一个VLAN tag字段，用于标识不同的VLAN。这样，支持VLAN的交换机在转发帧时，不仅会关注MAC地址，还会考虑到VLAN tag字段。VLAN tag中包含了TPID、PCP、CFI、VID，其中VID（VLAN ID）部分用来具体指出帧是属于哪个VLAN的。VID占12位，所以其取值范围为0到4095。图4-5演示了一个多交换机下VLAN划分的例子。

在分析图4-5之前，先来介绍一下交换机的access端口和trunk端口。图中，Port1、Port2、Port5、Port6、Port7、Port8为access端口，每一个access端口都会分配一个VLAN ID，标识它所连接的设备属于哪一个VLAN。当数据帧从外界通过access端口进入交换机时，数据帧原本是不带tag的，access端口给数据帧打上tag（VLAN ID即为access端口所分配的VLAN ID）；当数据帧从交换机内部通过access端口发送时，数据帧的VLAN ID必须和access端口的VLAN ID一致，access端口才接收此帧，接着access端口将帧的tag信息去掉，再发送出去。Port3、Port4为trunk端口，trunk端口不属于某个特定的VLAN，而是交换机和交换机之间多个VLAN的通道。trunk端口声明了一组VLAN ID，表明只允许带有这些VLAN ID的数据帧通过，从trunk端口进入和出去的数据帧都是带tag的（不考虑默认VLAN的情况）。PC1和PC3属于VLAN100，PC2和PC4属于VLAN200，所以PC1和PC3处在同一个二层网络中，PC2和PC4处在同一个二层网络中。尽管PC1和PC2连接在同一台交换机中，但它们之间的通信是需要经过路由器的。

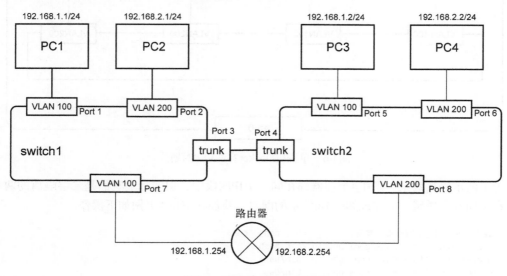

图4-5　多交换机VLAN划分

在这个例子中，VLAN tag是如何发挥作用的呢？当PC1向PC3发送数据时，PC1将IP包封装在以太帧中，帧的目的MAC地址为PC3的地址，此时帧并没有tag信息。当帧到达Port1时，Port1给帧打上tag（VID=100），帧进入switch1，然后帧通过Port3、Port4到达Switch2（Port3、Port4允许VLAN ID为100、200的帧通过）。在switch2中，Port5所标记的VID和帧相同，MAC地址也匹配，帧就发送到Port5上，Port5将帧的tag信息去掉，然后发给PC3。由于PC2、PC4与PC1的VLAN不同，因此收不到PC1发出的帧。

在多租户的云环境中，VLAN是一个最基本的隔离手段。作为云计算的新宠儿——Docker，如何实现VLAN的划分呢？在4.2.2节中，曾提到过pipework支持配置容器的VLAN，本节将详细介绍如何使用pipework实现Docker容器的VLAN划分。

1. 单主机Docker容器的VLAN划分

在Docker默认网络模式下，所有的容器都连在docker0网桥上。docker0网桥是普通的Linux网桥，不支持VLAN功能，为了方便操作，使用Open vSwitch代替docker0进行VLAN划分。图4-6是一个在一台主机上进行Docker容器VLAN划分的例子。

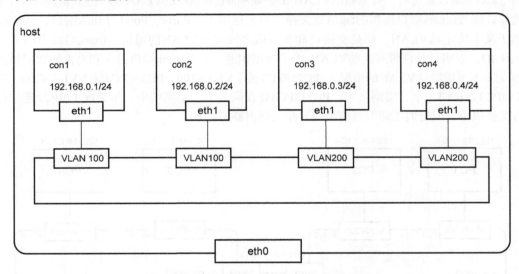

图4-6   单主机Docker容器VLAN划分

为了演示隔离效果，图中4个容器都在同一个IP网段中，但实际上它们是二层隔离的两个网络，有不同的广播域。为完成如图4-6所示的配置，我们在主机A上做如下操作。

```
# 在主机A上创建4个Docker容器：con1、con2、con3、con4
$ docker run -itd --name con1 ubuntu /bin/bash
$ docker run -itd --name con2 ubuntu /bin/bash
$ docker run -itd --name con3 ubuntu /bin/bash
$ docker run -itd --name con4 ubuntu /bin/bash

# 使用pipework将con1、con2划分到一个VLAN中
$ pipework ovs0 con1 192.168.0.1/24 @100
$ pipework ovs0 con2 192.168.0.2/24 @100

# 使用pipework将con3、con4划分到一个VLAN中
$ pipework ovs0 con3 192.168.0.3/24 @200
```

```
$ pipework ovs0 con4 192.168.0.4/24 @200
```

　　pipework配置完成后,每个容器都多了一块eth1网卡,eth1连在ovs0网桥上,并且进行了VLAN的隔离。和之前一样,通过nc命令测试各容器之间的连通性时发现,con1和con2可以相互通信,但与con3和con4隔离。如此一来,一个简单的VLAN隔离容器网络就完成了。

　　使用Open vSwitch配置VLAN比较简单,如创建access端口和trunk端口使用如下命令:

```
# 在ovs0网桥上增加两个端口port1、port2
$ sudo ovs-vsctl add-port ovs0 port1 tag=100
$ sudo ovs-vsctl add-port 0vs0 port2 trunk=100,200
```

　　pipework就是使用这样的方式将veth pair的一端加入到ovs0网桥的,只不过并不需要用到trunk端口。在向Open vSwitch中添加端口时,若不添加任何限制,此端口则转发所有帧。

2. 多主机Docker容器的VLAN划分

　　介绍完单主机上VLAN的隔离,将进一步讲解多主机的情况。多主机VLAN的情况下,肯定有属于同一VLAN但又在不同主机上的容器,因此多主机VLAN划分的前提是跨主机通信。在4.2.3节中介绍了两种跨主机通信的方式,要使不同主机上的容器处于同一VLAN,就只能采用桥接方式。首先用桥接的方式将所有容器连接在一个逻辑交换机上,再根据具体情况进行VLAN的划分。桥接需要将主机的一块网卡桥接到容器所连接的Open vSwitch网桥上,如4.2.3节所述,使用一块额外的网卡eth1来完成[1],桥接的网卡需要开启混杂模式。图4-7演示了一个多主机Docker容器VLAN划分的例子[2]。

　　这里,我们将不同VLAN的容器的设在同一个子网中,仅仅是为了演示隔离效果。图4-7中,host1上的con1和host2上的con3属于VLAN100,con2和con4属于VLAN200。由于会有VLAN ID为100和VLAN ID为200的帧通过,物理交换机上连接host1和host2的端口应设置为trunk端口。host1和host2上eth1没有设置VLAN的限制,是允许所有帧通过的。完成图4-7所示例子需要做如下操作。

```
# 在host1上
$ sudo docker run -itd --name con1 ubuntu /bin/bash
$ sudo docker run -itd --name con2 ubuntu /bin/bash
$ sudo pipework ovs0 con1 192.168.0.1/24 @100
$ sudo pipework ovs0 con2 192.168.0.2/24 @200
$ sudo ovs-vsctl add-port ovs0 eth1;

# 在host2上
$ sudo docker run -itd --name con3 ubuntu /bin/bash
$ sudo docker run -itd --name con4 ubuntu /bin/bash
$ sudo pipework ovs0 con3 192.168.0.3/24 @100
```

---

① 如果只有一块网卡,也是可以的,不过要记住将网卡加入到Open vSwitch网桥后,需要将网卡的IP信息配置到Open vSwitch网桥上。

② 此处省略了Docker默认的eth0网卡和主机上的docker0网桥。

```
$ sudo pipework ovs0 con4 192.168.0.4/24 @200
$ sudo ovs-vsctl add-port ovs0 eth1;
```

完成之后，再通过nc命令测试实验效果即可。

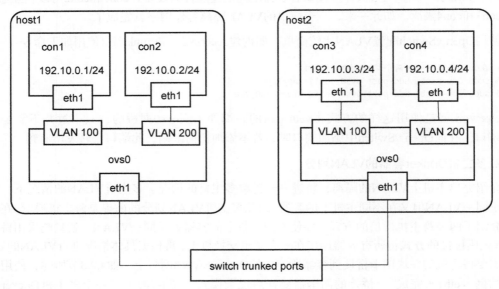

图4-7   多主机Docker容器VLAN划分

4.2.5   OVS 隧道模式

在4.2.3节中，讲述了跨主机通信的两种方法，并提到了这两种方法有一个局限——要求主机在同一个子网中。当基础设施的规模足够大时，这种局限性就会暴露出来，比如两个数据中心的Docker容器需要通信时，这两种方法就会失效。在4.2.4节中，讲述了当前的主流隔离技术VLAN在Docker中的应用，然而VLAN也有诸多限制。首先，VLAN是在二层帧头上做文章，也要求主机在同一个子网中。其次，提到过VLAN ID只有12个比特单位，即可用的数量为4000个左右，这样的数量对于公有云或大型虚拟化环境而言捉襟见肘。除此之外，VLAN配置比较烦琐且不够灵活。这些问题就是当前云计算所面临的网络考验，目前比较普遍的解决方法是使用Overlay的虚拟化网络技术。

1. Overlay技术模型

Overlay网络其实就是隧道技术，即将一种网络协议包装在另一种协议中传输的技术。如果有两个使用IPv6的站点之间需要通信，而它们之间的网络使用IPv4协议，这时就需要将IPv6的数据包装在IPv4数据包中进行传输。隧道被广泛用于连接因使用不同网络而被隔离的主机和网络，使用隧道技术搭建的网络就是所谓的Overlay网络。它能有效地覆盖在基础网络之上，该模型可以很好地解决跨网络Docker容器实现二层通信的需求。

在普通的网络传输中，源IP地址和目的IP地址是不变的，而二层的帧头在每个路由器节点上都会改变，这是TCP/IP协议所作的规定。那么，如何使两个中间隔离了因特网的主机像连在同一台交换机上一样通信呢？如果将以太网帧封装在IP包中，通过中间的因特网，最后传输到目的网络中再解封装，这样就可以保证二层帧头在传输过程中不改变，这也就是早期Ethernet in IP的二层Overlay技术。至于多租户隔离问题，解决思路是将不同租户的流量放在不同的隧道中进行隔离。用于封装传输数据的协议也会有一个类似VLAN ID的标识，以区分不同的隧道。图4-8演示了多租户环境下Overlay技术的应用。

当前主要的Overlay技术有VXLAN（Virtual Extensible LAN）和NVGRE（Network Virtualization using Generic Routing Encapsulation）。VXLAN是将以太网报文封装在UDP传输层上的一种隧道转发模式，它采用24位比特标识二层网络分段，称为VNI（VXLAN Network Identifier），类似于VLAN ID的作用。NVGRE同VXLAN类似，它使用GRE的方法来打通二层与三层之间的通路，采用24位比特的GRE key来作为网络标识（TNI）。本节主要使用NVGRE来演示Docker容器的跨网络通信。

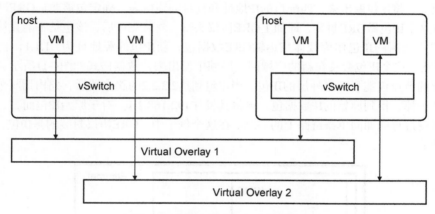

图4-8　多租户下Overlay网络模型

2. GRE简介

NVGRE使用GRE协议来封装需要传送的数据，因此需要先了解一下GRE。GRE协议可以用来封装任何其他网络层的协议。为方便理解，这里直接通过一个VPN的例子来演示GRE封装过程。如图4-9所示，一个公司有两个处在不同城市的办公地点需要通信。两个地点的主机都处在NAT转换之下，因此两地的主机并不能直接进行ping或ssh操作。如何才能使两个办公地点相互通信呢？通过在双方路由器上配置GRE隧道就可实现该目的。

首先在路由器上配置一个GRE隧道的网卡设备。

添加一条静态路由，将目的地址为192.168.x.0/24的包通过上面配置的隧道设备发送出去。

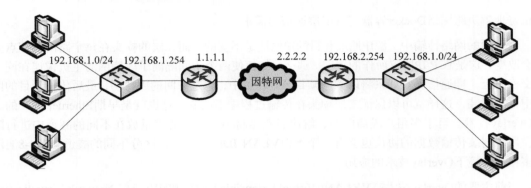

图4-9   GRE在VPN上的应用[1]

配置完成后,分析一下从IP地址为192.168.1.1/24的主机A ping IP地址为192.168.2.1/24的主机B的过程。主机A构造好IP包后,通过查看路由表发现目的地址和本身不在同一个子网中,要将其转发到默认网关192.168.1.254上。主机A将IP包封装在以太网帧中,源MAC地址为本身网卡的MAC地址,目的MAC地址为网关的MAC地址,数据格式如图4-10所示。网关路由器收到数据帧后,去掉帧头,将IP包取出来,匹配目的IP地址和自身的路由表,确定包需要从GRE隧道设备发出,这就对这个IP包做GRE封装,即加上GRE协议头部。封装完成后,该包是不能直接发往互联网的,需要生成新的IP包作为载体来运输GRE数据包,新IP包的源地址为1.1.1.1,目的地址为2.2.2.2。当然,这个IP包会装在新的广域网二层帧中发出去,数据格式如图4-11所示。在传输过程中,中间的节点仅能看到最外层的IP包。当IP包到达2.2.2.2的路由器后,路由器将外层IP头部和GRE头部去掉,得到原始的IP数据包,再将其发往192.168.2.1。对于原始IP包而言,两个路由器之间的传输过程就如同单条链路上的一跳。在这个例子中,GRE协议封装的是IP包,实现了一个VPN的功能。

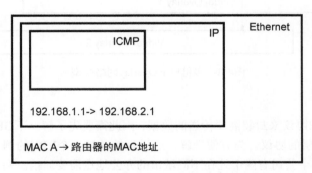

图4-10   主机A发往网关的数据帧[2]

---

① 引自:http://assafmuller.com/2013/10/10/gre-tunnels/。

② 引自:http://assafmuller.com/2013/10/10/gre-tunnels/。

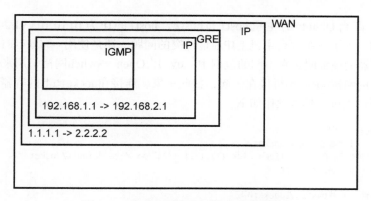

图4-11　从路由器发往因特网的数据帧[①]

3. GRE实现Docker容器跨网络通信（容器在同一子网中）

既然GRE功能如此强大，可以实现真正的容器间跨主机通信，那么我们该如何使用它呢？目前比较普遍的方法是结合Open vSwitch使用。前文简单介绍过Open vSwitch是一个功能强大的虚拟交换机，支持GRE、VXLAN等协议，因此Open vSwitch是一个不错的选择。

将4.2.3节中桥接方法的例子稍作修改，使两台主机处在不同的网络中，接着在两台主机中间建立GRE隧道，就可以使它上面的Docker容器进行通信，如图4-12所示。

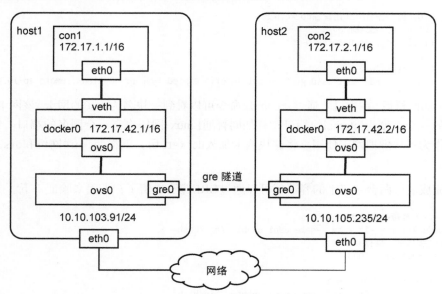

图4-12　GRE实现Docker容器跨网络通信（容器在同一子网中）

---

① 引自：http://assafmuller.com/2013/10/10/gre-tunnels/。

图4-12中，两台Ubuntu的主机host1和host2，host1的IP为10.10.103.91/24，host2的IP为10.10.105.235/24。为了解决两台主机上IP地址冲突的问题，还是使用--fixed-cidr参数将不同主机上的Docker容器的地址限定在不同的范围中。ovs0为Open vSwitch网桥，用来创建GRE隧道，并与Docker自带的网桥docker0桥接在一起，如此一来，连接在docker0上的容器就可以通过ovs0的隧道到达另一台主机。具体操作如下：

```
# 在host1上做如下操作
# 配置--fixed-cidr参数，重启docker
$ sudo echo 'DOCKER_OPTS="--fixed-cidr=172.17.1.1/24"' >> /etc/default/docker
$ sudo service docker restart

# 创建ovs0网桥，并将ovs0连在docker0上
$ sudo ovs-vsctl add-br ovs0
$ sudo brctl addif docker0 ovs0

# 在ovs0上创建GRE隧道
$ sudo ovs-vsctl add-port ovs0 gre0 -- set interface gre0 type=gre options:remote_ip=10.10.105.235

# 在host2上做如下操作
$ sudo echo 'DOCKER_OPTS="--fixed-cidr=172.17.2.1/24"' >> /etc/default/docker
# 为避免和host1上的docker0的IP冲突，修改docker0的IP
$ sudo ifconfig docker0 172.17.42.2/16
$ sudo service docker restart

# 创建ovs0网桥，并将ovs0连接在docker0上
$ sudo ovs-vsctl add-br ovs0
$ sudo brctl addif docker0 ovs0

# 在ovs0上创建GRE隧道
$ sudo ovs-vsctl add-port ovs0 gre0 -- set interface gre0 type=gre options:remote_ip=10.10.103.91
```

创建ovs0网桥后，在主机上通过ifconfig命令可以看到一块名为ovs0的网卡。该网卡就是ovs0网桥自带的一个类型为internal的端口，就如同普通Linux 网桥也有一个同名的端口一样，Linux主机将其作为一块虚拟网卡使用。将这块网卡加入docker0后，就将docker0网桥和ovs0网桥级联了起来。

配置完成后，两台主机上的容器就可以通过GRE隧道通信了，下面来验证一下。

```
# 在host1上启动一个容器con1
$ sudo docker run -it --rm --name con1 ubuntu /bin/bash
# 在con1容器中，操作如下
$ nc -l 172.17.1.1 9000

# 在host2上启动一个容器con2
$ sudo docker run -it --rm --name con1 ubuntu /bin/bash
# 在con2容器中，操作如下
$ nc 172.17.1.1 9000
hi!
```

在con1上可以显示con2上输入的内容，表示两台容器可以正常通信。

与4.2.3节中桥接方法一样，尽管不同主机上的容器IP有不同的范围，但它们还是属于同一个子网（172.17.0.0/16）。con1向con2发送数据时，会发送ARP请求获取con2的MAC地址。ARP请求会被docker0网桥洪泛到所有端口，包括和ovs0网桥相连的ovs0端口。ARP请求到达ovs0网桥后，继续洪泛，通过gre0隧道端口到达host2上的ovs0中，最后到达con2。host1和host2处在不同的网络中，该ARP请求是如何跨越中间网络到达host2的呢？ARP请求经过gre0时，会首先加上一个GRE协议的头部，然后再加上一个源地址为10.10.103.91、目的地址为10.10.105.235的IP协议的头部，再发送给host2。这里GRE协议封装的是二层以太网帧，而非三层IP数据包。con1获取到con2的MAC地址之后，就可以向它发送数据，发送数据包的流程和发送ARP请求的流程类似。只不过docker0和ovs0会学习到con2的MAC地址该从哪个端口发送出去，而无需洪泛到所有端口。

如果结合4.2.4节中VLAN划分的例子，还可以实现跨网络的VLAN划分。由于普通的Linux网桥并不支持VLAN功能，因此需要使用pipework直接将Docker容器连在ovs0网桥上，容器IP也由pipework指定。

4. GRE实现Docker容器跨网络通信（容器在不同子网中）

在4.2.3节直接路由的方法中，不同主机上的容器是在不同的子网中，而不是在同一个子网中。使用Open vSwitch的隧道模式也可以实现此网络模型，如图4-13所示。

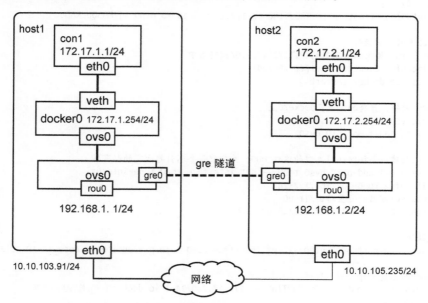

图4-13　GRE实现Docker容器跨网络通信（容器在不同子网中）

图中有两台Ubuntu的主机host1和host2，host1的IP地址为10.10.103.91/24，host2的IP地址为

10.10.105.235/24。host1上的Docker容器在172.17.1.0/24子网中，host2上的容器在172.17.2.0/24子网中。由于两台主机不在同一个子网中，容器间通信不能再使用直接路由的方式，而需依赖Open vSwitch建立的GRE隧道进行，配置如下：

```
# 在host1上做如下操作
# 配置docker0，使Docker容器的IP在172.17.1.0/24网络中
$ sudo ifconfig docker0 172.17.1.254/24
$ sudo service docker restart

# 创建ovs0网桥，并将ovs0连在docker0上
$ sudo ovs-vsctl add-br ovs0
$ sudo brctl addif docker0 ovs0

# 在ovs0上创建一个internal类型的端口rou0，并分配一个不引起冲突的私有IP
$ sudo ovs-vsctl add-port ovs0 rou0 -- set interface rou0 type=internal
$ sudo ifconfig rou0 192.168.1.1/24
# 将通往Docker容器的流量路由到rou0
$ route add -net 172.17.0.0/16 dev rou0

# 创建GRE隧道
$ ovs-vsctl add-port ovs0 gre0 -- set interface gre0 type=gre options:remote_ip=10.10.103.235

# 删除Docker创建的iptables规则
$ sudo iptables -t nat -D POSTROUTING -s 172.17.1.0/24 ! -o docker0 -j MASQUERADE
# 创建自己的规则
$ sudo iptables -t nat -A POSTROUTING -s 172.17.0.0/16 -o eth0 -j MASQUERADE

# 在host2上做如下操作
# 配置docker0，使Docker容器的IP在172.17.2.0/24网络中
$ sudo ifconfig docker0 172.17.2.254/24
$ sudo service docker restart

# 创建ovs0网桥，并将ovs0连在docker0上
$ sudo ovs-vsctl add-br ovs0
$ sudo brctl addif docker0 ovs0

# 在ovs0上创建一个internal类型的端口rou0，并分配一个不引起冲突的私有IP
$ sudo ovs-vsctl add-port ovs0 rou0 -- set interface rou0 type=internal
$ sudo ifconfig rou0 192.168.1.2/24
# 将通往Docker容器的流量路由到rou0
$ sudo route add -net 172.17.0.0/16 dev rou0

# 创建GRE隧道
$ ovs-vsctl add-port ovs0 gre0 -- set interface gre0 type=gre options:remote_ip=10.10.105.91

# 删除Docker创建的iptables规则
$ sudo iptables -t nat -D POSTROUTING -s 172.17.2.0/24 ! -o docker0 -j MASQUERADE
# 创建自己的规则
$ sudo iptables -t nat -A POSTROUTING -s 172.17.0.0/16 -o eth0 -j MASQUERADE
```

在两台主机上分别创建一个Docker容器验证容器间的通信。

```
# 在host1上启动容器con1
$ sudo docker run -it --name con1 ubuntu /bin/bash
# 在con1容器中
# nc -l 9000


# 在host2上启动容器con2
$ sudo docker run -it --name con2 ubuntu /bin/bash
# 在con2容器中
# nc -w 1 -v 172.17.1.1 9000
Connection to 172.17.1.1 9000 port [tcp/*] succeeded!
```

本例中的网络模型与Kubernetes的网络模型类似，如图4-14所示。从网络的角度来看，此处一个容器可以视作Kubernetes的一个pod，理解本模型有助于理解Kubernetes的网络[1]。

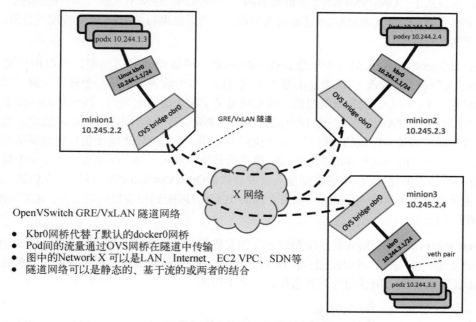

图4-14　Kubernetes OVS网络模型[2]

5. 多租户环境下的GRE网络

在多租户云环境下，租户之间的隔离显得非常重要。传统的VLAN方法有诸多限制，在大型公有云环境下并不合适。Overlay网络在虚拟化场景下除了实现虚拟机间的跨网络通信外，还能填补VLAN的不足，满足多租户的隔离需求，OpenStack的Neutron项目就是一个很好的实现例子。

---

[1] 关于Kubernetes的内容参见第8章。

[2] 引自：https://github.com/GoogleCloudPlatform/kubernetes/blob/master/docs/ovs-networking.md。

OpenStack是一个开源IaaS云平台，简而言之，就是能为用户提供虚拟机服务，如计算、存储和网络。Neutron是OpenStack的一个子项目，提供虚拟环境下的网络功能。Neutron有多种模式以满足不同的需求，其中GRE模式就是一个典型的多租户场景网络解决方案。鉴于OpenStack可以很好地管理虚拟机，并且有强大的网络功能，不妨学习一下Neutron的GRE模式，这对解决Docker网络问题有很好的启发作用。

Neutron的GRE模式也是使用Open vSwitch来实现的，不同在于，Neutron的GRE模式中有一个专门用来做GRE隧道的Open vSwitch网桥br-tun，该网桥使用流表来转发数据包。流表是什么呢？其实，在Open vSwitch中，有两种工作方式——普通模式和流表模式。

在普通模式下，Open vSwitch交换机就如同一台普通的二层MAC地址自学习交换机一样，对于每一个收到帧，记录其源MAC地址和进入的端口，然后根据目的MAC地址转发到合适的端口，或者洪泛到所有的端口。

流表是OpenFlow引入的一个概念，OpenFlow是一种新型的网络模型，可以用来实现SDN（Software Defined Network）。流表是由流表项组成的，每个流表项就是一个转发规则。每个流表项由匹配域、处理指令、优先级等组成。匹配域定义了流表的匹配规则，匹配域的匹配字段相当丰富，可以是二层MAC地址、三层IP地址、四层TCP端口等，而不仅仅是MAC地址。处理指令定义了当数据包满足匹配域的规则时，需要执行的动作。常见的处理动作包括将数据从某个端口转发出去、修改数据协议头部的某个字段、提交给其他流表等。每一个流表项属于一个特定的流表，并有一个给定的优先级。当有数据进入流表模式的Open vSwitch交换机后，首先会进入table 0，按照流表项的优先级从高到低匹配。如果在table 0中没有匹配到相应规则则丢弃；如果匹配成功，则执行相应的动作。

Open vSwitch的流表模式就是按照流表项转发数据的工作方式。如何判断Open vSwitch交换机使用的是哪种模式呢？可以使用ovs-ofctl dump-flows <bridgeName>命令查看，如果仅有一条"NORMAL"的规则，则使用的是普通模式，如下所示。

```
$ sudo ovs-ofctl dump-flows ovs0
cookie=0x0, duration=93483.959s, table=0, n_packets=16, n_bytes=1296, idle_age=65534, hard_age=65534,
    priority=0 actions=NORMAL
```

了解了Open vSwitch的流表模式之后，来分析OpenStack的GRE模式中，计算节点上网桥的连接和配置，如图4-15所示。

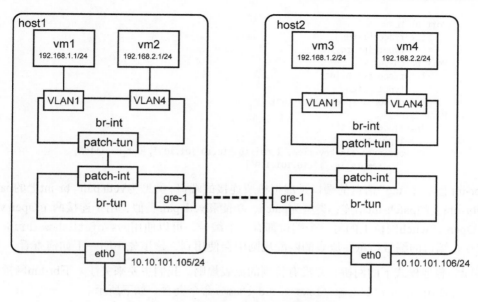

图4-15 OpenStack的GRE网络模型

图4-15为一个OpenStack集群中两台计算节点之间的网络连接图[①]。每台主机上有两台虚拟机，vm1和vm3属于租户A，处在一个子网中；vm2和vm4属于租户B，处在另一个子网中。4台虚拟机都连在br-int网桥上，且有VLAN标识，vm1和vm3的VLAN ID为1，vm2和vm4的VLAN ID为4。br-int为一个工作在普通模式下的Open vSwitch交换机，它根据目的MAC地址和VLAN ID转发数据。和br-int相连的是br-tun网桥，br-tun是隧道网桥，它根据流表转发数据。

通过ovs-vsctl show命令查看一下host1上两个网桥上的端口信息，如下所示。

```
$ sudo ovs-vsctl show
    Bridge br-int
        Port br-int
            Interface br-int
                type: internal
        Port patch-tun
            Interface patch-tun
                type: patch
                options: {peer=patch-int}
        Port "qvo7bc645a0-d7"
            tag: 1
            Interface "qvo7bc645a0-d7"
        Port "qvoec8a1d3e-dd"
            tag: 4
            Interface "qvoec8a1d3e-dd"
    Bridge br-tun
```

---

① 此图简化了一些不必要的细节。

```
        Port br-tun
            Interface br-tun
                type: internal
        Port patch-int
            Interface patch-int
                type: patch
                options: {peer=patch-tun}
        Port "gre-1"
            Interface "gre-1"
                type: gre
                options: {in_key=flow, local_ip="10.10.101.105", out_key=flow,
                    remote_ip="10.10.101.110"}
```

其中，**br-int**上标有"**tag**"信息的端口是虚拟机所连接的端口，类型为veth pair。**br-int**上的patch-tun 端口和**br-tun**上的patch-int相连，类型为patch，功能和veth pair类似，用于连接两个Open vSwitch 网桥。Open vSwitch网桥上的每一个端口都有一个编号，可以使用`ovs-ofctl show <bridgeName>` 命令查看。端口的编号信息在流表的匹配规则中会使用到，这里先声明一下如何查看。

br-int为普通模式下的网桥，并没有特别的流表规则。我们主要来关注一下**br-tun**网桥中的流表信息，可使用`ovs-ofctl dump-flows <bridgeName>`命令查看，如下所示。

```
$ sudo ovs-ofctl dump-flows br-tun
NXST_FLOW reply (xid=0x4):
table=0, ... priority=1,in_port=1 actions=resubmit(,1)
table=0, ... priority=1,in_port=2 actions=resubmit(,2)
table=0, ... priority=0 actions=drop
table=1, ... priority=1,dl_dst=00:00:00:00:00:00/01:00:00:00:00:00 actions=resubmit(,20)
table=1, ... priority=1,dl_dst=01:00:00:00:00:00/01:00:00:00:00:00 actions=resubmit(,21)
table=2, ... priority=1,tun_id=0x3 actions=mod_vlan_vid:4,resubmit(,10)
table=2, ... priority=1,tun_id=0x2 actions=mod_vlan_vid:1,resubmit(,10)
table=2,... priority=0 actions=drop
table=3, ... priority=0 actions=drop
table=10, ... priority=1
actions=learn(table=20,hard_timeout=300,priority=1,NXM_OF_VLAN_TCI[0..11],NXM_OF_ETH_DST[]=NXM_OF_
    ETH_SRC[],load:0->NXM_OF_VLAN_TCI[],load:NXM_NX_TUN_ID[]->NXM_NX_TUN_ID[],output:NXM_OF_IN_
        PORT[]),output:1
table=20, ... priority=0 actions=resubmit(,21)
table=21,... dl_vlan=4 actions=strip_vlan,set_tunnel:0x3,output:2
table=21, ... dl_vlan=1 actions=strip_vlan,set_tunnel:0x2,output:2
table=21, ... priority=0 actions=drop
```

以上流表规则的匹配流程可以用图4-16来简单表示。

从图中可以看出，进入**br-tun**的流量有两条处理路径。其中一条处理从patch-int端口进入的流量，也即从本地虚拟机发送的流量；另一条处理从GRE隧道端口（如gre-1）进入的流量，也就是本地虚拟机接收的流量。

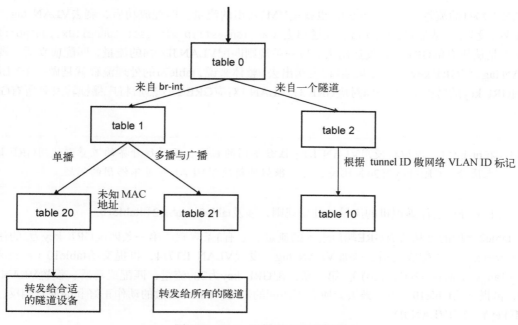

图4-16　br-tun网桥流表匹配流程

分析从虚拟机出去的流量的处理规则，此处涉及table0、table1、table20和table21。

table0有3条规则。第一条匹配从端口1进入的流量（in_port=1），匹配成功后提交给table1继续匹配（actions=resubmit(,1)），端口1就是patch-int；第二条规则匹配从端口2进入的流量，匹配成功后提交给table2继续匹配，端口2就是gre-1，表示从host2中的虚拟机转发过来的流量。第三条规则将所有其他的流量丢弃（actions=drop）。

table1处理的流量是从patch-int端口进入的，它有两条规则。一条定义了如果目的MAC地址是单播时（dl_dst=00:00:00:00:00:00/01:00:00:00:00:00），提交给table20；另一条定义了如果目的MAC地址是广播地址，则提交给table21。

table20处理的是单播流量。table20本身只有一条规则，即将流量提交给table21。事实上，table20只有在没有记录转发包的目的MAC地址时才会交给table21。table10会通过从GRE端口进入的流量进行MAC地址自学习，将学习到的信息以流表的形式添加到table20中。这样一来，如果目标MAC地址已经被学习了，table20则将数据包从合适的GRE端口转发出去[①]；如果没有被学习，则会提交给table21，当作广播流量处理。

table21处理的是广播流量和未匹配到目的MAC地址的单播流量，它有两条规则。一条匹配

---

① 在此例中，因为只有两个节点，所以只有一个GRE端口，如果节点多于两个，则每两个节点之间都要建立GRE隧道，会有多个GRE端口。

VLAN ID为1的流量（`dl_vlan=1`），也就是VM1发出的流量。匹配成功后，剥去VLAN tag，将GRE key设为2，从端口2（gre-1）发送出去（`actions=strip_vlan,set_tunnel:0x3,output:2`），实际上是从所有的GRE端口发送出去。另一条规则匹配VLAN ID为4的流量，匹配成功后，剥去VLAN tag，将GRE key设为3，从端口2发送出去。整体来说，table21的处理流程就是做一个VLAN ID到GRE key的转换（VLAN 4对应GRE 3；VLAN 1对应GRE 2），然后将广播帧转发到所有GRE端口。

说明   在br-int中，虚拟机使用VLAN ID来区分不同的租户，而通往外界的流量则使用GRE key来区分。GRE key有24位比特，可以很好地解决了VLAN数量不够用的问题。

接下来分析通往虚拟机的流量的处理规则，涉及table0、table2和table10。

table2处理的是从所有GRE端口进入的流量，它有3条规则。第一条匹配GRE key为3的流量（`tun_id=0x3`），匹配成功后，添加VLAN tag，设置VLAN ID为4，再提交给table10（`actions=mod_vlan_vid:4,resubmit(,10)`）。第二条匹配GRE key为2的流量，匹配成功后，设置VLAN ID为1，再提交给table10。第三条丢弃所有不匹配的流量。table2所做的动作正好和table21相反，将GRE key转换为VLAN ID。

table10处理从table2提交过来的流量，它只有一条学习规则。当有流量进来时，先从流量中学习源MAC地址、VLAN ID等信息，并将规则添加到table20中。然后从端口1中转发出去，端口1即为patch-int。

以上便是host1中br-tun流表处理规则，host2中流表规则和host1类似。当从VM1 ping VM3时，VM1先发出ARP请求，ARP请求帧在br-int中被加上VLAN tag，VLAN ID为1，再转发给br-tun网桥。在br-tun网桥中，ARP请求帧被table0提交给table1，table1判断它是广播帧，提交给table21，table21再将其VLAN tag去掉，添加GRE协议头部，设置GRE key为2，然后从GRE端口发往host2。ARP请求帧到达host2中的br-tun网桥后，table2将其VLAN ID置为1，交给table10。table10学习到相关信息后，将其发往host2的br-int网桥。最终VM3收到ARP请求，并作出回应，告诉VM1自己的MAC地址[①]。VM1得知VM3的MAC地址后，会构造ICMP请求包发送给VM3，数据处理路径和ARP响应的处理路径是一样的。该例子中，GRE隧道中封装的是以太帧。

从OpenStack的GRE网络中，可以看到隧道技术实现了虚拟机之间的跨主机二层通信，并完成租户之间的隔离。使用pipework、Open vSwitch等工具，可以在Docker容器上模拟出如图4-16所示的场景，以实现同样的功能。其中难点在于br-tun流表的建立，但有了上面的示例和分析，使用者可以手动将需要的流表一条一条加进去，但需注意做好VLAN ID和GRE key之间的对应关系。如上例中，VLAN ID 1对应GRE key 2，代表租户A；VLAN ID 4对应GRE key 3，代表租户B。

---

① ARP响应帧的处理路径和ARP请求帧的处理路径相似，唯一的不同在于ARP响应为单播，会交给table20处理，并且table20已经从ARP请求中学习到了VM1的MAC地址，因此ARP响应帧不会经过table21。

下面介绍其中需要用到的一些关键命令的示例。

(1) 使用pipework将Docker容器连接在br-int网桥上，并设置VLAN。

```
$ sudo ovs-vsctl add-br br-int
$ sudo pipework br-int con1 192.168.100.1/24 @1
```

(2) 使用ovs-ofctl add-flow <bridgeName>命令向Open vSwitch中添加流表信息。

```
$ sudo ovs-ofctl add-flow br-tun "hard_timeout=0 idle_timeout=0 priority=1 in_port=1
actions=resubmit(,1)"
```

(3) 在Open vSwitch上创建GRE隧道。

```
$ sudo ovs-vsctl add-port br-tun gre0 -- set Interface gre0 type=gre options:local_ip=192.168.100.100
options:in_key=flow options:remote_ip=192.168.100.101 options:out_key=flow
```

如果读者感兴趣，可以自行模拟实现图4-16的场景。

4.3 Dockerfile 最佳实践

Dockerfile是Docker用来构建镜像的文本文件，包含自定义的指令和格式。可以通过docker build命令从Dockerfile中构建镜像。这个过程与传统分布式集群的编排配置过程相似，且提供了一系列统一的资源配置语法。用户可以用这些统一的语法命令来根据需求进行配置，通过这份统一的配置文件，在不同的平台上进行分发，需要使用时就可以根据配置文件自动化构建，这解决了开发人员构建镜像的复杂过程。同时，Dockerfile与镜像配合使用，使Docker在构建时可以充分利用镜像的功能进行缓存，大大提升了Docker的使用效率。

4.3.1 Dockerfile 的使用

本节主要介绍Docker构建镜像的过程以及Dockerfile的使用方式。

1. docker build命令和镜像构建过程

3.5节中曾详细介绍了docker build命令的使用，知道其参数有3种类型（PATH、-、URL），表示构建上下文（context）的3种来源。这里的构建上下文（简称上下文）是指传入docker build命令的所有文件。一般情况下，将本地主机的一个包含Dockerfile的目录中的所有内容作为上下文。上下文通过docker build命令传入到Docker daemon后，便开始按照Dockerfile中的内容构造镜像。

Dockerfile描述了组装镜像的步骤，其中每条指令都是单独执行的。除了FROM指令，其他每一条指令都会在上一条指令所生成镜像的基础上执行，执行完后会生成一个新的镜像层，新的镜像层覆盖在原来的镜像之上从而形成了新的镜像。Dockerfile所生成的最终镜像就是在基础镜像上面叠加一层层的镜像层组建的。

为了提高镜像构建的速度，Docker daemon会缓存构建过程中的中间镜像。当从一个已在缓存中的基础镜像开始构建新镜像时，会将Dockerfile中的下一条指令和基础镜像的所有子镜像做比较，如果有一个子镜像是由相同的指令生成的，则命中缓存，直接使用该镜像，而不用再生成一个新的镜像。在寻找缓存的过程中，COPY和ADD指令与其他指令稍有不同，其他指令只对比生成镜像的指令字符串是否相同；ADD和COPY指令除了对比指令字符串，还要对比容器中的文件内容和ADD、COPY所添加的文件内容是否相同。此外，镜像构建过程中，一旦缓存失效，则后续的指令都将生成新的镜像，而不再使用缓存。

2. Dockerfile指令

Dockerfile的基本格式如下：

```
#Comment
INSTRUCTION arguments
```

在Dockerfile中，指令（INSTRUCTION）不区分大小写，但是为了与参数区分，推荐大写。Docker会顺序执行Dockerfile中的指令，第一条指令必须是FROM指令，它用于指定构建镜像的基础镜像。在Dockerfile中以#开头的行是注释，而在其他位置出现的#会被当成参数，示例如下：

```
#Comment
RUN echo 'we are running some # of cool things'
```

Dockerfile中的指令有FROM、MAINTAINER、RUN、CMD、EXPOSE、ENV、ADD、COPY、ENTRYPOINT、VOLUME、USER、WORKDIR、ONBUILD，错误的指令会被忽略。下面将详细讲解一些重要的Docker指令。

- **ENV**

格式：ENV <key> <value>或ENV <key>=<value> ...

ENV指令可以为镜像创建出来的容器声明环境变量。并且在Dockerfile中，ENV指令声明的环境变量会被后面的特定指令（即ENV、ADD、COPY、WORKDIR、EXPOSE、VOLUME、USER）解释使用。其他指令使用环境变量时，使用格式为$variable_name或者${variable_name}。在变量前面添加斜杠\可以转义，如\$foo或者\${foo}，将会被分别转换为$foo和${foo}，而不是环境变量所保存的值。另外，ONBUILD指令不支持环境替换。

- **FROM**

格式：FROM <image> 或FROM <image>:<tag>

FROM指令的功能是为后面的指令提供基础镜像，因此一个有效的Dockerfile必须以FROM指令作为第一条非注释指令。从公共镜像库中拉取镜像很容易，基础镜像可以选择任何有效的镜像。在一个Dockerfile中，FROM指令可以出现多次，这样会构建多个镜像。在每个镜像创建完成后，Docker命令行界面会输出该镜像的ID。若FROM指令中参数tag为空，则tag默认是latest；若参数image或tag指定的镜像不存在，则返回错误。

- **COPY**

格式：COPY <src> <dest>

COPY指令复制<src>所指向的文件或目录，将它添加到新镜像中，复制的文件或目录在镜像中的路径是<dest>。<src>所指定的源可以有多个，但必须在上下文中，即必须是上下文根目录的相对路径。不能使用形如COPY ../something /something这样的指令。此外，<src>可以使用通配符指向所有匹配通配符的文件或目录，例如，COPY hom* /mydir/表示添加所有以"hom"开头的文件到目录/mydir/中。

<dest>可以是文件或目录，但必须是目标镜像中的绝对路径或者相对于WORKDIR的相对路径（WORKDIR即**Dockerfile**中WORKDIR指令指定的路径，用来为其他指令设置工作目录）。若<dest>以反斜杠/结尾则其指向的是目录；否则指向文件。<src>同理。若<dest>是一个文件，则<src>的内容会被写入到<dest>中；否则<src>所指向的文件或目录中的内容会被复制添加到<dest>目录中。当<src>指定多个源时，<dest>必须是目录。另外，如果<dest>不存在，则路径中不存在的目录会被创建。

- **ADD**

格式：ADD <src> <dest>

ADD与COPY指令在功能上很相似，都支持复制本地文件到镜像的功能，但ADD指令还支持其他功能。<src>可以是一个指向一个网络文件的URL，此时若<dest>指向一个目录，则URL必须是完全路径，这样可以获得该网络文件的文件名**filename**，该文件会被复制添加到<dest>/<filename>。例如，ADD http://example.com/foobar /会创建文件/foobar。

<src>还可以指向一个本地压缩归档文件，该文件在复制到容器中时会被解压提取，如ADD example.tar.xz /。但若URL中的文件为归档文件则不会被解压提取。

ADD和COPY指令虽然功能相似，但一般推荐使用COPY，因为COPY只支持本地文件，相比ADD而言，它更透明。

- **RUN**

RUN指令有两种格式：

❏ RUN <command> （**shell**格式）
❏ RUN ["executable", "param1", "param2"] （**exec**格式，推荐格式）

RUN指令会在前一条命令创建出的镜像的基础上创建一个容器，并在容器中运行命令，在命令结束运行后提交容器为新镜像，新镜像被**Dockerfile**中的下一条指令使用。

RUN指令的两种格式表示命令在容器中的两种运行方式。当使用shell格式时，命令通过/bin/sh -c运行；当使用exec格式时，命令是直接运行的，容器不调用shell程序，即容器中没有shell程序。exec格式中的参数会当成JSON数组被Docker解析，故必须使用双引号而不能使用单引号。因为

exec格式不会在shell中执行，所以环境变量的参数不会被替换，例如，当执行CMD ["echo", "$HOME"]指令时，$HOME不会做变量替换。如果希望运行shell程序，指令可以写成CMD ["sh", "-c", "echo", "$HOME"]。

● **CMD**

CMD指令有3种格式：

❑ CMD <command>（**shell格式**）

❑ CMD ["executable", "param1", "param2"]（**exec格式，推荐格式**）

❑ CMD ["param1","param2"]（**为ENTRYPOINT指令提供参数**）

CMD指令提供容器运行时的默认值，这些默认值可以是一条指令，也可以是一些参数。一个Dockerfile中可以有多条CMD指令，但只有最后一条CMD指令有效。CMD ["param1","param2"]格式是在CMD指令和ENTRYPOINT指令配合时使用的，CMD指令中的参数会添加到ENTRYPOINT指令中。使用shell和exec格式时，命令在容器中的运行方式与RUN指令相同。不同在于，RUN指令在构建镜像时执行命令，并生成新的镜像；CMD指令在构建镜像时并不执行任何命令，而是在容器启动时默认将CMD指令作为第一条执行的命令。如果用户在命令行界面运行docker run命令时指定了命令参数，则会覆盖CMD指令中的命令。

● **ENTRYPOINT**

ENTRYPOINT指令有两种格式：

❑ ENTRYPOINT <command>（**shell格式**）

❑ ENTRYPOINT ["executable", "param1", "param2"]（**exec格式，推荐格式**）

ENTRYPOINT指令和CMD指令类似，都可以让容器在每次启动时执行相同的命令，但它们之间又有不同。一个**Dockerfile**中可以有多条ENTRYPOINT指令，但只有最后一条ENTRYPOINT指令有效。当使用shell格式时，ENTRYPOINT指令会忽略任何CMD指令和docker run命令的参数，并且会运行在/bin/sh -c中。这意味着ENTRYPOINT指令进程为/bin/sh -c的子进程，进程在容器中的**PID**将不是1，且不能接受Unix信号。即当使用docker stop <container>命令时，命令进程接收不到**SIGTERM**信号。我们推荐使用exec格式，使用此格式时，docker run传入的命令参数会覆盖CMD指令的内容并且附加到ENTRYPOINT指令的参数中。从ENTRYPOINT的使用中可以看出，CMD可以是参数，也可以是指令，而ENTRYPOINT只能是命令；另外，docker run命令提供的运行命令参数可以覆盖CMD，但不能覆盖ENTRYPOINT。

● **ONBUILD**

格式：ONBUILD [INSTRUCTION]

ONBUILD指令的功能是添加一个将来执行的触发器指令到镜像中。当该镜像作为FROM指令的参数时，这些触发器指令就会在FROM指令执行时加入到构建过程中。尽管任何指令都可以注册成一个触发器指令，但ONBUILD指令中不能包含ONBUILD指令，并且不会触发FROM和MAINTAINER指令。当需要制作一个基础镜像来构建其他镜像时，ONBUILD是很有用的。例如，当需要构建的镜像是一个可重复使用的**Python**环境镜像时，它可能需要将应用源代码加入到一个指定目录中，还可能需要执行一个构建脚本。此时不能仅仅调用ADD和RUN指令，因为现在还不能访问应用源代码，并且不同应用的源代码是不同的。我们不能简单地提供一个**Dockerfile**模板给应用开发者，它与特定应用代码耦合，会引发低效、易错、难以更新等问题。这些场景的解决方案是使用ONBUILD指令注册触发器指令，利用ONBUILD指令构建一个语言栈镜像，该镜像可以构建任何用该语言编写的用户软件的镜像。

ONBUILD指令的具体执行步骤如下。

(1) 在构建过程中，ONBUILD指令会添加到触发器指令镜像元数据中。这些触发器指令不会在当前构建过程中执行。

(2) 在构建过程最后，触发器指令会被存储在镜像详情中，其主键是OnBuild，可以使用docker inspect命令查看。

(3) 之后该镜像可能作为其他**Dockerfile**中FROM指令的参数。在构建过程中，FROM指令会寻找ONBUILD触发器指令，并且会以它们注册的顺序执行。若有触发器指令执行失败，则FROM指令被中止，并返回失败；若所有触发器指令执行成功，则FROM指令完成并继续执行下面的指令。在镜像构建完成后，触发器指令会被清除，不会被子孙镜像继承。

使用包含ONBUILD指令的**Dockerfile**构建的镜像应该有特殊的标签，如ruby:2.0-onbuild。在ONBUILD指令中添加ADD或COPY指令时要额外注意。假如新构建过程的上下文缺失了被添加的资源，那么新构建过程会失败。给ONBUILD镜像添加标签，可以提示编写**Dockerfile**的开发人员小心应对。

4.3.2 Dockerfile 实践心得

在了解了如何使用Dockerfile以后，我们总结归纳了以下几点实践心得。在构建Dockerfile文件时，如果遵守这些实践方式，可以更高效地使用Docker。

● **使用标签**

给镜像打上标签，易读的镜像标签可以帮助了解镜像的功能，如docker build -t="ruby:2.0-onbuild"。

● **谨慎选择基础镜像**

选择基础镜像时，尽量选择当前官方镜像库中的镜像。不同镜像的大小不同，目前**Linux**镜像大小有如下关系：

```
busybox < debian < centos < ubuntu
```

同时在构建自己的Docker镜像时，只安装和更新必须使用的包。此外，相比Ubuntu镜像，更推荐使用Debian镜像，因为它非常轻量级（目前其大小是在100MB以下），并且仍然是一个完整的发布版本。

FROM指令应该包含参数tag，如使用FROM debian:jessie而不是FROM debian。

● **充分利用缓存**

Docker daemon会顺序执行Dockerfile中的指令，而且一旦缓存失效，后续命令将不能使用缓存。为了有效地利用缓存，需要保证指令的连续性，尽量将所有Dockerfile文件中相同的部分都放在前面，而将不同的部分放在后面。

● **正确使用ADD与COPY指令**

尽管ADD和COPY用法和作用很相近，但COPY仍是首选。COPY相对于ADD而言，功能简单够用。COPY仅提供本地文件向容器的基本复制功能。ADD有额外的一些功能，比如支持复制本地压缩包（复制到容器中会自动解压）和URL远程资源。因此，ADD比较符合逻辑的使用方式是 ADD roots.tar.gz /。

当在Dockerfile中的不同部分需要用到不同的文件时，不要一次性地将这些文件都添加到镜像中去，而是在需要时逐个添加，这样也有利于充分利用缓存。另外，考虑到镜像大小的问题，使用ADD指令去获取远程URL中的压缩包不是推荐的做法。应该使用RUN wget或RUN curl代替。这样可以删除解压后不再需要的文件，并且不需要在镜像中再添加一层，示例如下。

错误的做法：

```
ADD http://example.com/big.tar.xz /usr/src/things/
RUN tar -xJf /usr/src/things/big.tar.xz -C /usr/src/things
RUN make -C /usr/src/things all
```

正确的做法：

```
RUN mkdir -p /usr/src/things \
    && curl -SL http://example.com/big.tar.gz \
    | tar -xJC /usr/src/things \
    && make -C /usr/src/things all
```

另外，尽量使用docker volume共享文件，而不是使用ADD或COPY指令添加文件到镜像中。

● **RUN指令**

为了使Dockerfile易读、易理解和可维护，在使用比较长的RUN指令时可以使用反斜杠\分隔多行。大部分使用RUN指令的场景是运行apt-get命令，在该场景下请注意如下几点。

❑ 不要在一行中单独使用指令RUN apt-get update。当软件源更新后，这样做会引起缓存问题，导致RUN apt-get install指令运行失败。所以，RUN apt-get update和RUN apt-get install应该写在同一行，如RUN apt-get update && apt-get install -y package-bar package-foo package-baz。

❑ 避免使用指令RUN apt-get upgrade和RUN apt-get dist-upgrade。因为在一个无特权的容器中，一些必要的包会更新失败。如果需要更新一个包（如foo），直接使用指令RUN apt-get install -y foo。

在Docker的核心概念中，提交镜像是廉价的，镜像之间有层级关系，像一颗树。不要害怕镜像的层数过多，我们可以在任一层创建一个容器。因此，不要将所有的命令写在一个RUN指令中。RUN指令分层符合Docker的核心概念，这很像源码控制。

● **CMD和ENTRYPOINT指令**

CMD和ENTRYPOINT指令指定了容器运行的默认命令，推荐二者结合使用。使用exec格式的ENTRYPOINT指令设置固定的默认命令和参数，然后使用CMD指令设置可变的参数。

● **不要在Dockerfile中做端口映射**

Docker的两个核心概念是可重复性和可移植性，镜像应该可以在任何主机上运行多次。使用Dockerfile的EXPOSE指令，虽然可以将容器端口映射到主机端口上，但会破坏Docker的可移植性，且这样的镜像在一台主机上只能启动一个容器。所以端口映射应在docker run命令中用-p参数指定。

```
# 不要在Dockerfile中做如下映射
EXPOSE 80:8080

# 仅仅暴露80端口，需要另做映射
EXPOSE 80
```

● **使用Dockerfile共享Docker镜像**

若要共享镜像，只需共享Dockerfile文件即可。共享Dockerfile文件具有以下优点。

❑ Dockerfile文件可以加入版本控制，这样可以追踪文件的变化和回滚错误。
❑ 通过Dockerfile文件，可以清楚镜像构建的过程。
❑ 使用Dockerfile文件构建的镜像具有确定性。

4.4　Docker 容器的监控手段

Docker作为一个构建部署应用的新兴平台，已经渐渐得到了业界的认可，越来越多的应用开始使用Docker作为底层的资源抽象平台。但是，不论Docker为代表的容器技术多么先进，具有多大优势，稳定性永远是用户最关注的方面。当用户将应用部署在Docker平台上时，希望应用在平台上能保持良好的状态，确保平稳运行，并且能实时监控到应用运行的异常情况，进而采取相应的应对措施。同时，由于资源有限，用户还希望能够更为精确地限制容器占用的资源。为了实现这一切，就需要实现对Docker容器的监控。

虚拟机技术作为云计算时代发展最为成熟的虚拟化技术，已经形成了稳定可靠、多样化的监控工具供用户使用。那么对于从虚拟机迁移到Docker或从Docker开始接触云计算的用户来说，Docker平台下的监控又是如何实现的呢？接下来我们就将从容器的监控维度、Docker容器监控命令和监控工具这3个方面来系统介绍Docker容器监控的实践方法。

4.4.1　Docker 容器监控维度

对于Docker容器，需要进行全面的监控和监测，以便及时了解Docker容器的运行情况及资源使用情况，为运维编排提供决策支持。下面将从Docker容器所在的主机、启动容器的镜像基础及容器本身这3个维度来总结Docker容器监控中所涉及的可用的监控指标。

1. 主机维度

对于Docker的容器监控，主要以容器级别的监控指标为主。这里先介绍一些Docker主机级别的监控指标，通过这些指标可以从整体上了解一下主机上的容器运行情况。我们可以监控主机的以下相关信息：

- □ 主机的CPU情况和使用量
- □ 主机的内存情况和使用量
- □ 主机上的本地镜像情况
- □ 主机上的容器运行情况

2. 镜像维度

作为容器的基础，还需要对主机上的镜像信息进行监控。镜像的相关信息一般为静态信息，可以反映出主机上用于构建容器的镜像的基础情况，以便从底层来掌握和优化主机上的容器。我们可以监控镜像的以下相关信息：

- □ 镜像的基本信息
- □ 镜像与容器的对应关系
- □ 镜像构建的历史信息（层级的依赖信息）

镜像的基本信息可以包括镜像的总数量、ID、名称、版本、大小等。

3. 容器维度

在主机上运行的容器是监控的重中之重。作为应用的直接载体，使用者需要对容器的各类信息进行实时监控，以保证应用的正常运行。Docker在底层使用了Linux内核提供的资源机制——namespace和cgroups，以此来支持容器的运行。通过这些机制，我们可以很方便地获取容器的各项监控指标。

- □ 容器的基本信息
- □ 容器的运行状态

❑ 容器的用量信息

容器的基本信息包括容器的总数量、ID、名称、镜像、启动命令、端口等信息。容器监控时可以依据容器的运行状态，即运行中、暂停、停止及异常退出，来统计各状态的容器的数量，并实时反馈各个容器的运行状态。容器的用量信息则是用户最关心的，也是监控中最为复杂的部分，它可以统计容器的CPU使用率、内存使用量、块设备I/O使用量、网络使用情况等资源的使用情况。这一部分监控数据大多数都来源于Cgroup下面的限制文件，读者可以参考附录E来进行更深入的学习。

4.4.2　容器监控命令

Docker为用户提供了功能强大的命令行工具，可以让用户完成丰富的功能。同时，Docker为开发人员提供了标准化的API，通过调用这些API可以让开发人员定制自己的应用服务。

在Docker的监控中，namespace和cgroups的使用是至关重要的，读者可以参考3.1节的内容学习Docker背后的内核知识。接下来，依据Docker所提供的命令行工具，针对其中与监控有关的命令进行解读。在解读中用到的其他命令读者可自行参考2.2节的内容。

1. docker ps命令

用户通过使用docker ps命令，可以查看当前主机上的容器信息，包括容器ID、镜像名、容器启动执行命令、创建时间、状态、端口信息和容器名。该命令默认只列出当前正在运行的容器的信息，用户可以通过使用-a参数来列出包括已停止的所有容器的信息。示例如下：

```
# docker ps -a
CONTAINER ID        IMAGE                    COMMAND             CREATED             STATUS
PORTS               NAMES
9bec4f4bf69c        ubuntu:14.04             "/bin/bash"         10 weeks ago        Up 9 seconds
thirsty_carson
46af1f175384        busybox:buildroot-2014.02       "echo hello"        3 months ago
Exited (0) 3 months ago                      stupefied_wilson
```

一般情况下，docker ps命令用于查找容器的ID，以便用户查看特定容器的具体信息，后续的其他容器监控信息查看命令将普遍用到它。

2. docker images命令

用户通过使用docker images命令，可以查看当前主机上的镜像信息，包括镜像所属的库、标签、ID、创建时间和实际大小。该命令默认只会列出所有顶层镜像的信息，但用户可以通过-a参数来查看所有中间层的镜像的信息。示例如下：

```
# docker images
REPOSITORY            TAG                  IMAGE ID        CREATED         VIRTUAL SIZE
ubuntu                14.04                8eaa4ff06b53    11 weeks ago    192.7 MB
sameersbn/gitlab      latest               bac03019a0cf    3 months ago    665.9 MB
busybox               buildroot-2014.02    e72ac664f4f0    5 months ago    2.433 MB
```

```
10.10.103.215:5000/sshd    latest                692ffdd5ad2a    6 months ago      438.9 MB
```

3. docker stats命令

docker stats命令是Docker 1.5版本中最新提供的命令，专门用于容器状态信息的统计，同时它还有配套的API（GET /containers/(id)/stats），可供开发人员调用。使用该命令，用户可以实时监控启动中的容器的运行情况，包括CPU、内存、块设备I/O和网络I/O，这些信息都会定期刷新以显示最新的运行情况。示例如下：

```
# docker stats redis-master redis-slave1 redis-slave2
CONTAINER        CPU %        MEM USAGE/LIMIT        MEM %        NET I/O
redis-master     0.00%        1.867 MiB/993.9 MiB    0.19%        3.797 KiB/648 B
redis-slave1     0.00%        1.027 MiB/993.9 MiB    0.10%        3.545 KiB/648 B
redis-slave2     0.00%        1.254 MiB/993.9 MiB    0.13%        3.457 KiB/648 B
```

注意   docker stats命令目前只有在选用libcontainer作为执行驱动时才可以使用。

docker stats命令显示的容器的资源使用情况有限，通过使用stats API可以查看更多详细信息。示例如下：

```
# echo -e "GET /containers/redis-slave1/stats HTTP/1.0\r\n\" | nc -U /var/run/docker.sock
HTTP/1.0 200 OK
Content-Type: application/json
Date: Tue, 24 Mar 2015 03:14:25 GMT

{"read":"2015-03-24T11:14:25.448687285+08:00",
"network":{
    "rx_bytes":3824,
    "rx_packets":47,
...
"cpu_stats":{
    "cpu_usage":{
        "total_usage":56266277,
...
"memory_stats":{
"usage":1077248,
"max_usage":4120576,
...
"blkio_stats":{
"io_service_bytes_recursive":
[{"major":8,"minor":0,"op":"Read","value":843776},
...
```

开发者可以使用stats API将容器的运行状态信息传递到自己构建的应用中，以实现容器的系统监控。

4. docker inspect命令

用户通过使用docker inspect命令，可以查看镜像或容器的底层详细信息，以此来了解镜像或容器的完整构建信息，包括基础配置、主机配置、网络设置、状态信息等。同时，如果需要查看其特定信息，可以通过-f参数来设定输出格式。示例如下：

```
# docker inspect -f {{.NetworkSettings.IPAddress}} 9bec172.17.0.2
```

5. docker top命令

用户通过使用docker top命令，可以查看正在运行的容器中的进程的运行情况。该命令可以使用户在没有通过/bin/bash终端与容器进行交互时，帮助用户查看容器内的进程信息，包括进程号、父进程号、命令等。示例如下：

```
# docker top 9bec
UID          PID         PPID        C       STIME       TTY         TIME            CMD
root         8537        1510        0       14:05       ?           00:00:00        /bin/bash
```

6. docker port命令

docker port命令的用途较为特定化，用于查看容器与主机之间的端口映射关系信息。示例如下：

```
# docker ps
CONTAINER ID    IMAGE          COMMAND        CREATED       STATUS
PORTS                          NAMES
bc0a13093fd1    haproxy:latest "/bin/bash"    8 weeks ago   Up About a minute
0.0.0.0:6301->6301/tcp         HAProxy
# docker port bc0a
6301/tcp -> 0.0.0.0:6301
# docker port bc0a 6301/tcp
0.0.0.0:6301
```

4.4.3 常用的容器监控工具

在了解了Docker容器监控的指标及Docker命令行工具中与容器监控相关的命令用法后，我们将对当前已有的系统级容器监控工具进行概要介绍。这些监控工具有的是随着Docker的崛起而发展起来的新兴项目，有的是监控领域发展成熟的优秀项目，各具特色，各有所长。它们为用户提供全面的监控功能，这无疑将为用户的实际容器监控提供极大便利。读者可在了解这些工具后，自行尝试使用，甚至可以在这些项目的基础上加以利用和改进，构建自己的容器监控工具。

1. Google的cAdvisor

cAdvisor（Container Advisor）是Google开发的用于分析运行中容器的资源占用和性能指标的开源工具。cAdvisor是一个运行时的守护进程，负责收集、聚合、处理和输出运行中容器的信息。需要特别说明的是，对于每个容器，cAdvisor都有资源隔离参数、资源使用历史情况以及完整的历史资源使用和网络统计信息的柱状图。cAdvisor中的数据可以以容器或主机级别进行输出。

cAdvisor原生支持Google自家的lmctfy容器，即Let Me Contain That For You项目。lmctfy是

Google开源版本的容器栈，旨在代替LXC的Linux应用容器，以满足与资源隔离相关的需求。cAdvisor在2014年的DockerCon上发布，除了lmctfy容器外，同样支持Docker的还有libcontainer容器。同时，由于采用Go语言开发，cAdvisor可以方便地集成进libcontainer，它是除了Kubernetes外，Google支持Docker的另一个重要应用。

cAdvisor提供了一个Docker镜像，可以供用户在Docker中快速运行cAdvisor，操作简单方便。示例如下：

```
sudo docker run \
    --volume=/:/rootfs:ro \
    --volume=/var/run:/var/run:rw \
    --volume=/sys:/sys:ro \
    --volume=/var/lib/docker/:/var/lib/docker:ro \
    --publish=8080:8080 \
    --detach=true \
    --name=cadvisor \
    google/cadvisor:latest
```

在启动cAdvisor后，它会在后台运行，并暴露8080端口，用户可以访问http://localhost:8080来查看cAdvisor。cAdvisor通过良好交互的Web UI提供给用户可视化的数据展示，其访问页面如图4-17和图4-18所示。

图4-17   cAdvisor访问页面–容器

cAdvisor不但可以自行为用户提供监控服务，还可以结合其他应用为用户提供良好的服务移植和定制。cAdvisor支持输出状态信息到InfluxDB数据库进行存储和读取。同时，它还支持将容器的统计信息以Prometheus标准指标形式输出，并存储在指定的/metrics HTTP服务端点，以便可以通过Prometheus应用来查看cAdvisor。关于Prometheus应用的内容将稍后讲解。此外，对于使用集群的用户，Google的Heapster可以利用cAdvisor来监控集群。

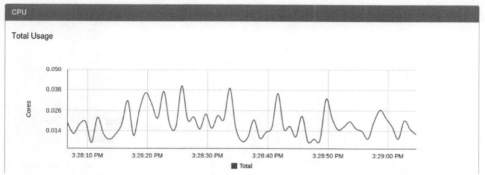

图4-18 cAdvisor访问页面-资源使用情况

cAdvisor作为一个开源应用，还为用户提供了丰富的API接口服务cAdvisor Remote REST API，以便为用户提供原始和已处理的统计数据。通过这一套API，用户可以将cAdvisor提供的服务集成进自己的应用中，并扩展监控功能。

cAdvisor作为一个监控应用,其最终目标在于改善运行中的容器的资源使用和性能表现情况，通过有效的监控，可以实现以下蓝图：

❑ 容器运行报告，包括容器的性能和资源使用情况；
❑ 依据报告，实现容器运行的自动调节；
❑ 为运维编排提供集群的资源使用预测。

目前cAdvisor已经在诸多平台得到了应用，依靠其开源特性和Google的社区资源正在不断完善和丰富，并朝着其设计蓝图稳步前行。

2. Datadog

Datadog公司是一家初创企业，其主营业务是帮助其他公司管理和监测云端应用。Datadog能够帮助开发和运营团队监测其应用在云端工作时的各项数据指标，并提供功能丰富的控制平台，支持多种主流云服务，从而实现云服务的一站式管理。从2010年成立至今，Datadog已经支持包括亚马逊AWS、微软Azure、Google云平台等主流云服务提供商。Docker作为当下火热的新型平台，Datadog也迅速做出支持，实现了对Docker的监控集成。

　　Datadog利用Docker所使用的内核结构cgroups获取Docker的性能指标，包括CPU、内存、网络和I/O数据。Datadog可以监测和查看所有Docker可用的细化性能指标，如图4-19所示，具体可以查看Docker官网中的Docker's Runtime Metrics guide。

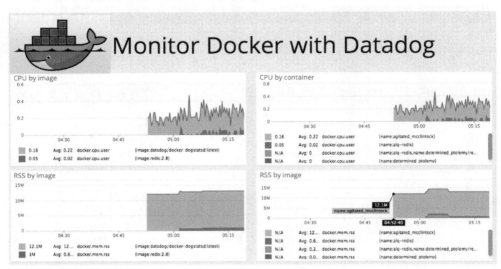

图4-19　Datadog监测Docker

　　Datadog利用Docker自身的属性转化成分类标签，以实现对容器监控的聚合整理。通过标签的设定，可以实现复杂的条件筛选，按用户需求来创建容器的监控视图。此外，Datadog还支持警报功能，可以在发生异常时第一时间向用户发送提醒。同样地，警报的设定可以结合标签来使用，便捷地设定多重警报。Datadog还支持对于容器的生命周期监控，实现了容器整个生命周期中创建、启动、停止和删除事件的可视化管理。

3. SoundCloud的Prometheus

　　SoundCloud公司的Prometheus是一个开源服务监控系统和时间序列数据库。它可以从配置好的监控对象处按照指定的时间间隔来收集信息指标，进行可视化展示和高效的数据存储，并提供警报功能。Prometheus的优势在于使用高维度的数据模型，以指标名和键值对来定义时间序列。同时，它支持灵活的查询语言，可以对收集的多维度时间序列数据进行处理、绘制图表和设定警报。得益于多维度数据模型基础，Prometheus可以方便地利用查询语言来进行数据的过滤和聚合。

　　在使用Prometheus时，一般结合container-exporter使用，它可以收集以libcontainer为执行驱动的容器的各类性能指标，并将数据提供给Prometheus使用，如图4-20所示。在Prometheus的配置中添加container-exporter后，即可定期轮询获取性能数据。

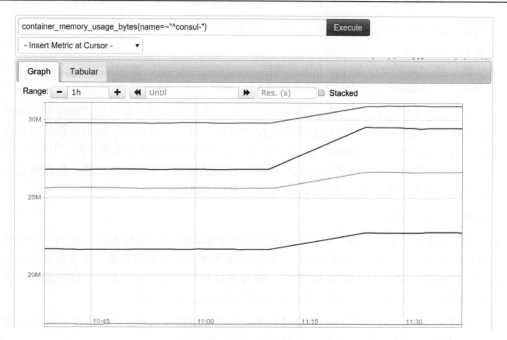

图4-20 Prometheus使用界面

4.5 容器化应用构建的基础：高可用配置中心

4.1节介绍的容器化思维推荐以微服务的形式构建容器化应用。在以微服务方式构建的应用中，服务发现、服务状态发布和订阅等模块发挥了连接各个微服务的重要作用。作为高级实践的最后一节，这里要给大家介绍实现服务发现、服务发布与订阅模块的关键技术：高可用的配置中心。为读者进入本书的第二部分了解容器云打下坚实的基础。本节要介绍的是etcd，一个被众多PaaS平台所使用的服务发现配置存储中心。

4.5.1 etcd 经典应用场景

etcd是什么？很多人对这个问题的第一反应可能是它是一个键值存储仓库，却没有重视官方定义的后半句：用于配置共享和服务发现（A highly-available key value store for shared configuration and service discovery.）。

实际上，etcd作为一个受到Zookeeper与doozer启发而催生的项目，除了拥有与之类似的功能外，更具有以下4个特点[1]。

---

[1] 引自Docker官方文档。

- ❑ **简单**：基于HTTP+JSON的API，用curl命令就可以轻松使用。
- ❑ **安全**：可选SSL客户认证机制。
- ❑ **快速**：每个实例每秒支持一千次写操作。
- ❑ **可信**：使用Raft算法充分实现了分布式。

由此可见，etcd主要解决的是分布式系统中数据一致性的问题，而分布式系统中的数据分为控制数据和应用数据。etcd处理的数据默认为控制数据，对于应用数据，它只推荐处理数据量很小但更新访问频繁的情况。etcd解决的问题看似单一，但其应用场景却纷繁多样。下面共列出了8个较为经典的etcd使用场景。希望通过这些场景，读者能充分了解etcd的功能。相信经过本章的介绍，读者在理解本书第二部分关于etcd的使用时会更为透彻[①]。

1. 场景一：服务发现

etcd通常跟服务发现联系到一起，那么服务发现要解决的问题是什么呢？在同一个分布式集群中的进程或服务，互相感知并建立连接，这就是服务发现。从本质上说，服务发现就是想要了解集群中是否有进程在监听UDP或TCP端口，并且通过对应的字符串（名字）信息就可以进行查找和连接。要解决服务发现的问题，需要有以下三大支柱，缺一不可。

- ❑ **一个强一致性、高可用的服务存储目录**。基于Raft算法的etcd天生就是这样一个强一致性、高可用的服务存储目录。
- ❑ **一种注册服务和监控服务健康状态的机制**。用户可以在etcd中注册服务，并且对注册的服务设置key TTL，定时保持服务的心跳以达到监控健康状态的效果。
- ❑ **一种查找和连接服务的机制**。通过在etcd指定的主题下注册的服务也能在对应的主题下被查找到。为了确保连接，可以在每个服务机器上都部署一个Proxy模式的etcd，这样就可以确保能访问etcd集群的服务都能互相连接。

图4-21所示为服务发现示意图，服务提供者在服务发现仓库注册，服务请求者在仓库中查找，最后通过查找的细节建立链接。

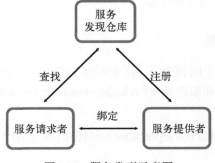

图4-21　服务发现示意图

[①] 部分场景借鉴自"ZooKeeper典型应用场景一览"一文。

下面来看一下服务发现对应的具体应用场景。

❑ **微服务协同工作架构中, 服务动态添加。** 随着Docker容器的流行, 多种微服务共同协作, 构成一个功能相对强大的架构的案例越来越多。透明化地动态添加这些服务的需求也日益强烈。通过服务发现机制, 在etcd中注册某个服务名字的目录, 在该目录下存储可用的服务节点的IP。在使用服务的过程中, 只要从服务目录下查找可用的服务节点使用即可。如图4-22所示, 以Docker为承载的前端在服务发现目录中查找到可用的中间件, 中间件再找到服务后端, 以此快速构建起一个动态和高可用的架构。

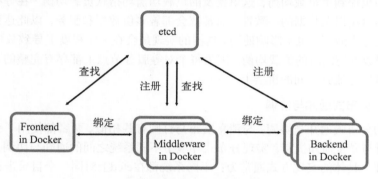

图4-22 微服务协同工作

❑ **PaaS平台中应用多实例与实例故障重启透明化。** PaaS平台中的应用一般都有多个实例, 通过域名, 不仅可以透明地对多个实例进行访问, 而且还可以实现负载均衡。但是应用的某个实例随时都有可能故障重启, 这时就需要动态地配置域名解析(路由)中的信息。通过etcd的服务发现功能就可以轻松解决这个动态配置的问题, 如图4-23所示。

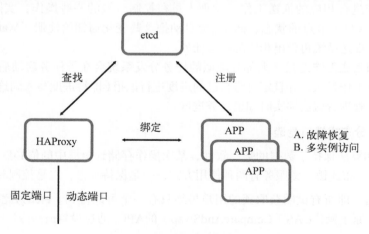

图4-23 云平台多实例透明化

2. 场景二：消息发布与订阅

在分布式系统中，最合适的组件间通信方式是消息发布与订阅机制。具体而言，即构建一个配置共享中心，数据提供者在这个配置中心发布消息，而消息使用者则订阅他们关心的主题，一旦相关主题有消息发布，就会实时通知订阅者。通过这种方式可以实现分布式系统配置的集中式管理与实时动态更新。

3. 场景三：负载均衡

在场景一中也提到了负载均衡，这里提及的负载均衡均指软负载均衡。在分布式系统中，为了保证服务的高可用以及数据的一致性，通常都会部署多份数据和服务，以此达到对等服务，即使其中某一个服务失效了，也不影响使用。这样的实现虽会在一定程度上导致数据写入性能的下降，但却能实现数据访问时的负载均衡。因为每个对等服务节点上都存有完整的数据，所以用户的访问流量就可以分流到不同的机器上。

4. 场景四：分布式通知与协调

这里讨论的分布式通知与协调，与消息发布与订阅有些相似。两者都使用了etcd中的Watcher机制，通过注册与异步通知机制，实现分布式环境下不同系统之间的通知与协调，从而对数据变更进行实时处理。具体的实现方式通常为：不同系统都在etcd上对同一个目录进行注册，同时设置Watcher监控该目录的变化[1]），当某个系统更新了etcd的目录，那么设置了Watcher的系统就会收到通知，并作出相应处理。

- **通过etcd进行低耦合的心跳检测**。检测系统和被检测系统通过etcd上某个目录关联而非直接关联起来，这样可以大大减少系统的耦合性。
- **通过etcd完成系统调度**。某系统由控制台和推送系统两部分组成，控制台的职责是控制推送系统进行相应的推送工作。管理人员在控制台做的一些操作，实际上只需要修改etcd上某些目录节点的状态，etcd就会自动把这些变化通知给注册了Watcher的推送系统客户端，推送系统再作出相应的推送任务。
- **通过etcd完成工作汇报**。大部分类似的任务分发系统会在子任务启动后，到etcd来注册一个临时工作目录，并且定时将自己的进度进行汇报（即将进度写入到这个临时目录），这样任务管理者就能够实时知道任务进度。

5. 场景五：分布式锁与竞选

etcd使用Raft算法保持了数据的强一致性，某次操作存储到集群中的值必然是全局一致的，因此很容易实现分布式锁。锁服务有两种使用方式，一是保持独占，二是控制时序。

- **保持独占**。即所有试图获取锁的用户最终只有一个可以得到。etcd为此提供了一套实现分布式锁原子操作CAS（CompareAndSwap）的API。通过设置prevExist值，可以保证在

---

[1] 如果对子目录的变化也需要监控，可以设置成递归模式。

多个节点同时创建某个目录时，只有一个成功，而该用户即可认为是获得了锁。
- **控制时序。** 即所有试图获取锁的用户都会进入等待队列，获得锁的顺序是全局唯一的，同时决定了队列的执行顺序。etcd为此也提供了一套API（自动创建有序键），对一个目录建值时指定为POST动作，这样etcd会自动在目录下生成一个当前最大的值为键，存储这个新的值（客户端编号），同时还可以使用API按顺序列出所有当前目录下的键值。此时这些键的值就是客户端的时序，而这些键中存储的值可以是代表客户端的编号。

另外，使用分布式锁可以完成Leader竞选。对于一些长时间的CPU计算或者使用I/O操作，只需要由竞选出的Leader计算或处理一次，再把结果复制给其他Follower即可，从而避免重复劳动，节省计算资源。

6. 场景六：分布式队列

分布式队列的常规用法与场景五中所描述的分布式锁的控制时序用法类似，即创建一个先进先出的队列，保证顺序。

另一种比较有意思的实现是在保证队列达到某个条件时再统一按顺序执行。这种方法的实现可以在/queue这个目录中另外建立一个/queue/condition节点。

- condition可以表示队列大小。例如，一个大的任务需要在很多小任务就绪的情况下才能执行，每次有一个小任务就绪，就给这个condition数字加1，直到达到大任务规定的数字，再开始执行队列里的一系列小任务，最终执行大任务。
- condition可以表示某个任务是否在队列。这个任务可以是所有排序任务的首个执行程序，也可以是拓扑结构中没有依赖的点。通常，必须执行这些任务后才能执行队列中的其他任务。
- condition还可以表示其他的一类开始执行任务的通知。可以由控制程序指定，当condition出现变化时，开始执行队列任务。

7. 场景七：集群监控

通过etcd来进行监控，实现起来非常简单并且实时性强，主要用到了以下两点特性。

- 前面几个场景已经提到了Watcher机制，当某个节点消失或有变动时，Watcher会第一时间发现并告知用户。
- 节点可以设置TTL key，例如，每隔30秒向etcd发送一次心跳，代表该节点仍然存活；否则说明节点消失。

这样就可以第一时间检测到各节点的健康状态，以完成集群的监控要求。

8. 场景八：etcd vs. ZooKeeper

阅读了"ZooKeeper典型应用场景一览"一文的读者可能会发现，etcd实现的这些功能，

ZooKeeper都能实现。那么为什么要用etcd而不直接使用ZooKeeper呢？ [1]

这是因为与etcd相比，ZooKeeper有如下缺点。

- 复杂。ZooKeeper的部署维护复杂，管理员需要掌握一系列的知识和技能；而Paxos强一致性算法也素来以复杂难懂而闻名于世；另外，ZooKeeper的使用也比较复杂，需要安装客户端，官方只提供了Java和C两种语言的接口。
- Java编写。Java本身就偏向于重型应用，它会引入大量的依赖。而运维人员则普遍希望机器集群尽可能地简单，维护起来也不易出错。
- 发展缓慢。Apache基金会项目特有的Apache Way[2]在开源界饱受争议，其中一大原因就是基金会结构庞大，管理松散，导致项目发展缓慢。

而etcd作为后起之秀，优点也很明显。

- 简单。使用Go语言编写，部署简单；使用HTTP作为接口使用简单；使用Raft算法保证强一致性让用户易于理解。
- 数据持久化。etcd默认数据一更新就进行持久化。
- 安全。etcd支持SSL客户端安全认证。

etcd作为一个年轻的项目，正在高速迭代和开发中，这既是一个优点，也是一个缺点。优点在于它的未来具有无限的可能性，缺点是版本的迭代导致其使用的可靠性无法保证，无法得到大项目长时间使用的检验。然而，目前CoreOS、Kubernetes和Cloud Foundry等知名项目均在生产环境中使用了etcd，总的来说，etcd值得尝试。

4.5.2 etcd 实现原理

上一节概括了许多etcd的经典应用场景，本节我们将从etcd的架构开始深入理解etcd的实现原理。

1. etcd架构与术语表

etcd的架构并不复杂，如图4-24所示，etcd主要分为4个部分。

- HTTP Server：用于处理用户发送的API请求以及其他etcd节点的同步与心跳信息请求。
- Store：用于处理etcd支持的各类功能的事务，包括数据索引、节点状态变更、监控与反馈、事件处理与执行等。它是etcd对用户提供的大多数API功能的具体实现。
- Raft：Raft强一致性算法的具体实现，是etcd的核心。
- WAL：即Write Ahead Log（预写式日志），它是etcd的数据存储方式。除了在内存中存有所有数据的状态以及节点的索引以外，etcd还通过WAL进行持久化存储。WAL中，所有的数据在提交前都会事先记录日志。Snapshot是为了防止数据过多而进行的状态快照；

---

[1] 参考自：http://devo.ps/blog/zookeeper-vs-doozer-vs-etcd/。

[2] http://www.infoworld.com/article/2612082/open-source-software/has-apache-lost-its-way-.html。

Entry则表示存储的具体日志内容。

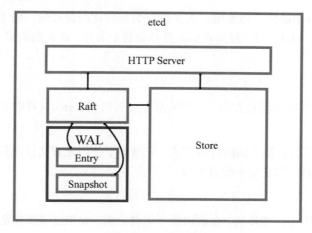

图4-24 etcd架构图

通常一个用户的请求发送过来，会经由HTTP Server转发给Store进行具体的事务处理，如果涉及节点的修改，则交给Raft模块进行状态的变更、日志的记录，然后再同步给别的etcd节点以确认数据提交，最后进行数据的提交，再次同步。

etcd中涉及较多术语，为便于理解，现罗列如下。

- ❑ Raft：etcd所采用的保证分布式系统强一致性的算法。
- ❑ Node：一个Raft状态机实例。
- ❑ Member：一个etcd实例，管理着一个Node，可以为客户端请求提供服务。
- ❑ Cluster：由多个Member构成的可以协同工作的etcd集群。
- ❑ Peer：对同一个etcd集群中另外一个Member的称呼。
- ❑ Client：向etcd集群发送HTTP请求的客户端。
- ❑ WAL：预写式日志，是etcd用于持久化存储的日志格式。
- ❑ Snapshot：etcd防止WAL文件过多而设置的快照，存储etcd数据状态。
- ❑ Proxy：etcd的一种模式，为etcd集群提供反向代理服务。
- ❑ Leader：Raft算法中通过竞选而产生的处理所有数据提交的节点。
- ❑ Follower：竞选失败的节点作为Raft中的从属节点，为算法提供强一致性保证。
- ❑ Candidate：Follower超过一定时间接收不到Leader的心跳时，转变为Candidate开始Leader竞选。
- ❑ Term：某个节点成为Leader到下一次竞选开始的时间周期，称为一个Term。
- ❑ Index：数据项编号。Raft中通过Term和Index来定位数据。

2. 集群化应用与实现原理

etcd作为一个高可用键值存储系统，天生就是为集群化而设计的。由于Raft算法在作决策时需要多数节点的投票，因此etcd一般部署集群推荐奇数个节点，推荐的数量为3个、5个或者7个节点构成一个集群。

● 集群启动

etcd有3种集群化启动的配置方案，分别为静态配置启动、etcd自身服务发现、通过DNS进行服务发现。

根据启动环境，可以选择不同的配置方式。它摒弃了使用配置文件进行参数配置的做法，转而使用命令行参数或者环境变量来配置参数。

◆ 静态配置

这种方式比较适用于离线环境。在启动整个集群之前，如果已经预先清楚所要配置的集群大小，以及集群上各节点的地址和端口信息，那么启动时，可以通过配置initial-cluster参数进行etcd集群的启动。在每个etcd机器启动时，配置环境变量或者添加启动参数的方式如下：

```
ETCD_INITIAL_CLUSTER="infra0=http://10.0.1.10:2380,infra1=http://10.0.1.11:2380,infra2=http://10.0
    .1.12:2380"
ETCD_INITIAL_CLUSTER_STATE=new
-initial-cluster infra0=http://10.0.1.10:2380,infra1=http://10.0.1.11:2380,infra2=http://10.0.1.12:
    2380 \
-initial-cluster-state new
```

值得注意的是，initial-cluster参数中配置的URL地址必须与各个节点启动时设置的initial-advertise-peer-urls参数相同[①]。

如果所在的网络环境配置了多个etcd集群，为了避免意外发生，最好使用initial-cluster-token参数为每个集群单独配置一个token认证，这样就可以确保每个集群和集群的成员都拥有独特的ID。

综上所述，如果要配置包含3个etcd节点的集群，那么在3个机器上的启动命令分别如下所示。

```
$ etcd -name infra0 -initial-advertise-peer-urls http://10.0.1.10:2380 \
    -listen-peer-urls http://10.0.1.10:2380 \
    -initial-cluster-token etcd-cluster-1 \
    -initial-cluster infra0=http://10.0.1.10:2380,infra1=http://10.0.1.11:2380,infra2=http://10.0.1.
        12:2380 \
    -initial-cluster-state new
$ etcd -name infra1 -initial-advertise-peer-urls http://10.0.1.11:2380 \
    -listen-peer-urls http://10.0.1.11:2380 \
    -initial-cluster-token etcd-cluster-1 \
    -initial-cluster infra0=http://10.0.1.10:2380,infra1=http://10.0.1.11:2380,infra2=http://10.0.1.
        12:2380 \
```

---

① initial-advertise-peer-urls参数表示节点监听其他节点同步信号的地址。

```
    -initial-cluster-state new
$ etcd -name infra2 -initial-advertise-peer-urls http://10.0.1.12:2380 \
    -listen-peer-urls http://10.0.1.12:2380 \
    -initial-cluster-token etcd-cluster-1 \
    -initial-cluster infra0=http://10.0.1.10:2380,infra1=http://10.0.1.11:2380,infra2=http://10.0.1.
        12:2380 \
    -initial-cluster-state new
```

在初始化完成后，etcd还提供动态增、删、改etcd集群节点的功能，这个需要用到etcdctl命令进行操作。

♦ etcd 自发现模式

通过自发现的方式启动etcd集群，需要事先准备一个etcd集群。如果已经有一个etcd集群（假设etcd的URL为https://myetcd.local），首先可以执行如下命令设定集群的大小（假设为3）。

```
$ curl -X PUT https://myetcd.local/v2/keys/discovery/6c007a14875d53d9bf0ef5a6fc0257c817f0fb83/_
    config/size -d value=3
```

然后要把这个URL地址https://myetcd.local/v2/keys/discovery/6c007a14875d53d9bf0ef5a6fc0257c817f0fb83作为discovery参数来启动etcd。这样节点会自动使用https://myetcd.local/v2/keys/discovery/6c007a14875d53d9bf0ef5a6fc0257c817f0fb83目录进行etcd的注册和发现服务。

所以最终在某个机器上启动etcd的命令如下：

```
$ etcd -name infra0 -initial-advertise-peer-urls http://10.0.1.10:2380 \
    -listen-peer-urls http://10.0.1.10:2380 \
    -discovery
https://myetcd.local/v2/keys/discovery/6c007a14875d53d9bf0ef5a6fc0257c817f0fb83
```

如果在本地没有可用的etcd集群，etcd官网提供了一个可以用公网访问的etcd存储地址，可以通过如下命令得到etcd服务的目录，并把它作为discovery参数使用。

```
$ curl https://discovery.etcd.io/new?size=3
https://discovery.etcd.io/3e86b59982e49066c5d813af1c2e2579cbf573de
```

同样地，当完成了集群的初始化后，这些信息就失去了作用。如果需要增加节点，可以使用etcdctl来进行操作。为了安全，在每次启动新的etcd集群时，请务必使用新的discovery token进行注册。另外，如果初始化时启动的节点超过了指定的数量，多余的节点会自动转化为Proxy模式的etcd。

♦ DNS 自发现模式

etcd还支持使用DNS SRV记录进行启动。关于DNS SRV记录如何进行服务发现，可以参阅RFC 2782[①]，所以，首先需要在DNS服务器上进行相应的配置。

❑ 开启DNS服务器上的SRV记录查询，并添加相应的域名记录，使得查询结果如下所示。

---

① http://tools.ietf.org/html/rfc2782。

```
$ dig +noall +answer SRV _etcd-server._tcp.example.com
_etcd-server._tcp.example.com. 300 IN   SRV 0 0 2380 infra0.example.com.
_etcd-server._tcp.example.com. 300 IN   SRV 0 0 2380 infra1.example.com.
_etcd-server._tcp.example.com. 300 IN   SRV 0 0 2380 infra2.example.com.
```

❑ 分别为各个域名配置相关的A记录，指向etcd核心节点对应的机器IP，使得查询结果如下所示。

```
$ dig +noall +answer infra0.example.com infra1.example.com infra2.example.com
infra0.example.com. 300 IN  A   10.0.1.10
infra1.example.com. 300 IN  A   10.0.1.11
infra2.example.com. 300 IN  A   10.0.1.12
```

做好了上述两步DNS的配置，就可以使用DNS启动etcd集群了。配置DNS解析的URL参数为-discovery-srv，其中某一个节点的启动命令如下：

```
$ etcd -name infra0 \
-discovery-srv example.com \
-initial-advertise-peer-urls http://infra0.example.com:2380 \
-initial-cluster-token etcd-cluster-1 \
-initial-cluster-state new \
-advertise-client-urls http://infra0.example.com:2379 \
-listen-client-urls http://infra0.example.com:2379 \
-listen-peer-urls http://infra0.example.com:2380
```

当然也可以直接把节点的域名改成IP来启动。

● 运行时节点变更

etcd集群启动完毕后，可以在运行的过程中对集群进行重构，包括核心节点的增加、删除、迁移、替换等。运行时重构使得etcd集群无须重启即可改变集群的配置。

只有在集群中多数节点正常的情况下，才可以进行运行时的配置管理。因为配置更改的信息也会被etcd当成一个信息存储和同步，如果集群的多数节点遭损坏，集群就失去了写入数据的能力。在配置etcd集群数量时，强烈推荐至少配置3个核心节点，配置数目越多，可用性越强。

◆ 节点迁移、替换

当节点所在的机器出现硬件故障或者节点出现数据目录损坏等问题，导致节点永久性地不可恢复时，就需要对节点进行迁移或者替换。当一个节点失效以后，必须尽快修复，因为etcd集群正常运行的必要条件是集群中多数节点都正常工作。迁移一个节点需要进行以下4步操作：

❑ 暂停正在运行的节点程序进程；
❑ 把数据目录从现有机器复制到新机器；
❑ 使用API更新etcd中对应节点，指向机器的URL记录更新为新机器的IP；
❑ 使用同样的配置项和数据目录，在新的机器上启动etcd。

◆ **节点增加**

增加节点可以让etcd的高可用性更强。例如，如果配置有3个节点，那么最多允许一个节点失效；当配置有5个节点时，就可以允许有两个节点失效。同时，增加节点还可以让etcd集群具有更好的读性能。因为etcd的节点都是实时同步的，每个节点上都存储了所有的信息，所以增加节点可以从整体上提升读的吞吐量。增加一个节点需要进行以下两步操作：

❑ 在集群中添加这个节点的URL记录，同时获得集群的信息；
❑ 使用获得的集群信息启动新的etcd节点。

◆ **节点移除**

有时不得不在提高etcd的写性能和增加集群高可用性上进行权衡。Leader节点在提交一个写记录时，会把这个消息同步到每个节点上，当得到多数节点的同意反馈后，才会真正写入数据。所以节点越多，写入性能越差。当节点过多时，可能需要移除其中的一个或多个。移除节点非常简单，只需要一步操作，就是把集群中这个节点的记录删除，然后对应机器上的该节点就会自动停止。

◆ **强制性重启集群**

当集群超过半数的节点都失效时，就需要通过手动的方式，强制性让某个节点以自身为Leader，利用原有数据启动一个新集群。此时需要进行以下两步操作：

❑ 备份原有数据到新机器；
❑ 使用-force-new-cluster和备份的数据重新启动节点。

注意 强制性重启是一个迫不得已的选择，它会破坏一致性协议保证的安全性，也就是说，如果操作时集群中尚有其他节点在正常工作，就会出错，所以在操作前请务必要保存好数据。

---

3. 代理模式与实现原理

Proxy模式是etcd的另一种形态，Proxy模式下的etcd作为一个反向代理把客户的请求转发给可用的etcd集群。官方推荐的方式是，在每一台机器都部署一个Proxy模式的etcd作为本地服务，如果这些etcd Proxy都能正常运行，那么你的服务发现集群必然是稳定可连接的。图4-25为Proxy模式示意图。

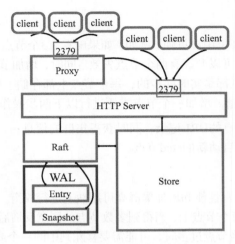

图4-25　Proxy模式示意图

可见，Proxy并不是直接加入到符合强一致性的etcd集群中，它没有增加集群的可靠性，也没有降低集群的写入性能。

那么，为什么要有Proxy模式而不是直接增加etcd核心节点呢？实际上，etcd每增加一个核心节点（peer），都会给Leader节点增加一定程度的负担（包括网络、CPU和磁盘负载）。因为每次信息的变化都需要进行同步备份。增加etcd的核心节点固然可以让整个集群具有更高的可靠性，但当其数量达到一定程度以后，增强可靠性带来的好处就变得不那么明显了，反而降低了集群写入同步的性能。因此，增加一个轻量级的Proxy模式etcd节点是对直接增加etcd核心节点的一个有效代替。

熟悉etcd 0.4.6旧版本的用户会发现，Proxy模式实际上取代了原先具备转发代理功能的Standby模式。此外，在核心节点因为故障导致数量不足时，还会从Standby模式转为核心节点。而当故障节点恢复时，若etcd的核心节点数量已达到预设值，则前述节点会再次转为Standby模式。

但是在新版etcd中，只在最初启动etcd集群的过程中，若核心节点的数量已满足要求，则自动启用Proxy模式；反之则并未实现，主要原因如下。

❑ etcd是用来保证高可用的组件，因此它所需要的系统资源（包括内存、硬盘、CPU等）都应该得到充分保障。任由集群的自动变换随意地改变核心节点，无法让机器保证性能。所以etcd官方鼓励大家在大型集群中为运行etcd准备专有机器集群。

❑ etcd集群是支持高可用的，部分机器故障并不会导致功能失效，所以在机器发生故障时，管理员有充分的时间对机器进行检查和修复。

❑ 自动转换使得etcd集群变得更为复杂，尤其是在如今etcd支持多种网络环境的监听和交互的情况下，在不同网络间进行转换，更容易发生错误，导致集群不稳定。

基于上述原因，目前Proxy模式有转发代理功能，但不会进行角色转换。

4. etcd数据存储原理

etcd的存储分为内存存储和持久化（硬盘）存储两部分。内存中的存储除了顺序化地记录所有用户对节点数据变更的记录外，还会对用户数据进行索引、建堆等方便查询的操作。而持久化则使用WAL进行记录存储。

在WAL的体系中，所有的数据在提交之前都会进行日志记录。在etcd的持久化存储目录中有两个子目录。一个是WAL，存储着所有事务的变化记录；另一个则是Snapshot，用于存储某一个时刻etcd所有目录的数据。通过WAL和Snapshot相结合的方式，etcd可以有效地进行数据存储和节点故障恢复等操作。

也许读者会有这样的疑问，既然已经在WAL实时存储了所有的变更，为什么还需要Snapshot呢？随着使用量的增加，WAL存储的数据会急剧增加，为了防止磁盘空间不足，etcd默认每一万条记录做一次Snapshot，经过Snapshot以后的WAL文件就可以删除。通过API可以查询的历史etcd操作默认为一千条。

首次启动时，etcd会把启动的配置信息存储到data-dir参数指定的数据目录中。配置信息包括本地节点ID、集群ID和初始时的集群信息。用户需要避免etcd从一个过期的数据目录中重新启动，因为使用过期的数据目录启动的节点不能与集群中的其他节点保持一致性。例如，之前已经记录并同意Leader节点存储某个信息，重启后又向Leader节点申请这个信息。所以，为了最大化集群的安全性，一旦有任何数据有损坏或丢失的可能性，就应该把这个节点从集群中移除，然后加入一个不带数据目录的新节点。

WAL最大的作用是记录了整个数据变化的全部历程。在etcd中，所有数据的修改在提交前，都要先写入到WAL中。使用WAL进行数据的存储使etcd拥有如下两个重要功能。

- ❑ 故障快速恢复。当数据遭到破坏时，就可以通过执行所有WAL中记录的修改操作，快速从最原始的数据恢复到数据损坏前的状态。
- ❑ 数据回滚或重做。因为所有的修改操作都被记录在WAL中，在需要回滚或重做时，只需要反向或正向执行日志中的操作即可。

5. etcd核心算法Raft

在etcd中，Raft包就是对Raft强一致性算法的具体实现，是etcd的核心。关于Raft算法的讲解，有兴趣的读者可以阅读一下Raft算法论文[①]。本文不再对Raft算法进行详细描述，而是结合etcd，针对算法中的一些关键内容以问答的形式进行讲解。

- ● **Raft中一个任期是什么意思**

在Raft算法中，从时间上讲，一个任期（term）（见图4-26）即从某一次竞选开始到下一次竞选开始。从功能上讲，如果Follower接收不到Leader节点的心跳信息，就会结束当前任期，变为

---

① https://ramcloud.stanford.edu/raft.pdf。

Candidate发起竞选，这有助于在Leader节点发生故障时集群的恢复。

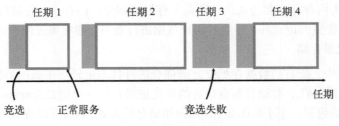

图4-26 任期示意图

发起竞选投票时，任期值小的节点不会竞选成功。如果集群不出现故障，那么一个任期将无限延续下去。而投票出现冲突则有可能直接进入下一任期再次竞选。

● **Raft状态机是怎样切换的**

Raft刚开始运行时，节点默认进入Follower状态，等待Leader发来心跳信息。若等待超时，则状态由Follower切换到Candidate进入下一轮任期发起竞选，等到收到集群多数节点的投票时，该节点转变为Leader。Leader节点有可能出现网络等故障，导致别的节点发起投票成为新任期的Leader，此时原先的老Leader节点会切换为Follower。Candidate在等待其他节点投票的过程中，如果发现别的节点已经竞选成功成为Leader了，也会切换为Follower节点。图4-27所示为Raft状态机。

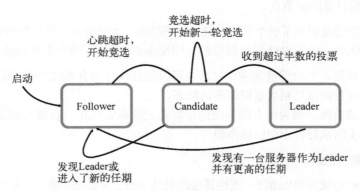

图4-27 Raft状态机

● **如何保证最短时间内竞选出Leader，以防止竞选冲突**

从图4-27中可以看到，在Candidate状态下，有一个"心跳超时"，这是个随机值，也就是说，每个机器成为Candidate以后，超时发起新一轮竞选的时间是各不相同的，这就会出现一个时间差。在时间差内，如果Candidate1收到的竞选信息比自己发起的竞选信息的任期值大（即对方为新一轮任期），并且新一轮想要成为Leader的Candidate2包含了所有提交的数据，那么Candidate1就会投票给Candidate2，这样就保证了出现竞选冲突的概率很小。

● **如何防止别的Candidate在遗漏部分数据的情况下发起投票成为Leader**

在Raft竞选的机制中，使用随机值决定超时时间，第一个超时的节点就会提升任期编号发起新一轮投票。一般情况下，别的节点收到竞选通知就会投票。但如果发起竞选的节点在上一个任期中保存的已提交数据不完整，节点就会拒绝投票给它。通过这种机制就可以防止遗漏数据的节点成为Leader。

● **Raft某个节点宕机后会如何**

通常情况下，如果是Follower节点宕机，且剩余可用节点数量超过总节点数的一半，集群可以几乎不受影响地正常工作。如果是Leader节点宕机，那么Follower节点会因为收不到心跳而超时，发起竞选获得投票，成为新一轮任期的Leader，继续为集群提供服务。需要注意的是，etcd目前没有任何机制会自动去变化整个集群的总节点数量，即如果没有人为地调用API，etcd宕机后的节点仍然被计算在总节点数中，任何请求被确认需要获得的投票数都是这个总数的一半以上。图4-28所示为节点宕机。

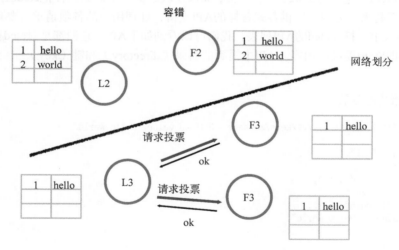

图4-28　节点宕机

● **为什么Raft算法在确定可用节点数量时不需要考虑拜占庭将军问题**

拜占庭将军问题中提出，允许n个节点宕机还能提供正常服务的分布式架构，需要的总节点数量为$3n+1$，而Raft只需要$2n+1$就可以了。其主要原因在于，拜占庭将军问题中存在数据欺骗的现象，而etcd中假设所有的节点都是诚实的。etcd在竞选前需要告诉别的节点自身的任期编号以及前一轮任期最终结束时的index值，这些数据都是准确的，其他节点可以根据这些值决定是否投票。另外，etcd严格限制Leader到Follower这样的数据流向，以保证数据一致不出错。

● **用户从集群中哪个节点读写数据**

Raft为了保证数据的强一致性，所有的数据流向都是一个方向，从Leader流向Follower，即所有Follower的数据必须与Leader保持一致，如果不一致则会被覆盖。也就是说，所有用户更新数据的请求都最先由Leader获得并保存下来，然后通知其他节点将其保存，等到大多数节点反馈时再把数据提交。一个已提交的数据项才是Raft真正稳定存储下来的数据项，不再被修改，最后再把提交的数据同步给其他Follower。因为每个节点都有Raft已提交数据准确的备份[①]，所以任何一个节点都可以处理读请求。

● **etcd实现的Raft算法的性能如何**

单实例节点支持每秒一千次数据写入。随着节点数目的增加，数据同步会因为网络延迟越来越慢；而读性能则会随之提升，因为每个节点都能处理用户的读请求。

6. etcd的API一览

etcd中处理API的包称为Store，顾名思义，Store模块就像一个商店一样把etcd已经准备好的各项底层支持加工起来，为用户提供各式各样的API支持，处理用户的各项请求。要理解Store，就要从etcd的API入手。打开etcd的API列表，我们可以看到如下API，它们都是对etcd存储的键值进行的操作，亦即Store提供的内容。API中提到的目录（directory）和键（key），上文中有时也称为etcd节点。

为etcd存储的键赋值：

```
curl http://127.0.0.1:2379/v2/keys/message -XPUT -d value="Hello world"
{
    "action": "set",
    "node": {
        "createdIndex": 2,
        "key": "/message",
        "modifiedIndex": 2,
        "value": "Hello world"
    }
}
```

反馈的内容含义如下。

❏ action：刚刚进行的动作名称。
❏ node.key：请求的HTTP路径。etcd使用一个类似文件系统的方式来反映键值存储的内容。
❏ node.value：刚刚请求的键所存储的内容。
❏ node.createdIndex：etcd节点每次发生变化时，该值会自动增加。除了用户请求外，etcd内部运行（如启动、集群信息变化等）也可能会因为节点有变动而引起该值的变化。

---

① 最坏的情况也只是已提交数据还未完全同步。

❏ node.modifiedIndex：类似node.createdIndex，能引起该值变化的操作包括set、delete、update、create、compareAndSwap或compareAndDelete。

查询etcd某个键存储的值：

```
curl http://127.0.0.1:2379/v2/keys/message
```

修改键值与创建新值几乎相同，但是反馈时会有一个prevNode值反映修改前存储的内容：

```
curl http://127.0.0.1:2379/v2/keys/message -XPUT -d value="Hello etcd"
```

删除一个值：

```
curl http://127.0.0.1:2379/v2/keys/message -XDELETE
```

对一个键进行定时删除。etcd中对键进行定时删除，设定一个ttl值，当这个值到期时，键就会被删除。反馈的内容会给出expiration项告知超时时间，以及ttl项告知设定的时长。

```
curl http://127.0.0.1:2379/v2/keys/foo -XPUT -d value=bar -d ttl=5
```

取消定时删除任务：

```
curl http://127.0.0.1:2379/v2/keys/foo -XPUT -d value=bar -d ttl= -d prevExist=true
```

对键值修改进行监控。etcd提供的这个API让用户可以监控一个值或者递归式地监控一个目录及其子目录的值，当目录或值发生变化时，etcd会主动通知。

```
curl http://127.0.0.1:2379/v2/keys/foo?wait=true
```

对过去的键值操作进行查询。类似上面提到的监控，在其基础上指定过去某次修改的索引编号，就可以查询历史操作。默认可查询的历史记录为一千条。

```
curl 'http://127.0.0.1:2379/v2/keys/foo?wait=true&waitIndex=7'
```

自动在目录下创建有序键。在对创建的目录使用POST参数时，会自动在该目录下创建一个以createdIndex值为键的值，这样就相当于根据创建时间的先后进行了严格排序。该API对分布式队列这类场景非常有用。

```
curl http://127.0.0.1:2379/v2/keys/queue -XPOST -d value=Job1
{
    "action": "create",
    "node": {
        "createdIndex": 6,
        "key": "/queue/6",
        "modifiedIndex": 6,
        "value": "Job1"
    }
}
```

按顺序列出所有创建的有序键：

```
curl -s 'http://127.0.0.1:2379/v2/keys/queue?recursive=true&sorted=true'
```

创建定时删除的目录与定时删除某个键类似。如果目录因为超时被删除了，其下的所有内容也会自动超时删除：

```
curl http://127.0.0.1:2379/v2/keys/dir -XPUT -d ttl=30 -d dir=true
```

刷新超时时间：

```
curl http://127.0.0.1:2379/v2/keys/dir -XPUT -d ttl=30 -d dir=true -d prevExist=true
```

自动化CAS（Compare-and-Swap）操作。etcd强一致性最直观的表现就是这个API，通过设定条件，阻止节点二次创建或修改。即当且仅当CAS的条件成立，用户的指令被执行。条件有以下几个。

- ❑ prevValue：表示先前节点的值，如果值与提供的值相同才允许操作。
- ❑ prevIndex：表示先前节点的编号，如果编号与提供的校验编号相同才允许操作。
- ❑ prevExist：判断先前节点是否存在，如果存在则不允许操作。这个常常被用于分布式锁的唯一获取。

假设先设定了**foo**的值curl http://127.0.0.1:2379/v2/keys/foo -XPUT -d value=one，然后再进行操作curl http://127.0.0.1:2379/v2/keys/foo?prevExist=false -XPUT -d value=three，就会返回创建失败的错误。

条件删除（**Compare-and-Delete**）与CAS类似，条件成立后才能删除。

创建目录：

```
curl http://127.0.0.1:2379/v2/keys/dir -XPUT -d dir=true
```

列出目录下所有的节点信息，最后以"/"结尾，还可以通过recursive参数递归列出所有子目录的信息。

```
curl http://127.0.0.1:2379/v2/keys/
```

删除目录。默认情况下只允许删除空目录，如果要删除有内容的目录需要加上recursive=true参数。

```
curl 'http://127.0.0.1:2379/v2/keys/foo_dir?dir=true' -XDELETE
```

创建一个隐藏节点。命名时名字以下划线"_"开头，默认为隐藏键。

```
curl http://127.0.0.1:2379/v2/keys/_message -XPUT -d value="Hello hidden world"
```

通过以上内容阅读，相信读者已经对Store的工作内容有了基本的了解。它对etcd下存储的数据进行加工，创建出如文件系统般的树状结构供用户快速查询。它有一个Watcher用于节点变更的实时反馈，还需要维护一个WatcherHub对所有Watcher订阅者进行通知的推送。同时，它还维护了一个由定时键构成的小顶堆，快速返回下一个要超时的键。最后，所有这些API的请求都以事件的形式存储在事件队列中等待处理。

通过从应用场景到原理分析的一系列解读，我们了解到etcd并不是一个简单的分布式键值存储系统。它解决了分布式场景中最为常见的数据一致性问题，为服务发现提供了一个稳定、高可用的消息注册仓库，为以微服务协同工作的架构提供了无限的可能。在本书的后半部分，我们所构建的容器云几乎都把etcd作为不可或缺的一部分。

第二部分

Docker 云平台解读

通过本书第一部分的阅读，相信读者对容器本质及使用场景已经有了更加深入的认识。没错，Docker 容器的巨大潜能并不是 cgroup，也不是 namespace，更不是镜像和联合文件系统，而是 Docker 容器的出现和普及终于能为工程师们提供一种友好的封装应用和服务的媒介了，并且正在一步步地把传统应用开发和运维机制变成一种全新的方式。从某种程度上说，开发和运维终于变得"面向对象"了。

在容器化潮流中，"容器云"的概念也变得明朗起来，正如面向对象给开发者带来便利的同时也带来了数量庞大且难以管理的"类"一样，在开发和运维向"面向容器"的转变中，也同样会带来数量庞大且关系复杂的容器集群。就这样，容器云应运而生了。本书的第二部分将以云计算视角来看待容器技术在云时代的发展，通过探索一些典型的容器云平台，并尝试从这些优秀的项目中梳理出容器云框架的主要技术线索，从而探寻容器云的本质。

## 第 5 章

构建自己的容器云

我们在第1章介绍了一个云计算平台经典的层次结构，其中PaaS层是本书重点着墨描述的。尽管在一些经典PaaS平台中，容器技术已经扮演了一个至关重要的角色，但很遗憾，大部分经典PaaS平台中容器功能被局限在"资源隔离"这个狭小的技术范围当中。但当拥有了像Docker这样的容器技术后，是时候开始从一个新的角度来思考容器在云计算平台当中扮演的角色和地位了。

5.1 再谈云平台的层次架构

回顾一下第1章描述的云计算平台层次结构，IaaS平台接管了所有的资源虚拟化工作，通过软件定义的方式来为云租户提供虚拟的计算、网络和存储资源。PaaS平台接管了所有的运行时环境和应用支撑工作，云平台的租户因此可以申请配额内的计算单元而不是虚拟机资源来运行自己的服务。当前不少经典PaaS平台已经采用容器作为计算单元，那些仍然依靠虚拟机提供应用运行时支持的PaaS平台在本书中将被称为IaaS+平台。云平台调度这些计算单元用以部署和运行租户的代码制品。在这两层的基础上，用户部署的应用和服务通过API响应的方式组成一系列集合服务于最终用户，这就是所谓SaaS[①]。上述过程其实描述了一个清晰可见的层次结构，如图5-1所示。

在经典云平台层次体系里，应用实例运行在PaaS平台所提供的容器环境中，容器在虚拟机基础上完成了第二层次基础设施资源的划分；容器封装了应用正常运行所需的运行时环境和系统依赖；同时，容器也成为了租户调度应用、构建应用多实例集群的最直接手段。与IaaS层不同，通常在PaaS层可以采用更贴近应用的资源调度策略。可是，目前遵循这个体系结构构建的经典PaaS平台中存在一个有趣的现象：租户从始至终都无法感受到容器的存在！

相比于基于虚拟机提供运行时支持的IaaS+平台（比如AWS），经典PaaS平台的租户甚至都不能进入自己的计算单元（容器）中，这类PaaS平台就如同一个黑盒，所有"扔"进去的应用就完全脱离了租户的控制，进入了完全被托管的状态。诚然，如果一切都有条不紊地运作，该模式可谓完美，因为"所有用户都是最懒的"这个假设总是成立，而残酷的现实却是："错误总是会发

---

① 描述见http://www.programmableweb.com/news/new-enterprise-big-data-mobile-and-saas-api-economy/analysis/2013/09/25。

生在任何意想不到角落里。"

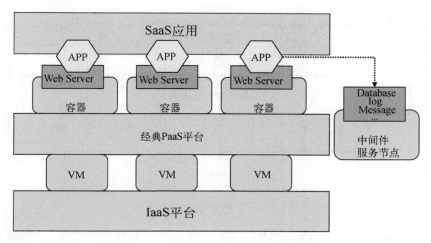

图5-1　一个传统云计算平台的分层结构

　　举个简单的例子,一旦应用运行过程中有错误发生,一些经典PaaS平台首先会删除故障实例,然后立即在其他位置恢复这个实例和容器。这个过程中,甚至平台默认没有保存现场的过程。浙江大学SEL实验室云计算团队曾在Cloud Foundry中增加了从websocket日志组件收集容器中的应用日志到ElasticSearch的机制,通过该机制在一定程度上能给用户提供方便的日志信息诊断处理,但对于日志中无法体现的异常还是无能为力,更谈不上调试代码和保存环境上下文了。这样的先天缺陷,也是后来云计算领域会出现大量"云DevOps工具",提供一个类似"白盒PaaS"解决方案的重要原因之一。

　　在一些经典PaaS平台中,出于安全、封装等各个方面的考虑,容器总是被故意隐藏在整个云平台的运行过程当中(如图5-1所示),因此开发和运维人员失去了往日对应用及其运行时环境的完全掌控能力,试图重新获得控制权所做的努力往往要求助于过分晦涩的交互方式和hack般的自定义过程。再加上经典PaaS平台通常在应用架构选择、支持的软件环境服务等方面有较强限制。因此在生产环境下,部分企业和个人开发者会倾向于放弃PaaS层,直接依靠运维力量来分配和调度虚拟机,靠大量自动化工具来维护和支撑所有运行时、应用环境配置、服务依赖、操作系统管理等。这时,传统云平台分层结构就会进化成如图5-2所示的状态,即IaaS+云平台。

　　本书认为,这种"返璞归真"的做法是一种值得一试的云计算运维方法,尤其是在大部分IaaS都能够提供标准而丰富的API的今天。高效便捷的虚拟机DevOps工具在很大程度上弥补了IaaS平台脱离应用的缺陷;以虚拟机镜像为基础可以保证生产环境、测试环境、开发环境上的严格一致;IaaS提供商还在不断推出关系型数据库、NoSQL、日志、搜索、对象存储等构建在虚拟机上的可对外提供服务的镜像。事实上,基于IaaS的云生态环境已经具有相当高的成熟度。

　　当然,如果没有Docker的话。

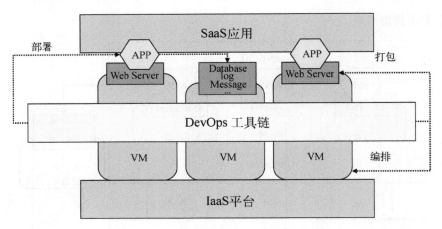

图5-2   一个典型的IaaS+云平台

当前，经典PaaS平台和IaaS加DevOps工具组成的IaaS+平台还在分庭抗礼，但随着容器技术逐渐步入视野，云平台建设已经有了新的思路。

相比IaaS+平台，Docker容器启停速度比虚拟机提高了一个量级，而在资源利用率上容器独有的高密度部署能力也非普通IaaS提供商所能提供的。更有吸引力的是，大小仅几十到几百MB的Docker镜像就完整封装了Web容器、运行配置、启动命令、服务hook和所需环境变量，提供了一种全新的应用分发方式，给应用开发者带来了弥足珍贵的"全环境一致性"保证。相比之下，动辄GB级的虚拟机镜像在应用部署和分发上就很难再有竞争力了。

相比经典PaaS平台，Docker的出现使得构造一个对开发和运维人员更加开放的容器PaaS云成为可能，基于容器镜像的应用发布流程不仅能覆盖整个应用生命周期，还减少了经典PaaS平台对应用架构、支持的软件环境服务等方面的诸多限制，将更多控制力交还给开发和运维人员。这种"降维攻击"把曾经引起不少争论的话题再次摆在了开发者面前：PaaS应该以何种形态存在？

本书无意给上述问题寻找一个完美答案，更希望能与读者一起研究和探索基于容器的云平台究竟以什么形态出现才更合理。因此，本书为读者介绍多种类型的容器云平台。它们中一类更偏向经典PaaS平台，提供各类"一键xx"服务，它们给予用户最大的方便和更高度的自动化，也因此附加了对应用架构和开发运维自由度限制；另一类则给用户最大的开发运维自由度，但自动化程度较低，使用相对复杂。也许阅读完第二部分内容后，读者就能找到怎样的容器云平台才是最适合自己的。在本书中将不会再过分强调所谓IaaS、PaaS、SaaS三层云计算划分方式，更多的是将这些概念视为经典技术作为容器云的对照。

值得一提的是，不论是采用哪种形态的云平台，随着Docker等面向开发者的容器大行其道，本书下面将要着重讨论的云平台都已经变成了图5-3所示的结构。

在Docker等容器技术很有成为未来应用发布事实标准的当下，必须指出本书进行讨论的一个基本立足点：由于当前容器在内核完整性、安全性和隔离性上的固有缺陷，目前在大部分场景下我们必然需要虚拟机、虚拟网络、虚拟存储的支持。

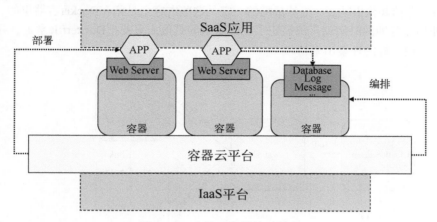

图5-3　一个基于容器的云平台

本书接下来讨论的所有以容器为核心的云平台都不会锁定在某种具体IaaS或者PaaS上面，将始终坚持容器云平台应无差别地工作在物理机上或者虚拟机上这样朴素的思想，并以此为基础剖析各类容器云的原理与本质。这或许不太容易，比如Kubernetes天生就是为GCE定制的，而其他大部分容器管理平台也都以AWS和DigitalOcean作为默认的下层资源依赖。本书在后续的论述中将尽可能屏蔽掉这类外部因素，以中立的技术态度贯穿本书的始终。

5.2　从小工到专家

当一个开发者拿到Docker文档之后，一定会按捺不住内心的激动，把所有的Getting Started跑一遍，当然中间可能会碰到问题，仔细阅读过本书第一部分的读者应该能更加游刃有余地做完这些事情。甚至尝试过第4章的高级玩法后，当第一个demo开始工作时，终于可以当仁不让地宣布自己已经是个高级玩家。

那么问题来了：接下来该做什么？

以一个开发者的视角继续往下看，往后事情的发展无外乎两种可能：第一，开发者默默地记住这些技能，然后把Docker当作自己的独门武器，以至于最后老板都开始怀疑这家伙的开发效率怎么会突然变得这么高。第二，热心的开发者开始向全组推广Docker，甚至鼓动运维也加入Docker行列。一般情况下，我们会称赞第二种开发者为"愿意当将军的士兵"。

于是，我们的"将军开发者"决定从最简单的需求开始演示自己的计划，只用了几分钟，他就搭建好了一个容器集群，如图5-4所示。这是一个来自《第一本Docker书》的例子，与第2章中我们手把手搭建过的"第一个Docker集群"有点类似。

在这个组合实例中，他成功地将一个Node.js应用运行起来，并且使用Redis集群来存储这个应用的session信息，最后还使用ELK组合（ElasticSearch+Logstash+Kibana）完成了应用和Redis的日志转发、存储和检索功能。当然最酷的一定是这些内容全是跑在Docker容器里的，他只用了几条命令外加几分钟的时间就全部搞定了。团队里的其他人只要把Dockerfile拿走，几分钟就可以搭建一套一模一样的环境出来！

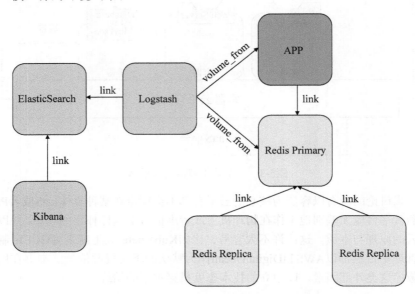

图5-4   一个Node.js应用和ELK组合的实例

"真不错！"大家纷纷称赞这种基于容器来构建服务栈的方式是多么地优雅。

"可是要上线的话，负载均衡总要有的吧？"一位不大讨人喜欢的开发经理提出了**第一个需求**。

的确，在经典互联网应用场景里，无论后端系统多么地复杂强大，最前面放置的一般都该是负载均衡设备而非Web服务器，并且负载均衡这一环节还有很多必须额外设定的配置（比如session sticky、静态动态内容分离、URL重定向等）。在此基础上，应用还往往被复制成多份，在负载均衡管理下统一提供对外服务，这项技术对于分流、灰度发布、高可用以及弹性伸缩都是必需的。好在有了Docker的帮助，这一切都不算难，"将军开发者"挠挠头的功夫就build了一个HAProxy镜像启动起来，然后又启动了一个完全相同的Node.js应用的容器（得益于镜像，这类操作非常便捷），最后将两个应用容器的IP和端口配置到了HAProxy的backend servers里面，完成了负载均衡实现的所有工作。如图5-5所示。

"好像可以工作了呢。"

"等等，负载均衡里怎么能把后端的实例配置成固定参数呢？"不招人喜欢的开发经理又提出了**第二个需求**，而且还有点棘手。

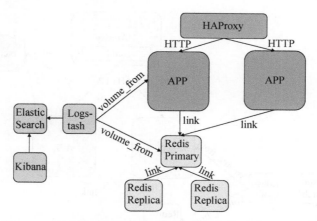

图5-5 一个添加了负载均衡的Node.js应用和ELK组合的实例

　　首先要面对的问题是，怎么才能保证后端应用容器失败重启或者升级扩展之后，HAProxy能及时更新自己的配置文件呢？要知道Docker容器可没有静态IP这个说法（至少在学习过本书高级网络实践之前是这样的）。不过如果求助于GitHub情况就不一样了，"将军开发者"很快找到一个专门负责配置文件远程修改的组件confd。

　　第二个要面对的问题是，哪个组件负责探测应用容器退出或者创建的事件发生然后通知confd修改HAProxy配置文件呢？这可让"将军开发者"着实花了一番心思。

　　"这好像是一个服务发现的场景呢。"

　　没错！所有应用容器都应该把本身IP和端口信息注册到etcd当中去（etcd是服务发现存储仓库，将在第6章详细介绍），然后依靠confd定时查询etcd中数据变化来更新HAProxy的配置文件。不需要写很多代码，只需要配置一下confd，然后build一个新的HAProxy和一个etcd容器就足够了。话音未落，"将军开发者"的新系统又上线了。如图5-6所示。

　　这样应该可以了吧。确切地说，这个服务栈不仅拥有了负载均衡和多实例的功能，还能够以一种"发现"的方式向负载均衡节点注册或者解注册应用实例，而且整个过程都是平滑升级的，不会出现服务中断。

　　"应用健康检查怎么办？"一直在旁默不作声的运维终于坐不住了。

　　"自发现"机制确实保证了容器自身高可用能力，但是容器中运行着的应用进程实际上并不是完全保险的。最典型的场景是Java Web Server：当应用异常的时候，Web Server是完全有可能不退出的，用户只能拿到4XX或者5XX的返回值。所以，在一个真实的应用平台需求下，"垂直监控"是非常有必要的，至少需要能检测到应用访问的返回值是2XX。

　　这还不算完。"将军开发者"虽然构建了一个多实例的应用集群，但生产环境下，这些实例应该将会分布在不同服务器上。这又会带来新的问题，如下所示。

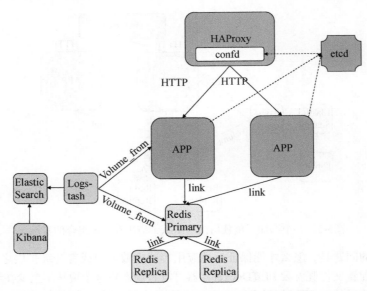

图5-6   一个添加了负载均衡和自发现特性的Node.js应用和ELK组合的实例

- 如何保证同一个应用的不同容器实例分布在不同或者指定的宿主节点上？
- 当一个宿主节点意外退出的时候，如何保证该节点上的容器实例能够在其他宿主节点上恢复？
- 如何比较当前容器实例的运行情况同期望的运行状态的差异，用以决定是否要进行上述高可用动作？
- 如何构建一个覆盖"测试—开发—上线"完整流程的运行机制来充分发挥Docker镜像的一致性？
- Docker容器本身的网络应如何配置，尤其是在跨主机环境下怎么处理，是否需要静态IP？
- 当开发者创建的镜像非常多时，复杂的镜像关系会大大拖延容器创建和启动速度，这时该如何处理复杂关系对容器性能的影响？
- 大量删除操作可能带来不可预知的"孤儿"容器，不光占用大量资源，还可能带来各种莫名异常，造成大量"孤儿"容器的局面该如何应对？
- 挂载volume的数据该如何进行备份，是否需要实现高可用或跨主机迁移？磁盘写满该如何处理？
- 所有CPU、内存、磁盘资源限制如何才算合理？不合理的资源限制加上欠考虑的调度策略会不会产生新的资源浪费？

......

"将军开发者"突然发现，原来说服别人接受自己计划所面临的困难要远比搭建demo大得多，尤其是需要涉及现有的生产环境时。事实上，Docker是运维友好的，相比传统运维方式，通过流程和规范来保证环境一致性的做法，Docker镜像已经给运维工作带来了很大便利，更不用说它几乎可以忽略的启动时间和简单高效的配置方式了。同样，Docker更是开发者友好的，光是它伸手即来的安装和启动方式以及灵活通用的Dockerfile就足以让传统PaaS提供商汗颜。此外，它不存在任何供应商锁定和引入特殊依赖的问题了。可是，就是这样一种对各利益方都友好的技术，在真正用于生产环境时却需要解决一个棘手的问题：如何使用Docker特性来提供、升级和简化现有生产环境已经具备的运维能力？

引发这个问题的原因其实很简单，Docker给工业界带来的不只是一项技术——容器技术已经足够普及了——它带来的更多是一种思维转变。遗憾的是，Docker的思考方式与目前任何一项业务运行的方式都不是原生兼容的。

这解释了为什么我们在自建的环境中使用Docker能如鱼得水，一旦想要将它推广至生产环境中，就会感到十分棘手。而且我们发现，这些困难往往不是来自容器技术本身，而是与容器相关的网络、存储、集群、高可用等已经在传统场景中得到解决的"泥潭"。为了解决这些问题，我们的"将军开发者"就不得不经历一次又一次"从小工到专家"的历练，要么学会将Docker与传统场景中现有的解决方案集成，要么基于Docker技术重新解决一遍这些问题。于是他开始努力研究HAProxy和etcd，开始写Docker scheduler、health checker、stager、builder、deployer，终成一代"Docker大神"。而"容器云"就是在无数这样的Docker大神的努力中产生的。

现在就让我们来聊聊"容器云"吧。我们在第1章中其实已经提到过，所谓容器云，就是以容器为资源分割和调度的基本单位，封装整个软件运行时环境，为开发者和系统管理员提供用于构建、发布和运行分布式应用的平台。

容器云最直观的形态是一个颇具规模的容器集群，但它与开发者或者运维人员自己维护的"裸"容器集群不同。容器云中会被按功能或者依赖敏感性划分成组，不同容器组之间完全隔离，组内容器允许一定程度共享。容器之间的关系不再简单依靠docker link这类原生命令来进行组织，而往往是借助全局网络管理组件来进行统一治理。容器云用户也不需要直接面对Docker API，而是借助某种控制器来完成用户操作到Docker容器之间的调用转译，从而保证底层容器操作对最终用户的友好性。大多数容器云还会提供完善的容器状态健康检查和高可用支持，并尽可能做到旁路控制而非直接侵入Docker体系，从而免除"将军开发者"们不得不重复造轮子的尴尬。"容器云"会提供一个高效、完善、可配置的调度器，调度器可以说是容器云系统需要解决的第一要务，这也正是"将军开发者"最头痛的事情——他面对的容器越多，运维和管理困难程度往往会呈指数级上升。在接下来的章节中，让我们一起来逐层揭开"容器云"的面纱。

它们或来自于小而美的创业团队，或来自于数一数二的业界巨头；有的专注于服务发布，有的专注于数据存储；有的只解决编排与运维，有的却几乎可以媲美一个传统IaaS。但是，无论是那些灵活轻巧的编排工具还是庞大复杂的容器服务，它们都试图为热爱Docker并尝试真正应用Docker的"将军开发者"们解决一个核心问题：如何迈过从"容器运行"到"生产使用"之间的这条鸿沟。

第 6 章

专注编排与部署：三剑客与 Fleet

在第5章的介绍中，我们的一位"将军开发者"为了推广Docker容器着实费了一番心思。总结之后不难发现，Docker对于个人开发者开发"单机版"容器化应用来说，确实已经足够好用了，无论是资源利用率还是开发效率都大为改善。但在企业使用场景中，很快就会因为容器规模的增加，导致"单机版"Docker手动操作方式的弊端不断放大。因此，如何批量创建、调度和管理容器就成了制约Docker技术在任何组织内大规模应用的主要障碍，亟待解决的正是容器的编排与部署问题。本章将为读者介绍Docker"三剑客"和Fleet这两种面向容器的典型编排部署工具，剖析它们的原理和实现思想。

6.1 编排小神器 Fig/Compose

Fig在Docker界可谓成名已久，曾经在很长一段时间内，Fig都是面向Docker容器集群做编排部署的唯一工具。2014年7月，Fig被Docker收购并更名成为Docker官方项目Compose（docker-compose）[①]，成为了Docker支撑系统中最基础也是最成熟的一个项目。本章将从编排和部署这两个方面入手，深入探讨Fig/Compose的工作机制。

6.1.1 再谈容器编排与部署

Docker有诸多优势，但对于开发者来说，Docker最大的优点在于它提供了一种全新的软件发布机制。这种发布机制，指的是开发者使用Docker镜像作为统一的软件制品载体，使用Docker容器提供独立的软件运行上下文环境，使用Docker Hub提供镜像统一协作，最重要的是该机制使用Dockerfile定义容器内部行为和容器关键属性来支撑软件运行。

Dockerfile作为整个机制的核心是值得重点介绍的。这是一个非常了不起的创新，因为在Dockerfile中，不但能够定义使用者在容器中需要进行的操作，而且能够定义容器中运行软件

---

① 在大部分章节中，本书不会强制区分Fig和Compose这两个词，读者可以认为它们是完全相同的。

需要的配置，于是软件开发和运维终于能够在一个配置文件上达成了统一。运维人员使用同一个Dockerfile能在不同的场合下"重现"与开发者环境中的一模一样的运行单元（Docker容器）出来。

阅读完第5章的内容后，读者会产生更深层的思考：如果团队需要定义的Docker容器数量庞大，并且它们之间的联系错综复杂，该如何应对？

1. 为什么要使用Fig/Compose

在生产环境中，整个团队需要发布的容器数量很可能极其庞大，而容器之间的联系和拓扑结构也很可能非常复杂，尤其是企业内部已经服务多年的核心应用，往往天生就是集群化的，并且具备高可用设计（比如同步和心跳），或者需要依赖大量复杂的缓存结构，需要关系或者非关系数据库，需要调用其他组服务。如果依赖人工记录和配置这样复杂的容器关系，并保障集群正常运行、监控、迁移、高可用等常规运维需求，实在是力不从心。因此，迫切需要一种像Dockerfile定义Docker容器一样能够定义容器集群的编排和部署工具，来协助我们解决上述棘手问题。

Dockerfile重现一个容器，Compose重现容器的配置和集群。

这就是Compose存在的价值。

2. 编排和部署

在本章及以后的章节里，"编排"和"部署"两个词会频繁出现，现在有必要简单解释一下。

- 编排，即orchestration，它根据被部署的对象之间的耦合关系，以及被部署对象对环境的依赖，制定部署流程中各个动作的执行顺序，部署过程所需要的依赖文件和被部署文件的存储位置和获取方式，以及如何验证部署成功。这些信息都会在编排工具中以指定的格式（比如配置文件或者特定的代码）来要求运维人员定义并保存起来，从而保证这个流程能够随时在全新的环境中可靠有序地重现出来。
- 部署，即deployment，它是指按照编排所指定的内容和流程，在目标机器上执行编排指定环境初始化，存放指定的依赖和文件，运行指定的部署动作，最终按照编排中的规则来确认部署成功。

所以，编排是一个指挥家，他的大脑里存储了整个乐曲此起彼伏的演奏流程，对于每一个小节每一段音乐的演奏方式、开始和结束的时机他都了然于胸；部署就是整个乐队，他们严格按照指挥家的意图用乐器来完成乐谱的执行，在需要时开始演奏，又在适当的时机停止演奏。最终，两者通过协作就能把每一位演奏者独立的演奏通过组合、重叠、衔接来形成高品位的交响乐。

而在Compose的世界里，编排和部署的组合结果，就是一朵"容器云"。

3. Fig/Compose的一个例子

为了能够说明Fig/Compose如何实现上述编排与部署的原理，就从Docker Compose官网的一个例子来入手。

首先是Compose的安装。

```
curl -L https://github.com/docker/compose/releases/download/1.6.0/docker-compose-`uname -s`-`uname
-m` > /usr/local/bin/docker-compose
chmod +x /usr/local/bin/docker-compose
```

可以发现，Compose安装是足够简单的，基本上依靠一个可执行脚本就完成了所有工作。这比传统编排部署工具比如Puppet、Chef都要简单，而类似Cloud Foundry BOSH这样耗时的工具就该被称为超重量级云编排引擎了。当然，Compose简单的背后，是以牺牲一些功能为代价的。

然后在Docker宿主机上创建工作目录和应用：

```
$ mkdir composetest & cd composetest
```

在该目录下创建一个名为app.py的应用如下：

```
from flask import Flask
from redis import Redis
import os
app = Flask(__name__)
redis = Redis(host='redis', port=6379)

@app.route('/')
def hello():
    redis.incr('hits')
    return 'Hello World! I have been seen %s times.' % redis.get('hits')

if __name__ == "__main__":
    app.run(host="0.0.0.0", debug=True)
```

这是一个Flask应用，即一个基于Python的轻Web应用，所以能看到应用里有.route('/')，即访问根目录，然后返回一个从Redis里读取出来的值，该值通过自加来统计访问次数。最后Web容器在0.0.0.0上监听默认端口5000并启动，非常简单。

当然，还需要在requirements.txt中指定Python依赖包：flask和redis。

接下来是定义运行这个应用的Docker容器，Dockerfile如下。

```
FROM python:2.7
ADD . /code
WORKDIR /code
RUN pip install -r requirements.txt
```

也非常简单，一个Python容器，安装了依赖，然后添加了一个工作目录/code。接下来是重点，一个docker-compose.yml来定义这个工作集群。

```
web:
    build: .
    command: python app.py
    ports:
        - "5000:5000"
```

```
    volumes:
        - .:/code
    links:
        - redis
redis:
    image: redis
```

这里是编排部署核心所在，在这个YAML文件里，可以看到两个最高级别的key：web和redis，这意味着用Compose定义了由两个"服务"组成的Docker集群。

其中，第一个服务叫web，它从当前目录的Dockerfile build得到；之后在容器中运行python app.py；把容器内的5000端口映射到宿主机的5000端口；挂载执行这些操作所在的目录到容器中/code目录下。之后，代码的修改就可以在容器中体现。

第二个服务redis直接使用已有的redis镜像，Dockerfile不必另外编写。

不难发现，Compose在这里扮演了指挥家的角色，它类似于Docker client的加强版，把docker run的参数列表固化在了YAML文件中，其语法格式和定义规则都与Docker命令行兼容。而且，可以按照这样的逻辑来定义更加复杂的"服务组"，例如分别为每个服务定义Dockerfile，然后把这些容器link到一起。而Docker在这里则扮演了乐队里的演奏者的角色，它们根据Compose的编排指令，执行具体的Docker容器部署工作。

接下来执行一句docker-compose up就可以了，尝试访问一下宿主机的5000端口，如果一切顺利就能看到来自容器里的Python Web服务统计你的访问次数了。

关于Compose的用法，这里不再做更多介绍，读者可以查阅相关文档了解更多详细信息。下一节我们将重点介绍编排和部署，讨论Compose提供的各种功能是如何实现的，以及尚存的缺点。

6.1.2 Compose原理：一探究竟

上一节我们了解了docker-compose的功能、作用以及基本使用方式，这一节，我们将对Compose原理进行解析。

1. Compose的工作原理

一般在需要解析原理时，都会先指出项目架构，然后对其中的精妙设计大书特书。遗憾的是，Compose不是这样一个项目，它甚至根本不给我们机会：docker-compose的调用过程扁平得像一张纸，仅用一张简单的模块图就足够解释明白，如图6-1所示。

以docker-compose up操作为例，docker-compose更像是docker client增强，它为docker client引入了"组"的概念：图6-1右上角的docker-compose定义了一组"服务"来组成一个docker-compose的project，再通过service建立docker-compose.yml参数，从而与container建立关系，最后使用container来完成对docker-py（Docker Client的Python版）的调用，向Docker Daemon发起HTTP请求。为了更清楚地解释这个调用过程和其中一些有趣的细节，不妨来使用"代码走读"跟踪整个流程。

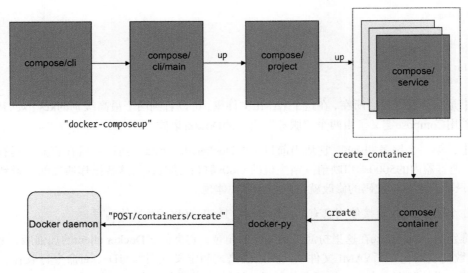

图6-1　Compose的一次调用流程

首先，用户执行的docker-compose up指令调用了命令行中的启动方法。功能很简单明了，一个docker-compose.yml定义了一个**docker-compose**的project，docker-compose up操作提供的命令行参数则作为这个**project**的启动参数交由**project**模块去处理。

然后，如果当前宿主机已经存在与该应用对应的容器，**docker-compose**将进行行为逻辑判断。如果用户指定可以重新启动已有服务，**docker-compose**就会执行service模块的容器重启方法，否则就将直接启动已有容器。这两种操作的区别在于前者会停止旧的容器，创建启动新的容器，并把旧容器移除掉。在这个过程中创建容器的各项自定义参数都是从docker-compose up指令和docker-compose.yml中传入的。

接下来，启动容器的方法也很简洁，这个方法中完成了一个Docker容器启动所需的主要参数的封装，并在container模块执行启动。该方法所支持的参数读者应该是有所了解的，不过可以预见，这样的参数列表同样也带来了诸多限制，后面的章节将会详细讨论。

最后，container模块会调用docker-py客户端来执行向Docker daemon发起创建容器的POST请求，再往后就是Docker处理的范畴了，相信有了第3章的基础，读者已经了然于胸。

2．"小神器"之名的由来

阅读至此，读者或许会问，如此简单的工具，我信手拈来便能写一个，如何称得上神器？原因是，为了方便读者快速了解docker-compose，前面的代码走读里故意忽略了一些细节，而这些细节才是docker-compose真正精髓所在。读者应该还记得在启动容器方法中有一个重建容器的逻辑，下面就从这个地方说起。

当使用Docker构建服务栈时，容器间的关系，尤其是link和volumes-from这两个参数是最为常用的。如果不使用docker-compose，就需要人工记录这些关系。为什么需要记录？因为一旦需要更新或者重启容器，就必须在容器启动参数里添加这两个参数，并且以正确的顺序来执行docker run，才能保证新的集群可以正常工作。在Compose中，这两个重要的关系参数是能够在docker-compose.yml中配置的，一旦在docker-compose up过程中发现了需要重新创建容器的情况（即用户指定当需要创建的容器已经存在时），Compose会依据容器间的关系来进行更新操作，保证更新后的容器依然是可以正常连接的。

先来谈谈link关系。在上例子中，就存在着web->redis这样的关系。正常情况下，当更新了redis容器后（比如更换了镜像版本），理应只需重新创建一个新的redis容器，可这时暗藏一个严重的问题：删除并创建一个同名的容器并不能更新原先的link信息。

回顾一下link实现原理，web容器里的hosts文件只有在redis容器重启的情况下才会被更新，而删除并重新创建一个同名redis容器，原web容器里hosts文件记录的还是一个旧IP地址。

幸运的是，在Compose的数据结构中，一个project里所有容器都是按照link关系排序的，对这些容器进行重新创建操作都会严格按照正确的顺序依次进行，即更新（比如重启）redis容器会连带更新link它的web容器，上述问题便迎刃而解。

再来谈谈volume以及volume-from参数。这个关系的处理与link略有不同。对于使用volume-from参数的两个容器，Compose需要处理的不仅仅是拓扑关系，更重要的是关系所对应的volume中的内容。更直白地说，容器重建操作事实上就是删除并重新创建一个同名容器，但如果这个容器包含volume，甚至该volume还被其他容器通过volume-from引用，这时，删除并新建的同名容器不但不具有旧容器volume内容，还会间接导致引用它的其他容器volume内容丢失——因为docker-compose会按照拓扑关系重新引用新容器的volume。

为了解决这个问题，docker-compose中使用了中间容器（intermediate container）来暂时"记下"旧容器的volume，整个逻辑如图6-2所示。

这里描述的原理并不难理解，中间容器先引用旧容器volume，然后才删除旧容器。当然，docker rm只删除容器，旧容器volume里的内容是保留的。当重新创建容器之后，新建容器就可以通过引用中间容器获得旧容器volume内容，这时中间容器也就完成使命了。

是不是很简单？从表面上看，好像手动操作也是可以接受的，不外乎是多打几行命令嘛。不妨想象一下，如果需要管理成千上万个容器情景该如何应对，这就是需要Compose小神器的根本原因了。

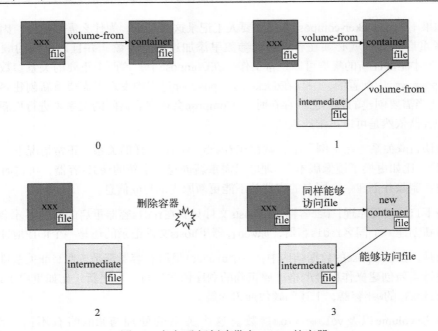

图6-2   如何重新创建带有volume的容器

3. 不要停止思考

docker-compose在编排方面体现出了非常温和的一面，解决了运维过程中如何处理容器关系的问题，而且全部使用Docker标准API，这一点与官方理念吻合，Fig团队被Docker收编也是情理之中。正如本书第一部分所讲的那样，由于Docker需要面对CoreOS等后起之秀，在项目早期就宣布了自己的编排、部署、调度工具集，其中编排工具Compose直接在docker-compose代码基础上进行重构和再开发。这些工作虽然Fig的作者也参与其中，但可以预见，Fig这个曾经的小神器作为一个独立项目给我们带来的惊喜将会越来越少，而Compose的发展则将逐渐往集成Swarm和Machine的大道上走。

仅仅使用Compose，用户能构建自己的容器云吗？答案显然是否定的。docker-compose解决的问题局限在"编排"二字，甚至连"部署"范畴都涉足甚少，而在一个能够服务于大众的云平台当中，编排与部署也仅仅是其中的一个组成部分而已。

docker-compose的局限性有以下几点。

首先，docker-compose是面向单宿主机部署的，这是一种部署能力的欠缺。在更多的场合下，管理员需要面对大量物理服务器（或者虚拟机），这时如果要实现基于docker-compose的容器自动化编排与部署，管理员就得借助成熟的自动化运维工具比如Puppet、Chef、SaltStack来负责管理多个目标机，将docker-compose所需的所有资源包括配置文件、用户代码等交给目标机，再在目标机上执行docker-compose指令。且不说这些工作本身需要一定的开发量，即使容器已经顺利运行，这些容器的状态监控，故障恢复等管理动作都没办法直接跟管理员产生交互，需要先通过 Docker daemon，再通过 docker-compose，最后经过运维工具，才能最终与管理员交互。近乎于托管的状态对于企业级运维场景来说，是难以忍受的。

其次，假设通过改造，新的运维工具已经能够很好地与 docker-compose 集成（事实上这项工作的难度不亚于自主开发了一个高级 docker-compose），接下来的事情同样棘手，比如网络和存储。目前，Docker 仍不能提供跨宿主机的网路，完全面向 Docker daemon 的 docker-compose 当然也不支持。这意味着管理员必须部署一套类似于 Open vSwich 的独立网络工具，而且管理员还需要完成集成工作。当好不容易把容器编排都安排妥当之后，又会发现容器还处在内网环境中，于是问题就又回到了之前讨论的"从小工到专家"的循环里：负载均衡、服务发现，一个又一个接踵而至的问题会很快消耗掉工程师所有的耐心。

那么，是否有一种能够提供完善的面向服务器集群的 Docker 编排和部署方案呢？Docker 官方给出的答案是 Compose 同 Machine 和 Swarm 联动。接下来的章节中，将对 Docker 容器编排部署三驾马车中的另外两驾进行深入的剖析。

6.2　跨平台宿主环境管理工具 Machine

Docker 官方宣传语是 "Build, Ship and Run Any App, Anywhere"，要想实现宣传语所说，首先得有一个 Docker 宿主机环境。Docker 本质上是一个有些接近操作系统级别的软件，用户能够选择在物理机或虚拟机里安装，或直接使用云主机提供商上已装好 Docker 的镜像。搭建环境向来是一个重复造轮子的过程，Machine 这一工具把用户搭建 Docker 环境的各种方案汇集在一起，既一目了然又简化了 Docker 环境的创建过程，让用户能继续将时间投入到应用开发上，而不是无谓地花费在环境的搭建上。这是 Docker 公司为吸引更多用户所做出的努力，也是 Docker 在易用性上迈出的又一步。

租用公用硬件资源已成了当下许多个人和公司的选择，Machine 的主要功能是帮助用户在不同的云主机提供商上创建和管理虚拟机，并在虚拟机中安装 Docker。用户只需要提供几项登录凭证即可好整以暇地等待环境安装完成。Machine 能便捷地管理所有通过它创建的 Docker 宿主机，进行宿主机的启动、关闭、重启、删除等操作。Machine 能帮助用户配置 Docker 客户端连接参数，并为连接提供 TLS 加密。Machine 还提供了 Docker 版本一键升级等一系列贴心功能。目前 Machine 官方已经支持十余种云平台和虚拟机软件，包括 AWS、GCE、OpenStack 等。Machine 在无形之中消除了云平台之间的差异，减少了用户在不同云平台提供商之间切换的成本。

6.2.1　Machine 与虚拟机软件

Machine 现在已经支持多种虚拟机软件和众多主流 IaaS 平台。Machine 项目针对不同目标平台都提供了一套驱动来进行对接。其中支持的虚拟机软件有 VirtualBox、VMware Fusion 和 Hyper-V，涵盖了 Linux、OS X 和 Windows 三大平台。使用 Machine 之前，机器上需装有上述三种软件之一，在命令中指明使用的是哪一种，命令形式如下。

```
$ docker-machine create -d virtualbox dev
```

该命令中的-d参数指明了驱动模块，create命令默认行为是下载最新的boot2docker系统镜像，基于该镜像创建内存大小为1G，硬盘大小为20G，名为dev的VirtualBox虚拟机。

使用VMware Fusion和Hyper-V的过程与之类似，这一点上，Machine确实能够在一定程度上减轻用户手动创建虚拟机的负担。但仅仅只有创建功能的话，Machine就显得有些鸡肋。Machine还提供了对虚拟机的管理，用户不再需要打开一个个虚拟机软件就可以控制所有虚拟机状态，获取到Docker客户端连接宿主机时所需信息。例如使用docker-machine ls命令就可以查看所有通过Machine管理的虚拟机，其中ACTIVE项指明Machine的start、stop、ip和ssh等命令在不带参数时的默认目标宿主机。

```
$ docker-machine ls
NAME       ACTIVE    DRIVER       STATE      URL
dev        *         virtualbox   Running    tcp://192.168.99.100:2376
```

创建的虚拟机上已经安装好了Docker，用户可以使用config命令获取Docker客户端连接到该宿主机时所需的配置参数。

```
$ docker-machine config dev
--tls --tlscacert=/.../.docker/machines/dev/ca.pem --tlscert=/.../.docker/machines/dev/cert.pem
--tlskey=/.../.docker/machines/dev/key.pem -H tcp://192.168.99.99:2376
```

通常情况下，用户可以以如下形式将参数传递给Docker客户端。

```
$ docker $(docker-machine config dev) run busybox echo hello world
```

Machine也提供了env命令来设置Docker连接宿主机时所需的环境变量，包含DOCKER_HOST、DOCKER_CERT_PATH和DOCKER_TLS_VERIFY。命令的使用方式如下。

```
$ $(docker-machine env dev)
```

Machine提供了一些命令来对管理的宿主机进行轻量级操作，如start、stop、restart用来进行开启、关闭和重启宿主机，rm用来删除宿主机。使用docker-machine ssh命令可以远程登录宿主机，或直接在ssh后接上一小段命令远程执行。

6.2.2   Machine 与 IaaS 平台

"Machine利用虚拟机软件在本地创建一台虚拟机"听上去并不是一件能让人激动的事，毕竟本地进行手动操作也不是很费力。Machine激动人心的地方在于它为很多IaaS平台开发了一套驱动来进行一系列轻量级的操作。

作为开源软件，Machine充分发挥了开源社区的力量，当下IaaS平台五花八门，IaaS平台目的主要是为用户提供资源，如何与Machine接驳是件费时费力的事。不少非Docker开发者利用本身对某个IaaS平台的熟悉，积极地贡献了相应Machine驱动的代码。为了鼓励更多开发者来给Machine的驱动模块添砖加瓦，Docker制定了初步的驱动开发准则，这些开发准则同样适用于针对虚拟机软件开发驱动。

IaaS平台的Machine驱动与为虚拟机写的驱动功能基本相同，用户需要提供相应平台的认证信息。以Amazon EC2为例，用户需要提供访问AWS API的访问密钥ID、私有访问密钥以及VPC ID。用户需要在使用create命令时提供这些参数，不同的Machine驱动有不同的认证方式，用户可以使用如下命令来查看所有参数。

```
$ docker-machine create -h
```

其他如create、start、stop、config、env等命令的使用与上一小节一致。Docker服务端需要被Docker客户端远程连接，所以Docker服务端都应该提供对外的TCP连接，用户可以使用url命令选项来查看宿主机的连接信息。

```
$ docker-machine url
tcp://192.168.99.99:2376
```

Machine在2016年4月发布的v0.6.0版中支持的IaaS平台已经达到15种，其中包括主流服务提供商Amazon、Google、Microsoft三巨头的Amazon EC2、GCE和Azure，也有开源的OpenStack。与此同时，有一部分开源社区开发者开发了第三方的驱动插件，如今已达到20余种，其中包括国内的UCloud、Aliyun ECS。如果用户想要替一个私有云平台和Machine牵线搭桥该如何操作？Machine的开发工作大半放在了驱动的开发上，所以应该设计了一套API规范[1]用以确定该驱动提供的功能，同时应确定目标云平台需要符合的规范。

实现一个驱动需要的基本功能有以下几个。

❏ Create功能：create命令作为创建机器实例的基本命令，除了分配资源创建机器外，还需要配置好该机器的SSH以保证可以连接。

❏ Remove功能：remove命令将会从平台上完全移除机器实例，包括机器实例在平台上的相关配置信息。

❏ Start、Stop、Kill和Restart功能：这4个命令用来对机器实例的状态进行操作，start和restart命令执行完成要保证机器可以进行SSH和Docker服务端工作正常。stop命令将会暂停机器，kill命令会直接强制关闭机器。

❏ Status功能：status命令将会返回机器当前的运行状态。

6.2.3 Machine 小结

从图6-3中可以看到，Machine处于辅助Docker客户端的定位，它能提供对宿主机的管理都是轻量级操作。它将所有宿主机资源，不管是来自本地还是来自云平台，都放到了一个资源池中供

---

[1] 参见Machine在GitHub官方项目上的docs。

用户使用。用户的操作目标只需要关注Docker本身，尽可能少地在消除不同平台差异上消耗精力。在下一节介绍Swarm时，读者会发现Swarm同样为了资源统一做了努力，不同的是，Swarm的工作针对了Docker服务端资源。

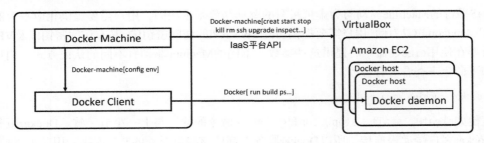

图6-3　Machine工作流程

　　在当下Machine发展的初期，要在不同云平台和虚拟机管理器上为用户提供一个统一的接口并非易事，鉴于各IaaS提供商用户认证方式和API的巨大差异，开发人员只能千方百计地为不同的Docker创建方案开发一个相应的驱动模块，主动地消除提供商差异。也许在有大量Machine用户之后，IaaS平台提供商会考虑使用Machine提供的一致化接口。若是有了"挟天子以令诸侯"的标准制定者优势，Docker公司在未来亦有提供云平台服务的战略部署，只要在Machine中添加进自身云平台接入信息，Machine便会成为一个很好的宣传入口，瞬间自身云平台有了与其他厂商同台竞技的机会。

6.3　集群抽象工具 Swarm

　　在Docker应用越来越深入的今天，把调度粒度停留在单个容器上是非常没有效率的。同样地，在提高对Docker宿主机管理效率和利用率的方向上，集群化管理方式是一个正确的选择。是时候从更高的抽象层次上使用Docker了，Swarm就是将多宿台主机抽象为"一台"的工具。

6.3.1　Swarm 简介

　　Swarm做了什么？试想目前操作Docker集群的方式，用户必须单独对每一个容器执行命令，如图6-4所示。

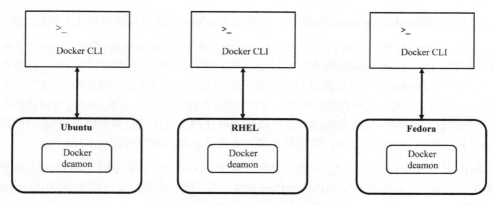

图6-4 单对单的Docker宿主机使用方式

有了Swarm后，使用多台Docker宿主机的方式就变成了图6-5的形式。

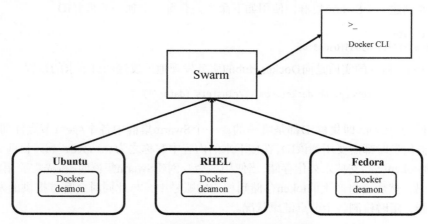

图6-5 单对多的Docker宿主机使用方式

Swarm最大程度兼容Docker的远程API，目前为止，Swarm已经能够支持95%以上的Docker远程API，这使得所有直接调用Docker远程API的程序能方便地将后端替换为Swarm，这类程序包括Docker官方客户端，以及Fig、Flynn和Deis这类集群化管理使用Docker的工具。

Swarm除了在多台Docker宿主机（或者说多个Docker服务端）上建立一层抽象外，还提供对宿主机资源的分配和管理。Swarm通过在Docker宿主机上添加的标签信息来将宿主机资源进行细粒度分区，通过分区来帮助用户将容器部署到目标宿主机上，同样通过分区方式还能提供更多的资源调度策略扩展。

6.3.2 试用 Swarm

现阶段Swarm依然处于初期开发过程中，对Docker镜像的操作，以及更复杂的调度策略等方向上，还没有形成Production Ready的实现，因此本书对Swarm使用只体现在几个核心功能上。

对于一个Swarm集群，集群内节点分成Swarm Agent和Swarm Manager两类。Agent节点运行Docker服务端，Docker Release的版本需要保证一致，且为1.4.0或更新的版本。Manager节点负责与所有Agent上的Docker宿主机通信以及对外提供Docker远程API服务，因此Manager需要能获取到所有Agent地址。实现方式可以是让所有Agent到网络上的某个位置注册，Manager到相同的地址获取最新的信息，这样Agent节点的活动就可以被实时侦测；也可以是事先将所有Agent的信息写在Manager节点的一个本地文件中，但这种实现无法再动态地为集群增加Agent节点。

如果用户使用Docker客户端与Manager通信，执行docker run...命令时，Manager会选择一个Agent来执行该命令，并将执行结果返回给Docker客户端。接下来我们将演示如何使用Swarm来创建一个容器。

1. 创建一个Swarm集群

首先需要创建一个Swarm集群，使用如下命令去获得一个独一的集群ID。

```
$ swarm create
c043f0cf4a721227fc49b55f03de3fb6
```

swarm create命令的实质是向Docker Hub的服务发现地址发送POST请求的过程。

```
-> POST http://discovery.hub.docker.com/v1/clusters (data="")
<- <token>
```

每次获得的<token>即集群ID都是唯一的，一个Swarm集群中各个Agent节点注册和Manager节点获取集群信息时都需要用到该ID，在接下来的内容中都称之为<cluster_id>。目前为止，swarm create产生的token已经支持永久化存储，当使用该命令创建Swarm集群时，首先需要用户提供Hub的账号及密码，然后会将产生的token存储到相应的账号中，与此同时，官方提供的发现服务增加了心跳检测，定时检测各个节点健康状况。

Swarm提供了多种集群创建方式，同时也提供了开发新方式的接口，这将在6.3.3节中继续展开。

2. 启动Swarm

在每一个Agent节点上，运行如下命令。

```
$ swarm join --addr=<node_ip:2375> token://<cluster_id>
```

在该命令中，cluster_id是先前获得的ID，node_ip是提供给Manager的一个能连接到该节点的地址，2375是Docker服务端提供TCP服务的端口。该命令的任务是在集群中注册自身，它的实质是如下一条POST请求，之后收到反馈说明成功与否。

```
-> POST http://discovery.hub.docker.com/v1/clusters/<token> (data="<node_ip:2375>")
<- OK
```

Discovery服务根据收到的cluster_id将该节点归于某个集群中，并保存节点信息。同时每个

Agent节点都要定时向Discovery服务发送心跳信息，默认时间间隔为25秒。

在Manager节点上，运行如下命令：

```
$ swarm manage -H=tcp://<swarm_ip:swarm_port> token://<cluster_id>
```

该命令中，使用与先前相同的cluster_id、swarm_ip和swarm_port是提供给Docker客户端的服务地址和端口。该命令的作用是获取注册到相同cluster_id下的节点信息，主要是获取节点上的Docker服务端的连接地址。Manager会定期（默认为25秒）获取最新的节点信息，以便及时掌握整个集群的节点状况。

3. 使用Docker客户端与Manager通信

Swarm集群创建成功后，可在其他机器上使用Docker客户端与Manager进行通信，如下代码所示。对于使用Docker客户端的用户，他所面对的还是"一台"Docker宿主机，并不需要额外的学习成本。

```
$ docker -H <swarm_ip:swarm_port> version
$ docker -H <swarm_ip:swarm_port> run -it ubuntu /bin/bash
```

提示 使用Docker客户端去连接Manager时，要用-H显示指明连接的宿主机地址和端口参数。

4. 查看集群所有节点

Swarm工具除了上述3个命令外，还提供了一个list命令用于查看集群中的所有节点信息，比如节点的地址和端口信息。

```
$ swarm list token://<cluster_id>
<node_ip1:2375>
<node_ip2:2375>
```

6.3.3 Swarm 集群的多种创建方式

Swarm将所有Agent节点的信息存储在一个Manager能获取信息之处，有多种方式能实现这一功能。前例中使用的方案是官方提供的Discovery服务，每个向该Discovery服务地址注册的Agent节点信息都被分配在相同的<cluster_id>下。除此之外，Swarm还提供了更多的选择，接下来将逐一介绍。

1. 使用etcd创建集群

通过阅读第4章，我们已经熟知了关于etcd的全部内容，使用etcd时，要事先获知etcd的地址和存储集群信息的具体路径。在Agent节点，运行如下命令：

```
$ swarm join --addr=<node_ip:2375> etcd://<etcd_ip>/<path>
```

存储在etcd上的节点信息都带有一个ttl生存时间，Agent会定时（默认为25秒）更新自身生存时间，保证不会被Manager认定为该节点已不属于集群。

在Manager节点上，运行如下命令去获取集群信息。

```
$ swarm manage -H tcp://<swarm_ip:swarm_port> etcd://<etcd_ip>/<path>
```

2. 使用静态文件创建集群

可以将所有Agent节点信息通过如下命令写入Manager节点上某个文本文件中。

```
$ echo <node_ip1:2375> >> /tmp/my_cluster
$ echo <node_ip2:2375> >> /tmp/my_cluster
...
```

一旦Manager通过读取文件内容启动，在运行过程中就无法再添加Agent节点了。在Manager节点上运行如下命令启动。

```
$ swarm manage -H tcp://<swarm_ip:swarm_port> file:///tmp/my_cluster
```

通过静态文件创建集群的方式优点在于不需要额外的如etcd组件提供Discovery服务，适用于Swarm集群运行稳定的场景。

3. 使用Consul创建集群

Consul方式与etcd方式实现类似，在每一个Agent节点上，运行如下命令：

```
$ swarm join --addr=<node_ip:2375> consul://<consul_addr>/<path>
```

在每一个Manager节点上，运行如下命令：

```
$ swarm manage -H tcp://<swarm_ip:swarm_port> consul://<consul_addr>/<path>
```

4. 使用ZooKeeper创建集群

ZooKeeper方式与etcd方式实现类似，在每一个Agent节点上，运行如下命令：

```
$ swarm join --addr=<node_ip:2375> zk://<zk_addr>/<path>
```

在每一个Manager节点上，运行如下命令：

```
$ swarm manage -H tcp://<swarm_ip:swarm_port> zk://<zk_addr>/<path>
```

5. 用户自定义集群创建方式

如果用户需要定制自己的集群创建方式，Swarm提供了DiscoveryService接口，用户需要实现该接口，然后注册用户实现的接口，DiscoveryService接口共包含如下4个方法。

❑ Initialize需要一个目标地址和心跳间隔来进行初始化。

❑ Fetch方法用于获取所有节点的列表，会被Swarm工具中的list命令调用。

❑ Watch方法的每次调用会使用Fetch去获取最新的节点信息，同时执行WatchCallback回调函数。

- □ Register方法用于注册一个新的节点。

至此，Swarm集群的启动方式已经全部介绍完了。可见，Swarm的启动方式灵活多样，涵盖了初级用户需求，也为高级用户提供了自定义的接口。

6.3.4 Swarm 对请求的处理

Manager收到的请求主要可以分为如图6-6中的4类。

- □ 第一类是针对已创建容器的操作，Swarm只是起到一个转发请求到特定宿主机的作用。
- □ 第二类是针对Docker镜像的操作。
- □ 第三类是创建新的容器docker create这一命令，其中涉及的集群调度会在下面的内容中讲解。
- □ 第四类是其他获取集群整体信息的操作，如获取所有容器信息、查看Docker版本等。

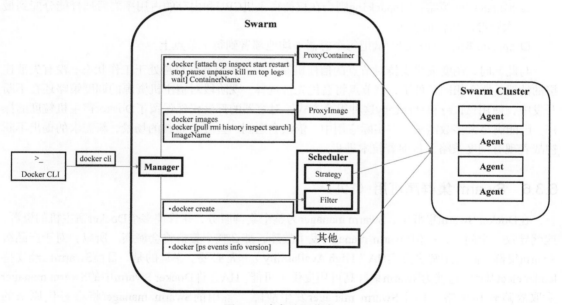

图6-6 请求处理分类

6.3.5 Swarm 集群的调度策略

Swarm管理了多台Docker宿主机，用户在这些宿主机上创建容器时，就会产生究竟与哪台宿主机交互的疑问。Swarm提供了filter的功能，用来帮助用户筛选出符合他们条件的宿主机。以一个使用场景为例，用户需要将一个MySQL相关，名为db的容器部署到一台装有固态硬盘的宿主机上。装有固态硬盘的宿主机在启动Docker服务端时会使用如下命令来添加适当的标签信息。

```
$ docker -d --label storage=ssd
```

用户在使用Docker客户端创建db容器时，命令中会带上相应的要求，如下所示。

```
$ docker run -d -P -e constraint:storage=ssd --name db mysql
```

constraint环境变量会被Manager解析，然后筛选出所有带有storage:ssd这一键/值对标签的宿主机作为备选。

用户还可以使用如region:en-east、region:en-west这样的键值对来区分不同地域的宿主机，用environment:test、environment:production来区分测试集群和生产集群。

使用了filter之后，Swarm还提供了strategy来选出最终运行容器的宿主机。现阶段Swarm已经提供了如下多种策略。

- ❑ random策略：random就是在候选宿主机中随机选择一台。
- ❑ binpacking策略：binpacking则会在权衡宿主机CPU和内存的占用率之后选择能分配到最大资源的那台宿主机。
- ❑ spread策略：spread尝试把每个容器平均地部署到每个节点上。

与此同时，调度策略支持对节点的信任机制，如果一个节点总是处于工作状态，没有失败连接的情况，那么相同条件下，该节点将会优先被选择。现阶段对宿主机资源的调度策略还在不断开发中，使用filter和strategy这种组合方式，对容器的部署仍然保留了Docker宿主机粒度的操作，已能满足大多数需求。在实际应用中，依然会遇到一些复杂难料的场景，新需求的提出不断挑战着现有调度策略，督促着技术进步。

6.3.6 Swarm 集群高可用（HA）

在Docker Swarm集群中，Swarm manager为整个集群服务，并管理多个Docker宿主机的资源，这就导致一个问题，一但Swarm manager发生故障，那么整个集群将会瘫痪。所以，对于产品级Swarm集群，高可用解决方案HA（High Availability）非常必要。幸运的是，目前Swarm已经支持leader elect基础，这就为Swarm集群高可用提供了可能。HA允许Docker Swarm中的Swarm manager采取故障转移策略，即主Swarm manager发生故障，备用的Swarm manager将会替代原来的manager，任何时间都会有一台manager正常工作，保证系统的稳定性。

1. HA前期要求

HA需要以分布式键/值数据库为基础，目前支持的分布式键/值数据库有：

- ❑ Consul 0.5.1及以上版本
- ❑ Etcd 2.0及以上版本
- ❑ ZooKeeper 3.4.5及以上版本

2. 创建Swarm manager HA集群

使用如下命令创建"一主两备"的HA集群：

```
$ swarm manage -H :4000 <tls-config-flags> --replication --advertise <manager_ip1:port>
etcd://<etcd_ip>/<path>
$ swarm manage -H :4000 <tls-config-flags> --replication --advertise <manager_ip2:port>
etcd://<etcd_ip>/<path>
$ swarm manage -H :4000 <tls-config-flags> --replication --advertise <manager_ip3:port>
etcd://<etcd_ip>/<path>
```

创建完成后，可使用如下命令查询所创建的HA集群信息：

```
$ export DOCKER_HOST=<manager_ip:port>
$ docker info
Containers: 0
Images: 30
Storage Driver:
Role: Primary
Primary: <manager_ip>
Strategy: spread
Filters: affinity, health, constraint, port, dependency
```

下面我们来介绍一下replication与advertise两个参数。

❑ repliacation参数：该参数的作用是告诉Swarm，Swarm manager有多个，此项Swarm manager只是其中的一员并且参与主Swarm manager的竞争，而主Swarm manager具有管理集群、日志管理等权限。

❑ advertise参数：该参数的作用是指定主Swarm manager的地址，当此节点被选举为主manager后，Swarm使用该地址通知swarm集群。

3. HA集群测试

Swarm manager HA集群搭建完成后，就可以对该集群进行相关测试，测试方法可以使用如下方案。

❑ 查看所搭建的Swarm manager集群的主manager所在机器的IP。

❑ 进入主Swarm manager所在机器，将该机器的Swarm manager关闭。

❑ 最后查看Swarm manager集群信息，可以看到备用的manager2和manager3其中一个已经为主manager，在这里就不进行实验了。

6.3.7 Swarm 与 Machine

目前，Machine和Swarm应经有了很好的结合。Machine为Swarm创建和管理宿主机，Swarm负责管理提供的Docker服务端。首先使用Machine创建Manager宿主机，命名为swarm-master。

```
docker-machine create -d virtualbox --swarm --swarm-master \
                --swarm-discovery token://<YOUR-TOKEN> swarm-master
```

命令中的swarm参数只指明当前为创建Swarm集群模式，swarm-master参数指明在当前该宿主机中安装Swarm并设为Manager。用户可以在不同的虚拟机软件或云平台提供商上创建Swarm集群。

接着创建若干Agent宿主机，命令如下。

```
docker-machine create -d virtualbox --swarm \
                      --swarm-discovery token://<YOUR-TOKEN> swarm-node-00
```

该命令与创建Manager宿主机的命令相比只少了swarm-master参数，Machine会默认该宿主机为Swarm集群中的Agent节点，并将该节点添加进指定的集群中。

为了使用该集群，用户可以使用Machine来为Docker客户端设置合适的环境变量，运行如下命令将设置DOCKER_TLS_VERIFY、DOCKER_CERT_PATH、DOCKER_HOST这3个环境变量，用户就可以将该Swarm集群作为一个Docker服务端来使用了。

```
$ $(docker-machine env --swarm swarm-master)
```

与此同时，docker-compose也可与上述搭建的集群一起使用，命令如下：

```
$ eval "$(docker-machine env --swarm <name of swarm master machine>)"
```

使用上述命令设置Swarm manager所在的宿主机地址，设置完成后就可使用Docker Compose的基本命令了。

从上述描述中可以发现，Compose+Swarm+Machine三剑客组合，能够提供比较完善的面向服务器集群的Docker编排和部署方案，不仅仅方便了用户的使用，而且保障了集群正常运行、监控、迁移、高可用等需求。

6.3.8　Swarm 小结

Swarm在最近一段时间发展迅速，在scheduler、兼容Docker远程API以及高可用方面都做了极大的努力，同时与Compose和Machine的结合更加完善。此外，Swarm也开始与Docker network与Docker volume进行整合，虽然目前仍处于初步阶段，存在的问题也很多，但是由于Docker的火爆以及开源社区的强大，相信在不久的将来，这些问题都会迎刃而解。

6.4　编排之秀 Fleet

Fleet，这个名称霸气的工具正是本章将要讨论的容器编排与部署工具，它来自著名的CoreOS，是整个CoreOS体系最底层的容器编排与部署依赖。

稍微熟悉Docker的读者都会对这家公司有所了解，包括他们对Docker项目的巨大贡献，还有他们在2014年底与Docker彻底分家，推出自己的容器Rocket。本书实在不想介绍和引用Docker与CoreOS互掐的那几段官方申明，更希望与大家一起安静下来看一看CoreOS到底做了什么。

6.4.1　旧问题新角度：Docker distro

如果说当时大部分玩家都在建造Docker周边系统的话，CoreOS从一开始就是要做一个服务于Docker的操作系统，从这一点上来说，CoreOS的做法可谓另辟蹊径。

1. Fleet和CoreOS走的是哪条路

本书第一部分已经介绍了Docker的大部分原理，并在第5章着重讨论了从"小工到专家"的坎坷之路。的确，想要真正把Docker容器技术引入到企业的云计算平台中，无论是平台的研发、运维人员，还是平台的使用者，都需要付出非常多的努力才能将这个DIY的云平台在使用上达到经典PaaS理论所提出的高度，只有在此基础之上，容器云才能够发挥出它全部蕴涵的能量，带来真正意义上的自动化，达到解放运维的效果。

前面提出的各种问题和对应的解决办法，都是基于一种事实：我们使用的是无差别的Linux操作系统发行版，我们想要做的是在这些发行版上开发一套分布式的容器编排运维系统，我们最终想要实现的目的是借助这套编排运维系统来帮助用户自动化完成应用的代码发布、管理、监控、更新、高可用保障等一系列常规编排和运维操作，最终这套编排运维的API通过合理的方式暴露给用户，就成为一种容器云平台服务了。也正是因为需要"从无到有"地实现这样一套Docker编排运维系统，才迫使我们走上了"小工到专家"的道路。

在当下，这是一条正统的大道，也是大部分进入Docker浪潮的公司正在走的路。不过，也有一部分人，他们把问题看得更深入，走了一条名为Docker distro的路。这是什么？大家都在忙着建造平台，他们不造平台，他们直接把平台造在操作系统里，最后只需使用造好的操作系统就够了。所以distro的意思大家也明白啦，因为这些厂商制造的产品与Ubuntu、Fedora一样，是一个Linux distro（Linux发行版）。在这条路上，具有代表性的就是CoreOS和Atomic（来自RedHat）。

在CoreOS的世界里，如果需要服务发现，CoreOS就集成etcd，所有CoreOS机器连起来天生就是集群；需要Docker服务管理，CoreOS就集成systemd管理容器；需要编排部署，CoreOS就自带一套Fleet面向所有CoreOS节点做运维。所以，在这样操作系统层面的框架下，负责构建容器云的工程师只需要向操作系统请求资源、服务和功能，而非自建一套体系。有了上述思路，CoreOS可以大胆地精简掉Linux中与上述功能无关的部分，变成一个极简的操作系统，同时再对操作系统本身进行定制，实现诸如操作系统热升级这样的特性。

至此，读者应该大致了解了CoreOS的世界，每台安装了CoreOS的机器本身就是这个容器云的一个节点，操作系统提供对容器编排、部署、管理、运维的功能，工程师可以通过定制和组合这些系统功能来实现需求，从而大大减少造轮子的工作。

为什么CoreOS需要新发布Rocket而不是沿用Docker呢？原因很简单，Docker之所以成功，是因为它从一开始就百分之百面向用户，是为了给人而不是程序提供最佳的Linux容器使用方案。在CoreOS的世界里，与容器交互的不再是人，而是操作系统，更确切地说是CoreOS的服务管理工具systemd。可问题在于，Docker daemon剥夺了systemd直接管理容器进程的权利，这导致CoreOS

只能通过API跟Docker daemon打交道，而非直接使用systemd来控制真正的容器进程。针对这种情况，有人给Docker提出了Pull Request，试图改进Docker容器进程的管理机制，可是Docker官方认为这种做法剥夺了Docker本身对与容器的掌控，于是PR不了了之了。

事已至此，面对Docker官方更大的雄心（不满足于容器，要做编排部署乃至整个容器云生态），CoreOS干脆决定把这条distro道路走得更彻底。

介绍Docker distro的工作量之大，足够另外著书，何况不同的distro，比如Atomic和CoreOS之间还有着巨大的差异。相信国内也很快会有公司推出属于中国的Docker distro，毕竟对有Linux内核工作经验的公司来说，Docker distro的技术难度并不大。本书只专注于Docker容器和容器云，在接下来的篇幅中，我们仍然将重点放在Fleet本身的原理上，适当略去一些CoreOS细节。

2. Fleet入门之systemd

讲解Fleet，有件事就不得不提，那就是systemd。Fleet说白了就是一个面向服务器集群来控制systemd的管理工具而已。如果读者已对systemd很熟悉，建议直接跳至6.4.2节。

之前没听说过systemd的读者也许会对它感到陌生，尤其是它似乎跟Docker和CoreOS还有点奇怪的关系。实际上，systemd是一套标准的init系统，是CoreOS启动的第一个进程。每一种Linux发行版里都标配了自己的init系统，比如常用的Ubuntu里启动服务用的 `service xxx start` 指令，使用的实际上就是Upstart这个init系统。systemd跟Docker和CoreOS没有什么太密切的联系，只不过它的使用和配置方式与Docker结合起来很方便，也因此在Docker圈子大行其道，这一点本书后面将会介绍。

回到systemd上面，它主要定义两个概念：unit和target。

- unit对应了一个配置文件，用来描述如何运行被systemd管理的进程，本书中基本上就是 `docker run` 指令了。
- target这个名称不是十分恰当，事实上target描述的概念应该是"组"，即systemd需要同时启动的一组进程。每一个target持有的是所有属于这个组的unit的符号链接（symbol link）。

不妨用一个官方的例子[①]来解释这两个概念，当然，我们假设读者已经成功安装了一台CoreOS机器。

```
[Unit]
Description=MyApp
After=docker.service
Requires=docker.service

[Service]
TimeoutStartSec=0
ExecStartPre=-/usr/bin/docker kill busybox1
```

---

① 参见https://coreos.com/docs/launching-containers/launching/getting-started-with-systemd/。

```
ExecStartPre=-/usr/bin/docker rm busybox1
ExecStartPre=/usr/bin/docker pull busybox
ExecStart=/usr/bin/docker run --name busybox1 busybox /bin/sh -c "while true; do echo Hello World; sleep
1; done"

[Install]
WantedBy=multi-user.target
```

这个配置文件名为hello.service，下面说明一下它为hello这个服务定义了哪些内容。

首先，After=docker.service和Requires=docker.service指定了该服务必须依赖于docker.service并且在docker.service启动之后才可以执行，当然这种前置服务可以是多个。这里定义了hello.service是一个依赖于Docker的服务。

接下来，ExecStart=就是这个服务具体的启动命令和参数，这里可以看到hello.service是一个busybox容器。docker run进程的PID会作为systemd监控的对象：如果这个PID消失，该服务就会被判断为异常崩溃。

注意　不难发现这里有个问题：如果在docker run时加了参数-d，docker run进程会在容器成功启动后退出，systemd会认为这个服务已经崩溃了。还暗含了另外一个问题：systemd只能够监控到docker run进程的PID，而真正的容器进程是Docker daemon的子进程，它并没有被systemd监控到。如果想要解决该问题，就需要更改Docker容器的启动方式，前面提过，目前Docker官方并不愿意这么做，正是如此才出现了CoreOS再造Rocket的情况。事实上，更改启动方式并不困难，docker run执行成功之后，可以通过docker inspect获取容器真正的PID，然后交给systemd监控起来即可。

最后是WantedBy=，它指定了该unit归属于哪个target（即属于哪个组）。

了解了上述过程，再看systemd启动服务的方法。

```
$ sudo systemctl enable /etc/systemd/system/hello.service
$ sudo systemctl start hello.service
```

enable操作为该unit所属target创建符号链接，然后就可以启动该unit对应的service了。服务的输出可以通过journalctl来查看。

```
$ journalctl -f -u hello.service
-- Logs begin at Fri 2015-02-07 00:05:55 UTC. --
Feb 11 17:46:26 localhost docker[23470]: Hello World
Feb 11 17:46:27 localhost docker[23470]: Hello World
Feb 11 17:46:28 localhost docker[23470]: Hello World
...
```

上面的unit文件中，还可以看到一系列以Pre或者Post结尾的标签，这些标签的主要作用是定义命令执行的先后顺序。比如事先进行初始化操作，事后进行清理等。

systemd的厉害之处不止这些，比如下面这个同样来自官方的例子。

```
[Unit]
Description=My Advanced Service
After=etcd.service
After=docker.service


[Service]
TimeoutStartSec=0
ExecStartPre=-/usr/bin/docker kill apache1
ExecStartPre=-/usr/bin/docker rm apache1
ExecStartPre=/usr/bin/docker pull coreos/apache
ExecStart=/usr/bin/docker run --name apache1 -p 80:80 coreos/apache /usr/sbin/apache2ctl -D FOREGROUND
ExecStartPost=/usr/bin/etcdctl set /domains/example.com/10.10.10.123:8081 running
ExecStop=/usr/bin/docker stop apache1
ExecStopPost=/usr/bin/etcdctl rm /domains/example.com/10.10.10.123:8081


[Install]
WantedBy=multi-user.target
```

读者应该已经注意到，在这个unit文件中有些无奈地硬编码了机器地址，以便能够在服务启动成功后，将这个IP信息记录到etcd中来标示这个服务。这在云环境中显然是不可取的，IP很可能会在后面的服务伸缩过程中产生变化。因此，我们可以使用systemd定义的一系列"说明符"来获取这个unit和机器的信息，使用"实例化参数"来向服务传值。

比如，上述ExecStartPost部分就可以替换成：

```
ExecStartPost=/usr/bin/etcdctl set /domains/example.com/%H:%i running
```

其中，%H是一个说明符，它会被动态替换成机器的主机名，而%i则是一个实例化参数。

所谓实例化参数，即为同一个unit文件创建多个符号链接（就像实例一样）。听起来很玄吗？实际上就是多份unit文件的副本，它们内容一样，但名字不同。比如这两个unit文件：foo@123.service和foo@456.service。前面的%i就会被替换成@和.service之间的内容。

这样传参意义何在？很明显，可以通过上述两个unit文件启动两个一模一样的容器，但它们监听的端口却是不同的。不必多言，读者应该也能想到了一个多实例应用的雏形了吧。

关于systemd，本书不再做更多介绍，毕竟本书重点在于讨论容器和容器云。想深入了解systemd的读者可以从官网上学习到更多的相关知识。

6.4.2　Fleet 的原理剖析

上一节中，我们已经知道了systemd在CoreOS以及Fleet的体系中扮演的角色，即它是一个完善的init系统，能够按照用户的预期配置将服务进程以unit的形式管理并监控起来，从而为Fleet编排、调度和部署这些unit提供关键的底层支持。这里，我们一不小心已经说出来Fleet的功能了。没错，如果说本章一开始介绍的Compose涵盖编排多于部署的话，Fleet则终于能为用户提供一个完整的DevOps功能栈了。跟其他章节一样,本节先从Fleet的使用入手来为读者一步一步解释它背后的理念和实现。

从设计上来看,Fleet其实与Swarm神似,它们都试图为分散的宿主机集群提供一个统一的逻辑抽象。对于Fleet来说,它试图提供的就是多个systemd的统一抽象,让管理员"觉得"就像在管理一个宿主节点的systemd一样,同理Swarm则提供的是Docker daemon的统一抽象。以此为基础,Fleet也会像Swarm那样按照一定的策略来调度管理员指定的所有unit到合适的宿主机上。同样,在Fleet的体系中必然也需要依赖ectd这样的组件来实现宿主节点的感知,一旦发现被Fleet管理的节点失效,Fleet就要负责恢复调度在这个节点上的容器。管理员通过对这种调度策略的定制和组合,就可以自动化地解决很多日常运维中比较棘手的编排和部署问题。

1. Fleet的调度单位

CoreOS体系作为Docker容器支撑系统,确实体现出了"站在巨人的肩膀上"的优势。在Fleet中,从基本调度单位上就提出了让人眼前一亮的概念:全局服务单元(global unit)。

全局服务单元,指的是需要运行在所有目标机上的服务,最典型的如一个Master节点和多个Slave节点的系统,或者是要运行在所有节点上的Agent服务。这类服务具有鲜明的共性:各Slave节点的配置基本大同小异,服务的部署脚本也基本一致,Slave节点运行后几乎是互为克隆的关系。这样的服务集群如果依靠手动部署就会充斥大量机械式重复劳动。在Fleet之前的大多数DevOps工具里,都没有把这类服务单列为独立调度对象来对待。

与全局服务对应的是标准服务单元(standard unit),这与前文所提的unit并无区别。

2. Fleet的编排机制

对独立服务而言,Fleet编排文件与systemd是完全相同的,仍然以第一节官方的hello.service为例。假设已经启动了由3个节点组成的CoreOS集群[①],Fleet已经把这3个节点作为运行hello.service的目标机了。

```
$ fleetctl list-machines
MACHINE                                IP          METADATA
148a18ff-6e95-4cd8-92da-c9de9bb90d5a   10.10.1.1   -
491586a6-508f-4583-a71d-bfc4d146e996   10.10.1.2   -
c9de9451-6a6f-1d80-b7e6-46e996bfc4d1   10.10.1.3   -
```

这时,只要执行start操作,Fleet就会把该服务调度到其中一台机器上去。

```
$ fleetctl start myapp.service
$ fleetctl list-units
UNIT            MACHINE              ACTIVE    SUB
hello.service   c9de9451.../10.10.1.3  active    running
```

在编排文件当中,Fleet相关的特性专门使用一个X-Fleet标签来指定,如在上述hello.service

---

① 搭建CoreOS集群的方法很简单,请读者阅读官方文档:https://coreos.com/docs/cluster-management/setup/cluster-discovery/。

的最后添加如下语句：

```
# in hello.service
...
[X-Fleet]
Conflicts=apache.service
```

这种情况下，Fleet保证hello和apache服务不会被调度到同一台宿主机上。顺便一提，前文提到的全局服务单元也是一个Fleet标签，即：

```
[X-Fleet]
Global=true
```

与Conflicts相反，还有一种相反的关系叫MachineOf，这时hello就一定会被调度到apache所在的那台宿主机上。

```
# in hello.service
...
[X-Fleet]
MachineOf=apache.service
```

这两种关系就是在日常运维中经常提到的"亲密"与"反亲密"关系。亲密关系对于需要相互连接访问的两个容器或服务有着重要的意义（如应用和它的日志收集服务），而反亲密则是服务高可用架构的重要基础（如多个Slave节点之间）。这类关系在常规运维系统里是很难处理的，首先，被调度的单元得有可供全局对比的标识；其次，所有亲密关系要被全局记录在数据库中。在CoreOS和Fleet的体系里，这样的问题就能迎刃而解。

更进一步的，配合第一节介绍的systemd中类似%i的传参机制，Fleet还可以帮助使用者轻易地构建一个完整、动态的服务栈，而不必重复"小工到专家"的曲折路线。下面详细解释一个同样来自官方的例子。

首先，定义一个的标准服务，这是一个Apache服务。

```
[Unit]
Description=My Apache Frontend
After=docker.service
Requires=docker.service


[Service]
TimeoutStartSec=0
ExecStartPre=-/usr/bin/docker kill apache1
ExecStartPre=-/usr/bin/docker rm apache1
ExecStartPre=/usr/bin/docker pull coreos/apache
ExecStart=/usr/bin/docker run -rm --name apache1 -p 80:80 coreos/apache /usr/sbin/apache2ctl -D
FOREGROUND
ExecStop=/usr/bin/docker stop apache1


[X-Fleet]
Conflicts=apache@*.service
```

这个unit并没有特别之处——除了在X-Fleet中指定了所有的unit实例之间是非亲密的。由于使用到了systemd的实例化参数@*，因此可以启动任意数量一模一样的Apache实例：

```
$ fleetctl submit apache@.service
$ fleetctl start apache@1
$ fleetctl start apache@2
$ fleetctl list-units
UNIT                MACHINE                ACTIVE   SUB
apache@1.service    491586a6.../10.10.1.2  active   running
apache@2.service    148a18ff.../10.10.1.1  active   running
```

回忆一下"将军开发者"需要解决的核心问题吧。现在他需要为这两个实例提供一套发现机制，以便最前端的负载均衡器能够动态地知道这两个实例的宿主机IP和映射端口。在CoreOS世界里，理所当然地使用etcd来处理该需求，并把这个服务命名为apache-discovery@*.service。

```
[Unit]
Description=Announce Apache1
BindsTo=apache@%i.service
After=apache@%i.service


[Service]
ExecStart=/bin/sh -c "while true; do etcdctl set /services/website/apache@%i '{ \"host\": \"%H\",
\"port\": 80, \"version\": \"52c7248a14\" }' --ttl 60;sleep 45;done"
ExecStop=/usr/bin/etcdctl rm /services/website/apache@%i


[X-Fleet]
MachineOf=apache@%i.service
```

这里有几个有趣的地方：

❑ ExecStart部分定义了一段跟Apache服务实例运行在同一个宿主机上的shell来定时向etcd注册这个实例的host和port信息；

❑ %i用来传参并匹配某一个Apache服务实例，%H则代表了运行这个服务的主机名；

❑ BindsTo指明这个服务会在Apache服务停止时停止。

接下来启动两个apache-discovery@*.service的实例：

```
$ fleetctl submit apache-discovery@.service
$ fleetctl start apache-discovery@1
$ fleetctl start apache-discovery@2
$ fleetctl list-units
UNIT                        MACHINE                ACTIVE   SUB
apache@1.service            491586a6.../10.10.1.2  active   running
apache@2.service            148a18ff.../10.10.1.1  active   running
apache-discovery@1.service  491586a6.../10.10.1.2  active   running
apache-discovery@2.service  148a18ff.../10.10.1.1  active   running
```

来验证下discovery服务是否帮我们把Apache服务的信息存放在etcd中：

```
$ etcdctl get /services/website/apache@1
{ "host": "ip-10-182-139-116", "port": 80, "version": "52c7248a14" }
```

通过非常简单的shell语句，就能为每一个Apache服务绑定一个"小伙伴"服务（Service Sidekick），这个小伙伴服务可以帮我们动态地收集Apache服务的访问地址，并且如果这个Apache服务宕机并迁移到其他节点上，小伙伴服务也会随它来到同一台宿主机上，并更新ectd中的信息。如此功能如果脱离Fleet单独实现，可是相当不容易的。

美中不足的是，"将军开发者"还需要通过轮询etcd来实时更新负载均衡设备的"server_list"，搭建一套HAproxy+confd的容器组合还是很有必要的。

除此之外，Fleet还可以处理其他的编排和部署需求，比如根据机器标签来为unit选择合适的宿主机，这个功能借助的标签是：

```
[X-Fleet]
MachineMetadata=disk=ssd
```

3. Fleet的体系结构

前面介绍过Fleet的本质是systemd的集群化封装，那么Fleet是如何做到将分布在不同机器上的systemd映射为一个统一的编排和部署工具呢？

所有的CoreOS集群节点上都运行着一个名为fleetd的守护进程，fleet的操作都由这些守护进程来响应。守护进程主要包含两个模块，一个是Engine，一个是Agent。该体系结构可以简单总结如下，见图6-7。

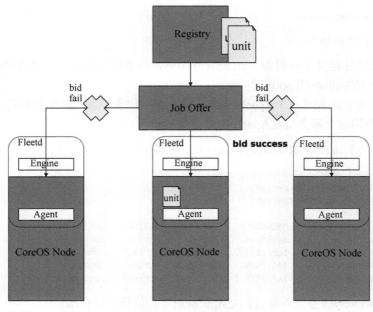

图6-7 Fleet的体系结构

下面我们详细介绍该体系结构中的两个最重要的概念：Engine和Agent。

● **Engine 负责调度unit到某台机器上**

Engine会定时从etcd中读取unit的"当前状态"（来自于Agent的报告），比较unit的"当前状态"和"期望状态"，从而决定是否有必要重新进行一次调度。比如应该正常工作的unit的数量是"3"，而实际的数量是"2"，这时重新调度这个失败的unit到另一台机器上以期恢复这个服务，这也是Fleet和CoreOS体系实现高可用保障的重要机制。这个过程在Fleet中被称为"调和"。

另外，Engine使用"租约"来保证每次"调和"过程的结果是只有一个Fleet机器来执行这个被调度的unit。其实所谓"租约"就是在etcd上设置了一个分布式锁，只有"竞拍"（job bid）成功并持有了这个锁的机器才会最终执行unit。该"竞拍"机制默认的是一个简单的最小负载策略，即选择当前运行着unit最少的机器竞拍成功。

● **Agent负责执行调度来的unit，与systemd通过D-Bus①进行交互**

Agent的职责相对简单，它本身也运行了一个"调和"循环，不断地检测etcd中的数据和自身持有的标识来判断下一步应该进行的动作，比如是否加载和运行unit。此外，Agent还负责将本身执行的unit状态报告给etcd。

可以发现，etcd是Engine和Agent进行交互的媒介，同时它也是Fleet体系中唯一的存储组件，unit文件、状态等数据都由etcd来记录。Fleet中，相关数据的操作都被抽象成了一个名为registry的组件来统一管理。

4. Fleet小结

在本节的描述中，可以看到Fleet重点关注容器的编排和部署，它所涵盖的功能相比Compose小神器而言更加完善，并且面向集群环境。通过systemd处理任务编排工作，依赖etcd解决了部署过程的协同问题。尤其在容器间的亲密关系、Placement规则、调度策略、高可用保障等重点条目上给出了合理的解决方案。不得不承认，Fleet应该是用户进行大规模自动化容器管理的一个理想选择。

不过，Fleet并不能称为一个完整的方案，由于它工作的层次非常低，更适合作为CoreOS体系中的一环。用户实现了动态发现、编排、调度容器等功能不足以提供服务，还需要再搭建反向代理，开发垂直健康检查等一些列上层服务才能实现完整的服务栈。此外，Fleet对systemd和CoreOS的强依赖使得它并不容易被推广到更广泛的使用环境，想要更好地使用Fleet，就需要接纳整个CoreOS的思想，这一点并非是所有用户都愿意接受的。

在接下来的章节中，将会为读者介绍几种着眼于更高层次、功能覆盖更全面的容器管理和运维工具。它们更贴近应用，更像经典的PaaS平台。

① D-Bus是一个实现应用间通讯的消息系统，详见www.freedesktop.org/wiki/Software/dbus。

## 第 7 章

专注应用支撑和运行时：
Flynn和Deis

本章将为读者介绍两个规模不大、拥有相似经典PaaS架构的Docker容器云。相比于上一章介绍的专注底层资源编排与部署的Docker容器云，本章介绍的两个Docker容器云更贴近经典PaaS平台关注的应用层，即关注应用支撑和运行。在这两个项目剖析过程中，将展示它们如何将源码转变成一个可扩展、高可用的云应用，相信这些简洁巧妙的设计会引起读者的共鸣。

7.1 Flynn，一个小而美的两层架构

阅读第6章可知，如果需要管理或者构建一个完整的服务栈，容器扮演的仅仅是一个基本工作单元的角色。在服务栈的最下层，需要有一种**资源抽象**来为工作单元展示一个统一的资源视图。这样容器便不必关心服务器集群资源情况和网络拓扑，即从容器视角看到的仅仅是"一台"服务器而已。还应该能够根据用户提交的容器描述文件来进行应用容器的编排和调度，为用户创建出符合预期描述的一个或多个容器，交给调度引擎放置到一台或多台物理服务器上运行。这个过程正是Fleet所擅长的。

而对于一些事情，我们却没有好的应对方法，如前面多次提及的如何为容器中正在运行的服务提供负载均衡和反向代理，如何填补从用户代码制品到容器这一鸿沟，如何将底层的编排和调度功能API化等。这些功能看似并不"核心"，但却是实现"面向应用"云平台的必经之路。否则，即使容器已被编排、调度和部署完成，也与一组虚拟机无异。

早在Docker得到普遍认同之前，就有一小撮敏感的极客们意识到了这一点，他们给出的解决方案被称为Flynn，一个具有Layer 0和Layer 1两层架构的类PaaS项目。

之所以称Flynn为类PaaS，是因为Flynn面向的不仅仅是用户应用，而是任何需要发布的服务。例如，应用（更确切地说是Web应用）是一个长运行任务（Long Running Task，LRT），与之相对应的是一次性任务（One Off Task），两者的主要区别在于生命周期。

经典PaaS主要是面向LRT的，多数只支持HTTP协议的Web应用。对于Flynn来说，理论上任

何可以实现进程管理的任务都可以运行在Flynn上，它可以是一个Web应用，也可以是自定义的一次性计算任务，在Flynn里被统称为待发布服务。所以，Flynn严格意义上是一套面向"服务发布"的框架。

7.1.1　第0层：容器云的基础设施

所谓第0层，其实是担当之前所提的Fleet的角色。简单地说，它能够对宿主机集群实现一个统一的抽象，将容器化的任务进程合理调度并运行于集群上，然后对这些任务进行容器层面的生命周期管理。这里可以比Fleet更进一步，将这一层负责的工作总结为以下4点。

- **分布式配置和协调**：毋庸置疑，这个一定是Zookeeper或etcd的工作了。Flynn选择了etcd，但并没有直接依赖它，也就是说，可以方便地通过实现Flynn定义的抽象接口将分布式协同组件更换成其他的方案。关于这里涉及的一致性算法等相关知识，建议大家复习第4章etcd的相关内容。
- **任务调度**：Flynn团队曾重点关注了Mesos和Omega这两个调度方案，最后选择了更简单更易掌控的Omega[①]。在此基础上，Flynn原生提供了两种调度器，一种负责调度长运行任务（Service Scheduler），另一种负责一次性任务的调度（Ephemeral Scheduler）。
- **服务发现**：引入etcd后，服务发现就水到渠成了。在Flynn中，服务发现的主要任务是watch被监控节点（包括服务实例和宿主机节点）的上线和下线事件，从而在callback回调里完成每个事件对应的处理逻辑（如更新负载均衡的server列表）。跟分布式协调组件一样，Flynn同样有一个discoverd来封装etcd，对外提供统一的服务发现接口，鉴于该设计，Zookeeper、mDNS也可以用于Flynn的服务发现后端。
- **宿主机抽象**：所谓宿主机抽象，是指上层系统（Layer 1）以何种方式与宿主机交互。宿主机抽象可以屏蔽不同宿主机系统和硬件带来的不一致。一般来讲，抽象实现的方式是在宿主机上运行一个agent进程来响应上层的RPC请求，向上层的调度组件报告这台宿主机的资源情况，以及向服务发现组件注册宿主机的存活状态等。Flynn的做法与之类似，不过Flynn还将这个agent进程作为自身服务框架托管下的一组"服务"进行管理，从而避免了从外部引入一套守护进程带来的烦琐。

可见，Layer 0所做的工作与Fleet核心功能非常一致，它们都提供了底层服务器资源的统一抽象和对容器的发现和调度功能，成为了统一管理成千上万个容器组成的容器云的基石。

7.1.2　第1层：容器云的功能框架

Flynn构建在Layer 0之上的一套组件统称为Layer 1，它能够基于Layer 0提供的资源，抽象实现容器云所需的上层功能。这些上层功能可以总结为以下4点。

---

① 毕竟关于Omega能够公开获得的信息只是一篇论文。

❑ **API控制器**：同经典PaaS一样，Flynn也运行着一个API后端以响应应用户的HTTP管理请求。这个组件同Cloud Foundry的cloud_controller基本一致，所以这个API控制器也需要维护Flynn的应用逻辑模型，包括以下3个方面。

- 代码制品（artifact）：一般来说，就是一个含有可执行代码的Docker镜像的URI。
- 发布包（release）：即代码制品加上配置信息，由这些配置信息来指定同时启动几份代码制品，以及启动所需的二进制文件名称、参数、环境变量、端口配置和所需资源。
- 应用（App）：即运行起来的发布包实例，显然它是一个容器或者多个容器的集合，并且包含了发布包指定的所有配置信息。API控制器的调度组件通过服务发现来感知正在运行的容器数目的变化，从而决定是否要执行重调度。重调度的操作请求会交给Layer 0完成。值得一提的是，对Layer 0而言，API控制器以及Layer 1本身都是应用，它可以采用和用户应用一样的逻辑来管理和扩展这些组件。

❑ **Git接收器**：Flynn使用Git来发布用户代码，Git接收器作为一个git remote配置在用户方，所以用户push的代码会直接交给这个接收器来制作代码制品和发布包。从另一个角度来讲，这相当于Flynn集成了代码版本管理等Git的功能，完成从源代码管理到发布之间的衔接工作。

❑ **Buildpacks**：本书曾提到，Heroku Buildpack是第二代PaaS（PaaS分类参见第5章）的一个创举，用户只需要上传可执行文件包（如WAR包），Buildpack就能够将这些文件按照一定的格式组织成可以运行的实体（如Tomcat+WAR组成的压缩包）。通过定义不同的Buildpack，PaaS就能实现支持不同的编程语言、运行时环境、Web容器的组合。这个优点Flynn也没有放过：对于大部分编程语言而言，当用户使用Git上传源码之后，Git接收器正是通过运行Buildpack来制作名称为slug的可运行实体。所谓发布包也只是一个slug的引用而已。

❑ **路由组件**：前面介绍过，容器服务栈要想正常工作，一个为集群服务的负载均衡路由组件是必不可少的。Flynn的路由组件支持HTTP和TCP协议，它能够支持大部分用户服务的访问需求。Flynn的管理类请求也是由路由组件来转交给API控制器的。通过与服务发现组件etcd协作，路由组件可以及时地更新被代理服务的IP和端口。不过，与Cloud Foundry的Gorouter组件相比，Flynn路由组件目前存在的问题是不支持session sticky，即当应用在session保存了数据时，不能保证下一次应用访问的请求依然命中上一次访问过的实例，因此session中的数据就失去了意义。当然，许多经典PaaS平台都会建议用户使用无状态应用，不过现实场景往往无法在理想状态中运作。

7.1.3   Flynn 体系架构与实现原理

有了第6章作为基础，本节对Flynn体系结构下Layer 0一层就不做过多介绍了，而是直接从Layer 1入手剖析Flynn的工作机制。前文已提到过，Layer 1的主要任务是填补用户代码到Docker镜像之间的空白。那么，用户代码是怎么上传到Flynn并执行运作的呢？主要有两种方式。

第一种方式，用户通过Git指令直接提交代码，这时Flynn需要做的工作至少包括以下几点：

□ 接收用户上传的代码；

□ 如果需要的话，按照一定的标准编译代码，组织代码目录；

□ 按照一定的标准将编译后的可执行文件保存到预设的目录中；

□ 如果需要的话，按照一定的标准将可执行文件目录和Web服务器目录组装起来，生成启停
脚本和必要的配置信息；

□ 将上述包含了可执行文件、Web服务器、控制脚本和配置文件的目录打成一个包保存起来；

在需要运行代码时，只需在一个指定的base容器中解压上述包，然后执行启动脚本即可。

第二种方式，Flynn直接接受一个用户上传的"万事俱备，只欠东风"的Docker镜像，这一
点非常容易做到。

所以，接下来将要探究这两种方式的工作原理。

1. 从源码到可运行实体

这里的源码既指用户源代码，也指用户镜像。下面将分别解读两种方式从源码到可运行实体
的过程。

● 第一种方式：从Git直接push代码给Flynn并运行起来

为了实现"从代码到镜像"的飞跃，用户代码必须通过一系列"标准化"流程，才能实现自
动化托管。所谓的标准化流程就是为用户指定上传的代码如何与Web服务器协作，代码如何配置、
日志如何保存、代码如何编译、启动停止命令和参数如何指定等步骤。在这里，Flynn通过Buildpack
对支持的编程语言提供标准化编译和打包流程。

下面将遵照官方示例向Flynn上传应用，验证上面的思路。

(1) 创建或者克隆一个git项目。

```
git clone https://github.com/flynn/nodejs-flynn-example.git
```

(2) 在这个项目目录下，使用flynn命令创建一个应用。

```
$ cd nodejs-flynn-example
$ flynn create example
Created example
```

这个示例项目中有一个值得注意的地方：除了正常开发使用的origin仓库外，它还有一个名
为flynn的Git远程仓库地址：

```
$ git remote -v
flynn    ssh://git@demo.localflynn.com:2222/example.git (push)
flynn    ssh://git@demo.localflynn.com:2222/example.git (fetch)
origin   https://github.com/flynn/nodejs-flynn-example.git (fetch)
origin   https://github.com/flynn/nodejs-flynn-example.git (push)
```

看到这里应该就能明白了，当需要发布代码到Flynn时，只需要把代码git push到flynn这个

远端。工作在demo.localflynn.com:2222上的**Flynn**组件（**Git Reciever**）就能拦截下这个请求，然后通过**Git**的**hook**机制完成后续的打包、发布操作。其实，这只是**Git**一个非常基本的功能。这也解释了为什么所有新创建的项目，都要添加如上所示的flynn remote地址。

为了使这个应用能够访问，还需要为它添加**HTTP**协议的route，即路由组件提供的访问代理服务，如下所示：

```
$ flynn route
ROUTE                               SERVICE    ID
http:example.demo.localflynn.com    example    http/1ba949d1654e711d03b5f1e471426512
```

(3) 向该flynn remote **push**代码，就会触发**Flynn**一系列"从代码到镜像"的编译、打包、发布流程，过程如下所示。

```
$ git push flynn master
...
-----> Building example...
-----> Node.js app detected
...
-----> Creating release...
=====> Application deployed
=====> Added default web=1 formation
To ssh://git@demo.localflynn.com:2222/example.git
 * [new branch]      master -> master
```

发布成功之后的应用就可以正常访问了，示例如下：

```
$ curl http://example.demo.localflynn.com
Hello from Flynn on port 55006 from container d55c7a2d5ef542c186e0feac5b94a0b0
```

仅仅需要三步，**Flynn**就能够将用户刚刚写完的代码变成可运行的容器镜像，这个流程是完全与**Git**流程结合在一起的，这也意味着还可以通过为**Git**库添加service hook等方法，将自己的第三方服务（如**CI**系统）也集成进来。

那么，这一系列打包发布流程的工作原理又是怎样的呢？首先是打包系统，图7-1展示了这部分流程的工作机制。

图7-1中，①、②、③阶段解释了**Flynn**如何响应用户创建和提交应用**Git**库的过程。通过**API** Controller和**Git** Receiver的协作，**Flynn**读取到用户提交的应用信息并将其作为元数据组拼装成最原始的应用模型对象。

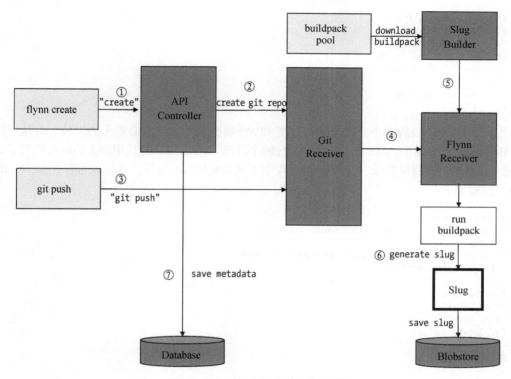

图7-1 Flynn的应用上传打包流程

一旦在第(3)步中用户的push操作触发了Git Receiver接收代码的响应，用户代码将被转交给Flynn Receiver进行下一步处理。这就到了Buildpack大显身手的时候了，这一部分涵盖了图7-1所示的④、⑤、⑥阶段。前面已经介绍过，Buildpack提供的是一系列标准的环境配置、代码编译、代码发布过程。它的实现方式就是按顺序运行detect、compile和release这3个可执行文件，它们可以用任意脚本语言编写。通过这3步就完成了定义代码运行环境、编译代码、发布的全部过程。

- detect：检测用户push进来的代码是什么类型的项目（如Java Web）。
- compile：拉取该类型项目运行时对应的支持（如Java环境）和运行依赖（如Tomcat），并将这两种依赖都放置在指定的目录中。
- release：将compile执行后的结果记录在一个YAML文件里输出，便于Flynn按照统一的方式执行。

为了方便读者理解，下面将通过一个示例来解释。

首先，detect脚本通过判断用户上传应用的目录下存在pom.xml文件来获知这是一个Java应用。当然，也可以把该脚本改成检测/WEB-INF/web.xml文件来确定这是不是一个Java Web应用。过程如下：

```bash
#!/usr/bin/env bash
# bin/use <build-dir>

if [ -f $1/pom.xml ]; then
    echo "Java" && exit 0
else
    echo "no" && exit 1
fi
```

然后，在compile脚本中完成runtime配置和Web服务器（如果有必要）的组装。在这一阶段中，**Buildpack**需要维护build dir和cache dir两个目录，build dir仍是用户上传的代码目录，而cache dir则是一个临时目录，在compile过程中下载JDK和Tomcat等，就可以暂存在cache dir目录中。过程如下：

```bash
#!/usr/bin/env bash
# bin/compile <build-dir> <cache-dir> <env-dir>

BP_DIR=$(cd $(dirname $0)/..; pwd) # absolute path
. $BP_DIR/lib/common.sh

# parse args
BUILD_DIR=$1
CACHE_DIR=$2
ENV_DIR=$3

# install JDK
...
install_java ${BUILD_DIR} ${javaVersion}
status_done

# instal Maven
...
cd $CACHE_DIR
install_maven ${CACHE_DIR} ${BUILD_DIR}

...
# run maven
status "Executing: mvn ${mvnOpts}"
$CACHE_DIR/.maven/bin/mvn ${mvnOpts} | indent
...

# install tomcat
...
# extract files to tomcat dir
...
```

最后，设置release后的结果文件即可。过程如下：

```ruby
#!/usr/bin/env ruby

require 'yaml'
```

```
yml = {
    'addons' => [],
    'config_vars' => {},
    'default_process_types' => {
    'web' => './bin/catalina.sh run'
}
}.to_yaml

puts yml
```

上述YAML文件中的web字段指定了以哪个命令运行该应用。

至此，读者能大致理解代码被git push到Flynn之后，如何经过中转交给Buildpack，并在Buildpack规定的标准化流程中完成编译，接着同Web Server组装并生成配置信息的动作，最后生成产物是已经同可执行代码封装在一起的Web Server（如Tomcat），以及指定好的启动和配置命令。

在这个流程的结尾，Flynn会把最后产出打包成一个压缩包slug.tgz，这就是一个应用的最终可运行态了。整个run buildpack的过程是Flynn调用slugbuilder/builder/build.sh完成的，而最终产物Slug会被持久化在Blobstore①中。与此同时，该应用的配置和应用自身的各项元数据（如应用的类型、刚刚做好的slug的路径、应用的环境变量等信息）会被Flynn的Controller组件持久化到数据库中。

● **第二种方法：直接上传用户Docker镜像并运行起来**

当需要运行某个应用时，Flynn会从Blobstore中下载对应的Slug来运行。读者理解了这个工作流程，就不难想到，Flynn如果想要用户上传一个Docker镜像来运行，就要想办法把镜像做成一个伪Slug。下面来看Flynn是如何做到这一点的。

回顾Flynn借助Buildpack做的三步工作，对于Docker镜像来说，detect和compile两步是不需要的，所以Flynn处理Docker镜像的过程直接来到了release这一步骤。以上传一个简单的Redis镜像为例来进一步说明。

首先，创建对应的服务：

```
$ flynn create --remote "" redis
```

> **注意**　这里使用的是"服务"而不是"应用"，表示这次发布的并不是一个标准的Web应用。

然后，为该服务直接添加一个release，而非触发Flynn Receiver的流程：

```
$ flynn -a redis release add -f config.json
"https://registry.hub.docker.com?name=redis&id=868be653dea3ff6082b043c0f34b95bb180cc82ab14a18d9d6b
8e27b7929762c"
```

───────────
① Blobstore即简单地以文件索引方式实现的对象存储。

此处的config.json是一个负责将Docker镜像描述为被Flynn接受的服务的配置文件，它的内容如下：

```
{
    "processes": {
        "server": {
            "cmd": ["redis-server"],
            "data": true,
            "ports": [{
                "port": 6379,
                "proto": "tcp",
                "service": {
                    "name": "redis",
                    "create": true,
                    "check": { "type": "tcp" }
                }
            }]
        }
    }
}
```

成功创建release之后，redis这个待发布服务就有了可以用来运行的release了，这个release同样指向了一个Slug，只不过这个Slug中的文件是一个用户上传的Docker镜像。

最后，就可以使用scale指令启动这个Docker镜像[①]：

```
$ flynn -a redis scale server=1
```

这时通过flynn命令来连接Redis服务的监听端口就可以使用它了：

```
$ flynn -a redis run redis-cli -h redis.discoverd -p 6379
redis.discoverd:6379> PING
PONG
```

可以看到，**Flynn**直接运行Docker镜像的过程非常简洁，不过很快将会发现这套机制的背后其实也存在着一些不尽如人意的地方。

2. 从可运行实体到应用实例

前文提到，当用户的应用已经被上传并在Flynn中完成了打包工作之后，生成的Slug就是一个按照Flynn规定的组织方式，将可执行文件、Web服务器等应用运行所需的各种制品组织在一起的压缩包。因此，要运行这个Slug，必然需要一个能够知晓Slug文件结构和各项调用命令的组件slugrunner，它的主要工作流程如图7-2所示。

---

① 这里至少将服务实例数指定为1。

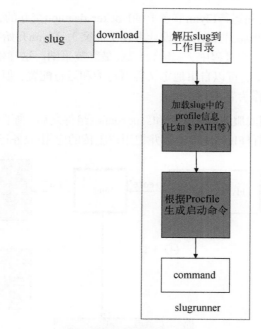

图7-2　slugrunner的工作流程

与其说slugrunner是一个组件,不如说它是一段shell,它用来完成如下3项核心工作:

❑ 创建工作目录,解压Slug;
❑ 加载Slug目录中的profile文件,用来初始化应用运行所需的各项环境变量;
❑ 根据procfile中的内容,为这个Slug生成一句启动命令。

这个过程的最终产出就是启动命令command,在slugrunner的最后一步执行下面这条命令就可以将Slug运行起来:

```
chown -R nobody:nogroup .
exec setuidgid nobody bash -c "${command}"
```

不妨设想一下,Flynn既然已经持有了应用的可运行单元,它只需要向某个工作节点上的Docker daemon发送请求,拉来一个base Docker镜像运行起来,然后执行上述slugrunner过程,不就完成应用或服务的启动了吗?

遗憾的是,事实并非如此。Flynn有点出人意料,它并不同Docker daemon发生交互,甚至它的工作节点都不需要Docker daemon。因为Flynn依靠libvirt-lxc启动容器,加载Docker基础镜像,并在容器里执行slugrunner过程。也就是说,Flynn中运行的容器事实上是LXC容器而非Docker容器,亦即Docker daemon本身的很多特性在Flynn中是不被支持的。

为什么Flynn要这么做?虽然官方没有作出正式解释,但根据GitHub上的部分issue,能够推断出Flynn早期确实是直接同运行Flynn节点上的Docker daemon交互的，但是出于一些技术原因（比如Docker的某些设计和issue与Flynn的设计出现了冲突），Flynn开始寻求基于第三方的库来加载并运行Docker镜像，在选型过程中，libvirt-lxc最终被采纳。这样做最大的好处是让Flynn终于脱离了Docker限制，使得它可以自由地定义容器行为和运行配置，但同时依旧能支持从Docker registry里加载Docker镜像作为容器的rootfs。

在介绍了Flynn的应用或服务打包策略和slugrunner组件之后，剩下的服务启动工作就顺理成章了，下面就用图7-3来解释Flynn启动容器并把用户上传的应用/服务运行起来的过程。

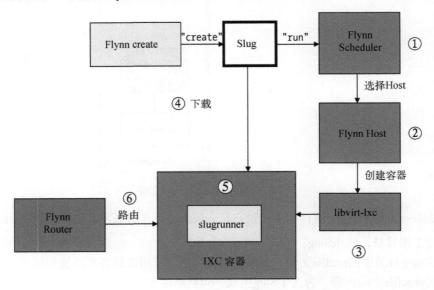

图7-3　Flynn的启动应用/服务的工作流程

① 制作完Slug之后，Flynn通过调度器选择一个合适的Flynn Host（需要Layer 0参与）来运行服务实例。

② Flynn Host调用libvirt-lxc来启动一个LXC容器。

③ 这个容器使用的Docker镜像是Flynn提供的一个base镜像，主要的改动在于镜像中包含了slugrunner脚本和所需的环境依赖。

④ 在LXC容器中，Flynn从指定位置下载对应的Slug；如果用户上传的是Docker镜像，这个Slug就是镜像文件本身加上配置和启动信息。

⑤ 容器里运行slugrunner生成启动命令并启动这个服务。

⑥ Flynn Router为这个服务实例分配一条路由规则（服务名称+域名），这个规则默认是HTTP的，可以指定为TCP。当然在路由节点上Flynn会帮助用户配置好对应的代理。

至此，服务就可以被外界访问了。服务发布宣告完成，Layer 1的主要工作也就结束了。

3. 不要停止思考

当服务发布完成后，作为一个类PaaS项目，Flynn还需要实现这个服务或应用的整个生命周期管理，包括应用启动和停止、状态监控和Scaling。下面将逐一进行简单介绍。

第一，整个服务的生命周期管理的实现很简单，只需要针对slugrunner生成的启动命令和运行起来的PID进行操作即可，这里不再过多介绍，有兴趣的读者可以自行研究buildpack的工作原理。

第二，服务和应用的状态监控。Flynn Host上的Container Manager进程负责实施健康检查，并检测本身运行着的容器数目，检测结果会更新Flynn数据库中的Formations表。另一端的Flynn Controller保持监听该表数据变化，一旦发现desired实例数和actual实例数不一致，Controller就会根据差异值重新在某台Flynn Host下载并运行对应的Slug（或者删除多余的实例）。

第三，服务的水平扩展。如果需要增加实例，Flynn由用户指定某个Flynn Host来启动新的实例容器。如果用户不指定Host，那么Flynn Scheduler会选择一个当前运行中的实例数目最小的Host来运行。如果用户需要减少实例，Flynn直接选择这个服务或应用的最新实例，然后把它们kill掉（虽然是软kill，但是还是略显粗暴）。

截止到本书完成，Flynn为每个实例容器设置的资源是固定的一个CPU和1G内存，所以选择Host的策略也很简单。

至此，已经可以清楚地看到，Flynn的两层架构有着非常强的普适性，甚至可以仅采用Flynn Layer 0，而重新构建符合差异化需求的Layer 1来实现一整套DIY的PaaS。传统PaaS真正的挑战大部分集中在Layer 0上，尤其是资源的隔离、划分和调度。但是，如果有一种非常简便有效的对进程进行资源抽象和统一管理的工具（如Docker和其他正在崛起的容器技术），打造自己的PaaS（DIY Layer 1）就会变得简单很多，这正是容器对PaaS影响最深远之处。可以预见，基于Docker或者其他容器技术作为底层支撑的各种PaaS平台很快会如雨后春笋般在国内外涌现出来。

在全面了解Flynn的架构和原理之后，下面对其进行深入的总结。

(1) Flynn的Layer 0确实很完善，即使一个计算节点宕机系统也能够重新调度正在运行的用户服务以保证服务不中断。

(2) Flynn的两层架构很简洁，这一点比大部分经典PaaS都要强。

(3) Flynn在应用打包这条路径上跟经典PaaS相差不大，它甚至沿用了Heroku的buildpack体系作为发布标准，但Flynn既可以发布"十二要素"应用，也可以发布有状态的服务，这使它与经典PaaS平台在对应用架构限制上有所不同。

(4) Flynn支持用户上传Docker镜像并运行起来，这个过程的本质是将Docker镜像当作一个另一种形态的Slug。

(5) Flynn不使用Docker daemon作为容器运行依赖，因此大部分Docker style的trick（如link）在Flynn上是不支持的。

(6) Flynn Host统一使用zfs来支持volume挂载在容器的/data目录下，volume同LXC容器之间没有sticky关系。这虽然与Docker的volume做法在原理上如出一辙，但并不代表Flynn支持"Docker style"的volume配置。

(7) Flynn的Router目前不支持session sticky，即对于有多个实例的服务/应用，Flynn不保证用户的会话能够一直保持在同一个实例上。

(8) 目前Flynn只内置了一个PostgreSQL数据库通过环境变量同应用绑定并访问。

(9) Flynn有完善支持HTTP和TCP协议的Router机制，对服务的端口不做数量限定，通过环境变量传递端口参数。这一点也比大部分经典PaaS强。

可以看出，作为后起之秀，Flynn"待发布的都是服务"的思路是正确的，它并不强制区分所谓应用和服务的差别（如Web App和它的数据库）。但另一方面，Flynn对于Docker容器的支持只是镜像层面的，这与Cloud Foundry这类经典PaaS不谋而合。这使得Flynn可以自由地定义容器的行为和运行配置，但也因此放弃了整个快速进步Docker技术栈，对于Flynn来言令人扼腕。

同样作为后起之秀，还有一家公司在实现上已经采用了Docker技术栈，但相比Flynn，其设计思想更加接近经典PaaS平台，它就是Deis。

7.2　谈谈 Deis 与 Flynn

前面介绍了CoreOS体系里的Fleet，按照Flynn的标准进行考量，Fleet真的可以说是一个很不错的Layer 0，不难想象，基于Fleet和CoreOS，完全可以构建出一套Layer 1来实现一个完整的容器云技术栈，从而为用户带来类似PaaS平台的效果和更加友好的容器体验。本节要介绍的Deis就是这样一个开源项目。

由于Deis与Flynn的架构十分相似，再加上两者发布的时间又十分接近，所以这两个开源项目从一开始就经常被拿来作对比。本节将从这两个项目的设计、架构以及代码实现上，同读者一起思考两者之间的异同。

从定位来看，如果说Flynn是一个面向服务发布的类PaaS架构的话，Deis则是纯粹的面向应用发布的架构。与Flynn在发布过程中不区分"服务"和"应用"的做法[①]不同，Deis严格区分这两者的关系：所有的数据库、缓存、消息、日志等系统都作为应用的"后端服务"，由用户在线下自行维护，然后应用通过环境变量来访问它们。这种应用与服务完全分离的做法，与经典PaaS平台（比如Cloud Foundry）是高度一致的。但是，Deis的特点在于它是100%基于Docker和CoreOS技术栈的，也即是Deis不仅能够完成从代码到Docker镜像的工作，它还负责创建、启动和运行对

---

① 这里仅指概念上，具体实现上还不是很完美。

应的Docker镜像，并对这些容器实例进行监控、运维和管理。这个过程中，Docker的很多特性和优点就有机会在PaaS层面更多地体现出来了。如果我们说Flynn是一套优秀的服务发布框架，Deis则是一个更加贴近应用和经典PaaS平台的真正意义上的Docker PaaS云。

7.2.1 应用发布上的比较

相对于Flynn，Deis对应用发布的要求看似宽松，理论上任何可以运行在Docker容器里的App都可以发布为Deis的应用，但实际上，Deis的设计是严格遵循经典PaaS的路线的，这就意味着Deis实际上只能发布和管理所谓的"十二因素应用"，这一点将在后面说明，本节先对它的发布流程进行说明。

Deis的发布方式分为以下3种：

❑ 基于Buildpack；
❑ 基于Dockerfile；
❑ 直接上传Docker镜像。

可以看出，由于使用了Docker技术栈，Deis可以支持的发布方式明显比Flynn完善了很多。下面我们对这3种发布方式进行逐一介绍。

1. Buildpack方式

这种方式更多场合被提供给经典PaaS平台使用者的用户，方便用户将类似Heroku或者Cloud Foundry上的应用迁移至Deis。同Flynn的做法类似，Deis同样使用了一个名为`Builder`的组件来完成对应操作，并且同样依靠git来触发Buildpack的`detect->compile->release`流程。请读者回忆一下这个流程：

(1) 用户上传代码；

(2) Buildpack检测应用类型（`detect`）；

(3) 打包运行时环境（`compile`）；

(4) 生成启停脚本和配置信息，打包成一个压缩包。

这个过程最后的产出就是Slug，接着Deis就开始执行把Slug转换为一个Docker镜像的过程，这实际上是一个build Dockerfile的过程：

```
Step 0 : FROM deis/slugrunner
 ---> 5567a808891d
Step 1 : RUN mkdir -p /app
 ---> Running in a4f8e66a79c1
 ---> 5c07e1778b9e
Removing intermediate container a4f8e66a79c1
Step 2 : ADD slug.tgz /app
 ---> 52d48b1692e5
```

```
Removing intermediate container e9dfce920e26
Step 3 : ENTRYPOINT ["/runner/init"]
 ---> Running in 7a8416bce1f2
 ---> 4a18f93f1779
Removing intermediate container 7a8416bce1f2
Successfully built 4a18f93f1779
-----> Pushing image to private registry

       Launching... done, v2
```

虽然原理并不复杂，但还是有必要逐条解释一下。

Step 0：　Deis为转换过程提供了一个base镜像，镜像内容就是SlugRunner，这种做法与**Flynn**完全一致。

Step 1：创建应用的工作目录。

Step 2：把slug.tagz放到工作目录中。

Step 3：由于slug中已经指定好了应用的启动命令，所以在Docker容器里只要在ENTRYPOINT时执行/runner/init来调用这个启动命令就可以了。

以上步骤执行完成后，就启动起了一个临时容器，容器中正是这个运行起来的应用。接下来，Deis把这个容器push到Deis自带的Docker registry里就大功告成了。以后要运行这个应用，pull下来run就可以了。

2. 上传Dockerfile的方式

我们已经了解了基于buildpack的工作步骤，这里只需要跳过run buildpack的过程直接开始Step 0就可以了。所有Dockerfile的命令都执行完成后，Deis同样将这个已经启动的临时容器作为镜像上传到Docker registry当中。

需要注意的是，Deis中被上传的Dockerfile中的EXPOSE只能有一个端口，并且这个端口只支持HTTP服务。也就是说，不可以使用JConsole调试Java应用，不可以发布一个TCP服务，不可以发布由多个服务组合在一起的复杂应用。Deis这种对单实例多端口应用的不予支持，这是与经典PaaS平台十分类似的通病。

3. 直接使用Docker镜像的方式

这种方式也存在上述问题，用户虽然可以通过deis pull <image>直接运行用户在公网Docker Hub上的镜像，但这个镜像的内容也必须是一个"乖乖"的轻应用。造成这个问题的原因其实并不复杂，Deis实现过程中在Cores机器上使用了docker inspect来获取容器的端口映射信息，示例如下：

```
$ docker run --name helloworld -d -p 1111:1111 -p 2222:2222 busybox /bin/sh -c "while true; do echo
    hello world; sleep 1; done"
$ core@deis-1 ~ $ docker inspect -f '{{range $i, $e := .HostConfig.PortBindings }}{{{$p := index $e
    0}}{{$p.HostPort}}{{end}}'  container-name
```

```
$ 11112222
```

可以看到，如果事先不知道具体端口而容器需要暴露多个端口的话，inspect操作使用的Go语言JSON模板只能得到一组串联的端口（11112222），而不是多个独立端口（1111或2222）。这个问题并不难解决，修改inspect的逻辑加入一个分隔符，或者事先记录为容器分配的端口。只不过，Deis似乎对解决这个问题不太感兴趣，依然坚持只支持12-Factor应用模型。最终结果是，在服务发布这一环节上，虽然Deis提供了更加友好的发布方法，但却比Flynn带来了更多的限制，也因此给自身的适用场景带来了诸多限制。

7.2.2 关于 Deis 的一些思考

Deis在掌握Docker这一利器的情况下依然选择了经典PaaS平台的定位。除了它所有组件都是通过Docker容器部署的，不难发现，在架构设计上Deis的核心组件与经典PaaS平台（如Cloud Foundry）的架构非常类似：

- 由负责处理API请求的Controller；
- 负责应用多实例负载均衡的Router；
- 负责搜集容器日志和转发日志的Logspout和Logger；
- 负责将组件和应用实例注册到Router的Publisher；
- 辅助组件（如存储）等。

在这个体系结构里，剩下的任务调度、资源抽象等工作全部交给Fleet及CoreOS来进行。

问题在于，以Cloud Foundry和OpenShift为代表，身出名门又有众多IT巨头支持的经典PaaS平台项目正在快速演进，不断地自我完善，其步伐之快远超Deis。按照现有的方向发展，即使Deis能把Cloud Foundry v2的功能全部覆盖，也顶多是一个支持Docker作为发布介质的经典PaaS。这样做究竟意义何在？要知道，从某种程度上讲，Cloud Foundry和OpenShift已经将经典PaaS推向了巅峰。

第 8 章

一切皆容器：Kubernetes

8

我们在前面几章解析了许多针对Docker容器的编排和管理工具，但无论是小而美的Flynn，还是另辟蹊径的Deis，都有意无意地模仿了经典PaaS的架构、功能和设计理念。可以发现，单纯依靠Fleet这样的编排和部署系统来提供云计算服务还不够，而Flynn、Deis等Docker容器云则对应用的架构和开发运维人员对整个软件环境的控制力做了较大的限制。

相比之下，有一些开源项目更加开放一些。它们把自己定位在编排和部署工具之上，而又在传统PaaS领域之下；在功能上既保证了容器集群的高效编排运维，同时又提供了恰到好处的平台层服务，剔除了不必要的限制和规范，最终为开发运维人员提供了更大的发挥空间。它们就是Swarm/Machine/Compose组合、Mesos+Marathon组合，以及后来居上的Google Kubernetes。

本章将重点解读上述项目中最经典的范例——Google的Kubernetes项目。

8.1 Kubernetes 是个什么样的项目

正如Kubernetes的作者在文档里宣称的那样，Kubernetes脱胎于Google内部的大规模集群管理工具Borg，并且Kubernetes项目早期的主要贡献者正是参与过Borg项目的工程师，所以业内也基本认同Kubernetes的很多概念和架构"代表了Google过去十余年设计、构建和管理大规模容器集群的经验"[①]的说法。

那么问题是，相比于之前介绍的各式各样的容器云方案，Kubernetes到底更好地解决了哪些问题？现在它是否已经为构建一个容器云做好了准备？

简单地说，Kubernetes还是一个管理跨主机容器化应用的系统，实现了包括应用部署、高可用管理和弹性伸缩在内的一系列基础功能并封装成为一套完整、简单易用的RESTful API对外提供服务。Kubernetes的设计哲学之一就是维护应用容器集群一直处于用户所期望的状态。为了践行这一价值观，Kubernetes建立了一套健壮的集群自恢复机制，包括容器的自动重启、自动重调度以及自动备份等。所以从这一层面上来看，Kubernetes与Fleet或者Mesos都相差无几。

但是，也不难发现，Kubernetes主要瞄准的服务对象是由多个容器组合而成的复杂应用，如

[①] 引自Kubernetes项目README，参见https://github.com/kubernetes/kubernetes。

弹性、分布式的服务架构。为此，Kubernetes引入了专门对容器进行分组管理的pod，从而建立了一套将非容器化应用平滑地迁入到容器云上的机制。可以说，整个Kubernetes的设计理念就是在围绕着pod这个可以视作单个容器的"容器组"展开的，当容器组代替容器成为了系统中的主要粒度时，它所构建出来的应用组织方式就与Fleet或者Mesos产生了很大的区别。关于这一点，本章在解析pod时会详细展开介绍。

而相比Flynn、Deis这样的Docker容器云，Kubernetes对外提供容器服务的模式则更偏向于Mesos的方式，即用户提交容器集群运行所需资源的申请（通常是一个配置文件），然后由Kubernetes负责完成这些容器的调度任务，即自动为这些容器选择运行的宿主机。对于应用的架构以及开发运维人员对整个软件环境的控制力，Kubernetes并不做其他的限制。

在Kubernetes的早期版本中，调度相对比较简单，但在撰写本书时（即v1.2.0版本[①]），Kubernetes已经开发出一套可插拔、基于资源发现、支持自定义调度策略的调度器框架。未来，这个调度器能够将单个容器和容器组对资源的需求量、网络QoS、软硬件和调度策略限制、容器之间聚集性和互斥性要求、数据本地化、内部负载、任务完成截止时间等诸多因素都考虑在内，其中大部分用户定制化需求可以通过暴露API传达给调度器。

这也是我们说Kubernetes工作的层次比PaaS更低、但比Fleet要高的原因。

另一方面，Kubernetes与Mesos+Marathon在大多数地方都很接近，但是相比后者，Kubernetes原生提供了"容器组""跨主机网络""负载均衡"等一系列关键的上层容器服务。对于任何试图构建自己的容器云的团队而言，Kubernetes这些特性可能更适合作为参考和借鉴的第一手资料。

8.2 Kubernetes 的设计解读

Kubernetes为我们提供工具来构建自己的云服务，使应用程序开发者能够从繁杂的运维中极大地解放出来。作为一个备受瞩目的主流容器应用部署框架，Kubernetes无疑融合了很多先进的设计理念和广泛的实践经验。它不仅提供了APIServer、scheduler、kubelet等底层核心组件，从而使得用户能够放心管理成千上万个容器实例，更提供了pod、service、replication controller等设计理念和服务，帮助用户更加方便快捷地基于容器构建应用系统。为了帮助读者快速上手Kubernetes，本节将全面梳理pod、replication controller、service等设计理念，而这一切都将从一个官方提供的常用示例Guestbook开始。

8.2.1 一个典型案例：Guestbook

在这个例子中，会在Kubernetes集群中部署这样一个应用。

❑ 它是一个PHP网站，并同时运行3个副本来保证高可用；

---

① 如非特殊说明，本书针对的Kubernetes原理介绍均针对v1.2.0版本。

8

□ 这个PHP网站在Redis里存储了一个数据，不定期进行读写；

□ 这个Redis服务由1个Master节点和2个Slave节点组成高可用集群，读请求由Slave处理，写请求则交给Master。

这类应用是非常常见的，在不借助其他工具的前提下，仅使用Docker容器也能把这个集群运行起来，然后使用负载均衡组件来完成多个Redis Slave之间以及多个PHP实例之间的请求分配。当然其中也少不了自己搭一些服务发现的组件，来保证自动化管理的过程。

那么，这样的集群在Kubernetes的管理下又是怎样的呢？如图8-1所示，在Kubernetes的管理下，所有容器（包括PHP网站和Redis节点）都会被分配一个"副本控制器"（replication controller），并且指定PHP的副本数量为3， Redis Slave的副本数量为2， Redis Master的副本数量为1。

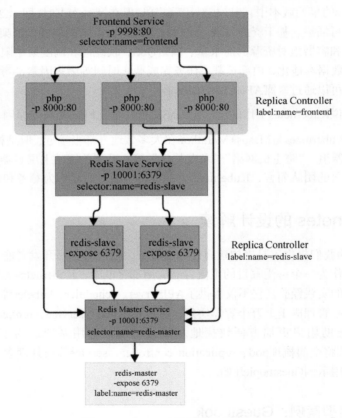

图8-1　Guestbook的部署示例[①]

用户在创建容器时，会给每个容器指定一个用来分组的标签（label）：比如所有PHP网站容器都属于name=frontend这个组。在调度的时候，Kubernetes就可以根据这些标签来进行一些决

① 图片来自Centurylink：http://www.centurylinklabs.com/what-is-kubernetes-and-how-to-use-it/。

策。比如，从高可用角度出发，用户可以指定所有name=frontend标签的容器不会被调度在同一台node上。

这些容器可以直接使用IP:Port的方式进行通信，但是由于重新调度或者重启之后Docker容器的IP会发生变化，所以Kubernetes内置了一个名为service的代理组件。当为某些容器（同样可以使用label来指定）分配了一个service代理后，这些容器就可以统一使用一个固定IP（cluster IP）被访问到，这就为用户省去了自己搭建负载均衡的麻烦，当然，如有需要，也可以使用自己的负载均衡组件来代替这些service。

最后也是最重要的，上述replication controller、label和service，真正操作的对象都是一个称为pod的逻辑对象，而非容器，这是Kubernetes与其他编排调度平台最大的区别。

pod可以想象成一个篮子，而容器则是篮子里的鸡蛋，当Kubernetes需要调度容器时，它直接把一个篮子（连同里面的鸡蛋）从一个宿主机调度到另一个宿主机，而不是一个一个地搬运里面的鸡蛋。篮子和鸡蛋的关系主要表现为以下几点。

- 一个pod里的容器能有多少资源也取决于这个篮子的大小。
- label也是贴在篮子上的。
- IP分配给篮子而不是容器，篮子里面的所有容器共享这个IP。
- 哪怕只有一个鸡蛋（容器），Kubernetes仍然会给它分配一个篮子。

在Kubernetes中，pod、replication controller和service统称为"对象"或者"资源"，并通过APIServer组件提供了一套对它们按照RESTful格式的增、删、改、查和监听接口。Kubernetes支持多个API版本，如/api/v1和/apis/extensions/v1beta1，对应的资源对象分别定义在/pkg/api/{apiversion}/types.go和/pkg/apis/extensions/{apiversion}/types.go中。

不同的API版本中Kubernetes对象的定义和操作略有不同，同时它们在系统中的稳定程度也略有差异。如alpha级别的API通常是处于开发的不成熟阶段，而beta级别和稳定级别的API在测试完备度和支持程度上是逐渐递增的。

注意　上述所有的资源对于不同的租户来说在逻辑上是隔离的，租户隔离使用的概念叫namespace（注意不是Linux的namaspace），大家可以理解为工作空间。如非特殊说明，下文出现的namespace均指Kubernetes的namespace。更多关于Kubernetes namespace的概念将在8.4.1节中讨论。

好了，接下来我们先从神奇的pod入手。

8.2.2　pod 设计解读

在Kubernetes中，能够被创建、调度和管理的最小单元是pod，而非单个容器。前面已经说过，一个pod是由若干个Docker容器构成的容器组（pod意为豆荚，里面容纳了多个豆子，很形象）。

这里需要强调的是，pod里的容器共享network namespace，并通过volume机制共享一部分存储。

- pod是IP等网络资源的分配的基本单位，这个IP及其对应的network namespace是由pod里的容器共享的；
- pod内的所有容器也共享volume。当有一个volume被挂载在同属一个pod的多个Docker容器的文件系统上时，该volume可以被这些容器共享。

另外，从Linux namespace的角度看，同属一个pod的容器还共享以下namespace。

- IPC namespace，即同一个pod内的应用容器能够使用System V IPC或POSIX消息队列进行通信。
- UTS namespace，即同一个pod内的应用容器共享主机名。

这样做的好处是什么呢？要知道，使用Fleet这样的编排调度工具就已经能够保证若干个容器始终运行在同一个宿主机上了。

仔细思考一下，可以发现同一个pod里的容器有如下两个特性：

- 通过Kubernetes volume机制，在容器之间共享存储；
- 可以通过localhost直接访问另一个容器。

这是一个怎么样的场景呢？如果运行起来的是一个网站系统，似乎并不需要这些特性，因为没必要读取超过网站内容外的文件，况且如需连接其他容器（比如MySQL），直接采用IP访问不也能实现吗？

但试想一下，有一个应用叫"云控制器"，它不是一个简单的网站，而是由3个独立的进程组成的。其中进程A是一个负责响应和处理用户请求的Web服务器；进程B是一个负责转发A产生日志的定时任务；进程C负责监控A和B的PID存活情况并发送定时心跳给监控组件。

在传统的部署方法里，该服务的3个进程一定是被部署在同一个机器里面，这个机器也会被命名为"云控制器服务节点"。可是采用容器方案之后呢？

如果把这3个进程分别部署在3个容器里，处理它们之间的联系就会非常麻烦。至少需要做到以下几条：B需要同A建立一个共享的volume（很可能还得通过中间容器），C需要知道A和B的PID（PID的值和位置有可能还会变），还必须小心翼翼地维护这些脆弱的容器关系（怎么也得记在小本上吧）。任何重新调度、重启或者更新某个容器的操作，都有可能破坏既定的容器间联系，更不用提多副本、水平扩展这种高难度的复杂操作了。修改B的代码和配置自然也是避免不了的，这时维护起来的难度就相当大。再回想Docker在广告里宣称的"应用无缝迁移"和"操作系统无关"，恐怕也只能苦笑了。

如果把3个进程分别部署在3个容器里会存在这样那样的问题，那么把这些进程封装在同一个容器镜像中，是不是所有的问题都迎刃而解了呢？不见得。由于Docker容器是严格的单进程模型，我们不得不在所有的容器里内置一个进程管理软件（比如supervisord、m/monit），接着会惊奇地发现，进程启动命令全变了。以m/monit为例，进程A的启动命令从./startup.sh变成了/usr/bin/

monit start tomcat，而且还需要为进程A编写供m/monit使用的进程描述文件。说好的"原生支持，无缝迁移"呢？更遗憾的是，当我们把负责不同职责的进程合并在同一个容器中时，就失去了微服务的优势，比如我们已经无法做到每个模块单独开发、部署和运维。任何一个进程的代码如果要更新，都得更新整个容器镜像，无法实现增量部署，滚动更新。此外，现在这些进程都在一起运行了，一旦哪个进程有内存泄露之类的问题，整个容器都有被拖垮掉的风险。

如果仅仅需要发布一个小网站，以上种种问题可能并没有造成太大的麻烦。但实际情况是，绝大多数企业级应用和服务正是上面描述的复杂应用。如果只需支持一个"规范"的十二要素应用（12-Factor application），经典PaaS早已完成了大部分工作。

pod正是为了解决"如何合理使用容器支撑企业级复杂应用"这个问题而诞生的。这也是Kubernetes明显区别于其他各类容器编排调度工具的显著特性。Kubernetes也是目前唯一一个没有大谈特谈所谓"轻应用"和"十二要素应用"概念的一个Docker容器编排系统，毕竟它的设计理念就是要支持绝大多数应用的原生形态。我们可以看到它的官方示例中有很多演示如何发布诸如HBase、Hazelcast、Cassandra等分布式服务的，我们团队的很多实际经验也是在如何使用Kubernetes和Docker发布Cloud Foundry这样的分布式系统上。从这一点上来讲，Kubernetes的设计确实让大多数竞争者望尘莫及。

前面也讲到，当系统运行着数量庞大的pod时，用户或者系统管理员如何有效地定位与组织这些pod就成了一个重要问题。Kubernetes的解决方案是label。每个pod都有一个属性"labels"———一组键/值对，形如：

```
"labels": {
    "key1" : "value1",
    "key2" : "value2"
}
```

通过label，可以在Kubernetes集群管理工具kubectl中方便地实现pod等资源对象的定位和组织，只要传入-l key=value参数即可，例如列举所有匹配标签{"name": "nginx"}的pod可以这么操作：

```
$ kubectl get pods -l name=nginx
```

label的用途并非仅限于此，Kubernetes中的其他对象，如replication controller和service，同样可以通过label对pod进行定位和组织。事实上，在Kubernetes中，label是一种重要的且被广泛应用的组织、分类和选择Kubernetes对象的机制，因此下文将详细介绍Kubernetes label和label selector的工作原理。

1. label和label selector与pod协作

labels属性是一组绑定到Kubernetes对象（如pod）上的键/值对，同一个对象labels属性的key必须独一无二。label的数据结构非常简单，就是一个key和value均为string类型的map结构。

在Kubernetes对象创建时，label进行绑定操作，当然，绑定后label也能够任意增删和修改，这些对象根据各自的label被划分子集。Kubernetes设计者引入label的主要目的是面向用户，使之成为用户级的Kubernetes对象标识属性，因为包含Kubernetes对象功能性和特征性描述的label比对象名或UID更加用户友好和有意义，而且使用户能够以一种松耦合的方式实现自身组织结构到系统对象之间的映射，无须客户端存储这些映射关系。但是，label一般不直接作为系统内部唯一标识Kubernetes对象的依据，因为不同于对象名和UID，label并不保证唯一性。

利用一个label的key代表一个资源管理维度（如release、environment等），不同的Kubernetes对象携带一个或一组相同的label，是Kubernetes实现多维度资源管理的精华所在。一个复杂的分布式应用包括若干个层级，简单可以分成前端、后端、中间层等。从应用运行环境角度区分，又分为开发环境、测试环境和生产环境等。有时应用为了升级需要可能同时存在稳定版和升级测试版。在一个多租户的系统中，系统空间又根据不同用户进行划分。不同系统组件的更新周期也存在差异，有些更新频率是周级别，有些则是日级别。因此，根据上述讨论的不同维度，可以为基于容器的服务系统的系统实体——pod贴上不同的标签，方便管理和维护，示例如下。

```
"release" : "stable", "release" : "canary", ...
"environment" : "dev", "environment" : "qa", "environment" : "production", ...
"tier" : "frontend", "tier" : "backend", "tier" : "middleware", ...
"partition" : "customerA", "partition" : "customerB", ...
"track" : "daily", "track" : "weekly", ...
```

以上只是一些示例，用户完全可以根据自身实际情况自由地创建label。

labels属性由一组键/值对组成。

一个合法的key由两部分组成——前缀（prefix）和名字（name），中间由一个"/"分隔，前缀和"/"是可选的，表示属于哪个域。name字段最多由63个字符组成，接受的字符包括a-z，0-9和"-"，全部小写，开头和结尾只能是小写字母和数字（[a-z, 0-9]），中间用"-"连接，譬如2n1-ame0作为key值是合法的，但An1-ame0或2n1_ame0是非法的。如果指定了前缀，则前缀必须是一个DNS子域名（即一系列用"."分隔的DNS标签，总长度不超过253个字符）。如果前缀是缺省的，则认为该label是用户私有的，系统组件如果要使用labels，必须指定一个前缀，譬如前缀kubernetes.io就是Kubernetes核心组件的保留前缀。

一个合法的value最多由63个字符组成，接受的字符包括A-Z，a-z，0-9，"-"，"_"和"."，但第一个字符必须是[A-Za-z0-9]中的一个。

label selector是Kubernetes核心的分组机制，通过label selector，客户端或用户能够识别一组有共同特征或属性的Kubernetes对象。一个label selector可以由多个查询条件组成，这些查询条件用逗号分隔。当一个label selector存在多个查询条件时，这些查询条件需要同时满足，这时逗号就充当"逻辑与"的作用。在实际应用中，label selector经常作为发送给APIServer的RESTful查询请求的条件参数，用于检索一个与label selector匹配的Kubernetes对象列表。Kubernetes API目前支持以下两种类型的label selector查询条件。

● **基于值相等的查询条件**

通过等值匹配label的key和value来过滤Kubernetes对象。匹配的Kubernetes对象必须包含所有指定的label（包括key和value），当然这些对象可能还包含其他的label，这并不影响被label selector选中。这种类型的label selector支持3种操作符：=、==和!=，其中前两个操作符从在语法上是等价的且代表"相等"的语意，而最后一个操作符代表"不相等"的语意。请看下面这两个例子。

```
environment = production
tier != frontend
```

前者选择所有的key值等于environment而且value值等于production的资源对象，后者选择所有的key值等于tier且value值不等于frontend的资源对象。如果想过滤出位于production环境但非前端的资源对象可以使用,操作符，如下所示。

```
environment=production,tier!=frontend
```

● **基于子集的查询条件**

通过匹配label的key及其对应的value集合来过滤Kubernetes对象。匹配的Kubernetes对象必须包含所有指定的label（比如，所有的key值和每个key对应的至少一个value值）。这种类型的label selector支持3种操作符：in、notin和exists（exists操作符只适用于对key值的比较）。请看下面这3个例子。

```
environment in (production, qa)
tier notin (frontend, backend)
partition
```

第一个例子选择所有的key值等于environment且value值等于production或qa的资源对象。第二个例子选择所有的key值等于tier而且value值不等于frontend且backend的资源对象。第三个例子选择所有的labels属性中包含key值等于partition的资源对象，不需要检查value值。类似地，操作符可以充当逻辑与的作用，譬如过滤出包含key值partition（不论value值等于什么）且不处于qa环境的资源对象可以使用下面的label selector语句。

```
partition,environment notin (qa)
```

可以看出，基于值相等的查询条件是基于子集的查询条件的一个特例，因为key=value等价于key in value，类似地，key!=value等价于key notin (value)。在一个**label selector**中，基于子集的查询条件可以和基于值相等的查询条件混合使用，例如，partition in (customerA, customerB),environment!=qa。

Kubernetes API的LIST（返回一个特定的资源对象列表）和WATCH（检测一个特定的资源对象的数据变化情况）操作可能会用到label selector来过滤出返回的资源对象的某个子集。label selector通过查询参数的方式传入RESTful API请求，以上提到的两种查询条件均支持，如下所示。

❏ 基于值相等的查询条件：?labels=key1%3Dvalue1,key2%3Dvalue2
❏ 基于子集的查询条件：?labels=key+in+%28value1%2Cvalue2%29%2Ckey2+notin+%28value3

说明 以上查询条件都是带%转译的。

最后要说明的是，根据label的特点，同一个pod（或其他资源对象）可能同时属于多个对象集合（回忆一下venn图集合相交的情况）。这一特性促进了扁平化、多维度的服务组织和部署架构，这对集群的管理（譬如配置和部署等）和应用的自我检查和分析（如日志、监控、预警和分析等）非常有用。如果没有label这种将资源对象划分集合的能力，就需要创建很多隐含联系而且属性重叠的资源集合，而我们知道，单纯的分层嵌套的组织结构不能很好地支持从多个维度对系统资源对象集合进行切割。

2. pod的现状和未来走向

由于pod对于Kubernetes来说非常重要，这里有必要说明一下这个模型未来的发展方向，以便读者更好地理解pod设计者的用心。

● 资源共享和通信

目前pod内的容器共享同一个network namespace、IP资源和端口区间，能够通过localhost进行相互间的通信（下文会有实验说明）。在一个扁平化的共享网络空间中，每个pod都拥有一个IP地址，通过该IP地址，pod内的容器就能够与其他宿主机、虚拟机或者容器进行通信（更多关于网络的细节请参见8.5节）。pod内容器的的主机名被设置成pod的名字。pod还可以为pod内的容器指定了一组共享的存储卷（volume），这些存储卷的作用是方便pod容器之间共享数据以及在容器重启过程中避免数据丢失。而在未来，pod内的容器之间将能够共享CPU和内存[1]，这就意味着，将来pod里的各个容器可以完美地实现一种"超亲密"的关系，就像在虚拟机里部署和启动多个应用的过程一样，最终可以在一个pod中部署和管理多个紧密协作的容器，为这个pod而非每个容器设置一个资源上限（比如2GB内存），然后为某个关键容器设置最少的资源配额（比如60%），让其他辅助类进程共同竞争剩余的资源（40%），这无疑是一个十分有用的特性。

● 集中式管理

目前而言，pod对于Kubernetes来说最有用的价值就是"原子化调度"，即在为一个pod选择目的宿主机时，Kubernetes会考量这个机器是否能够放下整个pod，而避免出现本应该部署在一起的容器因为资源不足无法满足"超亲密"关系的尴尬。而在未来，与Docker提供的原始底层容器接口不同，pod会进一步简化应用部署和管理流程。逐步实现Docker容器的协同定位、命运共担[2]、协同复制、主机托管、资源共享、协调复制和依赖管理的全自动处理。

3. pod的使用场景

前面已经列举过pod如何处理紧密协作的多个进程的方法，这里还可以列举出符合这类关系的很多应用场景，如下所示：

- ❑ 一个内容管理系统，包括文件和数据加载器，本地缓存管理系统的组合；
- ❑ 一个常规应用和它的日志和检查点的备份、压缩、轮换、快照系统等的组合；
- ❑ 一个常规应用和它的数据变化监测器、日志实时收集器、事件发布器等的组合；

---

[1] 详见LPC2013：http://www.linuxplumbersconf.org/2013/ocw//system/presentations/1239/original/lmctfy%20(1).pdf。
[2] 参见http://en.wikipedia.org/wiki/Fate-sharing。

❏ 一个常规服务和它的网络代理、桥接和适配器等网络辅助组件的组合。

一言以蔽之，尽量不要在单个pod中运行同一个应用的多个实例，因为pod设计的目的就是用于不同应用程序之间的协同，所以把一个应用的多个副本部署在一个pod中明显是不明智的。

接下来将从实际操作入手，详细解读pod的设计。

4. pod使用实例

使用Kubernetes的客户端工具kubectl来创建pod，该命令行工具支持对Kubernetes对象（pod、replication controller、service）的增、删、改、查操作以及其他对集群的管理操作。创建Kubernetes资源对象的一般方法如下所示。

```
kubectl create -f obj.json
```

其中obj.json可以是定义pod、replication controller、service等Kubernetes对象的JSON格式的资源配置文件。

先来看一个简单的例子。

```
{
    "kind": "Pod",
    "apiVersion": "v1",
    "metadata": {
        "name": "podtest",
        "labels": {
            "name": "redis-master"
        }
    },
    "spec": {
        "containers": [{
            "name": "master1",
            "image": "k8stest/redis:test",
            "ports": [{
                "containerPort": 6379,
                "hostPort": 6388
            }]
        }, {
            "name": "master2",
            "image": "k8stest/sshd:test",
            "ports": [{
                "containerPort": 22,
                "hostPort": 8888
            }]
        }]
    }
}
```

以上配置信息描述了一个name为podtest的对象。而该配置信息的kind字段表明该对象是一个pod。apiVersion字段表明客户端使用的服务端API版本是v1。

spec:containers字段描述了pod内的容器的属性，包括：容器名（name）、镜像（image）、端口映射（ports）等。

其中ports字段由两个属性值组成：containerPort（容器端口）和hostPort（主机端口），Kubernetes自动实现了用户容器端口到宿主机端口的映射关系。

这里需要详细说明下spec字段。所有的资源对象都会在该字段下告诉系统自己的期望状态，而Kubernetes负责收集该资源对象的当前状态与期望状态进行匹配。

例如，当创建一个pod时，声明该pod容器正常运行所需的计算资源，那么Kubernetes不论发生什么情况都要保证pod内的容器正常运行。如果pod内的容器没有运行（譬如发生程序错误），Kubernetes就会不停地重新创建pod对象，这个过程将一直持续到使用者删除该pod为止。

labels字段即该pod的标签，该pod只有一个标签：redis-master。

将以上配置内容写入testpod.json文件，并根据该配置文件创建一个包含两个容器的pod。这里需要注意两类端口冲突的问题，第一类是pod内部的端口冲突，即同一个pod内的容器端口不能重复，否则会发生端口冲突；另外一类是宿主机端口冲突，即同一个pod的不同容器的端口可能会映射到宿主机上的同一个端口，这样也会引起端口冲突。这两个问题都需要用户自己定义清楚，否则就会收到"端口被占用"的错误。

```
$ kubectl create -f testpod.json
pod "podtest" created
```

> **注意** 目前kubectl并不会在屏幕打印创建pod过程中与Docker容器相关的log信息，因此如果需要知道中间过程中发生了哪些与Docker容器相关的事情，可以查看Docker的log，如在ubuntu14.04平台中可使用命令：`$ tail -f /var/log/upstart/docker.log`。

查看创建的pod信息：

```
$ kubectl get pod
NAME      READY    STATUS    RESTARTS   AGE
podtest   2/2      Running   0          5s
```

可以看到，pod已经处于运行状态，该pod包含两个用户容器：master1和master2。master1容器运行redis，master2容器运行sshd。如果要查看pod中容器输出的log信息，可以使用kubectl log pod {container}获取，以master1容器为例。

```
$ kubectl log podtest master1
...
[1] 06 May 06:16:26.040 # Server started, Redis version 2.8.4
[1] 06 May 06:16:26.040 * The server is now ready to accept connections on port 6379
```

5. 如何编写一个pod的描述文件

在上面的实践中，我们已经看到了一个基本的pod描述文件的内容，那么如何根据需要编写一个完整、正确的pod资源文件（manifest）呢？

除去那些共性的字段（比如ID等元数据），需要重点关注的是pod的期望状态（spec）字段。

只要这里各字段的含义解析清楚了，pod资源文件的写法问题也就迎刃而解了。

首先是元数据部分，如表8-1所示。

表8-1   pod manifest字段说明（元数据）

字　段	是否必需	类　型	含　义	由用户提供	备　注
name	是	string	pod的名称	是	在同一个namespace下唯一
labels	否	map[string]string	用户自主标识的键/值对	是	多用于service与pod或者replication controller与pod的匹配
UID	是	string	系统唯一标识pod实例的uid	否	只读属性，由系统注入
namespace	否	string	pod所在的namespace	是	若为空，则默认为default

然后定义pod内容器信息及其资源使用的部分，此处用数组表示该字段可以有多个值，比如 containers[].name表示containers字段下可以定义多个容器，每个容器对应一个name，如表8-2所示。

表8-2   pod manifest字段说明（定义容器资源）

字　段	是否必需	类　型	含　义	由用户提供	备　注
containers[]	是	list	要在pod内启动的所有container	是	无
containers[].name	是	string	容器名	是	唯一标识容器，在同一个pod内必须独一无二
containers[].image	是	string	容器使用的Docker镜像名	是	无
containers[].command[]	否	string list	启动Docker容器时运行的命令	是	无
containers[].workingDir	否	string	命令在Docker容器内执行的初始工作目录	是	一旦设置便无法更新，默认是Docker default
containers[].resources	否	map	容器的计算资源	是	主要分为limit和request，分别对应允许使用资源的上限和请求资源的下限
containers[].volumeMounts[]	否	list	暴露给容器且能够挂载到Docker容器文件系统上的所有volume	是	无
containers[].volumeMounts[].name	否	string	volume名	是	待挂载volume的名字，该字段值必须与在volume[]中定义的name值匹配
containers[].volumeMounts[].mountPath	否	string	volume在容器内的挂载点路径	是	该路径必须是绝对路径且长度不能超过512个字符
containers[].volumeMounts[].readOnly	否	boolean	标识该volume是否是只读的	是	默认值是false，即可读可写

定义容器端口和环境变量的部分，如表8-3所示。

表8-3   pod manifest字段说明（定义容器端口和环境变量）

字　段	是否必需	类　型	含　义	由用户提供	备　注
containers[].ports[]	否	list	容器打开的所有端口	是	一旦设置便无法更新
containers[].ports[].name	否	string	端口名	是	在pod内必须独一无二
containers[].ports[].containerPort	是	int	容器监听的端口号	是	1-65535
containers[].ports[].hostPort	否	int	容器端口在宿主机上的端口映射	是	1-65535
containers[].ports[].protocol	否	string	端口类型	是	UDP 或 TCP，默认是 TCP
containers[].env[]	否	list	在容器运行前设置的环境变量	是	是一组键/值对
containers[].env[].name	否	string	环境变量名	是	无
containers[].env[].value	否	string	环境变量值	是	无

接下来是重启策略，如表8-4所示。

表8-4   pod manifest字段说明（重启策略）

字　段	是否必需	类　型	含　义	由用户提供	备　注
RestartPolicy	否	string	pod内容器重启策略	是	包含3种策略：Always、OnFailure和Never

接下来是volume的配置，如表8-5所示。

表8-5   pod manifest字段说明（volume配置）

字　段	是否必需	类　型	含　义	由用户提供	备　注
volumes[]	否	list	pod内由容器间共享的所有volume	是	无
volumes[].name	否	string	volume名	是	无
volumes[].VolumeSource	否	object	待挂载volume的种类	是	包括HostPath、EmptyDir、GCEPersistentDisk等多种类型
volumes[].source.emptyDir	否	object	emptyDir类型volume	是	默认的volume类型，代表挂载的volume是一个分享pod生命周期的临时目录。emptyDir的值是一个空对象，即：emptyDir:{}
volumes[].source.hostPath	否	object	hostPath类型volume	是	代表挂载的volume是一个已经存在宿主机上的目录。需要指定volumes[].source.hostPath.path
volumes[].source.hostPath.path	否	string	宿主机上一个暴露给容器的现存目录的路径	是	无

（续）

字　　段	是否必需	类　　型	含　　义	由用户提供	备　　注
volumes[].source.gce PersistentDisk	否	object	GCEPersistentDisk 类型volume	是	无
volumes[].source.gitRepo	否	object	gitRepo类型volume	是	代表某个特定版本的git 仓库的url
volumes[].source.secret	否	object	secret类型volume	不确定	用户可以自行提供secret，亦可以采用系统生成的默认secret

最后是pod网络使用何种DNS，如表8-6所示。

表8-6　pod manifest字段说明（pod使用的DNS）

字　　段	是否必需	类　　型	含　　义	由用户提供	备　　注
DNSPolicy	否	list	定义 pod 使用 DNS 服务的策略	是	有两种选择：ClusterFirst和Default，前者代表pod首先使用集群DNS，后者代表pod使用kubelet设置的DNS。默认值是ClusterFirst

综上，一份完整的pod资源文件内容包括：元数据属性以及上表列举的ContainerManifest各字段。

6. pod内的容器网络与通信

前面已经介绍过，pod内的容器是共享network namespace的，那Kubernetes是怎么做到这一点的呢？假设pod内一共有3个容器，那么这个pod对应的Docker容器信息应该如下所示：

```
$ docker ps
IMAGE                          COMMAND            CREATED        STATUS       PORTS
k8stest/sshd:test              "/usr/sbin/sshd -D"  3 minutes ago  Up 3 minutes
k8stest/redis:test             "/run.sh"            3 minutes ago  Up 3 minutes
gcr.io/google_containers/      "/pause"             3 minutes ago  Up 3 minutes  0.0.0.0:8888->22/tcp,
pause:2.0                                                                        0.0.0.0:6388->6379/tcp
```

其中上面两个是用户容器，第三个是Kubernetes的网络容器（名称为gcr.io/google_containers/pause，也称为基础容器），这就是关键了。

只要保证每个pod中都会自动运行一个这样的网络容器，并且pod中的其他容器都借助--net="container"的方式使用它间接定义自身的网络，就实现了这些容器network namespace的共享。因此，无论使用者给pod指定了怎样的端口和IP，这些网络参数都只定义在了这个网络容器上，其他容器通过共享网络容器的network namespace来分享这些配置。

除此之外，网络容器不需要做任何工作，可以看到它执行的操作是pause，这是用汇编编写的一段什么都不做的代码，占用资源也可以忽略不计。

回到上述例子，可以发现master1容器的6379端口映射在宿主机上的6388端口，将master2容器的22端口映射在宿主机上的8888端口。现在，先通过ssh的方式进入master2容器，然后在master2容器内通过localhost访问master1容器。

8

```
$ ssh root@127.0.0.1 -p 8888
root@127.0.0.1's password:
Welcome to Ubuntu 12.04 LTS (GNU/Linux 3.13.0-32-generic x86_64)
```

这样就通过ssh的方式登录了master2容器，接着在master2容器内访问master1容器的6379端口。

```
$ telnet 127.0.0.1 6379
Trying 127.0.0.1...
Connected to 127.0.0.1.
Escape character is '^]'.
```

通过localhost:6379，连接上了master1容器，即同一个pod里的容器通信都是可以直接通过localhost来进行的。

8.2.3　replication controller 设计解读

Kubernetes中第二个重要的概念就是replication controller，它决定了一个pod有多少同时运行的副本，并保证这些副本的期望状态与当前状态一致。所以，如果创建了一个pod，并且在希望该pod是持续运行的应用时［即仅适用于重启策略（RestartPolicy）为Always的pod］，一般都推荐同时给pod创建一个replication controller，让这个controller一直守护pod，直到pod被删除。

replication controller在设计上依然体现出了"旁路控制"的思想，在Kubernetes中并没有像Cloud Foundry那样设置一个专门的健康检查组件，而是为每个pod "外挂"了一个控制器进程，从而避免了健康检查组件成为性能瓶颈；即使这个控制器进程失效，容器依然可以正常运行，pod和容器无需知道这个控制器，也不会把这个控制器作为依赖（容器运行依赖于健康检查组件，并随之形成的三角依赖关系曾是Cloud Foundry v2中的一个重大问题，也是Cloud Foundry v3重点改进的内容，有兴趣的读者可以自行了解）。

可以看到，在上述过程中，pod的状态可以说是replication controller进行上述控制的唯一依据。所以，有必要先了解一下Kubernetes中的pod的状态和转移过程。

1. pod的状态转换

在Kubernetes中，pod的状态值（podStatus）的数量和定义是系统严格保留和规定的，如表8-7所示。

表8-7　pod的各状态值及其含义

状态值	含　　义
Pending	pod的创建请求已经被系统接受，但pod内还有一个或多个容器未启动。这个时间可能包括：下载Docker镜像的网络传输时间和pod的调度时间等。在国内下载用时占绝大多数情况
Running	pod已经被绑定到工作节点上而且pod内所有容器均已被创建。最重要的是至少有一个容器还处于运行状态、正在启动或者重启的过程中
Succeeded	专指pod内所有容器均成功正常退出，并且不会发生重启
Failed	pod内所有容器均已退出且至少有一个容器因为发生错误而退出（退出码不为0）
Unknown	因为某些未知的原因，主机上的kubelet目前无法获得pod的状态

而上述pod的状态转换与pod的重启策略则是紧密相关的，它的转移过程如下所示。

pod处于Running状态，总共包含1个容器，容器退出，这时发生的操作如下。

❑ 若容器正常退出，向系统输出信息为completion（完成）的事件对象，否则输出failure事件；

❑ 若RestartPolicy是 Always，重启退出的容器，pod仍处于Running状态；

❑ 若RestartPolicy是OnFailure，若容器正常退出，pod变成Succeeded状态，若异常退出则进行重启并处于Running状态；

❑ 若RestartPolicy是 Never，容器正常退出pod变成Succeeded状态，否则变为Failed状态。

pod处于Running状态，总共包含2个容器，其中1个容器异常退出，这时发生的操作如下。

❑ 向系统输出信息为failure（错误）的事件对象（event）；

❑ 若RestartPolicy是 Always，重启异常退出的容器，pod仍处于Running状态；

❑ 若RestartPolicy是 OnFailure，重启异常退出的容器，pod仍处于Running状态；

❑ 若RestartPolicy是Never，pod变成Failed状态。

pod处于Running状态，总共包含2个容器，容器1已经异常退出，并且系统已经按照上述第二种情况完成处理，当容器2也退出时（不论是否异常退出），这时发生的操作如下。

❑ 向系统输出信息为failure（错误）的事件对象（event）；

❑ 若RestartPolicy是 Always，重启退出的容器，pod仍处于Running状态；

❑ 若RestartPolicy是OnFailure，重启退出的容器，pod仍处于Running状态；

❑ 若RestartPolicy是Never，pod变成Failed状态。

pod处于Running状态，容器内存溢出，这时发生的操作如下。

❑ pod内容器异常退出；

❑ 向系统输出信息为failure（错误）的事件对象（event）；

❑ 若RestartPolicy是 Always，重启退出的容器，pod仍处于Running状态；

❑ 若RestartPolicy是OnFailure，重启退出的容器，pod仍处于Running状态；

❑ 若RestartPolicy是Never，pod变成Failed状态。

pod处于Running状态，此时pod所在的主机磁盘发生故障，这时发生的操作如下。

❑ pod内所有容器都被杀死；

❑ 向系统输出信息为failure（错误）的事件对象（event）；

❑ pod变成Failed状态；

❑ 如果pod被一个replication controller控制，则将在其他工作节点上重新创建一个新的pod。

pod处于Running状态，它的工作节点与集群断开。

❑ node controller等待一个超时时间；

8

❑ node controller标记该工作节点上所有pod均处于failed状态；

❑ 被replication controller控制的pod将在其他工作节点上重新被创建运行。

但是，对于当前replication controller实现方法来说，它能够识别的pod重启策略只有Always一种，这是因为当前replication controller的设计目标是保证本身状态为Running且容器一切正常的pod的数量永远跟预设的数目一致。任何时候一个pod中的容器退出或者整个pod变成Failed，replication controller都会固执地重启这个容器或者pod，并使之变成Running状态。即使单独将一个pod的重启策略设置为Never或者OnFailure，后续这个pod关联起来的replication controller也都会忽略这个设置而使用Always策略。

如果用户希望在Kubernetes中运行"一次性"任务，比如Map-Reduce的Job或者类似的batch task，可以定义一个Job对象，这将在后续章节中进行介绍。

2. replication controller的描述文件

前面已经介绍过，replication controller是Kubernetes为解决"如何构造完全同质的pod副本"问题而引入的资源对象。与pod对象类似，Kubernetes使用一份JSON格式的资源配置文件来定义一个replication controller对象。replication controller的资源配置文件主要由3个方面组成：一个用于创建pod的pod模板（pod template）、一个期望副本数和一个用于选择被控制的pod集合的label selector。replication controller将会不断地监测控制的pod集合的数量并与期望的副本数量进行比较，根据实际情况进行创建和删除pod的操作。一份定义replication controller的资源配置文件示例如下所示，该replication controller实例化了两个运行nginx的pod。

```
apiVersion: v1
kind: ReplicationController
metadata:
    name: nginx-controller
spec:
    # 两个副本
    replicas: 2
    # 这个replica controller管理包含如下标签的pod
    selector:
        name: nginx
    template:
        metadata:
            # 重要! 下面的labels属性即被创建的pod的labels，必须与上面的replicaSelector一样
            labels:
                name: nginx
            spec:
                containers:
                - name: nginx
                image: k8stest/nginx:test
                ports:
                - containerPort: 80
```

从上述描述文件中不难看到，replication controller通过使用预定义的pod模板来创建pod，一

且pod创建成功，对模板的任何更改都不会对已经在运行的pod有任何直接的影响。我们推荐replication controller只负责选择指定的pod然后保证这个pod的数量和状态正确，而调整这些已经在运行的pod的CPU、MEM参数等操作应该直接更新pod本身而不是更新replication controller。这依然是旁路控制和解耦的思想。此外，前面已经介绍过，replication controller只能与重启策略为Always的pod进行协作，如果pod模板指定了其他重启策略，那么在创建的时候会提示不支持该策略，比如spec.template.spec.restartPolicy: Unsupported value: "Never": supported values: Always)。

replication controller对pod的数量和健康状况的监控则是通过副本选择器（replica selector, label selector的一种）来实现的。replica selector定义了replication controller和它所控制的pod之间一种松耦合的关系。这与pod刚好相反，pod与属于它的Docker容器之间体现一种更强的耦合关系。这是一个非常有用的特性，因为可以通过修改pod的labels将一个pod从replication controller的控制集中移除。比如可以将出现了故障的pod从工作集群中移除，然后针对这个pod进行debug、数据恢复等操作。与此同时，replication controller则会自动重启一个新的pod来替换被移除的那个pod。

需要注意的是，删除一个replication controller不会影响它所创建的pod，如果想删除一个replication controller所控制的pod，需要将该replication controller的副本数（replicas）字段置为0，这样所有的pod都会被自动删除。

最后，只要满足replica selector的pod都会受到该replication controller的影响，并不仅限于在创建时嵌套在replication controller manifest内的pod。因此，在使用时，用户需要保证任意一个pod只对应一个replication controller。这是因为replication controller没有相应的查重机制，如果一个pod对应了多个replication controller，那么这些replication controller之间会产生冲突。

未来，Kubernetes不准备给replication controller赋予更多的职责。Kubernetes的设计者信奉"小而优"的设计哲学，replication controller只要准确、高效地做好以下两点工作就足够了。值得注意的是，Kubernetes现在还引入了一个ReplicaSet的概念，它可以认为是replication controller 的扩展，将在后续小节中进行详细介绍。

- 维护它所控制的pod的数量。如果需要调整pod的数量，则通过修改它的副本数（replicas）字段来实现。
- 在pod模板中定义replication controller所控制的pod的labels，使用replica selector匹配pod集，实现对pod的管理。

replication controller并不负责譬如调度pod、检查pod是否与指定的pod模板匹配等工作，因为这会阻塞replication controller的弹性伸缩和其他自动化操作的进程。

3. replication controller的典型场景

replication controller的典型场景主要有以下几个。

- **重调度**。前文提到，不管使用者想运行1个还是1000个pod副本，replication controller都能保证指定数目的pod正常运行。一旦当前的宿主机节点异常崩溃或pod运行终止，Kubernetes就会进行相应pod重调度。

❑ **弹性伸缩**。不论是通过手动还是自动弹性伸缩控制代理来修改副本数（replicas）字段，replication controller都能轻松实现pod数量的弹性伸缩。

❑ **滚动更新（灰度发布）**。replication controller被设计成通过逐个替换pod的方式来进行副本增删操作，这使得容器的滚动更新会非常简单。

- 假设服务集群中已经有一个旧的replication controller负责管理旧版本容器的数量，现在需要启动一个新的replication controller，将其初始副本数设置成1，这个replication controller负责管理新版本容器的数量。
- 逐步将新的replication controller的副本数+1，将旧的replication controller副本数−1，直到旧的replication controller的副本数减为0，然后将旧的replication controller删除。这样就完成了一个replication controller对应的所有pod的更新。

❑ **应用多版本release追踪**。在生产环境中一个已经发布的应用程序同时在线多个release版本是一个很普遍的现象。通过replica selector机制，我们能很方便地实现对一个应用的多版本release进行管理。假设需要有10个labels均为tier=frontend, environment=prod的pod，现在希望占用其中一个pod用于测试新功能，可以进行如下操作。

- 首先，创建一个replication controller，并设置其pod副本数为9，其replia selector为tier=frontend, environment=prod, track=stable。
- 然后，再创建一个replication controller，并设置其pod副本数为1（作为测试pod），其replia selector为tier=frontend, environment=prod, track=canary。

4. replication controller的使用示例

前文已经介绍过replication controller的各项定义和设计思路，下面使用以下描述文件来创建一个replication controller。

```
$ cat redis-controller.json
{
    "apiVersion": "v1",
    "kind": "ReplicationController",
    "metadata": {
        "name": "redis-controller",
        "labels": {
            "name": "redis"
        }
    },
    "spec": {
        "replicas": 1,
        "selector": {
            "name": "redis"
        },
        "template": {
```

```
        "metadata": {
            "labels": {
                "name": "redis"
            }
        },
        "spec": {
            "containers": [
                {
                    "name": "redis",
                    "image": "k8stest/redis:test",
                    "imagePullPolicy": "IfNotPresent",
                    "ports": [
                        {
                            "containerPort": 6379,
                            "hostPort": 6380
                        }
                    ]
                }
            ]
        }
    }
}
```

该资源配置文件的kind字段表明定义的是一个replication controller对象，pod的副本数为1，.spec.selector字段定义了一个label selector，表明该replication controller控制所有labels为{"name": "redis"}的pod。

.spec.template对应嵌套的pod模板，表明该pod中有一个名为redis的容器。当然，.spec.template.metadata.labels字段也是必需的，且必须与replicaSelector字段的值匹配。需要注意的是，replication controller一般也会有一组自己的labels属性，在该例子中即最下面一个"labels"：{"name": "redis"}，这是一个可选项。

注意 replication controller资源文件中两个labels字段的区别：一个是属于replication controller管理的pod的，一个是属于replication controller自身的，前者是必填项，后者是可选项。

根据上述资源配置文件使用kubectl create命令创建一个replication controller对象。

```
$ kubectl create -f  redis-controller.json
replicationcontroller "redis-controller" created
```

使用kubectl get命令查看replication controller的基本信息。

```
$ kubectl get replicationController -o wide
NAME               DESIRED    CURRENT    AGE    CONTAINER(S)   IMAGE(S)            SELECTOR
redis-controller   1          1          57m    redis          k8stest/redis:test  name=redis
```

接下来，可以查看这个replication controller自动创建的pod：

```
$ kubectl get pods -o wide
NAME                     READY      STATUS      RESTARTS    AGE      NODE
redis-controller-g43j1   1/1        Running     0           5m       127.0.0.1
```

注意，刚刚创建的replication controller的label selector是name=redis，因此该replication controller控制的是label为name=redis的pod，即name为redis-controller-g43j1的pod。这时，刻意删除该pod，观察replication controller是否会自动创建并启动一个新pod替换它。使用kubectl delete命令删除由replication controller控制的那个pod。

```
$ kubectl delete pod redis-controller-g43j1
pod "redis-controller-g43j1" deleted
```

当再次查看系统pod信息时，发现原先的pod（redis-controller-g43j1）已经不见了，取而代之的是一个新pod：

```
$ kubectl get pods
NAME                     READY      STATUS      RESTARTS    AGE      NODE
redis-controller-v5l8u   1/1        Running     0           39s      127.0.0.1
```

以上输出表明，使用者已经成功地删除了pod redis-controller-g43j1，当再次查看系统中pod的信息时，已经有一个新的pod redis-controller-v5l8u，其label为name=redis，自动替换了原先被删除的pod。

8.2.4   service 的设计解读

service这个概念存在的意义颇为重要，首先由于重新调度等原因，pod在Kubernetes中的IP地址不是固定的，因此需要一个代理来确保需要使用pod的应用不需要知晓pod的真实IP地址。另一个原因是当使用replication controller创建了多个pod的副本时，需要一个代理来为这些pod做负载均衡。service这个名称的含义似乎容易引起误解，或许该定名为proxy或router更贴切。

service主要由一个IP地址和一个label selector组成。在创建之初，每个service便被分配了一个独一无二的IP地址，该IP地址与service的生命周期相同且不再更改（pod IP地址与此不同，会随着pod的生命周期产生及消亡）。

1. 如何定义一个service

和pod一样，service也是一个Kubernetes REST对象，客户端可以通过向APIServer发送一个http POST请求来创建一个新的service实例。假设有一个pod集，该pod集中所有pod均被贴上labels：{"app": "MyApp"}，且所有容器均对外暴露TCP9376端口。那么以下配置信息指定新创建一个名为myapp的service对象。

```
{
    "kind": "Service",
```

```
    "apiVersion": "v1",
    "metadata": {
        "name": "my-service",
        "labels": {
            "environment": "testing"
        }
    },
    "spec": {
        "selector": {
            "app": "MyApp"
        },
        "ports": [{
            "protocol": "TCP",
            "port": 80,
            "targetPort": 9376
        }]
    }
}
```

该service会将外部流量转发到所有label匹配{"app": "MyApp"}的pod的9376TCP端口上。每个service会由系统分配一个虚拟IP地址作为service的入口IP地址（cluster IP），然后监听上述文件中的port指定的端口（比如上述的80端口）。上述虚拟IP地址和port的组合称为service入口。而当名为my-service的service对象被创建后，系统就会随之创建一个同样名为my-service的Endpoints对象，该对象即保存了所有匹配label selector后端pod的IP地址和端口。

说明 可以通过service配置信息中的spec.clusterIP字段手动指定service的虚拟IP。

如果用户已经有一个现成的能够解析service入口IP地址的DNS服务器，并且准备替换系统的DNS服务器，或者service是一个已经配置好IP地址的遗留系统，并且重新为其配置IP比较麻烦，那么就可以自己指定service入口IP地址，作为创建service请求的一部分。用户选择的service入口IP地址必须是一个合法IP，即要求在Kubernetes APIserver启动时指定的service-cluster-ip-range的范围内，否则APIServer就会返回一个422的HTTP状态码表明不合法。

那么如何获知这个service的IP呢？只需执行kubectl get services命令，在CLUSTER-IP字段中就可以看到service入口IP地址信息了。

```
NAME          CLUSTER-IP      EXTERNAL-IP   PORT(S)   AGE
kubernetes    10.0.0.1        <none>        443/TCP   1d
my-service    10.0.169.202    <none>        80/TCP    1m
```

2. 使用service来代理遗留系统

需要注意的是，与replication controller不同，service对象的.spec.selector属性是可选项，即允许存在没有label selector的service。这类service有什么作用呢？它们是为了让用户能够使用service代理一些并非pod，或者得不到label的资源，比如：

- 访问Kubernetes集群外部的一个数据库；
- 访问其他namespace或者其他集群的service；
- 任何其他类型的外部遗留系统。

在上面提到的那些场景中，可以定义一个没有 selector属性的service对象，如下所示。

```
{
    "kind": "service",
    "apiVersion": "v1",
    "metadata": {
        "name": "my-service"
    },
    "spec": {
        "ports": [
            {
                "protocol": "TCP",
                "port": 80,
                "targetPort": 9376
            }
        ]
    }
}
```

注意，因为该service没有selector属性，所以系统不会自动创建Endpoints对象。此时，可以通过自定义一个Endpoints对象，显式地将上述service对象映射到一个或多个后端（例如被代理的遗留系统地址），如下所示。

```
{
    "kind": "Endpoints",
    "apiVersion": "v1",
    "metadata": {
        "name": "my-service"
    },
    "subsets": [
        {
            "addresses": [
                { "IP": "1.2.3.4" }
            ],
            "ports": [
                { "port": 9376 }
            ]
        }
    ]
}
```

这时访问该service，流量将会被分发给用户自定义的endpoints，在上面的例子中即1.2.3.4:9376。

3. service的工作原理

Kubernetes集群的每个节点上都运行着一个服务代理（service proxy，或者叫kube-proxy），它是负责实现service的主要组件。

kube-proxy有userspace和ipstables这两种工作模式。Kubernetes 1.2.0版本在默认情况下会启用iptables模式，仅在系统kernel版本或者iptables版本不支持时，才会转而使用userspace模式。下面我们分别对这两种模式进行介绍。

- **userspace模式**

对于每个service，kube-proxy都会在宿主机上随机监听一个端口与这个service对应起来，并在宿主机上建立起iptables规则，将service IP:service port的流量重定向到上述端口。

这样所有发往service IP:service port的流量都会经过iptables重定向到它对应的随机端口，再经过kube-proxy的代理到某个后端pod。kube-proxy里会维护本地端口与service的映射关系，以及service代理的pod清单，至于具体选择哪个pod，则由路由策略（默认是Round-Robin）以及用户设定的.spec.sessionAffinity决定。

kube-proxy还会实时监测Kubernetes的master节点上etcd中service和Endpoints对象的增加和删除信息，从而保证了后端被代理pod的IP和端口变化可以及时更新到它维护的路由信息当中。

- **iptables模式**

iptables模式下的kube-proxy将只负责创建及维护iptables的路由规则，其余的工作均由内核态的iptables完成。与userspace的kube-proxy相比，它的速度更快，可靠性也更高。

上述"转发–代理"机制的具体实现原理将会在kube-proxy组件解读中详细介绍。

4. service的自发现机制

Kubernetes中有一个很重要的服务自发现特性。一旦一个service被创建，该service的service IP和service port等信息都可以被注入到pod中供它们使用。Kubernetes主要支持两种service发现机制：环境变量和DNS，这与etcd集群启动时的自发现方法类似，现逐一分析如下。

- **环境变量方式**

kubelet创建pod时会自动添加所有可用的service环境变量到该pod中，如有需要，这些环境变量就被注入pod内的容器里。这些环境变量是诸如{SVCNAME}_SERVICE_HOST和{SVCNAME}_SERVICE_PORT这样的变量，其中{SVCNAME}部分将service名字全部替换成大写且将破折号（-）替换成下划线（_）。

假设service redis-master被分配了一个IP地址10.0.0.11并暴露一个TCP端口6379，那么将会生成以下环境变量。

```
REDIS_MASTER_SERVICE_HOST=10.0.0.11
REDIS_MASTER_SERVICE_PORT=6379
REDIS_MASTER_PORT=tcp://10.0.0.11:6379
REDIS_MASTER_PORT_6379_TCP=tcp://10.0.0.11:6379
REDIS_MASTER_PORT_6379_TCP_PROTO=tcp
```

```
REDIS_MASTER_PORT_6379_TCP_PORT=6379
REDIS_MASTER_PORT_6379_TCP_ADDR=10.0.0.11
```

客户端只需连接REDIS_MASTER_SERVICE_HOST（在这个例子中是10.0.0.11，更为一般的是{SVCNAME}_SERVICE_HOST）上的REDIS_MASTER_SERVICE_PORT（在这个例子中是6379，更为一般的是{SVCNAME}_SERVICE_PORT）即可访问该service。

需要注意的是，环境变量的注入只发生在pod创建时，且不会被自动更新。这个特点暗含了service和需要访问该service的pod的创建时间的先后次序，即任何想要访问service的pod都需要在service已经存在后创建，否则与service相关的环境变量就无法注入该pod的容器中，这样先创建的容器就无法发现后创建的service，但是如果使用下述的DNS进行服务发现就不会有这样的限制。

● **DNS方式**

Kubernetes集群现在支持增加一个可选的组件——DNS服务器。这个DNS服务器使用Kubernetes的watchAPI，不间断地监测新service的创建并为每个service新建一个DNS记录。如果DNS在整个集群范围内都可用，那么所有pod都能够自动解析service的域名。

例如，假设有一个名为my-service的service，且该service处在namespace my-ns中，就形成了一条DNS记录：my-service.my-ns。任何在my-ns中的pod只要访问域名my-service即可访问到该service；而处在其他namespace的pod则必须访问完整的记录my-service.my-ns。解析的结果就是service的入口IP地址（cluster IP），而service的监听端口总是用户指定的，这样IP:port组合就拿到了。

可以发现，相比环境变量，使用DNS作为service的发现途径还是非常方便的，但是，也不得不考虑由于DNS的缓存问题可能会导致如下两种不可靠的情况。

❑ DNS函数库对DNS TTL（Time-To-Live，表示一条域名解析记录在DNS服务器上的缓存时间）支持不良的问题由来已久，且DNS服务器端通常会将域名查找的结果进行缓存。如果service在TTL时间内故障，客户端会解析到错误的DNS结果。
很多应用程序都是进行一次域名查找然后将结果缓存起来，这同样会带来上文提到的不良后果。

❑ 即使应用程序和DNS函数库能够进行恰当的域名重解析操作，每个客户端频繁的域名重解析请求将给系统带来极大的负荷。

这也是为什么Kubernetes设计者最初反对用户使用DNS来解析service。但社区要求Kubernetes支持service DNS的呼声很高。就目前情况看来，使用Kubernetes的service DNS机制应该算得上一个明智之举，可以在一定程度上解决service环境变量泛滥的问题。

5. service外部可路由性设计

以上讨论都是基于Kubernetes集群内网环境进行的，即为service绑定的入口IP地址（例如

10.0.0.11）是由Kubernetes APIserver在一个特定的IP网段（service-cluster-ip-range）中随机选取的。该网段是Kubernetes自己维护的一个私有IP网段，除非用户指定，一般情况下不具备外部可访问性而且也不是用户内网的一个网段。但在实际场景中，一些service被要求可以通过外部访问，例如，一个前端应用可能需要一个绑定外部IP地址（Kubernetes集群以外的IP地址，可能是一个公网IP也可能是用户内网的一个IP）的service。

为了实现service从外部可以路由，有以下3种常见的解决方案。

- **NodePort**

service通常分为3种类型，分别为ClusterIP、NodePort和LoadBalancer。其中，ClusterIP是最基本的类型，即在默认情况下只能在集群内部进行访问；另外两种则与实现从集群外部路由有着密不可分的联系。

如果将service的类型设为NodePort，那么系统会从service-node-port-range范围中为其分配一个端口，并且在每个工作节点上都打开该端口，使得访问该端口（.spec.ports.nodesPort）即可访问到这个service。当然，用户也可以选择自定义该端口，则需要自行解决潜在的端口冲突的问题。

特别地，此时在集群外部使用<NodeIP>:spec.ports[*].nodePort或在集群内部spec.clusterIp:spec.ports[*].port均可访问到该service。

- **LoadBalancer**

类型为LoadBalancer的service较为特别，实际上它并不由Kubernetes集群维护，而需要云服务提供商的支持。如何将从外部loadbalancer接入的流量导到后端pod中的实现逻辑，也完全取决于具体的云服务提供商。

用户可以在manifest中自行定义spec.loadBalancerIP，如果运行的云服务商平台支持这一功能，则在创建loadbalancer时会依据这一字段分配IP，否则，该字段会被忽略。

- **external ip**

在这个场景中，用户需要维护一个外部IP地址池（externalIPs），并且在service的描述文件中添加externalIPs字段。注意，Kubernetes并不负责维护externalIPs的路由，而需要由集群admin或者IaaS平台等负责维护。externalIPs可以与任何service类型一起使用。

我们用下述json文件创建可以被外部路由的service。

```
$ cat external-service.json
{
    "kind": "Service",
    "apiVersion": "v1",
    "metadata": {
        "name": "nginx-service",
        "labels": {
            "name": "service-nginx"
```

```
            }
        },
        "spec": {
            "selector": {
                "name": "service-nginx"
            },
            "externalIPs":["10.211.55.14"],
            "ports": [
                {
                    "port": 80
                }
            ]
        }
    }
```

在创建完毕之后，可以发现除了集群内的cluster ip（10.0.177.54）之外，该service还拥有了用户为其分配的externl ip（10.211.55.14），并且可以通过该ip访问到后端代理的pod。作为对比，名为kubernetes的service并没有external-ip，也不能从集群外部访问。

```
$ kubectl get service
NAME            CLUSTER-IP      EXTERNAL-IP     PORT(S)     AGE
kubernetes      10.0.0.1        <none>          443/TCP     10d
nginx-service   10.0.177.54     10.211.55.14    80/TCP      1d
$ curl 10.0.177.54:80
<!DOCTYPE html>
<html>
<head>
<title>Welcome to nginx!</title>
<style>
    body {
        width: 35em;
        margin: 0 auto;
        font-family: Tahoma, Verdana, Arial, sans-serif;
    }
</style>
</head>
<body>
<h1>Welcome to nginx!</h1>
<p>If you see this page, the nginx web server is successfully installed and
working. Further configuration is required.</p>

<p>For online documentation and support please refer to
<a href="http://nginx.org/">nginx.org</a>.<br/>
Commercial support is available at
<a href="http://nginx.com/">nginx.com</a>.</p>

<p><em>Thank you for using nginx.</em></p>
</body>
</html>
parallels@ubuntu:~/Downloads/kubernetes/server/kubernetes/server/bin$ curl 10.211.55.14:80
<!DOCTYPE html>
<html>
<head>
```

```
<title>Welcome to nginx!</title>
<style>
    body {
        width: 35em;
        margin: 0 auto;
        font-family: Tahoma, Verdana, Arial, sans-serif;
    }
</style>
</head>
<body>
<h1>Welcome to nginx!</h1>
<p>If you see this page, the nginx web server is successfully installed and
working. Further configuration is required.</p>

<p>For online documentation and support please refer to
<a href="http://nginx.org/">nginx.org</a>.<br/>
Commercial support is available at
<a href="http://nginx.com/">nginx.com</a>.</p>

<p><em>Thank you for using nginx.</em></p>
</body>
</html>
```

这里需要强调，Kubernetes的service设计原则是：任何一个工作节点上的kube-proxy都能够正确地将流量导向任何一个被代理的pod，而这个kuber-proxy不需要和被代理的pod在同一个宿主机上。

这一点在使用外部IP的service时尤其重要。比如，所有宿主机都有一个外部网卡、一个内部IP（比如阿里云的虚拟机），这时如果把宿主机A的外部IP51.101.101.101配置在了某个service的ExternalIPs字段下，那就可以通过51.101.101.101来访问这个service后端的pod（哪怕这个pod运行在其他宿主机上）；当然，如果把所有宿主机的外部IP都配置在了这个service的externalIPs字段下，那么就可以通过任意一个宿主机的外部IP访问到这个被代理的pod了，显然大多数情况下这么做是多余的。

6. service的使用实践

理论知识探讨了这么多，接下来就来实践一下。首先定义两个pod，分别运行一个nginx容器，这两个pod的描述文件如下所示。

第一个pod内的容器打开80端口（nginx默认端口），映射到宿主机的8088端口。

```
$ cat pod-nginx_8088.json
{
    "kind": "Pod",
    "apiVersion": "v1",
    "metadata": {
        "name": "nginx-test-a",
        "labels":{
            "name":"service-nginx"
        }
```

```
        },
        "spec": {
            "containers": [
                {
                    "name": "nginx",
                    "image": "nginx:latest",
                    "ports": [
                        {
                            "containerPort": 80,
                            "hostPort": 8088
                        }
                    ]
                }
            ]
        }
    }
```

第二个pod内的容器同样打开80端口（nginx默认端口），映射到宿主机的8089端口。

```
$ cat pod-nginx_8089.json
{
    "kind": "Pod",
    "apiVersion": "v1",
    "metadata": {
        "name": "nginx-test-b",
        "labels":{
            "name":"service-nginx"
        }
    },
    "spec": {
        "containers": [
            {
                "name": "nginx",
                "image": "nginx:latest",
                "ports": [
                    {
                        "containerPort": 80,
                        "hostPort": 8089
                    }
                ]
            }
        ]
    }
}
```

创建以上两个pod：

```
$ kubectl create -f pod-nginx_8088.json
$ kubectl create -f pod-nginx_8089.json
```

查看创建的pod，不难发现，nginx-test-a和nginx-test-b两个pod的labels均为name=service-nginx。

```
$ kubectl get pod -l name=service-nginx
NAME            READY       STATUS      RESTARTS        AGE
nginx-test-a    1/1         Running     0               4m
nginx-test-b    1/1         Running     0               2m
```

接下来定义一个service：

```
$ cat service_nginx.json
{
    "kind": "Service",
    "apiVersion": "v1",
    "metadata": {
        "name": "nginx-service",
        "labels": {
            "name": "service-nginx"
        }
    },
    "spec": {
        "selector": {
            "name": "service-nginx"
        },
        "ports": [
            {
                "port": 8000
            }
        ]
    }
}
```

service的配置文件较简单，与pod和replication controller类似，kind字段表明定义的是一个service。port字段表明可以通过8000端口访问该service。selector字段表明该service选择labels是{"name": "service-nginx"}的pod。与replication controller类似的是，出于管理方便和保持概念一致性，service对象一般也会有一组和它们管理的pod成员相同的labels属性，在该例中即"labels"：{"name": "service-nginx"}。service资源文件的labels字段是可选项，即使不设置也不会有任何影响。

创建上面定义的service：

```
$ kubectl create -f service_nginx.json
```

查看创建的service：

```
$ kubectl get services
NAME            CLUSTER-IP      EXTERNAL-IP     PORT(S)     AGE     SELECTOR
kubernetes      10.0.0.1        <none>          443/TCP     2d      <none>
nginx-service   10.0.5.33       <none>          8000/TCP    12m     name=service-nginx
```

可以看到，service service-nginx已经创建且分配到的入口IP地址是10.0.5.33（由APIServer自动从service-cluster-ip-range中随机分配），该IP地址与8000端口组成该service的入口地址（cluster IP）。由于该service的label selector是{"name": "service-nginx"}，因此该service自动选择

8

以上创建的两个pod作为其后端pod。

细心的读者还会发现另外两个service：kubernetes和kubernetes-ro，这是系统自身所需的service，用于访问Kubernetes APIServer提供的API，在APIServer启动时被创建。其中，service kubernetes支持读/写模式，需要进行用户认证，而service kubernetes-ro只支持只读模式，且对客户端的API请求速率有一定限制，但不需要进行用户认证。Kubernetes使用用户service概念对Kubernetes API服务本身进行了抽象和封装。

再定义一个客户端pod，作为访问nginx web服务器的一个客户，该pod内有一个sshd的容器，其配置文件如下所示。

```
$ cat sshd-pod.json
{
    "kind": "Pod",
    "apiVersion": "v1",
    "metadata": {
        "name": "nginx-service",
        "labels": {
            "user": "service-nginx",
            "name": "client-sshd"
        }
    },
    "spec": {
        "containers": [
            {
                "name": "client-containre",
                "image": "k8stest/sshd:test",
                "ports": [
                    {
                        "containerPort": 22,
                        "hostPort": 1314
                    }
                ]
            }
        ]
    }
}
```

创建上面定义的pod：

```
kubectl create -f sshd-pod.json
```

这样就可以通过ssh的方式进入到这个客户端pod容器，在该容器内通过service的入口地址（10.0.5.33:8000）访问后台nginx web服务器。

```
$ ssh root@127.0.0.1 -p 1314
root@127.0.0.1's password:
Welcome to Ubuntu 12.04 LTS (GNU/Linux 3.13.0-32-generic x86_64)

 * Documentation:  https://help.ubuntu.com/
Last login: Mon Jan 12 12:42:46 2015 from 172.17.42.1
```

```
# 访问service IP地址的8000端口
root@client-pod:~# curl 10.0.5.33:8000
<!DOCTYPE html>
<html>
<head>
<title>Welcome to nginx on Debian!</title>
...
```

截至本书定稿为止,一个service的描述文件可以使用的属性如表8-8所示,读者可以自行参考。

表8-8　service数据结构各属性含义

字　　段	是否必需	含　　义	备　　注
ports	是	service对外暴露的端口信息	包括端口号/协议/端口名/
selector	否	service对象的label selector，用于寻找后端pod	无
type	否	service对象的类型	可以是ClusterIP，NodePort或者LoadBalancer,默认为ClusterIP
clusterIP	否	service入口的IP地址	如果用户不自行指定则kube-apiserver随机分配一个
externalIPs	否	用于为service分配外部可访问IP的IP池	无
sessionAffinity	否	用于设置service与后端pod的Session Affinity属性	必须是ClientIP或None中的一个,默认值是None
loadBalancerIP	否	仅有LoadBalancer类型的service对象拥有的字段,由cloud provider支持	

通过研究表8-8,读者可以发现一个很有意思的细节,service可能是Kubernetes那么多REST对象中最"开放"的一个对象,因为它必需的字段只有一个,即service的访问端口port!

7. 多个service如何避免地址和端口冲突

此处设计思想是,Kubernetes通过为每个service分配一个唯一的clusterIP,所以当使用cluster ip:port的组合访问一个service的时候,不管port是什么,这个组合是一定不会发生重复的。另一方面,kube-proxy为每个service真正打开的是一个绝对不会重复的随机端口,用户在service描述文件中指定的访问端口会被映射到这个随机端口上。这就是为什么用户可以在创建service时随意指定访问端口。

8. service目前存在的不足

Kubernetes使用iptables和kube-proxy解析service的入口地址在中小规模的集群中运行良好,但是当service的数量超过一定规模时,仍然有一些小问题。首当其冲的便是service环境变量泛滥,以及service与使用service的pod两者创建时间先后的制约关系。目前来看,很多使用者在使用Kubernetes时往往会开发一套自己的Router组件来替代service,以便更好地掌控和定制这部分功能,我们团队也不例外。

8.2.5 新一代副本控制器 replica set

相信读者们已经对replication controller有了一定的认知，这里所说的replica set，可以被认为是"升级版"的replication controller。也就是说，replica set也是用于保证与label selector匹配的pod数量维持在期望状态。区别在于，replica set引入了对基于子集的selector查询条件，而replication controller仅支持基于值相等的selector条件查询，这是目前从用户角度看，两者唯一的显著差异。社区引入这一API的初衷是用于取代v1中的replication controller，也就是说，当v1版本被废弃时，replicaion controller也就完成了它的历史使命，而由replica set来接管其工作。

虽然replica set可以被单独使用，但是目前它多被Deployment用于进行pod的创建、更新与删除。Deployment在滚动更新等方面提供了很多非常有用的功能，关于Deployment的更多信息，读者们可以在后续小节中获得。

大多数支持replication controller的kubectl命令也适用于replica set，但rolling-update除外。如果希望对replica set进行滚动更新的操作，可以使用为Deployment设计的rollout命令。

下面来看一个replica set的使用案例。首先通过下面的frontend.yaml文件定义一个ReplicaSet对象。从manifest中不难看出，在.spec.selector这里使用了基于子集的selector查询条件，即该replica set对应pod的label键为tier的属性对应的值为frontend。

```
apiVersion: extensions/v1beta1
kind: ReplicaSet
metadata:
    name: replicaset
spec:
    replicas: 3
    selector:
        matchLabels:
            tier: frontend
        matchExpressions:
            - {key: tier, operator: In, values: [frontend]}
    template:
        metadata:
            labels:
                app: guestbook
                tier: frontend
        spec:
            containers:
            - name: nginx-test
                image: nginx:latest
                resources:
                requests:
                    cpu: 100m
                    memory: 100Mi
                env:
                - name: GET_HOSTS_FROM
                    value: env
                ports:
                - containerPort: 80
```

创建完毕之后，可以通过如下命令查看创建好的replica set。

```
$ kubectl get replicaset -o wide

NAME          DESIRED   CURRENT   AGE          CONTAINER(S)   IMAGE(S)       SELECTOR
replicaset    3         3         10s          nginx-test     nginx:latest   tier=frontend,tier in (frontend)
```

8.2.6　Deployment

Deployment多用于为pod和replica set提供更新，并且可以方便地跟踪观察其所属的replica set 或者pod数量以及状态的变化。换言之，Deployment是为了应用的更新而设计的。

熟悉kubectl的读者可能会产生这样的疑惑：kubectl rolling-update不是也有类似的功能 吗？为什么我们需要一个独立的resource来解决这一问题呢？原因在于，kubectl rolling-update 是由命令行工具（类似于前端）本身实现更新逻辑，而Deployment则将这一负担移到了服务器端 （类似于后端），由专门的controller来负责这部分工作。不仅在使用场景下得到了扩展（如上一节 提及的kubectl rolling-update不支持replica set的更新），并且其健壮性也有了更好的保障。

明确了Deployment这一资源的必要性之后，我们就一起来看如何使用它。

1. 创建一个Deployment

首先，我们使用下面的manifest来创建一个Deployment。

```
$ cat nginx-deployment.json
{
    "apiVersion": "extensions/v1beta1",
    "kind": "Deployment",
    "metadata": {
        "name": "nginx-deployment"
    },
        "spec": {
            "replicas": 3,
            "template": {
                "metadata": {
                "labels": {
                    "app": "nginx"
                }
            },
            "spec": {
                "containers": [
                    {
                        "name": "nginx",
                        "image": "nginx:1.9.1",
                        "ports": [
                            {
                                "containerPort": 80
                            }
                        ]
                    }
```

8

```
                    ]
                }
            }
        }
    }

$ kubectl create -f nginx-deployment.json --record
deployment "nginx-deployment" created
```

2. 观察Deployment的状态

创建完毕之后，也许用户会希望确认Deployment有没有被创建成功。从前面的manifest可以看出，该Deployment创建了一个副本数为3的replicas set。所以，我们可以通过如下的kubectl命令来观察Deployment的状态是否符合预期。

```
$ kubectl get deployments
NAME                DESIRED   CURRENT   UP-TO-DATE   AVAILABLE   AGE
nginx-deployment    3         3         3            3           18s
```

此处的DESIRED对应该Deployment的.spec.replicas值，即用户设定的期望副本数，CURRENT对应.status.replicas，指示目前运行的副本数，UP-TO-DATE对应.status.updatedReplicas字段，意味着包含最新的pod template的副本数，这是一个在更新manifest时非常值得关注的一个指标。AVAILABLE对应.status.availableReplicas的副本数，所谓available，是指一个pod进入ready状态超过了用户设定的.spec.minReadySeconds。从输出上可以看出，该Deoloyment维护的副本数量与用户预期是一致的。

3. 更新Deployment

正如前文所介绍的，Deployment的使命在于更新pod template。下面就以更新镜像版本为例来看一下这一操作是如何发生的。

```
$ cat new-nginx-deployment.json
{
    "apiVersion": "extensions/v1beta1",
    "kind": "Deployment",
    "metadata": {
        "name": "nginx-deployment"
    },
    "spec": {
        "replicas": 3,
        "template": {
            "metadata": {
                "labels": {
                    "app": "nginx"
                }
            },
            "spec": {
                "containers": [
                    {
                        "name": "nginx",
```

```
                    "image": "nginx:latest",
                    "ports": [
                        {
                            "containerPort": 80
                        }
                    ]
                }
            ]
        }
    }
}
```

```
$ kubectl apply -f new-nginx-deployment.yaml
deployment "nginx-deployment" created
```

提交完毕后，我们再来观察一下Deployment的变化。从下方的输出结果可以看到，UP-TO-DATE
数目变成了0，说明当前运行的所有副本都尚未被更新。

```
$ kubectl get deployments
NAME                DESIRED   CURRENT   UP-TO-DATE   AVAILABLE   AGE
nginx-deployment    3         3         0            3           20s
```

而在一段时间过后，Deployment将被controller同步到最新状态。

```
$ kubectl get deployments
NAME                DESIRED   CURRENT   UP-TO-DATE   AVAILABLE   AGE
nginx-deployment    3         3         3            3           36s
```

说明　除了使用kubectl apply之外，也可以选用kubectl edit直接修改。

Deployment在进行pod template更新时，会保证有相当数量的副本是可以提供服务的，以实现
灰度升级的平滑切换。默认情况下，在更新过程中最多只有1个副本不提供服务。另一方面，
Deployment还会保证同一时刻不会有过多的副本同时运行，默认情况下允许运行的副本数最多比
预期值多1个。

```
$ kubectl describe deployments
Name:                   nginx-deployment
Namespace:              default
CreationTimestamp:      Sat, 14 May 2016 10:46:34 +0800
Labels:                 app=nginx
Selector:               app=nginx
Replicas:               3 updated | 3 total | 3 available | 0 unavailable
StrategyType:           RollingUpdate
MinReadySeconds:        0
RollingUpdateStrategy:  1 max unavailable, 1 max surge
OldReplicaSets:         <none>
NewReplicaSet:          nginx-deployment-2644738339 (3/3 replicas created)
Events:
```

8

FirstSeen	LastSeen	Count	From	SubobjectPath	Type
---------	--------	-----	----	-------------	--------
Reason		Message			
------		-------			
4m	4m	1	{deployment-controller }		Normal
ScalingReplicaSet		Scaled up replica set nginx-deployment-1564180365 to 3			
37s	37s	1	{deployment-controller }		Normal
ScalingReplicaSet		Scaled up replica set nginx-deployment-2644738339 to 1			
37s	37s	1	{deployment-controller }		Normal
ScalingReplicaSet		Scaled down replica set nginx-deployment-1564180365 to 2			
37s	37s	1	{deployment-controller }		Normal
ScalingReplicaSet		Scaled up replica set nginx-deployment-2644738339 to 2			
37s	37s	1	{deployment-controller }		Normal
ScalingReplicaSet		Scaled down replica set nginx-deployment-1564180365 to 1			
37s	37s	1	{deployment-controller }		Normal
ScalingReplicaSet		Scaled up replica set nginx-deployment-2644738339 to 3			
36s	36s	1	{deployment-controller }		Normal
ScalingReplicaSet		Scaled down replica set nginx-deployment-1564180365 to 0			

从以上输出可以看出，在更新时，**Deployment**首先创建了一个新的replica set（`nginx-deployment-2644738339`），并且将其副本数设为1，然后将旧的replica set（`nginx-deployment-1564180365`）的副本数减少1个，其后再交替进行新旧replica set副本数量的增减，在满足稳定运行的副本数在2~4个的区间范围内完成pod template的更新。

4. 回滚Deployment

默认情况下，所有的**Deployment**的更新记录都会被保存在系统中，以应对灰度升级过程中可能发生的需要回滚的状况。下面仍然以上述更改镜像的更新为例，假设我们错误地将镜像名称写为nginx:1.91（一个不存在在Docker Hub上的镜像），而不是正确的nginx:1.9.1，如下所示。

```
$ cat bad-nginx-deployment.json
{
    "apiVersion": "extensions/v1beta1",
    "kind": "Deployment",
    "metadata": {
        "name": "nginx-deployment"
    },
    "spec": {
        "replicas": 3,
        "template": {
            "metadata": {
                "labels": {
                    "app": "nginx"
                }
            },
            "spec": {
                "containers": [
                    {
                        "name": "nginx",
                        "image": "nginx:1.91",
                        "ports": [
```

```
                {
                    "containerPort": 80
                }
            ]
        }
    ]
}
}
}
}
```

```
$ kubectl apply -f bad-nginx-deployment.json
deployment "nginx-deployment" configured
```

那么在Deployment试图更新时，无疑会因为无法获得正确的镜像而不能启动pod，所以会有如下输出：

```
$ kubectl get rs
NAME                         DESIRED   CURRENT   AGE
nginx-deployment-1564180365  2         2         25s
nginx-deployment-2035384211  0         0         36s
nginx-deployment-3066724191  2         2         6s
$ kubectl get pods
NAME                               READY   STATUS             RESTARTS   AGE
nginx-deployment-1564180365-70iae  1/1     Running            0          25s
nginx-deployment-1564180365-jbqqo  1/1     Running            0          25s
nginx-deployment-3066724191-08mng  0/1     ImagePullBackOff   0          6s
nginx-deployment-3066724191-eocby  0/1     ImagePullBackOff   0          6s
```

新旧两种replica set都将其DESIRED值调整为2，然而新的pod却因为ImagePullBackOff的错误而处于Pending状态。此时，Deployment controller就会自动停止rolling update的进程，以保证有足够数量的pod处于正常运行的状态。

此时，用户可能就会需要手动将其回滚到上一个稳定版本中。首先，确认deployment的历史版本。

```
$ kubectl rollout history deployment/nginx-deployment
deployments "nginx-deployment":
REVISION    CHANGE-CAUSE
1           kubectl create -f nginx-deployment.json --record
2           kubectl apply -f new-nginx-deployment.json
3           kubectl apply -f bad-nginx-deployment.json
```

然后，选择期望的历史版本作为--to-revision的参数，执行回滚操作。

```
$ kubectl rollout undo deployment/nginx-deployment --to-revision=2
deployment "nginx-deployment" rolled back
```

5. 暂停及恢复deployment

用户还可以采用kubectl rollout pause及kubectl rollout resume来暂停或者恢复kubectl rollout的过程。

8

8.2.7   DaemonSet

在生产环境中，我们可能会希望在每个工作节点上都运行某个相同的pod副本，如下所示。

❑ 在每个工作节点上运行一个存储daemon，如glusterd、ceph等。

❑ 在每个工作节点上运行一个日志收集daemon，如fluentd、logstash等。

❑ 在每个工作节点上运行一个监控daemon，如collectd、New Relic agant、Ganglia gmond等。

此时，我们当然可以在每个工作节点注册到集群时手动将pod绑定到节点上，或者采用其他daemon进程（如init、upstart或systemd等）直接进行管理，但是我们希望部署流程能够尽量地简单化。DaemonSet就提供这样的服务，每当一个新的工作节点加入到集群中，系统就会按照DaemonSet的配置在节点上运行相应的pod，负责这部分工作的是DaemonSet controller。

1. DaemonSet如何匹配其对应的pod

和Replica Set/Deployment等资源一样，DaemonSet通过pod selector来找到它对应的pod。对于用户手动创建的具有相同selector的pod，DaemonSet将不对其进行区分，也就是说，它会自动接管该pod，并认为是自己创建的。如果用户希望避免这样的情况，则在选择pod selector时需要格外注意可能造成的冲突情况。

2. 怎么只在某些node上运行DaemonSet对应的pod

默认情况下，DaemonSet controller会在所有的工作节点上都运行相应的pod，但是如果用户希望仅在某些节点上使用，可以在DaemonSet配置文件的`.spec.template.spec.nodeSelector`字段下进行相应的设置，则pod只会在node selector匹配的工作节点上被运行起来。

3. DaemonSet pod是如何被调度的

我们知道，通常情况下pod是由系统组件scheduler负责调度到适合的工作节点上的，然而DaemonSet pod在被创建时，DaemonSet controller已经将`.spec.nodeName`字段填充为相应的工作节点，因此，scheduler会自动忽略这些pod。

4. DaemonSet可以被更新吗

读者朋友在接触了Deployment之后，也许会对DaemonSet有这样的疑问。然而，答案是否定的，目前DaemonSet并不支持更新。

用户当然可以手动更新被DaemonSet创建的pod，但是这对DaemonSet本身并没有影响，并且，在下一次创建时，DaemonSet还是会使用原始的template来创建pod。就目前而言，如果希望使用全新的template，用户只能将daemonSet本身删除，再创建一个新的DaemonSet。

当然，这一特色已被列入计划中，相信在不久之后可以简化用户的操作。

8.2.8   ConfigMap

很多生产环境中的应用程序配置较为复杂，可能需要多个config文件、命令行参数和环境变量的组合。并且，这些配置信息应该从应用程序镜像中解耦出来，以保证镜像的可移植性以及配置信息不被泄露。社区引入了ConfigMap这个API资源来满足这一需求。

ConfigMap包含了一系列的键/值对，用于存储被pod或者系统组件（如controller等）访问的信息。这与Secret的设计理念有异曲同工之妙，它们的主要区别在于ConfigMap通常不用于存储敏感信息，而只存储简单的文本信息。

我们来看一个ConfigMap的例子，如下所示。

```
kind: ConfigMap
apiVersion: v1
metadata:
    creationTimestamp: 2016-02-18T19:14:38Z
    name: example-config
    namespace: default
data:
    example.property.1: hello
    example.property.2: world
    example.property.file: |-
        property.1=value-1
        property.2=value-2
        property.3=value-3
```

1. 创建ConfigMap

想要创建一个ConfigMap，可以有多种方法。常见的是将文件中包含的内容作为ConfigMap的数据信息。

假设我们在configmap目录下包含了game.properties和ui.properties两个文件。

```
$ ls configmap
game.properties
ui.properties

$ cat configmap/game.properties
enemies=aliens
lives=3
enemies.cheat=true
enemies.cheat.level=noGoodRotten
secret.code.passphrase=UUDDLRLRBABAS
secret.code.allowed=true
secret.code.lives=30

$ cat configmap/ui.properties
color.good=purple
color.bad=yellow
allow.textmode=true
how.nice.to.look=fairlyNice
```

此时，可以通过如下命令创建包含该目录下所有文件内容的ConfigMap，from-file的参数是包含文件的目录。

8

```
$ kubectl create configmap game-config --from-file=configmap
$ kubectl get configmaps game-config -o yaml
apiVersion: v1
data:
    game.properties: |
        enemies=aliens
        lives=3
        enemies.cheat=true
        enemies.cheat.level=noGoodRotten
        secret.code.passphrase=UUDDLRLRBABAS
        secret.code.allowed=true
        secret.code.lives=30
    ui.properties: |
        color.good=purple
        color.bad=yellow
        allow.textmode=true
        how.nice.to.look=fairlyNice
kind: ConfigMap
metadata:
    creationTimestamp: 2016-05-14T03:05:42Z
    name: game-config
    namespace: default
    resourceVersion: "33156"
    selfLink: /api/v1/namespaces/default/configmaps/game-config
    uid: be9c299b-1980-11e6-9b70-001c42708c0c
```

注意，`from-file`的参数也可以是单个文件，也就是说，我们还可以采用如下命令创建等价于上述ConfigMap的资源。

```
$ kubectl create configmap game-config-2 --from-file=configmap/game.properties
--from-file=configmap/ui.properties
```

如果希望只包含某个键/值对，可以在`from-file`中进行指定。

```
$ kubectl create configmap game-config-3 --from-file=game-special-key=configmap/game.properties
```

除了以文件作为输入之外，还可以直接传入literal值，如下所示。

```
$ kubectl create configmap special-config --from-literal=special.how=very
--from-literal=special.type=charm
```

```
$ kubectl get configmaps special-config -o yaml
apiVersion: v1
data:
    special.how: very
    special.type: charm
kind: ConfigMap
metadata:
    creationTimestamp: 2016-05-14T03:08:45Z
    name: special-config
    namespace: default
    resourceVersion: "33175"
    selfLink: /api/v1/namespaces/default/configmaps/special-config
    uid: 2beb23c3-1981-11e6-9b70-001c42708c0c
```

2. 使用ConfigMap中的信息

在创建完ConfigMap后，如何使用存储在其中的信息呢？在这里介绍3种主要的方式。

● 通过环境变量调用

假设已经创建了一个ConfigMap，包含了两个键/值对，如下所示。

```
apiVersion: v1
kind: ConfigMap
metadata:
    name: special-config
    namespace: default
data:
    special.how: very
    special.type: charm
```

用户可以在**pod template**中的env中使用。

```
apiVersion: v1
kind: Pod
metadata:
    name: dapi-test-pod
spec:
    containers:
        - name: test-container
          image: gcr.io/google_containers/busybox
          command: [ "/bin/sh", "-c", "env" ]
          env:
              - name: SPECIAL_LEVEL_KEY
                valueFrom:
                    configMapKeyRef:
                        name: special-config
                        key: special.how
              - name: SPECIAL_TYPE_KEY
                valueFrom:
                    configMapKeyRef:
                        name: special-config
                        key: special.type
    restartPolicy: Never
```

该pod在启动后输出环境变量信息，其中包含了SPECIAL_LEVEL_KEY和SPECIAL_TYPE_KEY，对应的值为very和charm：

```
$ kubectl logs dapi-test-pod
...
SPECIAL_TYPE_KEY=charm
...
SPECIAL_LEVEL_KEY=very
...
```

● 设置命令行参数

ConfigMap还可以用于注入命令行参数，这个**use case**可以看作是通过环境变量调用的引申。

仍然以上述已有的**ConfigMap**为例，用户可以通过$(VAR_NAME)在命令行中进行调用。

```
apiVersion: v1
kind: Pod
metadata:
    name: dapi-test-pod
spec:
    containers:
        - name: test-container
          image: gcr.io/google_containers/busybox
          command: [ "/bin/sh", "-c", "echo $(SPECIAL_LEVEL_KEY) $(SPECIAL_TYPE_KEY)" ]
          env:
            - name: SPECIAL_LEVEL_KEY
              valueFrom:
                  configMapKeyRef:
                      name: special-config
                      key: special.how
            - name: SPECIAL_TYPE_KEY
              valueFrom:
                  configMapKeyRef:
                      name: special-config
                      key: special.type
    restartPolicy: Never
```

- **volume plugin**

通过**volume**方式使用**ConfigMap**的具体方法有很多，最基本的方法就是将文件名称指定为键/值对的值，如下所示。

```
apiVersion: v1
kind: Pod
metadata:
    name: dapi-test-pod
spec:
    containers:
        - name: test-container
          image: gcr.io/google_containers/busybox
          command: [ "/bin/sh", "cat", "/etc/config/special.how" ]
          volumeMounts:
        - name: config-volume
          mountPath: /etc/config
    volumes:
        - name: config-volume
          configMap:
              name: special-config
    restartPolicy: Never
```

在**pod**运行之后，输出为：

```
very
```

这说明通过对应**volume**路径下的文件名special.how找到了其对应的值。

另外，还可以指定items字段下的路径。

```
apiVersion: v1
kind: Pod
metadata:
    name: dapi-test-pod
spec:
    containers:
        - name: test-container
          image: gcr.io/google_containers/busybox
          command: [ "/bin/sh", "cat", "/etc/config/path/to/special-key" ]
          volumeMounts:
          - name: config-volume
            mountPath: /etc/config
    volumes:
        - name: config-volume
          configMap:
              name: special-config
              items:
              - key: special.how
                  path: path/to/special-key
    restartPolicy: Never
```

此时，pod的输出也为：

```
very
```

8.2.9　Job

在Kubernetes诞生之初，其预设的服务场景基本上围绕long-running service，例如web service等。因此replication controller在一开始获得了大多数用户的关注，它用来管理那些restart policy是Always的应用。

现在，Kubernetes已经有了专门支持batch job的资源——Job，我们可以简单地将其理解为run to completion的任务，它对应restart policy为OnFailure或者Never的应用。

1. Job的类型

根据Job中pod的数量和并发关系，我们主要将其分为3种类型。另外，在Job的定义中，有两个比较重要的参数会根据Job的不同类型有不同的配置要求，分别为.spec.completions和.spec.parallelism，也会在下文的介绍中一并展开。

Job的第一个适用场景非常容易想到，用户可以使用Job创建单个pod，一旦pod完成工作退出，则认为这个Job也就成功结束了。这样的Job被称为non-parellel job。对于这个类型的Job，.spec.completions和.spec.parallelism都可以不做设定，系统会默认将其设为1。

对于parallel job，则具体细分成两种类型，分别是有固定completion数值的parallel job，以及有work queue的parallel job。

8

在前者中，Job成功的标志是有completion数量的pod运行成功并退出，用户需要指定`.spec.completions`字段。对于这种情况，用户可以指定`.spec.parallelism`，同样也可以不做设定，使用默认值1。

后者则是同时运行多个pod，其中任意一个pod成功停止，则说明该Job成功完成。所谓的work queue的含义在于，首先成功完成的pod对于Job的运行结果起着决定作用，而一旦有一个pod成功完成，系统不会再为这个Job试图创建新的pod。用户需要指定`.spec.parallelism`字段，表示在任一时刻同时运行的pod数目。如果该值被设为0，该Job不会被启动，直到该值被设为一个正值。注意，在Job的实际运行过程中，并发的pod数量可能会少于`.spec.parallelism`字段指定的数值。

2. 处理pod及容器的失败情况

在实际生产环境中，pod及容器可能会因为各种原因发生运行故障，导致Job未能成功完成。此时，Job controller会根据用户设定的restart policy来决定是否重启运行。

特别地，即使用户设定了`.spec.parallelism = 1`，`.spec.completions = 1`及`.spec.template.containers[].restartPolicy = "Never"`，相同的应用仍然有可能被启动两次。这乍看起来不太符合常规，但是实际上是符合逻辑的——两次启动的pod并不是同一个。考虑这样的场景：一个pod中的容器因为运行故障而异常退出，且其`.spec.template.containers[].restartPolicy`被设为了Never，则该pod被判定为失败。此时，Job会重新创建一个新的pod来完成任务，这也就意味着相同的应用被再次启动了。

3. Job的终止及清除

当一个Job完成之后，不会再有新的pod被创建，但是原有的pod也不会被自动删除，用户可以仍然可以通过`kubectl get pods -a`来查看对应的pod。

用户可能会希望在Job结束之后仍然保留其pod，方便用于查看log中的错误和告警信息，所以系统将是否删除pod的选择留给了用户。默认情况下，如果使用`kubectl delete`来删除Job，则其对应的所有pod也会被同时删除；如果希望避免这样的情况发生，需要指定`--cascade=false`。

8.2.10　Horizontal Pod Autoscaler

自动扩展作为一个长久的议题，一直为人们津津乐道。系统能够根据负载的变化对计算资源的分配进行自动的扩增或者收缩，无疑是一个非常吸引人的特征，它能够最大可能地减少费用或者其他代价（如电力损耗）。

自动扩展主要分为两种，其一为水平扩展，即本节中即将详细介绍的内容，针对于实例数目的增减；其二为垂直扩展，即单个实例可以使用的资源的增减。Horizontal Pod Autoscaling（HPA）属于前者。

注意　Kubernetes支持使用kubectl autoscale命令来创建HPA,用以调整一个replication controller 或者Deployment对应的pod实例数量,也支持直接通过manifest创建kind为HorizontalPod Autoscaler的资源。

1. Horizontal Pod Autoscaling如何工作

Horizontal Pod Autoscaling的操作对象是ReplicationController、ReplicaSet或Deployment对应的 pod,根据观察到的CPU实际使用量与用户的期望值进行比对,做出是否需要增减实例数量的决策。

controller目前使用heapster来检测CPU使用量, 检测周期可以通过horizontal-pod-autoscaler-sync-period参数进行调节,默认情况下是30秒。

2. Horizontal Pod Autoscaling的决策策略

在HPA controller检测到CPU的实际使用量之后,会求出当前的CPU使用率(实际使用量与pod 请求量的比率)。然后, HPA controller会对比该CPU 使用率和.spec.cpuUtilization.target-Percentage,并且通过调整副本数量使得CPU使用率尽量向期望值靠近,副本数的允许范围是用 户设定的[minReplicas,maxReplicas]之间的数值,期望副本数目TargetNumOfPods通过以下计算公 式求得:

```
TargetNumOfPods = ceil(sum(CurrentPodsCPUUtilization) / Target)
```

其中, Target是用户在HPA的manifest中设定的.spec.cpuUtilization.targetPercentage, 表 示用户期望的CPU使用率, CurrentPodsCPUUtilization表示当前的CPU使用率, 是HPA调节对象 (可能是replication controller、deployment或者replicaSet)对应的所有的pod的平均CPU使用率。

另外,考虑到自动扩展的决策可能需要一段时间才会生效,甚至在短时间内会引入一些噪声, 例如当pod所需要的CPU负荷过大,从而运行一个新的pod进行分流,在创建的过程中,系统的CPU 使用量可能会有一个攀升的过程。所以, 在每一次作出决策后的一段时间内,将不再进行扩展决 策。对于scale up而言, 这个时间段为3分钟, scale down为5分钟。

再者, HPA controller允许一定范围内的CPU使用量的不稳定, 也就是说, 只有当 avg(CurrentPodsConsumption) / Target低于0.9或者高于1.1时才进行实例调整,这也是出于维护 系统稳定性的考虑。

3. 未来的工作

目前HPA controller依赖heapster来完成CPU实时值的收集, 未来可能会考虑直接使用 /metricsAPI。

虽然目前Horizontal Pod Autoscaling的决策依据仅考量了CPU的使用量,但是其他的一些影响 因子也可能会被纳入考虑范畴,如内存使用量、网络流量、qps,甚至是用户自定义的metric。此 外,除了单一的考量因素外,还可能考虑aggregate metrics和multiple metric等多种可能。

8.3　Kubernetes 核心组件解读

在完整地介绍了Kubernetes的设计思想和核心概念之后，大家已经了解到这个项目本身暗含了很多互联网级数据中心容器化的思想。没错，不仅是由于Google早在数年前就已经开始了这种颇有意义的实践，近年来DCOS（数据中心操作系统）逐渐从幕后走向台前，Docker所起到的普及容器技术的作用功不可没。为了能够更好地让读者理解这个项目的实现原理，接下来将结合源码和我们的实践经验，带读者深入理解Kubernetes核心组件的一些实现细节，并在此基础上讲解如何对Kubernetes进行二次开发。当然，Kubernetes一直处于积极的开发过程中，所以本节会尽量避免过多的代码细节。

8.3.1　Kubernetes 的整体架构

Kubernetes由两种节点组成：master节点和工作节点，前者是管理节点，后者是容器运行的节点。其中master节点中主要有3个重要的组件，分别是APIServer、scheduler和controller manager。APIServer组件负责响应用户的管理请求、进行指挥协调等工作；scheduler的作用是将待调度的pod绑定到合适的工作节点上；controller manager是一组控制器的合集，负责控制管理对应的资源，如副本（replication）和工作节点（node）等。工作节点上运行了两个重要组件，分别为kubelet和kube-proxy。前者可以被看作一个管理维护pod运行的agent，后者则负责将service的流量转发到对应的endpoint。在实际生产环境中，不少用户都弃用了kube-proxy，而选择了其他的流量转发组件。

Kubernetes架构可以用图8-2简单描述。可以看到，位于master节点上的APIServer将负责与master节点、工作节点上的各个组件之间的交互，以及集群外用户（例如用户的kubectl命令）与集群的交互，在集群中处于消息收发的中心地位；其他各个组件各司其职，共同完成应用分发、部署与运行的工作。各个组件的详细工作流程我们会在接下来的章节进行细致的描述。

Kubernetes的架构体现了很多分布式系统设计的最佳实践，比如组件之间松耦合，各个组件之间不直接存在依赖关系，而是都通过APIServer进行交互。又比如，作为一个不试图形成技术闭环的项目，Kubernetes只专注于编排调度等工作，而在存储网络等方面留下插件接口，保证了整体的可扩展性和自由度，例如可以注册用户自定义的调度器、资源管理控制插件、网络插件和存储插件等，这使得用户可以在不hack核心代码的前提下，极大地丰富Kubernetes的适用场景。

下面我们列出Kuberntest各个重要组件对应的源码位置，方便读者进行查阅。注意，由于版本不同的影响，可能会导致代码位置有所出入，此处以v1.2.0版为主。

- **master节点**
  - ❑ APIServer
  - ❑ kubernetes/cmd/kube-apiserver/app/server.go
  - ❑ kubernetes/pkg/apiserver/

- ❑ kube-scheduler
- ❑ kubernetes/plugin/cmd/kube-scheduler/app/server.go
- ❑ kubernetes/plugin/pkg/scheduler/
- ❑ kube-controller-manager
- ❑ kubernetes/cmd/kube-controller-manager/app/controllermanager.go
- ❑ kubernetes/pkg/controller

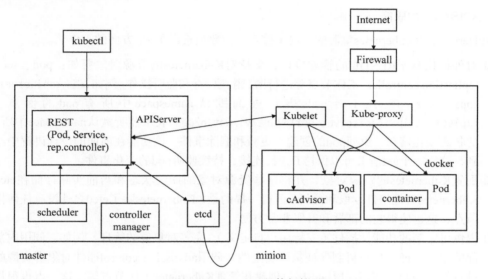

图8-2　Kubernetes整体架构图

- ● 工作节点

- ❑ kubelet
- ❑ kubernetes/cmd/kubelet/app/server.go
- ❑ kubernetes/pkg/kubelet/
- ❑ kube-proxy
- ❑ kubernetes/cmd/kube-proxy/app/server.go
- ❑ kubernetes/pkg/proxy/

接下来，先从master节点上的组件开始这趟学习之旅吧。

8.3.2　APIServer

Kubernetes APIServer负责对外提供Kubernetes API服务，它运行在Kubernetes的管理节点——master节点中。作为系统管理指令的统一入口，APIServer担负着统揽全局的重任，任何对资源进行增删改查的操作都要交给APIServer处理后才能提交给etcd。

Kubernetes APIServer总体上由两个部分组成：HTTP/HTTPS服务和一些功能性插件。其中这些插件又可以分成两类：一部分与底层IaaS平台（Cloud Provider）相关，另一部分与资源的管理控制（admission control）相关。与Cloud Provider相关的插件无非是调用IaaS的API完成对Kubernetes工作节点的操作（如果工作节点是这些IaaS提供的虚拟机）。对于相对比较复杂的admission control插件，8.6.4节会专门介绍。为方便起见，下文凡是出现APIServer的地方都可以认为是APIServer的HTTP/HTTPS服务的缩写。

1. APIServer的职能

APIserver作为Kubernetes集群的全局掌控者，主要负责以下5个方面的工作。

- 对外提供基于RESTful的管理接口，支持对Kubernetes的资源对象譬如：pod、service、replication controller、工作节点等进行增、删、改、查和监听操作。例如，GET <apiserver-ip>:<apiserver-port>/api/v1/pods 表示查询默认 namespace 中所有 pod 的信息。GET <apiserver-ip>:<apiserver-port>/api/v1/watch/pods表示监听默认namespace中所有pod的状态变化信息，返回pod的创建、更新和删除事件。该功能在前面的设计讲解中经常提到，这样一个get请求可以保持TCP长连接，持续监听pod的变化事件。
- 配置Kubernetes的资源对象，并将这些资源对象的期望状态和当前实际存储在etcd中供Kubernetes其他组件读取和分析。值得一提的是，Kubernetes除了etcd之外没有任何持久化节点，这也使得它的部署和升级非常方便。
- 提供可定制的功能性插件（支持用户自定义），完善对集群的管理。例如，调用内部或外部的用户认证与授权机制保证集群安全性，调用admission control插件对集群资源的使用进行管理控制，调用底层IaaS接口创建和管理Kubernetes工作节点等。这一点也很特殊，因为它把对Kubernetes进行功能性定制的自由交给了用户，这与大多数平台级开源项目有很大的不同。
- 系统日志收集功能，暴露在/logs API。
- 可视化的API（用Swagger实现，此处不做详细讨论）。

2. APIServer启动过程

在接下来所有的组件剖析中，一般都会从这个组件进程的启动过程开始。目的也很简单，首先，启动过程是跟踪该组件功能的一个最有效入口；其次，基本上所有重要的参数和依赖都会在这个启动过程中体现出来，这是后面原理解析的重要基础。

APIServer的启动程序读者可以参考cmd/kube-apiserver/apiserver.go的main函数，其启动流程如下所示。

(1) 新建APIServer，定义一个APIServer所需的关键信息。

首先是组件自身所需信息及其所需的依赖和插件配置，如表8-9所示。

表8-9 组件自身所需信息及依赖和插件配置

参 数	含 义	默认值	备 注
InsecurePort	APIServer监听的非安全端口，用于进行非安全或者不经过认证的连接	8080	
InsecureBindAddress	APIServer非安全端口绑定的网卡地址，用于接受非安全连接	127.0.0.1	0.0.0.0表示绑定本机所有的可用网卡地址
SecurePort	APIServer监听的安全端口	6443	0代表不启用https
BindAddress	APIServer安全端口绑定的网卡地址，用于接受安全连接	无	如果为空，则使用0.0.0.0
CloudProvider	底层IaaS平台	无	如果为空，表示不需要IaaS平台支持
EventTTL	事件的存储保留时间	1小时	无
AdmissionControl	以逗号作为分割符的admission control插件的排序列表	AlwaysAdmit	用户可以自定义授权模式，默认是永远允许
AdmissionControlConfigFile	启动admission control插件的配置文件	无	无
EtcdConfig.ServerList	etcd server列表，http://ip:port的形式，以逗号分隔	无	
AllowPrivileged	是否特权优先级容器	false	布尔值
ServiceClusterIPRange	一个CIDR的IP段，用于分配service cluster IP	无	如果默认值为空，则设置为10.0.0. 0/24
MasterServiceNamespace	默认namespace	default	该 namespace 中的service会被注入pod中

(2) 接受用户命令行输入，为上述各参数赋值。

(3) 解析并格式化用户传入的参数，最后填充APIServer结构体的各字段。

(4) 初始化log配置，包括log输出位置、log等级等。Kubernetes组件使用glog作为日志函数库。值得一提的是，Kubernetes能保证即使APIServer异常崩溃也能够将内存中的log信息保存到磁盘文件中。

(5) 启动运行一个全新的APIServer。APIServer作为master节点上的一个进程（也可以运行在容器中）通常会监听2个端口对外提供Kubernetes API服务，分别为一个安全端口和一个非安全端口，如图8-3所示。

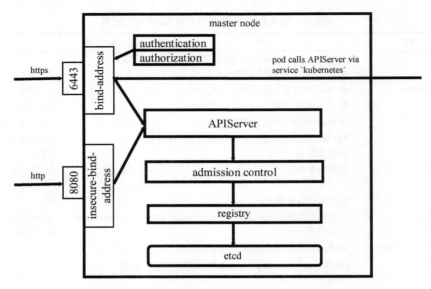

图8-3　一个正在运行的APIServer的拓扑结构

- **本地端口**

APIServer在默认情况下监听本地的8080端口，客户端或者Kubernetes其他组件就只能在master节点上直接使用localhost:8080访问这个本地端口。为了能从master节点外访问该端口，可以安装并使用开启HTTPS模式的nginx监听443端口，然后才将经过nginx认证的用户请求转发给8080端口。

这个本地端口可以处理读/写请求，但是该端口是一个非安全端口，即默认没有用户认证和授权检查机制。

如果需要自定义APIServer监听的非安全端口，在启动时传入insecure-port参数。该端口默认绑定到localhost（127.0.0.1），如果需要自定义绑定的网络接口地址，在启动时传入insecure-bind-address参数或者将其写入配置文件（譬如0.0.0.0表示绑定所有的网络接口地址），当然一般不推荐这样做。

- **安全端口**

安全端口使用HTTPS访问，默认为6443端口（0表示不启用HTTPS），可以响应读/写请求，同时支持x509安全证书和x509私钥认证。在APIServer启动时分别通过tls-cert-file参数传入证书文件和tls-private-key-file参数传入私有密钥文件。如果启用了HTTPS且APIServer在启动时未被提供以上参数，那么APIServer会自动为该端口绑定的公有APIServerIP地址生成一个自注册的证书文件和密钥并将它们存储在/var/run/kubernetes目录下，分别为：/var/run/kubernetes/apiserver.crt 和 /var/run/kubernetes/apiserver.key。该端口的请求会根据iptables规则被转发给Kubernetes系统自定义的用于提供Kubernetes读/写API的service，即kubernetes service。

Kubernetes service和其他普通的service一样，处于Kubernetes自己管理的虚拟网络中，且一般绑定在ServiceClusterIPRange的一个可用的IP地址（默认为10.0.0.1）上，对外暴露443端口，因此在访问时需要通过认证与授权。

```
$ kubectl get service -o wide
NAME CLUSTER-IP EXTERNAL-IP PORT(S) AGE SELECTOR
kubernetes 10.0.0.1 <none> 443/TCP 1h <none>
```

如果需要自定义该端口，在启动时传入secure-port参数，如果需要自定义安全连接绑定的网络接口地址，在APIServer启动时传入bind-address参数，否则APIServer会默认监听所有网卡地址（即0.0.0.0）。APIServer可以使用多种认证授权机制来保障该端口的安全，包括基于token文件的认证机制和基于访问规则的授权机制，具体将在8.6节进行详细介绍。

如图8-3所示，所有用户请求在执行之前都需要通过资源管理插件admission controller的考验，即根据用户的API请求类型、用户请求上下文所处namespace和申请的资源数量等信息决定到底是通过还是驳回该API请求。如果考验通过，那么APIServer就会对存储在etcd中的REST对象执行实际的增、删、改、查和监听操作了。Admission controller是一类插件的总称，常见的包括Namespace-Lifecycle、LimitRanger、ServiceAccount、ResourceQuota，可以根据不同的需求在启动APIServer时通过传入参数来决定。

3. APIServer对etcd的封装

Kubernetes使用etcd作为后台存储解决方案，而APIServer则基于etcd实现了一套RESTful API，用于操作存储在etcd中的Kubernetes对象实例。所有针对Kubernetes资源对象的操作都是典型的RESTful风格操作，如下所示。

- ❑ GET /<resourceNamePlural> 返回类型为resourceName的资源对象列表，例如GET /pods返回一个pod列表。
- ❑ POST /<resourceNamePlural> 根据客户端提供的描述资源对象的JSON文件创建一个新的资源对象。
- ❑ GET /<resourceNamePlural>/<name> 根据一个指定的资源名返回单个资源对象信息，例如GET /pods/first返回一个名为first的pod信息。
- ❑ DELETE /<resourceNamePlural>/<name> 根据一个指定的资源名删除一个资源对象。
- ❑ POST /<resourceNamePlural>/<name> 根据客户端提供的描述资源对象的JSON文件创建或更新一个指定名字的资源对象。

除了上面提到的通用增、删、改、查操作以外，APIServer还提供了其他一些URL以支持额外的操作，如下所示。

- ❑ GET /watch/<resourceNamePlural> 使用etcd的watch机制，返回指定类型资源对象实时的变化信息。
- ❑ GET /watch/<resourceNamePlural>/<name> 使用etcd的watch机制，根据客户端提供的描述

　　资源对象的JSON文件，返回一个名为name的资源对象实时的变化信息。

● **APIServer如何操作资源**

　　APIServer将集群中的资源都存储在etcd中，默认情况下其路径都由/registry开始，用户可以通过传入etcd-prefix参数来修改该值。

　　当用户向APIServer发起请求之后，APIServer将会借助一个被称为registry的实体来完成对etcd的所有操作，这也是为什么在etcd中，资源的存储路径都是以registry开始的。

```
$ etcdctl ls /registry -recursive
...
/registry/pods
/registry/pods/default
/registry/pods/default/f54759d0-a51f-11e4-91b1-005056b43972
...
```

　　Kubernetes目前支持的资源对象很多，如表8-10所示。

表8-10　Kubernetes支持的资源对象

API资源	存储在etcd中的路径前缀
ConfigMap	/configmaps
ReplicationController	/controllers
DaemonsSet	/daemonsets
Deployment	/deployments
Endpoints	/services/endpoints
Events	/events
HorizontalPodAutoscaler	/horizontalpodautoscalers
Ingress	/ingress
Job	/jobs
LimitRange	/limitranges
Namespace	/namespaces
Node	/minions
PersistentVolumes	/persistentvolumes
PersistentVolumeClaims	/persistentvolumeclaims
Pod	/pods
PodSecurityPolicy	/podsecuritypolicies
PodTemplate	/podtemplates
ReplicaSet	/replicasets
ResourceQuota	/resourcequotas
Secret	/secrets
Service	/services/specs
ServiceAccount	/serviceaccounts
第三方resource	/thirdpartyresources

● 一次创建pod请求的响应流程

(1) APIServer在接收到用户的请求之后，会根据用户提交的参数值来创建一个运行时的pod对象。

(2) 根据API请求的上下文和该pod对象的元数据来验证两者的namespace是否匹配，如不匹配则创建pod失败。

(3) namespace验证匹配后，APIServer会向pod对象注入一些系统元数据，包括创建时间和uid等。如果定义pod时未提供pod的名字，则APIServer会将pod的uid作为pod的名字。

(4) APIServer接下来会检查pod对象中的必需字段是否为空，只要有一个字段为空，就会抛出异常并终止创建过程。

(5) 在etcd中持久化该pod对象，将异步调用返回结果封装成restful.Response，完成操作结果反馈。

至此，APIServer在pod创建的流程中的任务已经完成，剩余步骤将由Kubernetes其他组件（kube-scheduler和kubelet）通过watch APIServer继续执行下去。

4. APIServer如何保证API操作的原子性

由于Kubernetes使用了资源的概念来对容器云进行抽象，就不得不面临APIServer响应多个请求时竞争和冲突的问题。所以，Kubernetes的资源对象都设置了一个resourceVersion作为其元数据（详见pkg/api/v1/types.go的ObjectMeta结构体）的一部分，APIServer以此保证资源对象操作的原子性。

resourceVersion是用于标识一个资源对象内部版本的字符串，客户端可以通过它判断该对象是否被更新过。每次Kubernetes资源对象的更新都会导致APIServer修改它的值，该版本仅对当前资源对象和namespace限定域内有效。

例如，假设现在有两个Client在对同一个资源进行更新（PUT）操作，该操作会携带一个resourceVersion的值：

```
Client #1
GET Foo
Set Foo.Bar = "one"
PUT Foo

Client #2
GET Foo
Set Foo.Baz = "two"
PUT Foo
```

这时，APIServer就会验证该资源当前resourceVersion的值与PUT操作中携带的值是否一致。只有当其一致时，才能说明这3个操作序列的过程中没有其他更新该资源的操作，进而允许最后的更新操作生效。

8

APIServer实现HTTP PUT方法的幂等性，即当一个HTTP请求头部包含If-Match: resource
Version=或一个HTTP请求URL包含?resourceVersion=参数，而当前对象存储的resourceVersion
值与http请求包含的值不匹配时，APIServer会返回一个StatusConflict(409)的HTTP状态码。

这时，客户端应重新发起GET请求，对该资源对象发起更新操作。

8.3.3   scheduler

资源调度器本身经历了长足的发展，一向受到广泛关注。Kubernetes scheduler是一个典型的
单体调度器。它的作用是根据特定的调度算法将pod调度到指定的工作节点上，这一过程通常被
称为绑定（bind）。

scheduler的输入是待调度pod和可用的工作节点列表，输出则是应用调度算法从列表中选择
的一个最优的用于绑定待调度pod的节点。如果把这个scheduler看成一个黑盒，那么它的工作过
程正如图8-4所示。

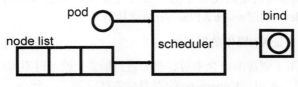

图8-4   把调度器看成一个黑盒

下面将按照scheduler如何快速可靠地获取待调度的pod、可用的工作节点列表等必要输入，
延伸至其调度算法的决策模型，来为读者们介绍Kubernetes scheduler。

1. scheduler的数据采集模型

不同于很多平台级开源项目（比如Cloud Foundry），Kubernetes里并没有消息系统来帮助用户
实现各组件间的高效通信，这使得scheduler需要定时地向APIServer获取各种各样它感兴趣的数
据，比如已调度、待调度的pod信息，node状态列表、service对象信息等，这会给APIServer造成
很大的访问压力。

所以scheduler专门为那些感兴趣的资源和数据设置了本地缓存机制，以避免一刻不停的暴力
轮询APIServer带来额外的性能开销。这里的缓存机制可以分为两类，一个是简单的cache对象（缓
存无序数据，比如当前所有可用的工作节点），另一个是先进先出的队列（缓存有序数据，比如
下一个到来的pod）。scheduler使用reflector来监测APIServer端的数据变化。

最后，我们总结一下scheduler调度器需要的各项数据、如何捕获这些数据，以及这些数据存
储在本地缓存的什么数据结构中，如表8-11所示。

表8-11 scheduler调度器的输入数据

数据描述	采集方法	数据对象	本地缓存类型
所有未调度的pod	Reflector	podQueue	FIFO
所有已调度运行的pod	Reflector	podLister	cache
所有可用的node	Reflector	NodeLister	cache
所有service	Reflector	ServiceLister	cache
所有Persistent Volume	Reflector	PVLister	cache
所有Persistent Volume Claim	Reflector	PVCLister	cache
所有Replication Controller	Reflector	ControllerLister	cache
所有Replica Set	Reflector	ReplicaSetLister	cache

值得注意的是，scheduler调度器所需的输入数据包括pod和node很好理解，为什么还包含service对象/replication controller对象等其他资源呢？这是因为，这些资源均会在调度pod时起到不同层面上的约束与限制作用，具体在下面的调度策略介绍一节中有更详细的解释。

2. scheduler调度算法

在Kubernetes的最早期版本中，scheduler为pod选取工作节点的算法是round robin——即依次从可用的工作节点列表中选取一个工作节点，并将待调度的pod绑定到该工作节点上运行，而不考虑譬如工作节点的资源使用情况、负载均衡等因素。这种调度算法显然不能满足系统对资源利用率的需求，而且极容易引起竞争性资源的冲突，譬如端口，无法适应大规模分布式计算集群可能面临的各种复杂情况。当然，这之后scheduler对调度器的算法框架进行了较大的调整，已经能够支持一定程度的资源发现。目前默认采用的是系统自带的唯一调度算法default，当然，scheduler调度器提供了一个可插拔的算法框架，开发者能够很方便地往scheduler添加各种自定义的调度算法。接下来将以default算法为例，详细解析scheduler调度算法的整体设计。

Kubernetes的调度算法都使用如下格式的方法模板来描述：

```
func RegisterAlgorithmProvider(name string, predicateKeys, priorityKeys sets.String) string
```

其中，第1个参数即算法名（比如default），第2个和第3个参数组成了一个算法的调度策略。

Kubernetes中的调度策略分为两个阶段：Predicates和Priorities，其中Predicates回答"能不能"的问题，即能否将pod调度到某个工作节点上运行，而Priorities则在Predicates回答"能"的基础上，通过为候选节点设置优先级来描述"适合的程度有多高"。

具体到default算法，目前可用的Predicates包括：PodFitsHostPorts、PodFitsResources、NoDiskConflict、NoVolumeZoneConflict、MatchNodeSelector、HostName、MaxEBSVolumeCount和MaxGCEPDVolumeCount。所以，工作节点能够被选中的前提是需要经历这几个Predicates条件的检验，并且每一条都是硬性标准。一旦通过这些筛选，候选的工作节点就可以进行打分（评优先级）了。

打分阶段的评分标准（Priorities）有7项：LeastRequestedPriority、BalancedResourceAllocation、

SelectorSpreadPriority 、 NodeAffinityPriority 、 EqualPriority 、 ServiceSpreadingPriority 和 Image-LocalityPriority。每一项都对应一个范围是0~10的分数，0代表最低优先级，10代表最高优先级。除了单项分数，每一项还需要再分配一个权值（weight）。以default算法为例，它包含了LeastRequestedPriority、BalancedResourceAllocation、SelectorSpreadPriority和NodeAffinityPriority这三项，每一项的权值均为1。所以一个工作节点最终的优先级得分是每个Priorities计算得分的加权和，即Sum(score*weight)。最终，scheduler调度器会选择优先级得分最高的那个工作节点作为pod调度的目的地，如果存在多个优先级得分相同的工作节点，则随机选取一个工作节点。

下面我们就分别介绍Predicates和Priority的使用。

- **Predicates**

在default算法中，目前可用的Predicates包括：PodFitsHostPorts、PodFitsResources、NoDiskConflict 、 NoVolumeZoneConflict 、 MatchNodeSelector 、 HostName 、 MaxEBSVolumeCount 和MaxGCEPDVolumeCount。下面我们分别介绍。

+ PodFitsHostPorts

PodFitsHostPorts的评估依据就是宿主机上的端口是否冲突，即检查待调度的pod中所有容器需要用到的HostPort集与工作节点上已使用的端口是否冲突。需要注意容器内部打开的端口（ContainerPort）和HostPort的区别，在同一个工作节点上，ContainerPort可以随意重复，但HostPort不能冲突。具体检测过程如下所示。

(1) 枚举待调度的pod要用到的所有HostPort，即查询pod中每个容器的ContainerPort所对应的HostPort。由于HostPort是一个1~65535的整数，这里使用了一个key为int型，value为bool型的map结构，value值为true用于标记某个HostPort需要被该pod使用。

(2) 根据cache中存储的node相关信息，采用步骤(1)中的方法获得node上运行的所有pod中每个容器的ContainerPort所对应的HostPort。

(3) 比较步骤(1)和步骤(2)得到的两个HostPort集合是否有交集。如果有交集则表明将pod调度到该工作节点上会产生端口冲突，返回一个false值表示不适合调度；否则表明不会产生端口冲突，返回一个true值表示适合调度。

+ podFitsResources

podFitsResources的评估依据就是node上的资源是否够用，即检测每个node上已经在运行的所有pod对资源的需求总量与待调度pod对资源的需求量之和是否会超出工作节点的资源容量（node的capacity）。目前，这条规则检查node上允许部署的最大pod数目，以及CPU（milliCPURequested）和Mem（memoryRequested）这两种资源的容量是否满足条件。需要注意的是，对于CPU和Mem，podFitsResources只计算资源的请求量而不是资源的实际使用量。

+ NoDiskConflict

NoDiskConflict对应的实现函数是NoDiskConflict，它的评估依据就是容器挂载的卷（volume）

是否有冲突，注意这里只针对GCEPersistentDisk、Amazon EBS和Ceph RBD类型的volume。

不同的volume类型有各自的挂载规则，具体如下。

❑ GCE PersistentDdisk允许多次挂载相同的volume，前提是这些挂载卷都是只读的。
❑ AWS EBS 禁止两个pod共享同一个ID的volume。
❑ Ceph RBD不允许两个pod共享一个monitor，以及相同的pool和image。

具体的检测过程如下所示。

(1) 使用两层嵌套循环，交叉对比待调度pod包含的所有volume信息（即pod.Spec.Volumes）和node上已调度的pod的volume信息，进行判断。

(2) 如果待调度pod上的volume不是GCEPersistentDisk、AWSElasticBlockStore或者RBD类型，不进行任何操作，继续检查下一个volume；反之，则将该volume与工作节点上所有pod的每一个volume进行比较，如果发现相同，则表示有磁盘冲突，检查结束，反馈给调度器不适合调度。

(3) 如果检查完待调度的pod的所有volume均未发现冲突，则反馈给调度器表示该工作节点适合调度。

✦ NoVolumeZoneConflict

NoVolumeZoneConflict用于检查pod的挂载卷的zone限制是否与node对应的zone-label相匹配，目前只支持PersistentVolumeClaims，确切地说，仅在它们bound到的PersistentVolume范围内检查。

在检查过程中，我们首先获取node的zone-label信息，查询以failure-domain.beta.kubernetes.io/zone和failure-domain.beta.kubernetes.io/region两个label为key的value值。顾名思义，这些label对应的是工作节点调度限制，所以如果没有发现任何限制条件，则检查结束，说明该工作节点可以调度。接下来我们查找pod manifest中PersistentVolumeClaims对应的PersistentVolume的failure-domain.beta.kubernetes.io/zone 和 failure-domain.beta.kubernetes.io/region label下对应的值，并与node对应的label进行交叉匹配，一旦发现有不相符的一项，则返回zone冲突信息，说明该node不适合被调度。

特别地，我们允许工作节点有除了与pod所指定的label之外的其他zone限制，也就是说，工作节点的zone-label与pod的zone label必须是包含关系。这条规则其实也非常直观，即如果某个pod上的挂载volume可能在A zone调度失败，而它被调度到的工作节点一定不能位于A zone，即一定存在相应的zone-label。

✦ MatchNodeSelector

MatchNodeSelector对应的实现函数是podSelectorMatches，它的评估依据是node是否能被pod的NodeSelector选中以及该node是否符合pod对于NodeAffinity的要求。也就是说，调度器会首先检查工作节点的labels属性和pod的NodeSelector的要求（label selector的一种）是否一致；接下来再检查pod manifest中的scheduler.alpha.kubernetes.io/affinity label与node名字是否相吻合。

8

podSelectorMatches工作流程如下所示。

(1) 如果pod的NodeSelector属性（即pod.Spec.NodeSelector）不为空，则解析工作节点对象的元数据，提取labels属性，应用NodeSelector对工作节点的labels进行匹配，如果匹配不成功，则表明该node不适合调度。

(2) 获取pod的Spec中scheduler.alpha.kubernetes.io/affinitylabel对应的值NodeAffinity。NodeAffinity是一组亲和性调度规则，目前实现了其中两种，分别为RequiredDuringSchedulingIgnoredDuringExecution和PreferredDuringSchedulingIgnoredDuringExecution。其中，仅有前者在这里的检查中使用到了，意指在pod被调度时，选择的node必须符合这一规则的定义。这同样是通过label匹配与否进行判定的。

通过label这个巧妙的设计，Kubernetes很容易地就实现了"Placement"这一编排调度中的重要特性。

+ HostName

HostName评估的依据被定义在PodFitsHost中，即如果待调度的pod指定了pod.Spec.Host的值为hostname，则将它调度到主机名为指定hostname的工作节点上运行，这个策略非常简单。

+ MaxEBSVolumeCount

MaxEBSVolumeCount检查node上即将被挂载的AWS EBS Volume是否超过了默认限制39。

+ MaxGCEPDVolumeCount

MaxGCEPDVolumeCount检查node上即将被挂载的GCE Persistent Disk是否超过了默认限制16。

• **Priorities**

在通过了上述硬性筛选之后，顺利过关的工作节点就可以通过打分过程来评优先级了。注意，不同的priorities函数之间，也可能存在权重的区分，但在default调度算法中，这些priorities函数的权重都相同。

+ LeastRequestedPriority

LeastRequestedPriority的计算原则是尽量将pod调度到资源占用比较小的工作节点上，这样能够尽可能地实现Kubernetes集群工作节点上pod资源均衡分配。

具体计算分数的方法可以用如下公式描述：cpu((capacity - sum(requested)) * 10 / capacity) + memory((capacity - sum(requested)) * 10 / capacity) / 2

其中，**requested cpu**和**requested memory**是被调度的pod所需申请的资源总量加上正在被检查的工作节点上所有运行的pod所申请的资源总量，而**capacity**则是正在检查的工作节点目前可用的容量。

这个公式虽然容易理解，但一些细节值得我们思考，如下所示。

❑ 如何快速枚举出任意一个工作节点上所有运行的pod？Kubernetes在每个在运行的pod对象中存储了对宿主工作节点的引用，即pod.Spec.NodeName。我们使用一个以node名称为键值的哈希表来存放各个node信息，其中包括了node上存放的pod。在正式进入打分流程之前，先将node中运行的pod列表预先求出，存储在该哈希表中即可。

❑ 如何获取任意一个pod内所有容器对资源的请求总量？计算pod内所有容器对资源请求总量的过程非常简单，即逐一遍历pod中各个container的资源请求量，并将其相加。目前scheduler只能使用用户在创建pod对象时在资源文件中定义的资源请求量，该资源请求量是静态值，不会随着系统运行而动态变化。具体代码实现如下所示。

```
for _, container := range pod.Spec.Containers {
cpu, memory := priorityutil.GetNonzeroRequests(&container.Resources.Requests)
totalMilliCPU += cpu
totalMemory += memory
}
```

❑ 如何获取任意一个可用工作节点的资源信息？在一个node在加入Kubernetes集群后，系统中会创建一个Node对象，其中Node.Status.Allocatable字段记录了其可用资源容量。

综上，我们不难发现，LeastRequestedPriority规则的打分过程目前只考虑了静态的资源切割情况，而实际资源使用情况并没有纳入计算。我们知道，在容器的世界里，资源其实并没有"预先分配"的说法，cgroup只是保证了资源并不会超过限制而已。在将来的升级中，调度器很可能会综合考虑资源实际使用量来打分，并且允许一定的超卖，或者根据一段时间内的相似容器资源使用情况来预测被调度pod所需的资源量。

✦ BalancedResourceAllocation

BalancedResourceAllocation的设计理念来源于一篇论文Wei Huang et al.，"An Energy Efficient Virtual Machine Placement Algorithm with Balanced Resource Utilization"，即在调度时偏好CPU和内存利用率相近的节点，具体的计算公式如下：

```
score = 10 - abs(cpuFraction-memoryFraction)*10
```

我们采用类似于LeastRequestedPriority中的计算方式，分别求出节点上CPU和内存的已分配量，以及待调度pod所需要的CPU和内存值，将对应的资源相加并分别除以节点上的资源总量，求出占用率，再参考公式求出分数。

✦ SelectorSpreadPriority

SelectorSpreadPriority的设计来源于对集群中rc和service的高可用以及流量分布均衡的要求，其基本理念在于要求对相同service/RC（包括replication controller和replicaSet）的pod在节点及zone上尽量分散，对应实现在CalculateSpreadPriority中，评分流程如下。

（1）对给定的待调度pod，查询该pod所在的namespace下对应的service。由于一个pod对应的service的数目是没有限制的（可能为0个，1个或多个），如果与该pod匹配的service数目不为0，则

8

此处会返回所有匹配的service列表，否则返回错误标识没有找到匹配的service。

（2）对给定的待调度pod，查询该pod所在的namespace下对应的ReplicationController。同样地，当匹配的ReplicationController数目不为0时，返回匹配列表，否则返回错误。

（3）对给定的待调度pod，查询该pod所在的namespace下对应的ReplicaSet。当匹配的ReplicaSet数目不为0时，返回匹配列表，否则返回错误。

（4）对于上述返回的与pod有相同label selector的service、ReplicationController和ReplicaSet，将其整合在一起，并且计算与待调度pod处于namespace下各个node上具有同样label selector的pod数目，并将所有node中相同label的pod数量最多的值记为maxCountByNodeName。

（5）同样地，我们再针对zone进行类似的计算，将所有zone中相同label的pod数目最多的值即为maxCountByZone。当然，有一些集群中的工作节点并没有zone这一特征，在这种情况下，无需在后续步骤中考虑zone因素的影响。

（6）运用简单的打分策略对各个工作节点进行打分，将该节点上相同label的pod与maxCount-ByNodeName及maxCountByZone进行投射比对，得到一个0~10分间的分数，具体计算过程如下。

```
fScore := float32(maxPriority)
if maxCountByNodeName > 0 {
    fScore = maxPriority * (float32(maxCountByNodeName-countsByNodeName[node.Name]) /
    float32(maxCountByNodeName))
}

if haveZones {
    zoneId := getZoneKey(node)
        if zoneId != "" {
            zoneScore := maxPriority * (float32(maxCountByZone-countsByZone[zoneId]) / float32(max
                CountByZone))
            fScore = (fScore * (1.0 - zoneWeighting)) + (zoneWeighting * zoneScore)
        }
}
```

由于每个工作节点的初始fScore为10，如果某个工作节点上没有相同label selector的pod，则fScore为10；反之如果某个minion运行着数量最多的相同label selector的pod，则fScore为0。

可以看出，在这一部分调度器设计是比较合理的。LeastRequestedPriority已保证了pod会被尽量调度到资源充裕的节点上，因此，接下来SelectorSpreadPriority在考虑每台工作节点上pod个数时，就不应该以单纯数量上的均匀分布为考量依据，而应该以拥有相同selector的pod均分分布为标准。这样才能在保证资源利用率的同时照顾到高可用需求。

✦ ServiceSpreadingPriority

ServiceSpreadingPriority可以认为是上述介绍的SelectorSpreadPriority的前身，在早期的设计中，该函数仅考虑了使节点上属于同一个service的后端pod尽量少。我们不难发现，这个功能点已经被SelectorSpreadPriority所覆盖，出于兼容低版本v1.0的考虑，现在仍然将其保留在系统中，而在注册函数时，将传入参数的RC列表设定为空即可。

✦ NodeAffinityPriority

NodeAffinityPriority是一个新的特征，允许用户在pod manifest中指定pod的工作节点亲和性，对应的annotation为scheduler.alpha.kubernetes.io/affinity。

node亲和性本质上是一些调度规则，目前实现了其中两种，其一为强规则requiredDuringSchedulingIgnoredDuringExecution，若某个工作节点不满足该字段的要求，则待调度的pod一定不会被调度到该工作节点上；其二为弱规则preferredDuringSchedulingIgnoredDuringExecution，即说明pod偏好的工作节点，但是调度器仍然可能将该pod调度到不满足这一字段的工作节点上。注意，这两条规则都只考虑到调度发生时，而不考虑具体的运行过程。也就是说，一旦pod被成功调度到某个工作节点上，在它运行的生命周期内，即使工作节点不再满足该字段的要求，调度器也不会将pod从该工作节点上删除。在将来，还可能会有其他新的规则，如requiredDuringSchedulingRequiredDuringExecution等。目前在实际的调度算法中使用到的仅有弱规则preferredDuringSchedulingIgnoredDuringExecution。对于亲和性的具体表现形式，系统实现了多种支持方式，包括In、NotIn、Exists、DoesNotExist、Gt和Lt。

在实际的检查过程中，首先将pod的node亲和性信息抽取出来，并与各个工作节点的node selector逐一比较，得到结果存放在一个以NodeName为key值的map中。一旦出现匹配，则对应的value值加1。最后将各个工作节点的得分投影到0~10之间。

✦ EqualPriority

EqualPriority对应的实现函数是EqualPriority，它的计算原则是平等对待NodeLister中的每一个工作节点。与其他计算函数相比，EqualPriority函数的工作流程简单很多，即遍历NodeLister中所有备选的工作节点，将每个工作节点的优先级（score）均置为1。

✦ ImageLocalityPriority

ImageLocalityPriority根据主机上已经存在的且将会被待调度pod使用到的镜像（大小）进行打分。在检查过程中，遍历pod.Spec.Containers项，对各个node分别检查是否存在对应的镜像，并且将存在镜像的大小和累加作为评分依据。存在镜像和越大的工作节点对应的得分越高。

3. scheduler的启动与运行

下面将从代码的角度带大家感受scheduler是如何精巧地完成它的工作。

Kubernetes scheduler启动程序与APIServer启动程序大同小异，因此这里将着重介绍scheduler调度逻辑，省略其他非核心的部分。scheduler组件比较特别的地方是，它启动程序的过程被放在plugin/cmd/kube-scheduler目录下，而非像其他组件那样被放在cmd/{component}下，事实上scheduler是Kubernetes项目的一个Git submodule。

负责进行调度工作的核心进程成为scheduler server，它的结构相对来说比较简单，主要的属性如表8-12所示。

8

表8-12　scheduler server结构体各属性的含义

参　　数	含　　义	默认值	备　　注
Port	scheduler server监听的端口	10251	无
Address	scheduler server绑定的网卡地址	0.0.0.0	0.0.0.0代表所有网卡地址
Kubeconfig	与其他组件的kubeconfig文件相同，内含APIServer的地址以及用于认证的信息	空	无
AlgorithmProvider	scheduler调度算法	DefaultProvider	无
PolicyConfigFile	调度规则的配置文件	空	当使用自定义调度算法时用到该文件
SchedulerName	调度器名称，用于在multi-scheduler场景下选择适宜的调度器	default-scheduler	

在程序入口的main函数中，首先完成对SchedulerServer的初始化工作，这是一个涵盖了要运行调度器所需要的参数的结构体，并且调用Run函数来运行一个真正的调度器。Run函数完成的事情如下。

(1) 收集scheduler产生的事件信息并构建事件对象，然后向APIServer发送这些对象，最终由APIServer调用etcd客户端接口将这些事件进行持久化。event来源非常广泛，除了scheduler外，它的来源还包括kubelet、pod、Docker容器、Docker镜像、pod Volume和宿主机等。

(2) 创建一个http server，默认情况下绑定到IP地址Address（见表8-12）上并监听10251端口。在启用对scheduler的profiling功能时，该server上会被注册3条路由规则（/debug/pprof/、/debug/pprof/profile和/debug/pprof/symbol），可以通过Web端对scheduler的运行状态进行辅助性检测和debug。

(3) 根据配置信息创建调度器并启动SchedulerServer。在启动调度器之前，需要进行一些初始化操作，这些初始化操作的结果将作为调度器的配置信息传入，如下所示。

- ❏ 客户端对象client，用于与APIServer通信。
- ❏ 用于缓存待调度pod对象的队列podQueue。
- ❏ 存储所有已经调度完毕的Pod的链表ScheduledPodLister。
- ❏ 存储已调度的所有pod对象的链表podLister，其中包括已经调度完毕的以及完成了调度决策但可能还没有被运行起来的pod。
- ❏ 存储所有node对象的链表NodeLister。
- ❏ 存储所有PersistentVolumes的链表PVLister。
- ❏ 存储所有PersistentVolumeClaims的链表PVCLister。
- ❏ 存储所有service对象的链表ServiceLister。
- ❏ 存储所有控制器的链表ControllerLister。
- ❏ 存储所有ReplicaSet的链表ReplicaSetLister。
- ❏ 用于关闭所有reflectors的channel，StopEverything。关于reflector的具体作用，我们会在第

3节中进行详细介绍。

□ 用于操作ScheduledPodLister池的控制器scheduledPodPopulator，负责在完成调度的pod被更新时进行相应的操作。

□ 用于提前更新pod在系统中被调度的状态，使得调度器能够提前感知的Modeler。

□ 调度器的名字SchedulerName。

在这一过程中，工厂模式被广泛地使用。

(4) 注册metrics规则，用于检测调度器工作的性能，包括调度延迟时间、binding延迟时间等。

上述动作完成后，调度器的主循环就可以自动执行调度工作了。简单地说，就是不停地从缓存待调度pod对象的队列podQueue中弹出一个pod对象。然后将这个待调度pod和所有可用工作节点对象的链表NodeLister被用作调度算法的输入。一旦成功选择一个可用的工作节点，则使用该pod的namespace、pod名、选择的node这3个属性新建一个Binding对象，如下所示。

```
b := &api.Binding{
ObjectMeta: api.ObjectMeta{Namespace: pod.Namespace, Name: pod.Name},
Target: api.ObjectReference{
Kind: "Node",
Name: dest,
},
}
```

该Binding对象最终由APIServer调用etcd接口进行持久化。

4. multi-scheduler

诚然，目前的默认的调度算法在很多情况下并不能满足生产环境的需求。例如，当集群中有两种优先级不同的pod（如批处理作业和实时响应程序）均在等待调度时，我们往往希望其中优先级较高的pod，即实时响应程序被优先调度。包括Omega、Mesos在内的多种集群调度框架都衍生出了多个调度器同时工作的模式或者丰富的两级调度框架。不少用户也许还希望能够使用个人定制化的调度器，这也是社区最早将调度器看作一个系统级插件而非一个固有组件的原因。有鉴于实际生产环境中对于不同调度策略乃至于调度器的需求，社区也将multi-scheduler的工作稳步推进。

实现multi-scheduler的关键在于，如何将pod与其对应的scheduler对应起来。我们知道，一个pod应当被一个且只被一个调度器调度到一个工作节点上，否则就会发生pod运行失败或者调度工作节点冲突等状况。社区目前采用了annotations来实现这一需求。所谓annotations，可以看作一组非结构化的键/值对，在这里我们用到的key值为scheduler.alpha.kubernetes.io/name，用于为用户提供自定义使用调度器的自由。若该字段为空，则系统自动将其指派给默认的调度器进行调度。遗憾的是，这一方案还没有解决用户指定无效调度器（如拼写错误等）的问题，一旦发生这一状况，对应的pod将会一直处于pending的状态。

在本书撰写时，multi-scheduler还没有完全实现，我们相信，假以时日，该功能会日渐完备，

8

真正能够投入生产环境。

8.3.4　controller manager

Kubernetes controller manager运行在集群的master节点上，是基于pod API上的一个独立服务，它管理着Kubernetes集群中的各种控制器，包括读者已经熟知的replication controller和node controller。相比之下，APIServer负责接收用户的请求，并完成集群内资源的"增删改"，而controller manager在系统中扮演的角色是在一旁默默地管控这些资源，确保它们永远保持在用户所预期的状态。这里，同样从它的启动过程开始分析。

1. Contorller Manager启动过程

随着Kubernetes版本的更迭，系统支持的生产场景日益丰富，controller manager负责的资源管控工作也更为繁复（如v1.2.0版本中，就有超过15个子控制器），其启动流程大致分为如下几个步骤。

(1) 根据用户传入的参数以及默认参数创建kubeconfig和kubeClient。前者包含了controller manager在工作中需要使用的配置信息，如同步endpoint、rc、node等资源的周期等；后者是用于与APIServer进行交互的客户端。

(2) 创建并运行一个http server，对外暴露/debug/pprof/、/debug/pprof/profile、/debug/pprof/symbol和/metrics，用作进行辅助debug和收集metric数据之用。

(3) 按顺序创建以下几个控制管理器：服务端点控制器、副本管理控制器、垃圾回收控制器、节点控制器、服务控制器、路由控制器、资源配额控制器、namespace控制器，horizontal控制器、daemon set控制器、job控制器、deployment控制器、replicaSet控制器、persistent volume控制器（可细分为persistent volume claim binder、persistent volume recycler及persistent volume provision controller）、service account控制器，再根据预先设定的时间间隔运行。特别地，垃圾回收控制器、路由控制器仅在用户启用相关功能时才会被创建，而horizontal控制器、daemon set控制器、job控制器、deployment控制器、replicaSet控制器仅在extensions/v1beta1的API版本中会被创建。

controller manager控制pod、工作节点等资源正常运行的本质，就是靠这些controller定时对pod、工作节点等资源进行检查，然后判断这些资源的实际运行状态是否与用户对它们的期望一致，若不一致，则通知APIServer进行具体的"增删改"操作。理解controller工作的关键就在于理解每个检查周期内，每种资源对象的实际状态从哪里来，期望状态又从哪里来。接下来，我们以服务端点控制器、副本管理控制器、垃圾回收控制器、节点控制器和资源配额控制器为例，分析这些controller的具体工作方式。

2. 服务端点控制器（endpoint controller）

本书8.2.4节已经解读了Kubernetes中的service及与之相关联的endpoint资源设计思路。这两类资源的存在降低了基于Kubernetes平台构建分布式应用的难度。毕竟，自己给集群搭一个自带动态服务发现能力的负载均衡组件可能是费力不讨好的。Kubernetes中的endpoint controller负责维护endpoint及其与对应service的关系，会周期性地进行检查，以确保它们始终运行在用户所期望的状态。

要想了解endpoint controller的工作原理，首先要从它的数据结构开始说起。

```
type EndpointController struct {
    client *clientset.Clientset

    serviceStore cache.StoreToServiceLister
    podStore     cache.StoreToPodLister

    queue *workqueue.Type

    serviceController *framework.Controller
    podController     *framework.Controller
}
```

本书8.2.4节中指出，当用户在Kubernetes中创建一个包含label selector的service对象时，系统会随之创建一个对应的endpoint对象，该对象即保存了所有匹配service的label selector后端pod的IP地址和端口。可以预见，endpoint controller作为endpoint对象的维护者，需要在service或者pod的期待状态或实际状态发生变化时向APIServer发送请求，调整系统中endpoint对象的状态。

顺着这条思路，可以发现endpoint controller维护了两个缓存池，其中serviceStore用于存储service，podStore用于存储pod，并且使用controller的reflector机制实现两个缓存与etcd内数据的同步。具体而言，就是当controller监听到来自etcd的service或pod的增加、更新或者删除事件时，对serviceStore或podStore做出相应变更，并且将该service或者该pod对应的service加入到queue中。也就是说，queue是一个存储了变更service的队列。endpoint controller通过多个goroutine来同时处理service队列中的状态更新，goroutine的数量由controller manager的ConcurrentEndpointSyncs参数指定，默认为5个，不同goroutine相互之间不会相互干扰。

每个goroutine的工作可以分为如下几个步骤。

(1) 从service队列中取出当前处理的service名，在serviceStore中查找该service对象。若该对象已不存在，则删掉其对应的所有endpoint；否则进入步骤(2)。

(2) 构建与应该service对应的endpoint的期望状态。根据service.Spec.Selector，从podStore获取该service对应的后端pod对象列表。对于每一个pod，将以下信息组织为一个新的EndpointSubset对象：pod.Status.PodIP、pod.Spec.Hostname、service.spec中定义的端口名、端口号、端口协议、和pod的资源版本号（ResourceVersion，同样作为endpoint对象的资源版本号），并且将所有EndpointSubset对象组成一个slice subset，这是期望的endpoint状态。

说明　Kubernetes 努力使得 pod 等资源的实际状态与期望状态一致，会在 etcd 中保存两份数据，分别对应期望状态和实际状态。然而这里也有例外，由 Kubernetes 自动维护的 endpoint 对象，即当用户创建一个包含 label selector 的 service 对象时，系统随之自动创建的 endpoint 对象，并非由用户显式创建，endpoint 的期望状态可以认为是从 service 和 pod 两类对象动态构建出来，当前 Kubernetes 并未将其存储在 etcd 中。

（3）使用 service 名作为检索键值，调用 APIServer 的 API 获取当前系统中存在的 endpoint 对象列表 currentEndpoints，即 endpoint 的实际状态。如果找不到对应的 endpoint，则将一个新的 Endpoint 对象赋值给 currentEndpoints，此时它的 ResourceVersion 为 0。将步骤(2)中 endpoint 期望状态与实际 endpoint 对象列表进行比较，包括两者的 pod.beta.kubernetes.io/hostname 的 annotation、subset（包含端口号、pod IP 地址等信息），以及 service 的 label 与目前 endpoint 的 label，如果发现不同，则调用 APIServer 的 API 进行 endpoint 的创建或者更新。如何判断需要进行的是创建还是更新呢？这就与 ResourceVersion 分不开了。如果 ResourceVersion 为 0，说明需要创建一个新的 endpoint，否则，则是对旧的 endpoint 的更新。

通过上述分析可以看到，controller 的一般处理逻辑是先获取某种资源对象的期望状态。期望状态可能是存储在 etcd 里的 spec 字段下的数据，也可能是类似 endpoint 这样的动态构造。然后将之与实际状态对比。controller 对这两者做比较之后，就能够向 APIServer 发请求弥补两者之间可能存在的差别。

3. 副本管理控制器（replication controller）

replication controller 负责保证 rc 管理的 pod 的期望副本数与实际运行的 pod 数量匹配。可以预见，replication controller 需要在 rc 或者 pod 的期待状态发生变化时向 APIServer 发送请求，调整系统中 endpoint 对象的状态。同样地，先来通过数据结构大致了解一下它的工作模式。

```
type ReplicationManager struct {
    kubeClient clientset.Interface
    podControl controller.PodControlInterface

    burstReplicas int

    syncHandler func(rcKey string) error

    expectations *controller.UIDTrackingControllerExpectations

    rcStore cache.StoreToReplicationControllerLister
    rcController *framework.Controller

    podStore cache.StoreToPodLister
    podController *framework.Controller

    podStoreSynced func() bool
```

```
        lookupCache *controller.MatchingCache

        queue *workqueue.Type
}
```

它在本地维护了两个缓存池rcStore和podStore，分别同于同步rc与pod在etcd中的数据，同样调用controller的reflector机制进行list和watch更新。一旦发现有rc的创建、更新或者删除事件，都将在本地rcStore中进行更新，并且将该rc对象加入到待更新队列queue中。事实上，读者可能会对此产生一定的疑问——对于更新事件，难道不是仅在.spec字段发生变更时才进行相应的处理就足够了吗？事实上，这是一种更加安全的做法。

对于监听到pod的事件，则相对较为复杂。对于创建和更新pod，都要检查pod是否实际上已经处于被删除的状态（通过其DeletionTimestamp的标记），如果是则触发删除pod事件；对于创建与删除pod，还需要在expectations中写入相应的变更；expectations是replication controller用于记住每个rc期望看到的pod数的TTL cache，为每个rc维护了两个原子计数器（分别为add和del，用于追踪pod的创建或者删除）。对于pod的创建事件，add数目减少1，说明该rc需要期待被创建的pod数目减少了1个；类似地，对于删除事件，则是del的数目减少1。所以说，如果add的数目和del的数目都小于或等于0，我们就认为该rc的期望已经被满足了（即对应的Fulfilled方法返回为true值）。读者们也许会好奇，expectations中add和del的初始值为多少呢？事实上，在replication controller创建时，它们都被初始化为0，直到TTL超时或者期望满足时，该rc才会被加入到sync队列中，此时重新为该rc设置add和del值。最后，不管是哪种事件，都要将pod对应的rc加入queue队列。

replication controller的同步工作将处理rc队列queue，对系统中rc中副本数的期望状态及pod的实际状态进行对比，并启用了多个goroutine对其进行同步工作，每个goroutine的工作流程大致如下。

(1) 从rc队列中取出当前处理的rc名，通过rcStore获得该rc对象。如果该rc不存在，则从expectations中将该rc删除；如果查询时返回的是其他错误，则重新将该rc入队；这两种情况均不再进行后续步骤。

(2) 检查该rc的expectations是否被满足或者TTL超时，如果是，说明该rc需要被同步，在步骤(2)执行结束后将进入步骤(3)，否则进入步骤(4)。调用APIServer的API获取该rc对应的pod列表，并且筛选出其中处于活跃状态的pod（即.status.phase不是Succeeded，Failed以及尚未进入被删除阶段）。

(3) 调整rc中的副本数。将(2)步骤中获得的活跃pod列表与rc的.spec.replicas字段相减得到diff，如果diff小于0，说明rc仍然需要更多的副本，设置expectations中的add值为diff，并且调用APIServer的API发起pod的创建请求，创建pod完毕后还需要将expectations的add相应减少1。如果diff大于0，说明rc的副本数过多，需要清除pod，将expectations中的del设为diff值，并且调用APIServer的API发起pod的删除请求，删除pod后还需要将expectations的del相应减少1。实际上因为工程的需要，引入了一个burstReplicas，默认为500，限制diff数目小于或等于该值。

（4）最后，调用APIServer的API更新rc的status.replicas。

可以看到，Controller的运作过程依然遵循了旁路控制的原则，真正操作资源的工作是交给APIServer去做的。

说明　令人遗憾的是，8.2.3节中解读过的副本控制器replication controller与Kubernetes系统中负责维护它们的副本管理控制器通常都被称为replication controller，因此在本节中使用rc代表前者，用replication controller代表后者。代码中为了对两者表示区分，将控制器的数据结构命名为ReplicationManager。

---

3. 垃圾回收控制器（gc controller）

在用户启动pod的垃圾回收功能时，该控制器会被创建。所谓回收pod，是指将系统中处于终止状态的pod删除。读者在后续的8.3.4节中可能还会读到kubelet执行的垃圾回收，注意，8.3.4节针对的是容器和镜像的回收，而此处针对的是pod。在Kubernetes的设计中两者并非紧密关联，因此它们的回收流程是分开执行的。

gc controller维护了一个缓存池podStore，用于存储终止状态（即podPhase不是Pending、Running、Unknown三者）的pod，并使用reflector使用list和watch机制监听APIServer对podStore进行更新。

要执行垃圾回收，首先会考察podStore中的pod数量是否已经到达触发垃圾回收的阈值。如果没有到达，不进行任何操作；否则，将所有pod按照创建时间进行排序，最先创建的pod将被优先回收。当然，删除pod的实际操作也是通过调用APIServer的API实现。

4. 节点控制器（node controller）

node controller是主要用于检查Kubernetes的工作节点是否可用的控制器，它会定期检查所有在运行的工作节点上的kubelet进程来获取这些工作节点信息，如果kubelet在规定时间内没有推送该工作节点的状态，则将其NodeCondition为Ready的状态置成Unknown，并写入etcd中。

在介绍node controller的具体职责之前，先明确一下工作节点在Kubernetes的表示方式。

● 工作节点描述方式

Kubernetes将工作节点也看作资源对象的一种，用户可以像创建pod那样，通过资源配置文件或kubectl命令行工具来创建一个node资源对象。当然，真正物理层面的工作节点（物理机或虚拟机）并不是由Kubernetes创建的，创建node资源对象只是为了抽象并维护工作节点的相关信息，并对工作节点是否可用进行持续的追踪。

Kubernetes主要维护工作节点对象的两个属性——spec和status，分别被用来描述一个工作节点的期望状态和当前状态。其中，期望状态由一个json资源配置文件构成，描述了一个工作节点的具体信息，而当前状态信息则包含如下一系列节点相关信息。

- **Node Addresses**：工作节点的主机地址信息，通常以slice（数组）的形式存在。如果工作节点是由IaaS平台创建的虚拟机，那么它的主机地址通常可以通过调用IaaS API来获取。Addresses的种类可能是Hostname、ExternalIP或InternalIP中的一种。经常被使用到的是后两者，并且通过能否从集群外部访问到进行区分。

- **Node Phase**：即工作节点的生命周期，它也由Kubernetes controller manager管理。工作节点的生命周期可以分为3个阶段：Pending、Running和Terminated。刚创建的工作节点处于Pending状态，直到它被Kubernetes发现并通过检查。检查通过后（譬如工作节点上的服务进程都在运行），它会被标记为Running状态。工作节点生命周期结束称为Terminated状态，处于Terminated状态的工作节点不会接收任何调度请求，且本来在其上运行的pod也都会被移除。一个工作节点处于Running状态是可调度pod的必要而非充分条件。如果一个工作节点要成为一个调度候选节点，它还需要满足被称为Node Condition的条件。

- **Node Condition**：描述Running状态下工作节点的细分状况，也就是说，一个Running的工作节点，并不一定可以接收pod，还要观察它是不是满足一些列细分要求。在撰写本书时，可用的Condition值包括NodeReady和NodeOutOfDisk，前者意味着工作节点上的kubelet进程处于健康状态，且已经准备好接收pod了；后者表示该工作节点上的可用磁盘空间不足，导致无法接收新的pod。但是在未来，状态值应该会持续增加，已经被提出而尚未实现的状态包括NodeReachable、NodeLive、NodeSchedulable、 NodeRunnable等，为不同工作节点划分出不同的健康级别有助于Kubernetes作出更复杂的调度决策。

- **Node Capacity**与**Node Allocatable**：分别标识工作节点上的资源总量及当前可供调度的资源余量，涉及的资源通常包括CPU、内存及Volume大小。

- **Node Info**：一些工作节点相关的信息，如内核版本、runtime版本（如docker）、kubelet版本等，这些信息经由kubelet收集。

- **Images**：工作节点上存在的容器镜像列表。

- **Daemon Endpoints**：工作节点上运行的kubelet监听的端口。

- **工作节点管理机制**

与pod和service不同的是，工作节点并不是真正由Kubernetes创建的，它是要么由IaaS平台（譬如GCE）创建，要么就是用户管理的物理机或者虚拟机。这意味着，当Kubernetes创建一个node时，它只是创建了一个工作节点的"描述"。因此在工作节点被创建之后，Kubernetes必须检查该工作节点是否合法。以下资源配置文件描述了一个工作节点的具体信息，可以通过该文件创建一个node对象。

```
{
    "kind": "Node",
    "apiVersion": "v1",
    "metadata": {
```

```
        "name": "10.240.79.157",
        "labels": {
            "name": "my-first-k8s-node"
        }
    }
}
```

一旦用户创建节点的请求被成功处理，Kubernetes会立即在内部创建一个node对象，再根据metadata.name去检查该工作节点的健康状况，这一字段是该节点在集群内全局唯一的标志。

可能读者会有疑惑，工作节点难道不是一直可用的吗？为什么还需要再检查它？其实，在任何时候，一个工作节点都有可能失败的，因此只有那些当前可用的工作节点才会被认为有效，并允许将pod调度到上面运行。注意，在Kubernetes中，工作节点有node和minion两种新老叫法，读者不必刻意区分。

工作节点的动态维护过程是依靠node controller（节点控制器）来完成的，它是Kubernetes controller manager下属的一个控制器。简单地说，controller manager中一直运行着一个循环，负责集群内各个工作节点的同步及健康检查。这个循环周期由传入参数node-monitor-period控制。

在每个循环周期内，node controller不断地检测当前Kubernetes已知的每台工作节点是否正常工作，而如果一个之前已经失败的工作节点在这个检测循环中变成了"可以工作"，那么node controller就把这个机器添加为工作节点中的一员；反之node controller则会把一个已有的工作点删除掉。需要注意的是，被删除的只是etcd中的minion对象，Kubernetes总是有办法知道当前整个物理环境下有哪些机器是可以作为工作节点的，并且不断地检查这个机器池。

- **node controller检查工作节点的循环**

node controller维护了3个缓存 podStore、nodeStore、daemonSetStore，分别存储pod、node、daemonSet资源，同时有3个相应的**controller** podController、nodeController、daemonSetController来应用list/watch机制同步etcd中相应资源的状态。有趣的是，它们对于监控到的资源变化非常地不积极——podController只响应pod创建和更新事件，此时将检查该pod是否处于终止状态或者没有被成功调度到一个正常运行的工作节点上，如果是的话，则调用APIServer的API将其强行删除。而nodeController和daemonSetController则对这些变化不做任何操作。

node controller的主要职责是负责监控由kubelet发送过来的工作节点的运行状态，这个监控间隔是5秒钟。它将其维护的已知工作节点列表记录在knownNodeSet中，并由kubelet推送的信息判断其是否准备好接收pod的调度（即处于Ready状态），如果工作节点的不Ready状态超过了一定时限，还会调用APIServer的API将其上运行的pod删除。此外，工作节点是否处于OutOfDisk状态，也同样被关心。在这一工作流程中，也会处理新工作节点的注册和旧工作节点的删除。

node controller还会每隔30秒进行一次孤儿pod的清除。所谓的孤儿进程，是指podStore中缓存的pod中被bind到一个不再处于nodeStore中的工作节点的pod删除。

至此，node controller的主要工作流程就已经全部完成了。也许读者会产生疑问，它维护的 `daemonSetStore`缓存用来做什么呢？实际上，它将在删除工作节点上的pod时用作判断，如果被删除的pod是被daemonSet管理的，那么将会跳过该pod，不进行删除工作。

node controller和其他controller最大的不同在于，事实上的工作节点资源并不由Kubernetes系统产生和销毁——而是依靠底层的物理机器资源或者云服务提供商的IaaS平台。etcd里存放的node资源只是一种说明它是否正常工作的描述性资源，而它是否能够提供服务的信息则由kubelet来提供。

说明 KubeletServer的`/healthz`端点同样提供工作节点的运行状态信息，如果访问该端点返回ok，则代表工作节点运行正常，否则代表工作节点运行发生错误。这是一种主动探查的方式，不过目前node controller没有依赖这种方法。

---

5. 资源配额控制器（resource quota controller）

集群资源配额一般以一个namespace为单位进行配置，它的期望值（即集群管理员指定的配额大小）由集群管理员静态设置，而它的实际使用值会在集群运行过程中随着资源的动态增删而不断变化，resource quota controller用于追踪集群资源配额的实际使用量，每隔`--resource-quota-sync-period`时间间隔就会执行一次检查，如果发现使用量发生了变化，它就会调用APIServer的API在etcd中进行使用量的动态更新。它支持的资源包括pod/service/replication controller/persistent volume/secret和configMap/cpu/memory，当然还有resource quota本身。

为了完成resource quota的同步工作，resource quota controller维护一个队列，所有需要同步的resource quota都将入队。

首先，对创建、删除以及有`.spec.hard`更新resource quota，将其加入队列中。注意，这些变更事件是采用了list/watch机制从APIServer监听获得的，并且将缓存在rqIndexer里。

其次，每隔一段时间（默认为5分钟），会进行一个full resync，此时所有的resource quota会全部被加入到队列中。

另外，对于其他支持的资源（pod、serivce、replication controller、persistent volume claim、secret、ConfigMap），分别设置了对应的replenishmentController，同样使用了list/watch机制监听资源，并对这些资源的更新或删除做出响应，即将这些资源所在的namespace下对其进行了规定的resource quota入队。通俗地讲，即当某个resource quota对pod的数量进行了规定时，那么当同一个namespace下的pod发生了更新或删除时，将该resource quota入队。

需要被同步的resource quota资源将被加入队列中后，将采用先入先出的方式进行处理，与其他的controller一样，负责处理的worker不止一个，而且它们是并发工作的。

同步资源的处理函数可以归结为，使得resource quota的状态（status）与其期望值（spec）保持一致。如果出现了以下情况中的任意一种，都将调用APIServer的API对resource quota进行更新。

- ❑ resource quota的.spec.hard与.status.hard不同。
- ❑ resource quota的.status.hard或.status.used为空，意味着这是第一次进行同步工作。
- ❑ resource quota的.status.Used与controller实际观察到的资源使用量不同，实际观察到的资源使用量是通过读取etcd中其他支持资源（如pod）的累加值求和得到的。

说明　此处所提及的资源中的cpu和memory，均指申请的资源，而并非应用程序实际运行时所消耗的真实值。

---

resource quota controller的工作过程对于普通用户来说是无法感知到的，建议读者在阅读8.6.4节有关资源配额的部分时再来回过头思考一下这个资源配额检查的意义。

至此，读者应该已经对master节点的工作原理比较了解了。如果读者已经部署过Kubernetes，那就可以直接登陆到master节点上去查看，它应该至少运行了如下3个进程：kube-apiserver、kube-controller-manager和kube-scheduler。没错，这正是前面按顺序重点介绍和剖析过的几个重要的组件。

其中，APIServer负责接收并处理用户的管理请求，controller manager负责各类控制器的定义和管理，scheduler则专门负责调度工作，三者之间分工明确且没有直接依赖。这也从侧面体现了Kubernetes的设计简洁之处，相比之下，大多数经典PaaS的控制节点就要复杂得多。那么，在接收到master节点的请求之后，Kubernetes又是怎样把这些请求转换成对Docker daemon的操作的呢？接下来，我们将带领读者来到工作节点一窥究竟。

8.3.5　kubelet

kubelet组件是Kubernetes集群工作节点上最重要的组件进程，它负责管理和维护在这台主机上运行着的所有容器。本质上，它的工作可以归结为使得pod的运行状态（status）与它的期望值（spec）一致。目前，kubelet支持docker和rkt两种容器；而社区也在尝试使用C/S架构来支持更多container runtime与Kubernetes的结合。

在很多类似的项目中，这种类型的组件一般会被命名为agent，但是kubelet这个名称则明显脱胎于Borg系统的borglet，两者的角色也是类似的。接下来，按照老规矩，还是先从kubelet的启动过程说起。

1. kubelet的启动过程

（1）kubelet需要启动的主要进程是KubeletServer，它所需加载的重要属性包括kubelet本身的属性、接入的runtime容器（目前支持docker和rkt）所需的基础信息以及定义kubelet与整个集群进行交互所需的信息。在v1.2.0版本的代码中，一部分信息是KubeletServer结构体的属性，而余下的部分则存放在KubeletConfig中。社区会考虑在代码重构时将两部分信息均合并到KubeletServer里。

(2) 进行如下一系列的初始化工作。

❑ 选取APIServerList的第一个APIServer，创建一个APIServer的客户端。Kubernetes的v1.2.0还不支持kubelet自动地对接APIServer集群的负载均衡，故当APIServerList的长度>1时，kubelet只会选择一个APIServer发送API请求。而当APIServerList的长度<1时，kubelet会报错。

❑ 如果上一步骤执行成功，则再创建一个APIServer的客户端用于向APIServer发送event对象。

❑ 初始化cloud provider。当然，如果集群的kubelet组件并没有运行在cloud provider上，该步骤将跳过。

❑ 创建并启动cAdvisor服务进程，返回一个cAdvisor的http客户端，IP和Port分别是localhost和CAdvisorPort的值。如果CAdvisorPort设置为0，将不启用cadvisor。

❑ 创建ContainerManager，为Docker daemon、kubelet等进程创建cgroups，并确保它们运行时使用的资源在限额之内。

❑ 对kubelet进程应用OOMScoreAdj值，即向/proc/self/oom_score_adj文件中写入OOMScoreAdj的值（默认值为−999）。OOMScoreAdj是用于描述在该进程发生内存溢出时被强行终止的可能性，分数越高，进程越有可能被杀死；其合法范围是[−1000, 1000]。换句话说，这里希望kubelet是最不容易被杀死的进程（之一）。

❑ 配置kubelet支持的pod配置方式，包括文件、url以及APIServer，支持多种方式一起使用。

(3) 初始化工作完成后，实例化一个真正的kubelet进程。重点值得关注的有以下几点。

❑ 创建工作节点本地的service和node的cache，并且使用list/watch机制持续对其进行更新。

❑ 创建DiskSpaceManager，用以与cadvisor配合进行工作节点的磁盘管理，这与kubelet是否接受新的pod在该工作节点上运行有密切关系。

❑ 创建ContainerRefManager，用以记录每个container及其对应的引用的映射关系，主要用于在pod更新或者删除时进行事件的记录。

❑ 创建VolumeManager，用以记录每个pod及其挂载的volume的映射关系。

❑ 创建OOMWatcher，用以从cadvisor中获取系统的内存溢出（Out Of Memory，OOM）事件，并对其进行记录。

❑ 初始化kubelet网络插件，可以指定传入一个文件夹中的plugin作为kubelet的网络插件。

❑ 创建LivenessManager，用以维护容器及其对应的probe结果的映射关系，用以进行pod的健康检查。

❑ 创建podCache来缓存pod的本地状态。

❑ 创建PodManager，用以存储和管理对pod的访问。值得注意的是，kubelet支持3种更新pod的方式，其中通过文件和url创建的pod是不能自动被APIServer感知的，称其为static pod。

8

　　为了监控这些pod的状态，kubelet会为每个static pod在相同的namespace下创建一个同名的mirror pod，用以反应static pod的更新状态。

- 配置hairpin NAT。
- 创建container runtime，支持docker和rkt。
- 创建PLEG（pod lifecycle event generator）。为了严密监控容器运行情况，kubelet在过去采用了为每个pod启动一个goroutine来进行周期性轮询的方法，即使在pod的spec没有变化的情况下依旧如此。这种做法会消耗大量的CPU资源，在性能上不尽如人意。为了改变这个现状，Kubernetes在v1.2.0中引入了PLEG，专门进行pod变化的监控，避免了并发的pod worker来进行轮询工作。
- 创建镜像垃圾回收对象containerGC。
- 创建imageManager管理容器镜像的生命周期，处理镜像的垃圾回收工作。
- 创建statusManager，用以向APIServer同步pod实际状态的更新。
- 创建probeManager，用作pod健康检查的探针。
- 初始化volume插件。
- 创建RuntimeCache，用以缓存pod列表。
- 创建reasonCache，用以缓存每个容器对应的最新的失败原因信息。
- 创建podWorker。每个pod将对应一个podWorker用以同步pod状态信息。

　　kubelet启动完成后通过事件收集器向APIServer发送一个kubelet已经启动的event，表明集群新加入了一个新的工作节点，kubelet将这一过程称为BirthCry，即"出生的啼哭"。并且开始进行容器和镜像的垃圾回收，对应的时间间隔分别为1分钟和5分钟。

　　(4) 根据Runonce的值选择运行仅一次kubelet进程或在后台持续运行kubelet进程，如果Runonce为true，则kubelet根据容器配置文件的内容创建pod后就退出；否则，将以goroutine的方式持续运行kubelet。

　　另外，默认启用kubelet Server的功能，它将根据admin的配置创建HTTP Server或HTTPS Server，监听10250端口。同时，创建一个HTTP Server监听10255端口，用于heapster向kubelet收集统计信息。

　　至此，kubelet的启动就完成了。在Kubernetes中真正负责容器操作的只有kubelet组件，它担负着一个工作节点上所有容器的司令官的角色。虽然整个过程看起来有些复杂与繁琐，但是本质上kubelet对工作节点上的两种更新做出相应的行为反馈，其一为pod spec的更新，其二为容器实际运行状态的更新。所以，kubelet（及上述提及的所有module）都是为了获取或同步两种更新所设计的。

2. kubelet与cAdvisor的交互

　　kubelet使用我们第4章介绍过的cAdvisor（Container Advisor）作为抓取Docker容器和宿主机资源信息的工具。运行在宿主机上的cAdvisor后台服务通过暴露一个TCP端口对外提供一套REST

API，客户端可以发起形如以下的HTTP请求。

```
http://<hostname>:<port>/api/<version>/<request>
```

cAdvisor主要负责收集工作节点上的容器信息及宿主机信息，下面将一一进行介绍。

● 容器信息

获取容器信息的URL形如：/api/{api version}/containers/<absolute container name>。绝对容器名（absolute container name）与URL的对应关系如表8-13所示。

表8-13　绝对容器名与URL的对应关系

绝对容器名	URL
/	/api/v1.0/containers/
/foo	/api/v1.0/containers/foo
/docker/2c4dee605d22	/api/v1.0/containers/docker/2c4dee605d22

绝对容器名/下包含整个宿主机上所有容器（包括Docker容器）的资源信息，而绝对容器名/docker下才包含所有Docker容器的资源信息。如果想获取特定Docker容器的资源信息，绝对容器名字段需要填入/docker/{container ID}。

所以要获取一个指定Docker容器的资源信息，使用如下的几行代码即可实现。

```
client, err := client.NewClient("http://127.0.0.1:4194/")
request := info.ContainerInfoRequest{NumStats:10}
sInfo, err := client.ContainerInfo("/docker/d9d3eb10179e6f93a...", &request)
```

其中ContainerInfoRequest中的NumStats字段指定cAdvisor对容器资源信息的取样次数。返回的结果是一个JSON对象，包含绝对容器名、子容器列表、每个容器所能使用的资源限制值和最近一段时间容器详细的资源使用情况（这个时间值由cAdvisor全局设置）等信息。需要注意的是，ContainerInfo会递归地返回包括指定容器在内的所有子容器的信息。

● 宿主机信息

类似地，还可以访问URL：/api/{api version}/machine来获取宿主机的资源信息。要获取当前宿主机的资源信息，举例如下。

```
client, err := client.NewClient("http://127.0.0.1:4194/") client.MachineInfo()
```

返回的JSON结果则包括这台机器的CPU核心数、内存总容量、磁盘容量信息等。

3. kubelet垃圾回收机制

相信曾经尝试过较大规模运行Docker容器的用户一定感受过大量垃圾容器和镜像给用户和系统带来的资源浪费和操作延时。所以作为一个容器云框架，能够保证容器运行环境的干净和简单是提高容器管理性能的不二法宝，在这一点上Kubernetes和Mesos都有着很先进的设计。kubelet

垃圾回收机制主要涵盖两个方面：容器回收和镜像回收。目前支持的两种容器runtime（docker及rkt）分别实现了各自的细节逻辑。此处以docker为例进行说明。

- **Docker容器的垃圾回收**

我们知道，停止运行的容器仍会占据系统的磁盘空间且Docker daemon没有容器垃圾回收机制，如果系统一直保留已经停止运行的容器实例，久而久之磁盘空间就会被消耗殆尽。因此定期对系统中不再使用的容器进行回收的工作责无旁贷地落到了运行在工作节点上且直接与容器打交道的kubelet肩上。

Docker容器回收策略主要涉及3个因素，如表8-14所示。

表8-14　Docker容器回收策略涉及的因素

名　　称	含　　义	备　　注
MinAge	某个容器被垃圾回收前距离创建时间的最小值	设为0表示没有限制
MaxPerPodContainer	每个pod最多留有的停止的相同容器名的容器数目	小于0表示没有限制
MaxContainers	每个工作节点上最多拥有的容器数目	小于0表示没有限制

读者将会在垃圾回收的具体步骤中切实感受到它们发挥的作用。

(1) 获取所有可以被kubelet垃圾回收的容器。

调用一次Docker客户端API获取工作节点上所有由kubelet创建的容器信息，形成一个容器列表，这些容器可能处于不同的生命周期状态，包括正在运行的和已经停止运行的。注意，需要通过命名规则来判断容器是否由kubelet创建并维护，如果忽略了这一点可能会因为擅自删除某些容器而惹恼用户。

遍历该列表，过滤出所有可回收的容器。所谓可回收的容器必须同时满足两个条件：已经停止运行；创建时间距离现在达到预设的报废时间MinAge。

过滤出所有符合条件的可回收容器后，kubelet会将这些容器以所属的pod及容器名对为单位放到一个集合（evictUnits）中，并根据pod创建时间的早晚进行排序，创建时间越早的pod对应的容器越排在前面。注意，在创建evictUnits的过程中，需要解析容器及其对应的pod名字，解析失败的容器称为unidentifiedContainers。

(2) 根据垃圾回收策略回收镜像。

首先，删除unidentifiedContainers以及被删除的pod对应的容器。这部分容器的删除不需要考虑回收策略中MaxPerPodContainer和MaxContainers。

如果podMaxPerpodContainer的值大于等于0，则遍历evictUnits中所有的pod，如果某个pod内的可回收容器数量大于MaxPerpodContainer，则删除多出的容器及其日志存储目录，其中创建时间较早的容器优先被删除。

如果MaxContainers的值大于等于0且evictUnits中的容器总数也大于MaxContainers，则执行以下两步。

- □ 先逐一删除pod中的容器，直到每个pod内的可回收容器数=MaxContainers/evictUnits的大小，如果删除之后某个pod内的容器数<1，则置为1，目的是为每个pod尽量至少保留一个可回收容器。
- □ 如果此时可回收容器的总数还是大于MaxContainers，则按创建时间的先后顺序删除容器，较早创建的容器优先被删除。

- ● **Docker镜像的垃圾回收**

与容器的垃圾回收机制的目的一样，Docker镜像垃圾回收机制主要是为了防止长时间未使用的镜像占据大量的磁盘空间，而且过多的镜像还会拖慢很多Docker请求处理的速度（因为要load的graph太大了）。

Docker镜像回收策略主要涉及3个因素，如表8-15所示。

表8-15 Docker镜像回收策略涉及的因素

名 称	含 义	备 注
HighThresholdPercent	触发镜像垃圾回收的磁盘使用率上限	
LowThresholdPercent	停止镜像垃圾回收的磁盘使用率下限	
MinAge	镜像允许垃圾回收时至少存在的时间	

在Kubernetes中，Docker镜像的垃圾回收步骤如下所示。

(1) 首先，调用cadvisor客户端API获取工作节点的文件系统信息，包括文件系统所在磁盘设备、挂载点、磁盘空间总容量（capacity）、磁盘空间使用量（usage）和等。如果capacity为0，返回错误，并记录下InvalidDiskCapacity的事件。

(2) 如果磁盘空间使用率百分比（usage*100/capacity）大于或等于预设的使用率上限HighThresholdPercent，则触发镜像的垃圾回收服务来释放磁盘空间，否则本轮检测结束，不进行任何回收工作。至于具体回收多少磁盘空间，使用以下公式计算：

```
amountToFree := usage - (int64(im.policy.LowThresholdPercent) * capacity / 100)
```

其实就是释放超出LowThresholdPercent的那部分磁盘空间。

那么kubelet会选择删除哪些镜像来释放磁盘空间呢?

首先，获取镜像信息。参考当时的时间（Time.Now()）kubelet会检调用Docker客户端查询工作节点上所有的Docker镜像和容器，获取每个Docker镜像是否正被容器使用、占用的磁盘空间大小等信息，生成一个系统当前存在的镜像列表imageRecords，该列表中记录着每个镜像的最早被检测到的时间、最后使用时间（如果正被使用则使用当前时间值）和镜像大小；删除imageRecords中不存在的镜像的记录。

然后，根据镜像最后使用时间的大小进行排序，时间戳值越小即最后使用时间越早的镜像越排在前面。如果最后使用时间相同，则按照最早被检测到的时间排序，时间戳越小排在越前面。

最后，删除镜像。遍历imageRecords中的所有镜像，如果该镜像的最后使用时间小于执行第一步时的时间戳，且该镜像的存在时间大于MinAge，则删除该镜像，并且将删除Docker镜像计入释放的磁盘空间值，如果释放的空间总量大于等于前面公式计算得到的amountToFree值，则本轮镜像回收工作结束。否则，则记录一条失败事件，说明释放的空间未达到预期。

至此，kubelet清理死亡容器和过期镜像的方法就一目了然了。

4. kubelet如何同步工作节点状态

在8.3.2节曾经提到过，kubelet会定期向APIServer更新一次该节点的信息，默认周期为10秒。那么这个过程具体是怎么做到的呢？

首先，kubelet调用APIServer API向etcd获取包含当前工作节点状态信息的node对象，查询的键值就是kubelet所在工作节点的主机名。

然后，调用cAdvisor客户端API获取当前工作节点的宿主机信息，更新前面步骤获取到的node对象。

这些宿主机信息包括以下几点。

- ❑ 工作节点IP地址。
- ❑ 工作节点的机器信息，包括内核版本、操作系统版本、docker版本、kubelet监听的端口、工作节点上现有的容器镜像。
- ❑ 工作节点的磁盘使用情况——即是否有out of disk事件。
- ❑ 工作节点是否Ready。在node对象的状态字段更新工作节点状态，并且更新时间戳，则node controller就可以凭这些信息是否及时来判定一个工作节点是否健康。
- ❑ 工作节点是否可以被调度pod。

最后，kubelet再次调用APIServer API将上述更新持久化到etcd里。

8.3.6 kube-proxy

Kubernetes基于service、endpoint等概念为用户提供了一种服务发现和反向代理服务，而kube-proxy正是这种服务的底层实现机制。kube-proxy支持TCP和UDP连接转发，默认情况下基于Round Robin算法将客户端流量转发到与service对应的一组后端pod。在服务发现的实现上，Kube-prxoy使用etcd的watch机制，监控集群中service和endpoint对象数据的动态变化，并且维护一个从service到endpoint的映射关系，从而保证了后端pod的IP变化不会对访问者造成影响。另外kube-proxy还支持session affinity（即会话保持或粘滞会话）。

kube-proxy主要有两种工作模式：userspace和iptables，v1.2.0版本中默认使用iptables模式，

所以除非有特殊说明，否则本书均以iptables模式为主进行讲解。

现在假设要创建以下这个service对象，该service暴露80端口对外提供服务，代理所有name=service-nginx的pod。

```
{
    "kind": "Service",
    "apiVersion": "v1",
    "metadata": {
        "name": "nginx-service",
        "labels": {
            "name": "service-nginx"
        }
    },
    "spec": {
        "selector": {
            "name": "service-nginx"
        },
        "ports": [
            {
                "port": 80
            }
        ]
    }
}
```

创建成功后使用查看系统的service信息，可以看到新创建的service实例的cluster IP为10.0.210.167，它代理了两个pod（对应的pod ip为10.1.99.5:80和10.1.99.6:80）。

```
$ kubectl get services
NAME            CLUSTER-IP       EXTERNAL-IP     PORT(S)     AGE
kubernetes      10.0.0.1         <none>          443/TCP     31d
nginx-service   10.0.210.167     <none>          80/TCP      9s
$ kubectl get endpoints
NAME            ENDPOINTS              AGE
kubernetes      10.211.55.15:6443      32d
nginx-service   10.1.99.5:80,10.1.99.6:80   2h
```

10.0.210.167是系统从预留的service-cluster-ip-range地址段中随机选出来的，以上service和endpoint配置保证当访问10.0.210.167:80时，就能够访问到被这个service代理的后端pod。这是怎么实现的呢？

实际上，在iptables工作模式下的，kube-proxy将根据Kubernetes集群中的service与pod的配置在工作节点上维护如下iptables设置，此处我们省略与Kubernetes无关的链（Chain）和规则（Rule）：

```
$ iptables -t nat -list
Chain PREROUTING (policy ACCEPT)
target      prot opt source              destination
KUBE-SERVICES  all  -  anywhere          anywhere               /* kubernetes service portals */

Chain INPUT (policy ACCEPT)
```

8

```
target     prot opt source           destination

Chain OUTPUT (policy ACCEPT)
target     prot opt source           destination
KUBE-SERVICES  all - anywhere        anywhere             /* kubernetes service portals */

Chain POSTROUTING (policy ACCEPT)
target     prot opt source           destination
KUBE-POSTROUTING  all - anywhere     anywhere             /* kubernetes postrouting rules */

Chain KUBE-MARK-MASQ (3 references)
target     prot opt source           destination
MARK       all - anywhere            anywhere             MARK or 0x4000

Chain KUBE-NODEPORTS (1 references)
target     prot opt source           destination

Chain KUBE-POSTROUTING (1 references)
target     prot opt source           destination
MASQUERADE all - anywhere            anywhere             /* kubernetes service traffic requiring
SNAT */ mark match 0x4000/0x4000

Chain KUBE-SEP-6NNSP3RKDLDHWZ3G (1 references)
target     prot opt source           destination
KUBE-MARK-MASQ  all - 10.1.99.5      anywhere             /* default/nginx-service: */
DNAT       tcp - anywhere     anywhere     /* default/nginx-service: */ tcp to:10.1.99.5:80

Chain KUBE-SEP-GQQCS2VFSWLGFRDX (1 references)
target     prot opt source           destination
KUBE-MARK-MASQ  all - 10.1.99.6      anywhere             /* default/nginx-service: */
DNAT       tcp - anywhere     anywhere     /* default/nginx-service: */ tcp to:10.1.99.6:80

Chain KUBE-SEP-RRAIA7NZQUR5R6UA (1 references)
target     prot opt source           destination
KUBE-MARK-MASQ  all - 10.211.55.15   anywhere             /* default/kubernetes:https */
DNAT       tcp - anywhere     anywhere     /* default/kubernetes:https */ tcp to:10.211.55.15:6443

Chain KUBE-SERVICES (2 references)
target     prot opt source           destination
KUBE-SVC-GKN7Y2BSGW4NJTYL  tcp - anywhere      10.0.210.167      /* default/nginx-service:
cluster IP */ tcp dpt:http
KUBE-SVC-NPX46M4PTMTKRN6Y  tcp - anywhere      10.0.0.1          /* default/kubernetes:https
cluster IP */ tcp dpt:https
KUBE-NODEPORTS  all - anywhere       anywhere             /* kubernetes service nodeports; NOTE:
this must be the last rule in this chain */ ADDRTYPE match dst-type LOCAL

Chain KUBE-SVC-GKN7Y2BSGW4NJTYL (1 references)
target     prot opt source           destination
KUBE-SEP-6NNSP3RKDLDHWZ3G  all - anywhere      anywhere          /* default/nginx-service: */
statistic mode random probability 0.50000000000
KUBE-SEP-GQQCS2VFSWLGFRDX  all - anywhere      anywhere          /* default/nginx-service: */

Chain KUBE-SVC-NPX46M4PTMTKRN6Y (1 references)
target     prot opt source           destination
```

KUBE-SEP-RRAIA7NZQUR5R6UA all － anywhere　　　　　　　anywhere　　　　　 /* default/kubernetes:https */

如上所示，kube-proxy在其运行的宿主机上创建了多条链和规则，当收到访问10.0.210.167:80的请求后，首先匹配PREROUTING链，故跳转到KUBE-SERVICES链，查询到匹配的规则后，可以知道所有访问10.0.210.167的请求都将转到KUBE-SVC-GKN7Y2BSGW4NJTYL链，而该链上接收的请求将以0.5的概率转给KUBE-SEP-6NNSP3RKDLDHWZ3G，余下的则由KUBE-SEP-GQQCS2VFSWLGFRDX负责。这两条链分别对应两个pod，并且将通过目的地址转换技术，将请求的目的地址改为10.1.99.5:80或者10.1.99.6:80，即对应pod的ip。

最后的问题是，上述iptables规则的创建过程又是怎样的呢？要回答这个问题，还得从kube-proxy的启动说起。

1. kube-proxy的启动过程

由于职责单一，kube-proxy相比前面介绍过的组件都要简单一些，大体包括如下几个步骤。

(1) 新建一个ProxyServer，包括两个功能性的结构的创建，负责流量转发的proxier和负责负载均衡的endpointsHandler。

这里最有趣的一点在于proxy模式的选择，默认使用iptables。iptables模式的kube-proxy要求系统本身拥有br_netfilter，且net/bridge/bridge-nf-call-iptables的值为1，以及用户为kube-proxy传入的IPTablesMasqueradeBit参数，当然，对iptables版本也都有所要求；如不满足，将退化成userspace模式。iptables模式下的proxier和endpointsHandler都由proxier担任。而事实上，该模式下的kube-proxy不再负责具体的endpoint选取工作，只进行iptables规则的更新。

userspace模式的kube-proxy会创建一个基于round-robin机制的负载均衡器作为endpointsHandler，在proxier的创建过程中还会初始化iptables，并将旧的iptables rules清除。

同步service对应的iptables规则，不同工作模式下的kube-proxy会有不同的具体工作逻辑。userspace模式的kube-proxy为每个service随机创建一个本地端口，并且对其进行监听；所有访问service的流量会经过iptables转发到本地端口，再由kube-proxy负责转发给具体的pod。iptables模式的kube-proxy则只在出现了service或者endpoint变更时进行iptables规则的创建与保存。

建立对service和endpoint的监听机制。使用etcd的watch机制实时监控etcd上Kubernetes对象数据的变化，其中proxier监控service对象的变化，endpointsHandler则监控endpoint对象的变化。

至此，则已经完成一个ProxyServer的创建工作。

(2) 运行ProxyServer。如果启用了健康检查服务功能，则运行kube-proxy的HTTP健康检查服务器，监听HealthzPort。同时，同样像kubelet一样发出birthCry（即记录一条已经创建完毕并开始运行kube-proxy的事件），并且开启同步工作。

(3) kube-proxy的同步工作是一个周期性的循环，同样对于不同工作模式的kube-proxy会有具体的实现逻辑。userspace模式的kube-proxy在每个循环中将检查系统定义的iptables规则/链是否存在，如果不存在则重新创建；遍历所有用户自定义的service，以service名为键值，清理Session Affinity类型不为空且超时（默认为180分钟）的客户端会话记录。iptables模式的kube-proxy则只在出现了service或者endpoint变更时进行iptables规则的创建与保存。

至此，整个启动过程就讲解完毕了。总的来说，iptables模式与userspace模式的kube-proxy相比，在效率和可靠性上都有较大的优势。前者的kube-proxy本质上只负责根据service和endpoint的更新来维护iptables规则，而转发则依赖于内核态的br_netfilter，而后者需要负责监听本地端口并完成流量转发到pod的全盘工作，可能会因为打开连接数限制等各种原因影响service的访问速度，也会在资源消耗上有着更显著的瓶颈。

2. proxier

前面已经介绍过，kube-proxy中工作的主要服务是proxier，而LoadBalancer只负责执行负载均衡算法来选择某个pod。默认情况下，proxier绑定在BindAddress上运行，并需要根据etcd上service对象的数据变化实时更新宿主机的防火墙规则/链。由于每个工作节点上都有一个kube-proxy在工作，所以无论在哪个节点上访问service的virtual IP比如11.1.1.88，都可以被转发到任意一个被代理pod上。可见，由proxier负责的维护service和iptables规则尤为重要。这个过程通过OnServiceUpdate方法实现，该方法的参数就是从etcd中获取的变更service对象列表，下面将分别分析userspace和iptables模式下的proxier的工作流程。

- **userspace模式**

(1) 遍历期望service对象列表，检查每个servie对象是否合法。维护了一个activeServices，用于记录service对象是否活跃。

对于用户指定不为该service对象设置cluster IP的情况，则跳过后续检查。否则，在activeServices中标记该service处于活跃状态。由于可能存在多端口service，因此对Service对象的每个port，都检查该socket连接是否存在以及新旧连接是否相同；如果协议、cluster IP及其端口、nodePort、externalIPs、loadBalancerStatus以及sessionAffinityType中的任意一个不相同，则判定为新旧连接不相同。如果service与期望一致，则跳过后续检查。否则，则proxier在本地创建或者更新该service实例。如果该service存在，进行更新操作，即首先将旧的service关闭并停止，并创建新的service实例。否则，则直接进行创建工作。

删除proxier维护的service状态信息表（serviceMap）中且不在activeServices记录里的service。

(2) 删除service实例的关键在于在宿主机上关闭通向旧的service的通道。对任何一个Kubernetes service（包括两个系统service）实例，kube-proxy都在其运行的宿主机上维护两条流量通道，分别对应于两条iptables链——KUBE-PORTALS-CONTAINER和KUBE-PORTALS-HOST。所以，这一步proxier就必须删除iptables的nat表中以上两个链上的与该service相关的所有规则。

说明　service状态信息表记录的数据包括：cluster IP/Port、proxyPort（kube-proxy为每个service
分配的随机端口）、ProxySocket（TCP/UDP socket的抽象，一个ProxySocket就代表一个全
双工的TCP/UDP连接）和Session Affinity等。

（3）新建一个service实例。首先，根据service的协议（TCP/UDP）在本机上为其分配一个指
定协议的端口。接着，启动一个goroutine监听该随机端口上的数据，并建立一条从上述端口到
service endpoint的TCP/UDP连接。连接成功建立后，填充该service实例的各属性值并在service状
态信息表中插入该service实例。然后，开始为这个service配置iptables，即根据该service实例的入
口IP地址（包括私有和公有IP地址）、入口端口、proxier监听的IP地址、随机端口等信息，使用iptables
在KUBE-PORTALS-CONTAINER和KUBE-PORTALS-HOST链上添加相应的IP数据包转发规则。最后，以
service id（由service的namespace、service名称和service端口名组成）为key值，调用LB接口在本
地添加一条记录Serice实例与service endpoint的映射关系。

- **iptables模式**

iptables模式下的proxier只负责在发现存在变更时更新iptables规则，而不再为每个service打开
一个本地端口，所有流量转发到pod的工作将交由iptables来完成。OnServiceUpdate的具体工作步
骤如下。

（1）遍历期望service对象列表，检查每个service对象是否合法，并更新其维护的serviceMap，
使其与期望列表保持同步（包括创建新的service、更新过时的service以及删除不再存在的service）。

（2）更新iptables规则。注意，这个步骤通过一个名为syncProxyRules的方法完成，在这个方
法中涉及了service及endpoint两部分更新对于iptables规则的调整。处于代码完整性和逻辑严密性
的考虑，此处将两部分内容合并到此处进行讲解。具体步骤如下。

1) 确保filter表和NAT表中"KUBE-SERVICES"链（chain）的存在，若不存在，则为其创建。

```
iptables -t filter -N KUBE-SERVICESiptables -t nat -N KUBE-SERVICES
```

2) 确保filter表和NAT表中"KUBE-SERVICES"规则（rule）的存在，若不存在，则为其创建。

```
iptables -I OUTPUT -t filter -m comment --comment "kubernetes service portals" -j KUBE-SERVICESiptables
-I OUTPUT -t nat -m comment --comment "kubernetes service portals" -j KUBE-SERVICESiptables -I PREROUTING
-t nat -m comment --comment "kubernetes service portals" -j KUBE-SERVICES
```

3) 确保nat表中"KUBE-POSTROUTING"链的存在，若不存在，则为其创建。

```
iptables -t nat -N KUBE-POSTROUTING
```

4) 确保nat表中"KUBE-POSTROUTING"规则的存在，若不存在，则为其创建。

```
iptables -I POSTROUTING -t nat -m comment --comment "kubernetes postrouting rules" -j KUBE-POSTROUTING
```

5) 保存当前filter表，将以冒号开头的那些行（即链）存入existingFilterChains中，这是一

个以iptables规则Target为键、链为值的map。

```
iptables-save -t filter
```

6) 保存当前nat表，将以冒号开头的那些行（即链）存入existingNATChains中，这同样是一个以iptables规则Target为键、链为值的map。

```
iptables-save -t nat
```

7) 将existingFilterChains中的"KUBE-SERVICES"链写入filterChains（一个以*filter为开头的buffer）中。

8) 将 existingNATChains 中 "KUBE-SERVICES"、"KUBE-NODEPORTS"、"KUBE-POSTROUTING"、"KUBE-MARK-MASQ"链写入natChains（一个以*nat为开头的buffer）中。

9) 在natRules（一个buffer）中写入如下数据。分别用于之后创建"KUBE-POSTROUTING"和"KUBE-MARK-MASQ"规则。

```
A KUBE-POSTROUTING -m comment --comment "kubernetes service traffic requiring SNAT" -m mark --mark
${masqueradeMark} -j MASQUERADE
A KUBE-MARK-MASQ -j MARK --set-xmark ${masqueradeMark}
```

在以上9个步骤中，proxier将现有的与Kubernetes相关的最基本的链分别写入了两个buffer中，即filterChains，natChains，另外还将两条iptables规则写入了natRules。

10) 遍历proxier维护的serviceMap结构（保存着最新的service对象），为每个service执行如下操作。

(i) 首先获得该service对应的iptables链，命名形式为"KUBE-SVC-{hash值}"（如"KUBE-SVC-OKIBPPLEBEZLXS53"）。

(ii) 在existingNATChains中查找其是否存在，如果存在，则直接将该链写入natChains，否则在natChains写入一条新链（如:KUBE-SVC-OKIBPPLEBEZLXS53 - [0:0]）。

(iii) 在activeNATChains（一个以链名为键的map）中标记该链为活跃状态。

(iv) 加入clusterIP对应的iptables规则。根据proxier参数MasqueradeAll的不同（该参数用于决定是否对所有请求都进行源地址转换），在natRules中写入形如如下两条规则中的一条，前一条对应参数为true的情况。

```
-A KUBE-SERVICES -m comment --comment "${svcName} cluster IP" -m ${protocol} -p ${protocol} -d
${cluster-ip}/32 --dport ${port} -j ${masqueradeMark}-A KUBE-SERVICES -m comment --comment "${svcName}
cluster IP" -m ${protocol} -p ${protocol} -d ${cluster-ip}/32 --dport ${port} -j KUBE-SVC-{hash值}
```

(v) 处理externalIPs，在natRules中添加如下iptables规则。注意，如果该externalIPs是一个本地IP，则还需要将其对应的port打开。

```
-A KUBE-SERVICES -m comment --comment "${svcName} external IP" -m ${protocol} -p ${protocol} -d
```

```
${external-ip}/32 --dport ${port} -j ${masqueradeMark}-A KUBE-SERVICES -m comment --comment "${svcName}
external IP" -m ${protocol} -p ${protocol} -d ${external-ip}/32 --dport ${port} -m physdev !
--physdev-is-in -m addrtype ! --src-type LOCAL -j KUBE-SVC-{hash值}-A KUBE-SERVICES -m comment --comment
"${svcName} external IP" -m ${protocol} -p ${protocol} -d ${external-ip}/32 --dport ${port} -m addrtype
--dst-type LOCAL -j KUBE-SVC-{hash值}
```

(vi) 处理loadBalancer ingress，在natRules中添加如下iptables规则。

```
-A KUBE-SERVICES -m comment --comment "${svcName} loadbalancer IP" -m ${protocol} -p ${protocol} -d
${ingress-ip}/32 --dport ${port} -j ${masqueradeMark}-A KUBE-SERVICES -m comment --comment "${svcName}
loadbalancer IP" -m ${protocol} -p ${protocol} -d ${ingress-ip}/32 --dport ${port} -j KUBE-SVC-{hash
值}
```

(vii) 处理nodePort。首先要在本地打开一个端口，然后在natRules添加如下iptables规则。

```
-A KUBE-NODEPORTS -m comment --comment "${svcName}" -m ${protocol} -p ${protocol} -d ${ingress-ip}/32
--dport ${port} -j ${masqueradeMark}-A KUBE-NODEPORTS -m comment --comment "${svcName}" -m ${protocol}
-p ${protocol} -d ${ingress-ip}/32 --dport ${port} -j KUBE-SVC-{hash值}
```

(viii) 如果一个service没有可用的后端endpoint，那么需要拒绝对其的请求。在filterRules中添加如下iptables规则。

```
-A KUBE-SERVICES -m comment --comment "${svcName} has no endpoints" -m ${protocol} -p ${protocol} -d
${cluster-ip}/32 --dport ${port} -j REJECT
```

至此，所有与service相关的iptables规则就已经全部创建完毕了。接下来，将为endpoint创建链和iptables规则。注意，下面的步骤12)仍然处于步骤10)中的循环里，即遍历service中。

11) 遍历proxier维护的endpointsMap结构（以service为键，对应的endpoint列表为值的map），为每个endpoint执行如下操作。

(i) 获得每个endpoint对应的iptables链，命名形式为"KUBE-SEP-{hash值}"（如KUBE-SEP-XL4YDER4UGY5O2IL）。

(ii) 在existingNATChains中查找该链是否存在，如果存在，则直接将该链写入natChains，否则在natChains写入一条新链（如:KUBE-SEP-XL4YDER4UGY5O2IL - [0:0]）。

(iii) 在activeNATChains中将该链标记为活跃状态。

12) 首先考虑session affinity规则。为启用了该功能的service在natRules中加入如下iptables规则。

```
-A KUBE-SVC-{hash值} -m comment --comment ${svcName} -m recent --name KUBE-SEP-{hash值} --rcheck
--seconds${stickyMaxAgeSeconds} --reap -j KUBE-SEP-{hash值}
```

13) 接下来采用load balance规则，将一个service的流量分散到各个endpoint上。

(i) 对于除了最后一个endpoint的其他endpoint，在natRules中加入如下规则。可以看到，这里出现了一个随机分配的机制，每条规则被选中的概率是1/（该service对应的endpoint数目-1）。

```
-A KUBE-SVC-{hash值} -m comment --comment ${svcName} -m statistic --mode random --probability
1.0/(${endpoint-number}-1) -j KUBE-SEP-{hash值}
```

(ii) 对于最后一个endpoint，在natRules中加入如下规则，说明在此前各条均没有匹配到iptables规则的情况下，则一定从这个endpoint来接收访问该service的请求。

```
-A KUBE-SVC-{hash值} -m comment --comment ${svcName} -j KUBE-SEP-{hash值}
```

(iii) 创建导向endpoint的iptables规则，在natRules中加入如下iptables规则，进行源地址解析。

```
-A KUBE-SEP-{hash值} -m comment --comment ${svcName} -s ${endpoint(pod)-ip} -j ${masqueradeMark}
```

(iv) 进行目的地址解析。在natRules中加入如下iptables规则。如果该service有session affinity规则，加入第一条iptables规则，否则加入第二条。

```
-A KUBE-SEP-{hash值} -m comment --comment ${svcName} -m recent --name KUBE-SEP-{hash值} --set -m
${protocol} -p ${protocol} -j DNAT --to-destination ${endpoints(pod)-ip})-A KUBE-SEP-{hash值} -m
comment --comment ${svcName} -m ${protocol} -p ${protocol} -j DNAT --to-destination
${endpoints(pod)-ip})
```

至此，所有导向endpoint的iptables规则也基本创建完毕了。

14) 清除existingNATChains中不处于活跃状态的service和endpoint对应的链。并且在natChains写入这些链，同时在natRules写入-X ${chain}，使得可以安全地删除这些链。

15) 在natRules中写入最后一条iptables规则，用于访问"KUBE-SERVICES"的流量接入到"KUBE-NODEPORTS"。

```
-A KUBE-SERVICES -m comment --comment "kubernetes service nodeports; NOTE: this must be the last rule
in this chain" -m addrtype --dst-type LOCAL -j KUBE-NODEPORTS
```

16) 最后，为filterRules和natRules写入COMMIT，并且将其拼接起来，并通过iptables-restore将其导入到iptables中，完成根据service和endpoint的更新而同步iptables规则的任务。

17) 处理不需要再占用端口的释放。

18) 删除nat表中旧的源地址转换的iptables规则。

```
iptables -t nat -D POSTROUTING -m comment --comment "kubernetes service traffic requiring SNAT" -m mark
--mark 0x4d415351 -j KUBE-MARK-MASQ
```

至此，所有iptables下的proxier在syncProxyRules中的工作就全部介绍完毕了。整个工作看起来较为繁杂，用到了很多net_filter的高级用法。总的来说，就是根据etcd中service和endpoint的变动，对iptables链和规则进行更新与维护。

3. endpointsHandler

endpointHandler在选择后端时默认采用Round Robin算法，同时需要兼顾session affinity等要求。

- **userspace模式**

前面已经介绍过，当访问请求经过iptables转发至proxier之后，选择一个pod的工作就需要交给endpointsHandler。userspace模式下的endpointsHandler本质上是一个loadBalancer（LB），它不仅能够按照策略选择出一个service endpoint（后端pod），还需要能实时更新并维护service对应的endpoint实例信息。这两个过程分别对应loadBalancer的两个处理逻辑，即NextEndpoint和OnEndpointsUpdate。下面将逐一进行分析。

✦ NextEndpoint 方法

NextEndpoint方法核心调度算法是Round-Robin，每次一个请求到达，它的目的地都应该"下一个pod"。但是在LoadBalancer中，这个Round-Robin算法还能够同时考虑"Session Affinity"的因素，即如果用户指定这个service需要考虑会话亲密性，那么对于一个给定的客户端，NextEndpoint会一直返回它上一次访问到的那个pod直至会话过期。这个具体的工作流程如下所示。

(1) 根据请求中提供的service id（由namespace、service名和service端口号组成），查找该service代理的pod端点列表（一个ip:port形式的字符串链表）、当前的endpoint的索引值和该service的Session Affinity（SA）属性等。

(2) Session Affinity有两种类型：None和ClientIP，如果SA的类型是ClientIP，则来自同一个客户端IP的请求在一段时间内都将重定向到同一个后端pod，这样也就简洁做到了访问的会话粘性（Session Sticky），SA的最长保活时间决定了这个时间段的长度，默认值是180分钟；如果SA的类型为空（None），则不进行任何会话记录。

说明　Session Affinity的实现与很多Session Sticky在实现上是有一些区别的。Session Sticky更多的是基于cookie的，而目前Kubernetes实现的Session Affinity则是基于客户端IP地址的，未来在多租户环境下可能还支持基于用户名的SA。

如果service状态信息中的SA类型是ClientIP且按照请求源地址查找到一个对应的SA实例存在，那么存在说明该service已经被这个ClientIP访问过了，这时LoadBalancer就会检查该SA实例最后使用的时间戳，如果距离当前时间还在超时时间内，就返回SA实例包含的endpoint对象（即上一次访问的pod）作为请求的目的地，并且更新最后使用的时间戳。

(3) 假如这个service不需要SA功能，或者上述SA已经超时了，那么loadBalancer会直接将当前的endpoint索引值+1，再对endpoint列表长度取余作为下一个可用endpoint的索引值。

(4) 当然，如果是由于SA超时引起的步骤(3)，LoadBalancer还会为步骤(3)中最终被访问的那个pod建立Session Affinity实例并设置时间戳，这样下次这个ClientIP来的请求就一定会继续落在这个pod上。

需要注意的是，SA实例都是保存在内存当中的，这意味着当kube-proxy进程重启后，service

8

的SA状态信息就会被清空。

✦ OnEndpointsUpdate 方法

知道了LoadBalancer如何选择一个"合适"的pod，再来看一下它如何保证它所知道的被代理pod列表总是最"准确"的。

由于所有被代理pod的变化最后都会反映到etcd里面对应的pod数据上，所以存储在etcd中的pod对象总可以认为是用户的期望值，代表了endpoint的"理想世界"，而LoadBalancer内存中的endpoint对象则反映了service对象与实际后端pod的"现实世界"。因此，OnEndpointsUpdate方法的作用就是用"理想世界"的endpoint对象同步"现实世界"的endpoint，这个同步的过程就是一旦etcd中的endpoint信息发生变化，那么LoadBalancer就会把endpoint列表（理想世界）加载进来，然后通过对比注册新添的endpoint到自己的service信息中，或者删除那些已经不存在的endpoint，同时更新service Affinity数据。

● **iptables模式**

正如上文所述，iptables模式下的endpointsHandler本质上由proxier担任。它不再处理具体的选取service后端endpoint的工作，而只负责跟进endpoint对应的iptables规则。

✦ OnEndpointsUpdate 方法

接收到etcd中endpoint对象的更新列表后，更新其维护的endpointsMap，包括更新、创建和删除其中的service和endpoint对应记录。

其后的关键步骤syncProxyRules已经在上一小节展开，此处不再赘述。

8.3.7　核心组件协作流程

至此，Kubernetes中主要的组件都已经介绍完了，读者对它们的实现原理应该也已经略知一二了。接下来，我们梳理一下在Kubernetes的全局视图下，当执行一些指令时这些组件之间是如何协作的，这样的流程解析对于读者将来对Kubernetes进行调试、排错和二次开发都是非常有帮助的。

1. 创建pod

如图8-5所示，当客户端发起一个创建pod的请求后，kubectl向APIServer的/pods端点发送一个HTTP POST请求，请求的内容即客户端提供的pod资源配置文件。

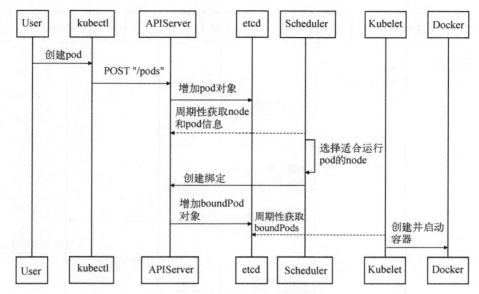

图8-5 创建pod示意图

APIServer收到该REST API请求后会进行一系列的验证操作,包括用户认证、授权和资源配额控制等。验证通过后,APIServer调用etcd的存储接口在后台数据库中创建一个pod对象。

scheduler使用APIServer的API,定期从etcd获取/监测系统中可用的工作节点列表和待调度pod,并使用调度策略为pod选择一个运行的工作节点,这个过程也就是绑定(bind)。

绑定成功后,scheduler会调用APIServer的API在etcd中创建一个binding对象,描述在一个工作节点上绑定运行的所有pod信息。同时kubelet会监听APIServer上pod的更新,如果发现有pod更新信息,则会自动在podWorker的同步周期中更新对应的pod。

这正是Kubernetes实现中"一切皆资源"的体现,即所有实体对象,消息等都是作为etcd里保存起来的一种资源来对待,其他所有组件间协作都通过基于APIServer的数据交换,组件间一种松耦合的状态。

2. 创建replication controller

如图8-6所示,当客户端发起一个创建replication controller的请求后,kubectl向APIServer的/controllers端点发送一个HTTP POST请求,请求的内容即客户端提供的replication controller资源配置文件。

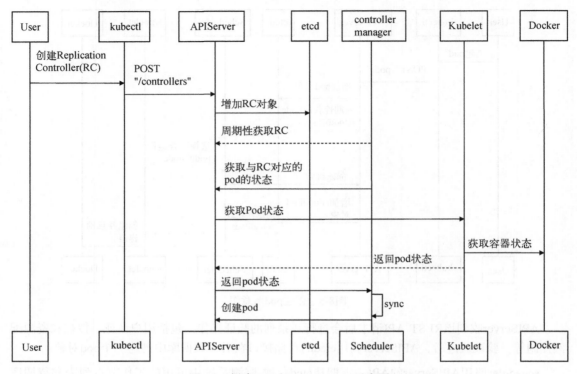

图8-6　创建replication controller示意图

与创建pod类似，APIServer收到该REST API请求后会进行一系列的验证操作。验证通过后，APIServer调用etcd的存储接口在后台数据库中创建一个replication controller对象。

controller manager会定期调用APIServer的API获取期望replication controller对象列表。再遍历期望RC对象列表，对每个RC，调用APIServer的API获取对应的pod集的实际状态信息。然后，同步replication controller的pod期望值与pod的实际状态值，创建指定副本数的pod。

3. 创建service

如图8-7所示，当客户端发起一个创建service的请求后，kubectl向APIServer的/services端点发送一个HTTP POST请求，请求的内容即客户端提供的service资源配置文件。

同样，APIServer收到该REST API请求后会进行一系列的验证操作。验证通过后，APIServer调用etcd的存储接口在后台数据库中创建一个service对象。

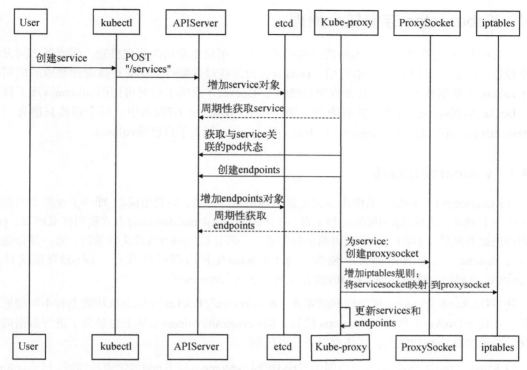

图8-7 创建service示意图

kube-proxy会定期调用APIServer的API获取期望service对象列表,然后再遍历期望service对象列表。对每个service,调用APIServer的API获取对应的pod集的信息,并从pod信息列表中提取pod IP和容器端口号封装成endpoint对象,然后调用APIServer的API在etcd中创建该对象。

- **userspace kube-proxy**

对每个新建的service,kube-proxy会为其在本地分配一个随机端口号,并相应地创建一个ProxySocket,随后使用iptables工具在宿主机上建立一条从ServiceProxy到ProxySocket的链路。同时,kube-prxoy后台启动一个协程监听ProxySocket上的数据并根据endpoint实例的信息(例如IP、port和session affinity属性等)将来自客户端的请求转发给相应的service后端pod。

- **iptables kube-proxy**

对于每个新建的service,kube-proxy会为其创建对应的iptables。来自客户端的请求将由内核态iptables负责转发给service后端pod完成。

最后,kube-proxy会定期调用APIServer的API获取期望service和endpoint列表并与本地的service和endpoint实例同步。

8

8.4 Kubernetes 存储核心原理

本书第3章已经介绍，容器本身的文件系统存在无单独生命周期管理机制，多容器之间无法共享数据等问题。尽管从0.3版本开始，Docker就为那些对数据持久化有更高管理要求的应用提供了volume（数据卷）机制，然而直至1.9版本，Docker才提供了相对可用的volume管理工具。针对Docker早期volume管理功能有限的问题，比如在Docker 1.7版本中，每个容器只能有一个volume driver，并且无法给volumes传递参数，Kubernetes研发了自己的volume。

8.4.1 volume 设计解读

在Kubernetes中，volume的使用方式类似于虚拟机的磁盘，需要给pod（即一个逻辑上的虚拟机）挂一个磁盘，然后该pod里的进程（容器）才能通过volumeMounts的方式使用挂载磁盘。pod容器内的进程能够看到的文件系统由两部分组成：一部分是Docker镜像文件系统，另一部分是零或多个volume。每个容器都会单独指定每个volume在其内部的挂载点，即pod资源文件的volumeMounts属性，这也印证了pod内的容器是共享这个volume的。

随着Docker本身volume机制的不断完善，Kubernetes与Docker volume从功能上有不断接近的趋势。相比于Docker本身提供的volume机制，Kubernetes的volume本质上也是为了进行数据的持久化，除此之外，在功能上，还要有以下几点区别。

- Kubernetes中，volume的生命周期与pod相同，volume会随着pod的销毁而销毁。然而volume并不会因为pod内某个容器的重启而销毁。所以说Kubernetes的volume的生命周期大于pod内容器，而等于pod。1.10版本中Docker的volume具有独立于Docker容器的生命周期，并且Docker提供独立的API管理volume。在本节的后面我们会讲到，Kubernetes为了提供具有独立生命周期的volume，并提供独立API管理它们，提出了persistent volume的概念。
- Kubernetes对volume的用途进和场景行了细化，实现了许多特殊用途的volume，比如persistent volume类型，可以不随pod的销毁而销毁，并且支持GCEPersistentDisk以及AWSElasticBlockStore等第三方存储；secret可以用来在pod之前传递诸如用户名密码之类的敏感信息；configmap可以用来在pod之间传递应用的配置信息。

为了满足不同存储后端和不同场景下volume的使用，Kubernetes v1.2.0 版本中，已经根据用户的使用场景列出了19种不同功能的volume，它们的主要功能如表8-16所示。

表8-16　不同volume的功能

类　　型	主要功能
EmptyDir	在pod刚被创的时候，emptydir就会被创建。pod中的容器可以访问emptydir中的文件，emptydir中的内容会随着pod的删除而删除
HostDir	将宿主机上的文件或者目录挂载到pod中，文件或目录并不会随着pod的迁移而迁移

（续）

类　型	主要功能
GCEPersistentDisk	可以将Google Compute Engine（GCE）中的持久化数据挂载到pod中，volume可以先于pod进行创建，pod被删除后，持久化数据仍然可以长期存在，并且在不同pod直接进行切换。运行pods的节点必须是GCE提供的虚拟机
AWSElasticBlockStore	可以将Amazon Web Services（AWS）EBS volume挂载到pod中，volume也可以先于pod进行创建，pod被删除后，持久化数据仍然可以长期存在，并且在不同pod直接进行切换
GitRepo	可以挂载一个空目录，同时将git仓库中的信息clone到volume中，让pod来使用
Secret	secret volume用于将敏感信息（比如密码）以文件的形式传递给pods
NFS	可以将已经存在的NFS（Network File System）挂载到pod中，nfs volume中的内容不会随pod移除而消失
ISCSI	ISCSI表示挂载到主机上的ISCSI资源
Glusterfs	glusterfs 挂载卷允许将Glusterfs存储卷挂载到pod中，pod被删除后，持久化数据仍然可以长期存在，并且在不同pod直接进行切换
PersistentVolumeClaim	PersistentVolume描述了集群中的存储资源，而PersistentVolumeClaim相当于对指定的存储资源的请求
RBD	表示挂载到pod中的Rados Block Device（需要预先配置好Ceph集群）
FlexVolume	Flexvolume 允许用户将其他服务提供商的volume挂载到kubernetes中，供应商可以开发它们自己的驱动（这个特性目前仅仅是处于测试阶段）
Cinder	Cinder 表示连接并且被挂载到kubelet主机上的cinder存储卷，该存储卷可以被挂载到pod中
CephFS	可以将Ceph文件系统中的文件或目录挂载到pod中
Flocker	Cinder 表示连接并且被挂载到kubelet主机上的flocker存储卷，该存储卷可以被挂载到pod中
DownwardAPI	可已将pod中的metadata信息以文件的形式存储在容器中的指定的目录中
FC	FC表示一个连接到kubelet主机上的Fibre Channel资源，该资源可以暴露给pod
AzureFile	AzureFileVolume 可以用来将Microsoft Azure File Volume（SMB 2.1 and 3.0）挂载到pod中
ConfigMap	configmap可以用来存储应用的配置信息，功能与secret类似，但是不用于存放敏感信息，在pod使用configmap中存储的信息之前，先要创建configmap实例

8.4.2　volume 实现原理分析

在Kubernetes中，volume是作为kubelet的插件的形式而存在的，在kubelet启动的时候，需要传入一个VolumePlugin数组，VolumePlugin的主要功能功能如下。

- 对插件本身的初始化操作，比如在empty_dir类型的volume中，初始化操作就是设定plugins实例的host的名称为这个volume所在的host。
- 检查该volume插件是否支持创建volume的配置文件中所指定的volume类型。
- 返回一系列实现各种接口的实例，用以支持对具体类型的volume的操作。

可以看到，VolumePlugin所暴露出来的方法主要方便kubelet管理各种类型的volume。而为了实现对具体类型的volume的操作，如挂载、删除等，需要实现一些列如Builder、Cleaner之类的其他接口，这些接口都扩展了一个共同的Volume接口。

Volume接口定义很简单，只有两个函数，一个是得到volume要挂载的目录的路径，另一个是得到当前volume的度量值（即volume已经使用的空间大小，底层文件系统的总空间的大小，以及volume可以用的底层文件系统的容量大小）。在Volume这个基本接口的基础上，又扩展出了一系列的接口，用于进行特定volume类型的操作，比如Builder接口和Cleaner接口用于mount或者unmont一类具体的volume；Attacher与Detacher接口用于将一类特定volume分配到node上，或者解除绑定，等等。

下面我们以empty_dir类型（创建volume时候默认的类型）的volume为例，看看这些接口是如何实现的。

在empty_dir的**package**中，定义了一个名为emptyDirPlugin的结构体，这个结构体实现了上文所说的VolumePlugin的全部方法，在kubelet启动的时候，emptyDirPlugin的实例会被转化为VolumePlugin接口，并被注册到kubelet的参数中。

kubelet可以使用emptyDirPlugin的方法获取实现了各种接口的实例，这些实例就是上文所说的实现了Volume接口的struct所生成的。在empty_dir中，名为emptyDir的结构体实现了上文所说的接口，比如Builder、Deleter等，用于执行具体的挂载以及删除的操作。

8.4.3 volume 使用案例

这部分主要针对**Kubernetes**中的以下几种**volume**的使用方式和基本场景EmptyDir、HostDir和GCEPersistentDisk、NFS进行具体的介绍。

1. EmptyDir

EmptyDir类型的**volume**创建于**pod**被调度到某个宿主机上的时候，而同一个pod内的容器都能读写EmptyDir中的同一个文件。一旦这个pod离开了这个宿主机，EmptyDir中的数据就会被永久删除。所以目前EmptyDir类型的volume主要用作临时空间，比如Web服务器写日志或者tmp文件需要的临时目录。

以下是在**pod**的资源描述文件中挂载EmptyDir类型的**volume**的一个例子：

```
apiVersion: v1
kind: Pod
metadata:
    labels:
        name: redis
        role: master
    name: redis-master
spec:
    containers:
        - name: master
          image: redis:latest
          env:
              - name: MASTER
                value: "true"
          ports:
```

```
            - containerPort: 6379
        volumeMounts:
            - mountPath: /redis-master-data
                name: redis-data
    volumes:
        - name: redis-data
            emptyDir: {}
```

注意，首先需要在pod内声明了一个名称为redis-data的volume：

```
volumes:
    - name: redis-data
        emptyDir: {}
```

然后才能在容器中挂在这个volume：

```
volumeMounts:
    # mountPath即volume在容器内的挂载点路径
    - mountPath: /redis-master-data
    # name字段必须与下面的volume名匹配
    name: redis-data
```

按照以上的配置文件创建了pod之后，可以在宿主机上的/var/lib/kubelet/pods/<pod uid>/volumes/kubernetes.io~empty-dir目录下查看到新生成的名为redis-data的目录。如果登录到该pod创建的docker容器中，也可以看到名为/redis-master-data的目录，这个目录与宿主机上的redis-data目录是同一个。

2. HostDir

HostDir属性的volume使得对应的容器能够访问当前宿主机上的指定目录。例如，需要运行一个访问Docker系统目录的容器，那么就使用/var/lib/docker目录作为一个HostDir类型的volume；或者要在一个容器内部运行cAdvisor，那么就使用/dev/cgroups目录作为一个HostDir类型的volume。一旦这个pod离开了这个宿主机，HostDir中的数据虽然不会被永久删除，但数据也不会随pod迁移到其他宿主机上。因此，需要注意的是，由于各个宿主机上的文件系统结构和内容并不一定完全相同，所以相同pod的HostDir可能会在不同的宿主机上表现出不同的行为。

3. GCEPersistentDisk

GCEPersistentDisk在使用之前，用户必须先使用gcloud客户端工具或GCE API创建一个PD（Persistent Disk）[①]：gcloud compute disks create --size=500GB --zone=us-central1-a my-data-disk。

一个拥有GCEPersistentDisk属性的volume被允许访问GCE的Persistent Disk上的文件系统。使用GCEPersistentDisk类型的volume应满足如下4点要求。

❑ 工作节点（kubelet运行的地方）必须是GCE虚拟机。

---

① 更多关于GCEPersistentDisk的使用，请参考GCE官方文档：https://cloud.google.com/compute/docs/disks/。

□ 工作节点的GCE虚拟机需要和PD处于同一个GCE project和zone。
□ 避免有读写需求的pod共用一个volume。因为GCEPersistentDisk对并发读/写有特殊的限制，具体表现为：如果pod P已经挂载了一个可读/写volume，那么当第二个pod Q尝试使用该volume时就会发生错误，不论Q是想只读还是读/写该volume；如果pod P已经挂载了一个只读volume，那么第二个pod Q将只能只读而不能读/写该volume。
□ 副本数大于1的replication controllers只用来创建使用只读volume的pod副本。

这种volume最大的好处在于这个卷可以通过GCE进行管理、备份和迁移，从而实现容器调度过程中数据卷一直保持可用。如果没有GCE，就不得不使用分布式文件系统或者Flocker这样的项目来处理容器和它对应的volume的动态变化了。

最后，以一个使用GCEPersistentDisk的pod资源文件来结束对GCEPersistentDisk类型volume的讨论。

```
apiVersion: v1
kind: Pod
metadata:
    name: testpd
spec:
    containers:
        - image: kubernetes/pause
          name: testpd
          volumeMounts:
              - mountPath: "/testpd"
                name: "testpd"
    volumes:
    - name: testpd
      gcePersistentDisk:
          # 该GCE PD必须已经存在
          pdName: test
          fsType: ext4
```

4. NFS

NFS类型的volume允许一块现有的网络硬盘在同一个pod内的容器间共享。先来看下面这个在一个pod中使用NFS volume的例子。

```
desiredState:
    manifest:
        containers:
            ...
            name: testpd
            volumeMounts:
                - mountPath: "/var/www/html/mount-test"
                  name: "myshare"
        ...
        volumes:
            - name: myshare
              source:
```

```
                    nfsMount:
                        server: "172.17.0.2"
                        path: "/tmp"
                        readOnly: false
```

在这个例子中，可以看到一个名为myshare的volume挂载到容器testpd文件系统的/var/www/html/mount-test路径上。该volume被定义为NFS类型，非只读类型，来自于IP为172.17.0.2的NFS服务器，该NFS服务器对外暴露/tmp作为共享目录。

8.4.4　persistent volume

在之前的版本中，Kubernetes可能会为volume专门引入一个资源对象类型，可以在一个支持多种类型存储介质的集群中，选择volume的存储介质类型和限定volume的存储空间大小。在v1.2.0版本中，相关的API资源对象已经被引入，即PersistentVolume（下简称pv）以及PersistentVolumeClaim（下简称pvc）。

pv与Kubernetes中nfs等其他volume类型不同，具有与pod独立的生命周期，并有单独的管理API。pvc是用户对于某存储资源的请求，它充当了pod和pv之间的"中介"。在创建pod时，用户可以指定volume的来源为pvc，并在其中指定希望绑定的pv资源的规格，如存储空间大小、访问模式等。之后，Kubernetes会在创建pod时根据pvc的需求，将之与可选的pv匹配，匹配成功后pod就可以使用pv所代表的volume资源。

用户使用pvc和pv的流程一般包含如下几个阶段。

❑ pv创建阶段：在这个阶段中，集群的管理员可以通过Kubernetes所提供的API提前创建好多种规格的pv资源，将来供pod使用。

❑ pvc与pv绑定阶段：master节点会不断对状态为pending的pvc进行遍历，所以一旦用户创建了新的pvc对象，master就会从所有的volume中找出最合适的pv，选择的过程会参考pvc列出的storage和accessmode两方面的参数。一旦匹配成功，pv以及pvc的状态都会变为Bound，该pv不可以再被其他的pvc所使用。

❑ pod使用pvc阶段：当Kubernetes启动pod时，可以通过pod使用的pvc中所持有的pv信息，找到对应的pv并挂载到pod中。

❑ 释放pv阶段：当用户使用完pv之后，可以通过删除pvc来释放其所持有的pv资源。

❑ 回收阶段：Kubernetes会回收被释放了的pv。目前支持的回收策略包括：Retained（资源保持）、Recycled（资源回收）、Deleted（资源删除）几种不同的方式。

pv在创建的时候，还可以指定接入的模式（access mode），目前支持以下几种接入模式。

❑ ReadWriteOnce：存储卷可以以读写的形式挂载到一个节点上。

❑ ReadOnlyMany：存储卷可以以只读的方式被挂载到多个节点上。

❑ ReadWriteMany：存储卷可以以读写的模式被挂载到多个节点上。

可以看到以上接入模式将控制粒度限定在工作节点级别，并非为了解决多个pod共享数据的问题。如果要实现两个pod共享同一个pv，可以通过两个pod共享同一个pvc实现。

本质上来讲，pv是对其他类型的volume的一种包装。当我们使用pv包装GCEPersistentDisk或者AWSElasticBlockStore作为pv的存储后端时，这些volume获得了独立于pod的生命周期，存储资源完全可以先于pod创建，并且在pod被销毁之后，供其他pod所使用。

8.5   Kubernetes 网络核心原理

在讨论Kubernetes网络解决方案之前，先来回顾一下Docker的网络模型。Docker默认使用单主机的网络方案，它默认创建一个名为docker0的网桥，并为之分配一个私有网络的子网段（172.17.0.0/16）。对每个由Docker创建的容器，Docker为它分配一个绑定到docker0网桥上的虚拟以太网网卡（veth）。最后，Docker使用Linux namespace技术将veth映射成在容器中显示的以太网网卡eth0，而容器内的eth0网卡会被绑定一个在docker0网桥网段中的IP地址，并且使用docker0的IP地址作为其默认网关。这种方案带来的结果是Docker容器只能与同一台宿主机（更准确地说是同一个虚拟网桥中的网段）中的容器进行通信，不同宿主机上的容器无法通信。

为了实现容器的跨宿主机通信，Docker会在宿主机上的IP地址上分配端口，发往这些端口的流量最终会被转发到各自对应的容器上。这就意味着用户容器在使用宿主机映射端口时必须非常小心，以防冲突或者由外部系统为用户容器动态分配宿主机端口。而端口的动态分配又需要解决以下几个问题。

- □ 固定端口（用于外部可访问服务）和动态分配端口；
- □ 分割集中分配和本地获取的动态端口；这不但使调度复杂化（因为端口是一种稀缺资源），而且应用程序的配置也将变得复杂，具体表现为端口冲突、重用和耗尽等问题；
- □ 使用非标准方法进行域名解析（例如使用etcd而非DNS）；
- □ 对使用标准域名/地址解析机制的程序（Web浏览器等）使用代理和/或重定向；
- □ 除了监控应用实例的无效地址或端口的变化外，还要监控用户组成员的变化以及阻止容器的迁移。

以上问题在Kubernetes这种大规模集群化应用场景下变得格外尖锐，如果每个容器化应用都需要将端口号作为一个启动参数的话，这不仅意味着容器管理系统需要负责大量端口分配、解决冲突的工作，还意味着在进行调度和容器管理时也必须要为所有容器统一考量网络和端口的可用情况。而Kubernetes不是OpenStack，它在默认的情况下，不能够提供任何SDN或者网络虚拟化工具来完成网络的动态调配和划分。因此随着容器集群规模的增长，这种额外的网络管理工作会大大增加系统的设计难度和项目规模。

实际情况是，很多时候容器本身对于IP和端口的要求并没有那么高。这好比一台PC有很多程序在运行，真正需要管理的是这台PC的IP地址和可用端口等网络配置，至于软件程序，它们能共享该PC网络就足够了，没有人能会给自己的QQ和云盘单独分配IP、管理端口吧。

这也正是pod发挥作用的地方，pod相当于上面提到的PC，容器正是PC里运行着的程序。在这里，Kubernetes使用了一个很有意义的网络模型，即单pod单IP模型。

8.5.1　单 pod 单 IP 模型

该网络模型的目标是为每个pod分配一个Kubernetes集群私有网络地址段（譬如10.x.x.x）的IP地址，通过该IP地址，pod能够跨网络与其他物理机、虚拟机或容器进行通信，pod内的容器全部共享这pod的网络配置，彼此之间使用localhost通信，就仿佛它们运行在一个机器上一样。

为每个pod分配一个IP地址的另一个好处是用户不再需要显式为相互通信的pod内的容器创建Docker link，况且Docker link也无法解决容器的跨宿主机通信问题。我们称Kubernetes的这种网路模型为单pod单IP模型。在该模型中，从端口分配、网络通信、域名解析、服务发现、负载均衡、应用配置和迁移等角度，pod都能够被简单地看成一台独立的虚拟机或物理机，这就大大降低了用户应用从虚拟机或物理机向容器迁移的成本，甚至还能够与原先的网络基础设施兼容。

单pod单IP的网络模型一定程度上降低了同个pod内容器之间的隔离性——因为同一个pod内的容器可能存在端口冲突的情况而且由于同一个pod内的容器可以通过localhost + 容器端口号的方式自由访问。但是不要忘记，pod内的运行的容器本身就应该是"超亲密"关系的，这一点在pod的核心概念剖析里已经做过详细的解释。

在这种网络环境下，在任意一个Kubernetes集群中的容器内调用ioctl发起一个获取其网卡IP地址的请求时，它所获得的IP地址和其他与它通信的容器看到的IP地址是一样的，即Kubernetes为每个pod分配的IP地址都在一个非NAT（网络地址转换）的扁平化网络地址空间中（这一点非常重要，因为NAT将网络地址空间分段的做法，不仅引入了额外的复杂性，还带来了破坏自注册机制等问题）。这个扁平网络加上单pod单IP原则，就构成了Kubernetes的网络模型。

说明　尽管Kubernetes的网络模型为每个pod都分配了一个IP地址，但是这个IP地址并不是固定的，重调度等操作都会引起pod地址的变更。因此，我们不建议采取让pod直接访问另一个pod的IP的方式进行容器间的通信。对那些对外提供服务的一个或一组pod，应该在这些pod前面创建一个service，然后再让客户端访问service对象的portal IP地址和端口。

还有一点需要注意，Kubernetes的网络模型中的扁平网络并不是由Kubernetes保证，而是由用户来保证的。也就是说，用户要么使用某种IaaS（最典型的就是GCE）来实现pod的扁平化网络空间，要么借助网络工具（如OpenVSwich等）手动创建好这样的网络。当然，不管哪种方法，Kubernetes都会使用iptables完成pod内容器端口在宿主机上的端口映射，发往宿主机端口的流量会被转发至对应pod中的容器，而从pod发往宿主机外部的流量需要使用宿主机的IP地址进行源地址转换。下面例子中工作节点上的防火墙规则样例很好地说明了具体做法。

```
$ iptables-save
-A POSTROUTING -s 172.17.0.0/16 ! -o docker0 -j MASQUERADE
-A DOCKER ! -i docker0 -p tcp -m tcp --dport 2888 -j DNAT --to-destination 172.17.0.14:80
-A FORWARD -d 172.17.0.14/32 ! -i docker0 -o docker0 -p tcp -m tcp --dport 80 -j ACCEPT
```

第一条防火墙规则表明所有来自172.17.0.0/16网段（pod IP所在网段）且不经过docker0网桥出去的IP包要进行源地址转换（使用宿主机的物理网卡）。

第二条防火墙规则表明将访问宿主机网卡（非docker0网络接口）上2888端口的流量转发到172.17.0.14（一个pod IP地址）的80端口（pod内容器端口）上。

第三条防火墙规则表明接受所有入口网络接口不是docker0且出口网络接口是docker0且访问172.17.0.14上80端口的流量。

在非GCE环境下，Kubernetes的这个网络模型都需要用户自己完成构建，在8.5.3节中将详细介绍常用的几种网络配置方法。不过在此之前，有必要先了解一下Kubernetes单pod单IP网络原则的实现原理——pod网络容器。

8.5.2 pod 和网络容器

单pod单IP模型的实质是Kubernetes将IP地址应用到pod范围，同一个pod内的容器共享包括IP地址在内的网络namespace。这意味着同一个pod内的容器能够在localhost上访问各自的端口，而且这些容器可能会发生端口冲突，这与标准的Docker网络模型非常类似。在每个pod中有一个网络容器（有时候也称为pod基础容器或者infra容器），该容器先于pod内所有用户容器被创建，并且拥有该pod的网络namespace，pod的其他用户容器使用Docker的--net=container:<id>选项加入该网络namespace，这样就实现了pod内所有容器对网络栈的共享。上述过程的具体实现如下所示。

使用一个名为pause的Docker镜像创建网络容器，并将它连接到docker0网桥上。

❑ 创建一个新的网络namespace（netns），并在/proc/{该容器PID}/ns/目录下新建一个代表网络namespace的硬链接文件（例如net -> net:[4026531956]，4026531956即网络namespace号），再创建容器内的本地回环设备；

❑ 创建一对新的虚拟以太网网卡并将它们中的一个绑定到上述netns中，命名为eth0；另一个在宿主机上，随机命名；

❑ 从docker0网桥的IP地址范围中自动分配一个IP给该网络容器的eth0网卡。

接下来，Kubernetes每次在上述pod内创建用户容器时，都会指定该网络容器名作为其POD参数（最终映射成为Docker命令的net参数）。这样Docker会先找到这个网络容器进程的PID，进而获得其网络namespace和进程间通信namespace的文件描述符（fd）。然后，用户容器就在自己的proc/{PID}/ns/目录下创建一个硬链接文件net，指向网络容器的上述网络namespace(在本例中就是创建net -> net:[4026531956])，从而实现了对网络容器netns的共享。

需要特别指出的是，进程的namespace（包括网络namespace）都是基于引用计数（reference

count）的，即只要网络namespace文件描述符存在，这个网络namespace就不会被销毁。因此，即使网络容器异常退出，只要pod内至少还有一个用户容器处于正常运行的状态（引用了网络容器的netns），该pod的网络namespace就仍会存在。

说明　如果读者不熟悉上述网络namespace的知识，请参考3.1.1节。

以上过程使用Docker命令可以简单描述如下：

```
$ docker run -d dockerfile/net
123456789abcdef
```

```
#如果以上容器未启动则会抛出一个错误
$ docker run --net=container:123456789abcdef my/realjob
8675309deadbeef
```

pod内的第一个容器（网络容器）存在的唯一作用就是创建一个开放的网络namespace，并让pod内的其他容器加入其中。pod内的用户容器即使重启之后也能以网络容器为"集聚地"加入正确的pod。事实上，如果在网络容器中运行一个或一些进程以保证网络namespace开放的做法存在着一定的风险，因为如果容器内的进程意外结束，则加入到该网络namespace的容器可能无法通信，现举例如下。

- 网络容器在网络namespace X中启动。
- 应用容器C1启动并加入到namespace X中。
- 应用容器C2启动并加入到namespace X中。
- 应用容器C1和C2在namespace X中可以使用localhost相互通信。
- 网络容器意外崩溃并在网络namespace Y中重启。
- C1和C2此时依旧可以在namespace X中通过localhost相互通信（前面已经解释过为什么namespace X并不会销毁）。
- 如果C1重启并加入到namespace Y中，但此时C2如果没有重启则还待在namespace X中。这样，就造成了C1和C2分别处于不同网络namespace的状况，导致C1和C2无法通信。

尽管存在这样的风险，但是也不可能创建一个不包含任何进程的网络namespace，同样也没法保持容器的网络namespace的开放而不在里面运行任何进程。因此，只能保证Kubernetes的网络容器尽可能小而简单，最大程度地降低网络容器发生崩溃的可能性。在这一点上，Google的工程师们专门写了一个名为pause的镜像，它自己阻塞住然后什么都不干，只有接收终止信号后退出：

```
func main() {
    c := make(chan os.Signal, 1)
    signal.Notify(c, os.Interrupt, os.Kill, syscall.SIGTERM)

    // Block until a signal is received.
    <-c
}
```

这还不算完，接下来还要使用goupx工具将编译出来的**binary**压缩，再build成Docker镜像。而它所使用的base镜像也是号称史上最小的"scratch"镜像，有兴趣的读者可以了解一下。

下面来看一个实际的例子。假设要创建一个包含两个容器的pod，容器1的容器端口号为80，在宿主机上映射的端口号为2888，容器2的容器端口号为6379，在宿主机上映射的端口号为2388。成功创建该pod后，使用docker ps查看这个pod所包含的容器的详细信息。

```
CONTAINER ID      IMAGE                                  COMMAND          PORTS
d7cbcbe14a79      nginx:latest                           "nginx"
88441182c72a      redis:latest                           "redis-server"
774432bdea33      gcr.io/google_containers/pause:2.0     "/pause"         0.0.0.0:2388->6379/tcp,
                                                                          0.0.0.0:2888->80/tcp
```

可以发现，该pod除了包含两个用户容器外还存在一个网络容器（容器ID为774432bdea33，容器名为net），该容器使用正是gcr.io/google_containers/pause:2.0作为Docker镜像。如果使用docker images查看gcr.io/google_containers/pause:2.0镜像，可以发现该镜像非常小，只有350K+，容器里面也没有譬如ls这样的最基本的Linux命令工具。

该网络容器的PORTS字段的值为0.0.0.0:2388->6379/tcp, 0.0.0.0:2888->80/tcp，代表了pod内所有容器在宿主机上的端口映射关系。接下来将使用docker inspect命令提取pod网络容器和用户容器的一些信息。

首先是网络容器的网络配置信息：

```
"NetworkSettings": {
    "Bridge": "docker0",
    "Gateway": "172.17.42.1",  #即`docker0`网桥的IP地址
    "IPAddress": "172.17.0.14",
...
"Networks": {
    "bridge": {
        ...
        "Gateway": "172.19.0.1",  #`docker0`网桥的IP地址
        "IPAddress": "172.19.0.5",
        ...
    }
```

可以看出，网络容器使用docker0网桥作为默认网关且分配到绑定在该网桥上的一个IP地址172.19.0.5，172.19.0.5即该pod中所有容器共享的IP地址。

接着，查看网络容器和用户容器的网络模式（**NetworkMode**）：

```
$ docker inspect 774432bdea33 | grep NetworkMode
    "NetworkMode": "default",
$ docker inspect d7cbcbe14a79 | grep NetworkMode
    "NetworkMode": "container:774432bdea33...",
$ docker inspect 88441182c72a | grep NetworkMode
    "NetworkMode": "container:774432bdea33...",
```

网络容器使用Docker默认网络模式，另外两个用户容器使用Docker的mapped container网络模式并指定目标容器为pod的网络容器。

　　然后，查看一下网络容器和用户容器的端口映射表（Ports）。网络容器的端口映射表如下所示，它集中反映了用户容器的容器端口到宿主机端口的映射关系。

```
"Ports": {
    "6379/tcp": [
        {
            "HostIp": "0.0.0.0",
            "HostPort": "2388"
        }
    ],
    "80/tcp": [
        {
            "HostIp": "0.0.0.0",
            "HostPort": "2888"
        }
    ]
}
```

　　而另外的两个用户容器的端口映射表为空，即"Ports": null。

　　综上可以看到，Kubernetes中pod里用户容器把它的网络定义完全交给了网络容器来管理，使得这个网络容器成为了pod与外界进行网络通信的唯一终端。这与前面描述的单pod单IP模型完全一致。

8.5.3　实现 Kubernetes 的网络模型

　　前面已经介绍过了，Kubernetes的网络模型里pod必须都处在一个扁平化的网络地址空间中，说白了，就是需要满足如下3个假设（个别依据实际应用场景而分隔的特殊网段除外）：

- ❑ 所有容器之间的通信无需经过NAT。
- ❑ 所有集群节点与容器、容器与集群节点的通信无需经过NAT。
- ❑ 容器本身看到的容器IP地址与其他容器看的IP地址是一样的。

　　这就意味着用户不能只是启动两台运行Docker容器的minion节点然后指望Kubernetes能让他们建立连接：用户需要自己帮助Kubernetes完成网络模型的实现，并保证最终的网络满足以上3个基本条件。

1. GCE上的实现

　　作为Kubernetes的原生支撑平台，GCE可以说是唯一一个能够无缝对接Kubernetes网络的IaaS了。在实现上，GCE集群配置了高级路由功能，为每个虚拟机都分配了一个子网（默认是/24，即254个IP地址），所有发往该子网的网络流量都将直接路由给虚拟机而不需要经过网络地址转换。该子网中的IP地址是除分配给虚拟机的用于访问外网的"主"IP之外的IP地址，如果使用"主"IP地址访问外网需要经过网络地址转换。该子网中还存在一个名为cbr0的网桥（为了与docker0网桥区别开），该网桥只会对终点不是Kubernetes集群虚拟网络的外部网络流量进行网

8

络地址转换。cbr0网桥可以通过Docker的--bridge参数传入。GCE实现Kubernetes网络模型的流程如下所示。

首先，在启动Docker时附加自定义选项：DOCKER_OPTS="--bridge cbr0 --iptables=false"。

然后，使用SaltStack统一在每个工作节点上中创建cbr0网桥：

```
cbr0:
    container_bridge.ensure:
        - cidr: {{ grains['cbr-cidr'] }}
        - mtu: 1460
```

这样一来，Docker将从cbr-cidr子网的地址空间中为每个pod分配一个IP地址，这些IP地址在GCE集群范围（网络地址段为10.0.0.0/8）内都是可路由的。pod内的容器可以通过cbr0网桥访问集群内的其他容器和工作节点。但是，GCE本身对这些IP地址一无所知，因此不会在它们访问外网时进行网络地址转换。对于那些从pod内的容器发往外网（即非10.0.0.0/8的IP地址段）的流量，应用以下防火墙规则。

```
iptables -t nat -A POSTROUTING ! -d 10.0.0.0/8 -o eth0 -j MASQUERADE
```

即将发往外网的IP包源地址修改成宿主机第一块网卡eth0的IP地址，这样就实现了pod IP地址的外部可路由性。

最后，还需要启用内核的IP包转发功能，以便内核能够为连接到网桥上的容器处理IP包。

```
sysctl net.ipv4.ip_forward=1
```

完成以上所有步骤后，GCE集群中的pod就能够互相通信并访问互联网。

但是，相信大多数Kubernetes的用户都跟我们的想法一样，更愿意将Kubernetes运行在任何基础设施环境下，而不是锁定在GCE上。这里就介绍几种我们常用的方法。

2. OpenVSwitch GRE/VxLAN方式

本节将简单介绍如何使用OpenVSwitch的tunnel方式建立跨宿主机pod的网络连接。OpenVSwitch（OVS）的tunnel类型可以是GRE或VxLAN，在需要大规模的网络隔离的应用场景下，推荐使用VxLAN。这里我们使用Vagrant搭建的Kubernetes的例子，其网络拓扑图如图8-8所示。

这种做法的的具体实现细节如下。

❑ 将默认的docker0网桥用一个Linux网桥kbr0替换，并使每个工作节点获得一个IP地址空间为10.244.x.0/24的子网。工作节点上的Docker被配置成使用kbr0网桥而不是docker0网桥。

❑ 创建一个OVS网桥（obr0）并作为一个端口添加到kbr0网桥上。所有的宿主机上的OVS网桥通过GRE/VxLAN tunnel连接在一起，这样就实现了每个工作节点的网络互联。因此，所有跨宿主机的pod流量都会通过OVS网桥进入GRE/VxLAN tunnel。

❑ 每个OVS网桥上启用STP（生成树）模式来避免GRE/VxLAN tunnel的回路。

❑ 在每个工作节点上设置防火墙规则，允许所有目的地址是10.244.0.0/16，且从obr0网络
接口进来的IP数据包。

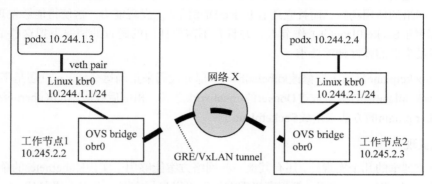

图8-8　Kubernetes OVS网络拓扑图

3. Socketplane方式

最近刚刚被Docker收购的的Socketplane工具相比于之前的一些工具（如Flannel），功能更加
完善，使用上也比直接使用OVS更加友好。

首先，在所有工作节点上安装Socketplane。

```
// 第一个工作节点
wget -qO- http://get.socketplane.io/ | sudo BOOTSTRAP=true sh

// 其他工作节点
wget -qO- http://get.socketplane.io/ | sudo sh
```

Socketplane 安装成功后，需要将 kubelet 启动时使用的 docker_endpoint 参数设置为
http://127.0.0.1:2375。这个地址是Socketplane的Powerstrip模式（适配器模式）的服务地址。
这就意味着将来kubelet向Docker daemon发送的请求（比如docker run）都会先经过适配器处理后
才会再交给Docker。当然，这个处理过程就是Socketplane为该请求添加额外的网络配置的过程。

重启kubelet，上述适配器设置生效。

接下来创建一个网络：

```
sudo socketplane network create group1 10.2.0.0/16
```

这样任何加入到这个网络中的容器，不论运行在那个工作节点上，都是可以直接使用IP连通
的，并且这些容器和它们的工作节点能够满足Kubernetes的3个网络条件。

那么如何将pod加入到这个网络中呢？由于Kubernetes目前还不支持在pod资源文件中为网络
容器配置环境变量，因此我们的做法是利用pod的labels携带pod的网络信息（如SP_NETWORK=
group1），然后修改kubelet负责启动/运行网络容器的那部分代码，将这个labels信息设置为启动网

8

络容器所需的环境变量参数。这样就完成了网络容器/pod加入Socketplane网络的过程。

相比于其他实现方案，Socketplane在划分网络上有着更明显的优势，个特性非常适合云平台多租户划分网络的使用场景，而且它还有基于mDNS的节点发现能力。这使得能够发现在同一网段的其他部署了SocketPlane的工作节点，并且在不需要任何的配置的情况下把这些节点加入进来，从而满足集群的弹性伸缩要求。

但是，Socketplane目前需要修改kubelet的一小部分代码来正确运行，这一点还是不太友好的。不过随着Socketplane逐渐被集成进Docker的libnetwork之后，相信后续版本的Kubernetes也将能够以支持Docker plugin的方法来集成Socketplane了。

4.其他实现

除了以上列举的几个实现外，还有其他一些网络方案能够用于实现Kubernetes的单pod单IP模型，例如Flannel、Weave、Calico等，有兴趣的读者可以自行实践，这里不再赘述。

5. Kubernetes网络插件

前面介绍了Kubernetes集群所要求的基本网络模型以及相应的解决方案。在v1.2.0版本中，在pod启动的时候，kubelet所进行的网络设置，都是通过网络插件的机制来实现的，目前kubelet的网络插件机制仍然处在alpha阶段，在未来的Kubernetes版本中，可能还会有较大的调整，下面简要叙述Kubernetes网络插件的现状。

Kubernetes通过一个名为NetWorkPlugin的接口定义了网络插件，系统运行时具体采用的网络插件名称可通过kubelet的启动参数--network-plugin以及--network-plugin-dir传递进来。从代码实现的角度来看，网络插件实质上就是Golang中的一个interface，提供了对pod网络进行配置的一些方法。目前kubelet一共支持3种网络插件模式，即Exec、CNI以及kubenet。在默认的情况下，即启动kubelet组件时不指定network-plugin的参数，kubelet所使用的网络插件的名称就是"kubernetes.io/no-op"，此时，用户需要按照上文所介绍的那样，根据情况选择合适的网络方案，提前设置好Kubernetes的基本网络模型。在pod创建的时候，kubelet会认为当前的环境已是扁平化的网络。如果使用了network-plugin，那么用户pod在创建的过程中，需要通过具体的network-plugin来设置pod的网络环境。

kubelet中的网络插件的接口主要声明了以下几个方法。

- ❏ Init：初始化插件，在其他方法被调用之前，初始化方法会被调用一次。
- ❏ Name：返回插件的名称。
- ❏ Status：得到容器的ipv4以及ipv6的网络状态。
- ❏ SetUpPod：在pod的infra容器（上文中提到的pod的网络容器）创建之后被调用，此时Pod中的其他容器还没有启动起来，这个方法的主要功能是将pod中的infra容器加入到一个网络中。
- ❏ TearDownPod：pod的infra容器被删除之前，调用该方法，将pod的infra容器从网络中删除。

目前可以用来配置pod网络的`network-plugin`包括CNI、Exec、kubenet三种。CNI（Container Network Plugin）规范由CoreOS提出，并被Kubernetes采纳。当前containernetworking/cni项目实现了CNI接口规范。containernetworking/cni项目针对Linux container的网络配置提供了指定的接口以及具体的插件实现。宏观上来看，cni所做的很简单，就是将容器加入到一个网络中，并且保证容器之间的连通性。具体的实现方案由底层的不同cni插件来实现，有兴趣的读者可以参考github.com/containernetworking/cni，了解libcni的具体实现细节。

如果选择插件的方式为exec，kubelet会到指定的目录下去寻找可执行的二进制文件，这个二进制文件对于kubelet来说就是第三方插件，为了便于kubelet调用，对应的二进制插件所支持的命令必须包括`init`、`setup`、`teardown`、`status`，执行参数必须满足格式：`<action> <pod_namespace> <pod_name> <docker_id_of_infra_container>`。

kubenet插件的功能与`--configure-cbr0`的参数类似，它会创建一个名为cbr0的网桥，并且为每个pod创建一个veth pair，其中一端连接在cbr0网桥上，另一端会与pod相连并且被分配到一个ip地址作为pod的ip地址。

8.6　Kubernetes 多租户管理与资源控制

容器云为运行在它上面的容器化应用提供了至关重要的运行时环境和丰富的管理功能。为容器平台提供访问控制机制，如多租户管理、资源控制等，在现实场景的应用中是至关重要的。为此，Kubernetes提供了namespace概念，实现了一定程度上多租户资源逻辑上的隔离；提供了多种类型的认证授权机制；还提供了可扩展的多维度资源管控机制admission controller。本节将围绕多租户管理和资源控制这个主题，分析Kubernetes中相关的机制。

8.6.1　namespace 设计解读

namespace是Kubernetes进行多租户资源隔离的主要手段，那么它在系统中的表现形式是什么样的？实现原理和使用方法又是怎样的呢？

1. 什么是namespace

namespace是一个将Kubernetes的资源对象进行细分的类似于DNS子域名的概念。namespace能够帮助不同的租户共享一个Kubernetes集群。Kubernetes引入namespace的目的包括以下几点。

- ❑ 建立一种简单易用，能够在逻辑上对Kubernetes资源对象进行隔离的机制。
- ❑ 将资源对象与实际的物理节点解耦，用户只需关注namespace而非工作节点上的资源情况。
- ❑ 随着Kubernetes访问控制代码开发的深入，与Kubernetes认证和授权机制相结合。
- ❑ 通过namespace对Kubernetes资源进行归类，使得APIserver能够建立一套有效的过滤Kubernetes资源请求的机制。

8

与namespace相关的kubectl命令如表8-17所示。

表8-17 kubectl与namespace相关的命令及含义

命　　令	含　　义
kubectl namespace myspace	切换当前的namespace为myspace
kubectl get namespaces	获取系统当前可用的namespace列表

查看当前的namespace：

```
$ kubectl config view
apiVersion: v1
clusters: []
contexts:
- context:
    cluster: ""
    namespace: myspace
    user: ""
name: default
current-context: default
kind: Config
preferences: {}
users: []
```

另外，在其他的kubectl命令中，还有两个可以使用的namespace可选参数，如表8-18所示。

表8-18 kubectl与namespace相关的参数及含义

参　　数	含　　义
namespace	将本次kubectl请求所能操作的Kubernetes对象限定为指定的namespace

Kubernetes系统默认namespace是default。

事实上，通过命令kubectl namespace myspace设置当前namespace为myspace，就是通过将文件.kubernetes_ns的内容被改为以下内容来实现的。而kubectl namespace命令查看当前namespace也是通过读取文件.kubernetes_ns的内容来实现的。

```
{"Namespace":"myspace"}
```

这样，所有的API操作都被限定在特定的namespace中，而与其他namespace完全隔离开来。

2. 多namespace使用案例

假设有一个资源文件：redis-controller.json，该json文件定义了一个replication controller，该replication controller又管理着一个pod。首先，在default namespace中创建一个名为redisController的replication controller：

```
kubectl create -f redis-controller.json --namespace=default
```

接着，用同样方法在myspace namespace中创建一个名为redisController2的replication controller：

```
kubectl create -f redis-controller2.json --namespace=myspace
```

如果以上命令中的myspace不存在则新建该namespace，那么命令执行完毕后，查看系统中的replication controller信息，如下所示：

```
$ kubectl get replicationController
CONTROLLER            CONTAINER(S)       IMAGE(S)                    SELECTOR         REPLICAS
redisController       redis              10.10.103.215:5000/redis    name=redis       1
```

可以发现，replication controller只有一个，即redisController。为什么看不到redisController2呢？原来我们现在处于default namespace，想要看到另外一个则需要切换到刚刚自定义的myspace namespace。

```
$ kubectl get replicationController --namespace=myspace
CONTROLLER            CONTAINER(S)       IMAGE(S)                    SELECTOR         REPLICAS
redisController2      redis               10.10.103.215:5000/redis   name=redis       1
```

这样，redisController2就对用户可见了。而redisController则只在default namespace对用户可见：

```
$ kubectl get replicationController --namespace=default
CONTROLLER            CONTAINER(S)       IMAGE(S)                    SELECTOR         REPLICAS
redisController       redis              10.10.103.215:5000/redis    name=redis       1
```

这样通过在kubectl命令行添加--namespace参数，就初步实现了客户端对Kubernetes资源对象的隔离访问。

事实上，Kubernetes支持namespace隔离的资源对象类型至少包括这几种：pod、service、replication controller、event、endpoint等。这一点通过查看etcd上/registry目录便可一目了然，在etcd上进行内容持久化的Kubernetes资源的存储路径如下所示：

```
/registry/{resourceType}/{resource.Namespace}/{resource.Name}
```

这样Kubernetes就可以通过etcd的watch机制监测/registry/{resourceType}目录下数据的变化，及时发现不同namespace的{resourceType}的更新。

当将一个pod调度到一个特定的主机上时，该pod在etcd上的存储路径形如：/host/{host}/pod/{pod.Namespace}/{pod.Name}。

下面以pod为例：

```
$ etcdctl ls /registry --recursive
...省略部分输出
/registry/pods
/registry/pods/default
/registry/pods/default/f54759d0-a51f-11e4-91b1-005056b43972
```

```
/registry/pods/myspace
/registry/pods/myspace/ac8e6983-a51f-11e4-91b1-005056b43972
```

以上输出表明，pod分别存在于两个namespace：default和myspace，其uid分别为f54759d0-a51f-11e4-91b1-005056b43972和ac8e6983-a51f-11e4-91b1-005056b43972，分别对应redisController和redisController2控制的pod。pod与控制该pod的replication controller处于同一个namespace中，Kubernetes的controller manager保证了这一点。另外，不同的namespace中允许存在同名的Kubernetes资源对象，这也是很容易理解的。

再看上面提到的与namespace相关的kubectl命令：kubectl get namespaces，然后与熟悉的kubectl get pods命令相比较，读者已经猜到了，namespace也是Kubernetes内置的对象类型之一。用户可以通过资源文件来描述一个namespace对象，譬如下面的这个namespace-dev.json文件，定义了一个名为development的namespace：

```
{
    "kind": "Namespace",
    "apiVersion": "v1",
    "metadata": {
        "name": "development",
        "labels": {
            "name": "namespace"
        }
    },
    "spec": {},
    "status": {}
}
```

与Kubernetes的其他对象一样，可以使用kubectl create来创建该namespace对象：

```
$ kubectl create -f namespace-dev.json
```

同理，可以用同样的方法创建一个名为production的namespace：

```
$ kubectl create -f namespace-prod.json
```

为了检验上述namespace是否成功创建，罗列系统当前可用的namespace列表：

```
$ kubectl get namespaces

NAME          STATUS   AGE
default       Active   29d
development   Active   1m
production    Active   2s
```

上文提到过，kubectl命令后面加namespace参数会将kubectl客户端限定在特定namespace中，如果读者觉得每条命令后面都加这么一条尾巴觉得累赘，可以使用下面的步骤来设置kubectl命令的上下文。

定义kubectl客户端上下文：dev和prod。

```
$ kubectl config set-context dev --namespace=development
$ kubectl config set-context prod --namespace=production
```

切换到你希望进行操作的**namespace**。

```
$ kubectl config use-context dev
```

这样接下来的所有kubectl客户端操作都被限定在development **namespace**中。如果需要查看当前所处的上下文，可以参考以下做法：

```
$ kubectl config view
clusters: {}
contexts:
    dev:
        cluster: ""
        namespace: development
        user: ""
    prod:
        cluster: ""
        namespace: production
        user: ""
current-context: dev
preferences: {}
users: {}
```

可以发现，我们处于dev上下文中，同时也被限定在development **namespace**中。上面的输出也说明，**namespace**可以与用户的认证授权机制结合在一起使用。随着Kubernetes认证授权机制开发的深入，可以为不同的**namespace**提供不同的授权规则。

8.6.2　Kubernetes 用户认证机制

Kubernetes用以认证用户请求的方式主要有5种，下面将逐一进行简单说明。

1. 基于客户端证书的认证机制

在APIServer启动过程中，通过传入--client-ca-file=SOMEFILE参数可以启用客户端证书认证。上面引用的文件必须包含一个或多个证书颁发机构（CA）用于检验用户传给APIServer的证书的合法性。如果客户端证书提交给APIServer且被认证通过，则SSL证书主题中的共用名（Common Name）将作为客户端发起API请求的用户名。

2. 基于token的认证机制

当客户端向Kubernetes安全端口发起API请求时，Kubernetes还支持使用token来认证用户的合法性。token预先存储在一个token文件中，在APIServer启动过程中传入--token-auth-file=SOMEFILE参数便可启用Kubernetes认证模块。token文件是一个csv格式的文件（token文件格式目前由package tokenfile实现，具体代码见：plugin/pkg/auth/authenticator/token/token-file/...），至少有3列数据，分别是token、user name和user id，其后可以有选择地加上group names。

在撰写本书时，Kubernetes的认证模块还在开发过程中，一整套机制支持得也不是很完善，表现如下。

- □ 目前token的有效期是无限期的，而且APIServer一旦启动token列表就维持不变，不能动态增删。未来token需要是短时性而非无限期有效的。
- □ 目前token是通过预先存储在一个token文件里传给APISrver，这种做法过于简单。未来token需要能够被自动生成而不是存储在一个文件里。
- □ 可扩展性不佳，缺少对其他成熟的认证提供商公开接口的调用，譬如github.com、google.com、Enterprise Directory Services（EDS）、Kerberos等。

3. 基于OpenID Connect ID Token的认证机制

OpenID Connect ID Token是一种特殊的认证方式。与其为每个希望访问的服务器都单独构建一个新的账户，不如使用一个通用的OpenID，而该OpenID的签发方来向各个服务器来提供认证服务。这种认证方式通过向APIServer传入如下几个参数进行启用。

(a) `oidc-issuer-url`，该参数指定了APIServer需要连接的OpenID的提供方，即签发了用于验证的OpenID的提供方。

(b) `oidc-client-id`，用于验证token的接受方，即希望通过认证的用户。

(c) `oidc-ca-file`用于APIServer在与提供方建立安全连接时进行认证工作。

(d) `oidc-username-claim`指定OpenID用于验证的用户名，默认将使用sub。

(e) `oidc-groups-claim`是在指定用户组时用作的OpenID连接声明。

其中，(a)与(b)都是必需的参数，(c)为非必需的参数，(d)和(e)尚属于实验阶段。注意，目前尚属于实验阶段的参数不排除在后续开发中会有较大的变化。

4. Basic认证机制

Basic认证通过`--basic-auth-file`参数简单地传入用户名、用户id和密码进行认证。当某个HTTP客户端使用这种认证方式向APIServer发起请求时，应该在`Authorization`头部附上一个`Basic BASE64ENCODED(USER:PASSWORD)`的值。事实上，该认证方式在安全方面并不十分可靠，通常只用作其他几种认证方式的补充。

5. Keystone认证机制

Keystone原本是OpenStack中负责认证与授权的服务模块，社区在2015年下半年将其集成到Kubernetes中，旨在加强kubernetes在认证与授权方面的能力。

当启用这种认证方式时，用户会从Keystone API中获得一个token，并且将该token作为该用户的密码注入到kubeconfig文件中。当用户向APIServer发送请求时，APIServer会向Keystone校验该用户及其**token**是否合法，验证通过时则对该请求进行过应答。

注意，该方式目前仍然处于实验阶段，希望动手尝试的读者可以通过传入`experimental-keystone-url=<AuthURL>`来启用该服务。

8.6.3 Kubernetes 用户授权机制

在Kubernetes中，认证和授权是分开的，而且授权发生在认证完成之后，认证过程是检验发起API请求的用户是不是他所声称的那个人，而授权过程则判断此用户是否有执行该API请求的权限，因此授权是以认证的结果作为基础的。Kubernetes授权模块应用于对APIServer安全端口的HTTPS访问请求。如果读者在平时使用中没感觉到认证过程，大多是因为APIServer启动时默认将`authorization_mode`切换为AlwaysAllow模式，即永远允许。

Kubernetes授权模块检查每个HTTP请求并提取请求上下文中的所需属性（例如`user`、`resource`、`namespace`）与访问控制规则进行比较。任何一个API请求在被处理前都需要通过一个或多个访问控制规则的验证。

目前Kubernetes支持并实现了以下的授权模式（authorization_mode），这些授权模式可以通过在APIServer启动时传入参数进行选择：

```
--authorization_mode=AlwaysDeny
--authorization_mode=AlwaysAllow
--authorization_mode=ABAC
--authorization-mode=Webhook
```

AlwaysDeny模式屏蔽所有的请求（一般用于测试）。AlwaysAllow模式允许所有请求（如果希望你的Kubernetes集群不需要授权便可使用所有的API或者用于测试，默认APIServer启动时采用的便是AlwaysAllow模式）。ABAC（Attribute-Based Access Control，基于属性的访问控制）模式则允许用户自定义授权访问控制规则，这种比较常用。Webhook模式允许用户引入一个远程的REST service来完成授权过程。

1. ABAC模式

一个API请求中有以下4个属性被用于用户授权过程。

❑ user。用于标识发起请求的用户。如果不进行认证、授权操作，则该字符串为空。

❑ group。用于标识用户所属的用户组名称。

❑ request。包括request path和request verb。总是允许request path为`/version`、`/healthz`等请求。另外，对于资源相关与资源无关的API请求，可能会有不同的verb。如`get`、`list`、`create`、`update`、`watch`、`delete`和`deletecollection`可以用作对资源相关的API请求的操作，而`get`、`post`、`put`和`delete`可以用作对资源无关的API请求的操作。

❑ resource。用于标识要访问的Kubernetes资源对象的类型。仅针对资源相关的API请求。

8

□ namespace。用于标识要访问的Kubernetes资源对象所在的namespace。仅针对资源相关的API请求。
□ API group。类型，用于标识API组。仅针对资源相关的API请求。

说明   Kubernetes除了使用UserName来唯一标识发起请求的用户外，还支持UID，但在撰写这本书的时候，授权过程中只用到了UserName，更多功能还在持续开发中。

如果要使用ABAC模式，在APIServer启动时除了需要传入--authorization-mode=ABAC选项外，还需要指定--authorization-policy-file=SOME_FILENAME参数。--authorization-policy-file文件的每一行都是一个JSON对象，该JSON对象是一个无嵌套的map数据结构，代表一个访问控制规则对象。一个访问控制规则对象是一个有以下字段的map。

● **版本信息**

□ apiVersion。String类型，有效值形如"abac.authorization.kubernetes.io/v1beta1"，用于标记该Policy format的版本。
□ kind。String类型，有效值为Policy。

● **spec**

□ user。String类型，必须和已有的通过认证的用户相匹配，如可以为--token-auth-file指定的user字符串。
□ group。String类型，必须和已有的用户组相匹配。
□ readonly。boolean类型，如果指定为true，则表明该规则只应用于get、list和watch请求。
□ apiGroup。String类型。
□ namespace。String类型。
□ resource。String类型。
□ nonResourcePath。String类型，匹配非资源对象类的API请求的路径。如/foo/*匹配/foo/及其所有子路径。

一个简单的访问控制规则文件如下所示，每一行定义一条规则：

```
{"apiVersion": "abac.authorization.kubernetes.io/v1beta1", "kind": "Policy", "spec": {"user":"admin",
"namespace": "*",  "resource": "*",  "apiGroup": "*"  }}
{"apiVersion": "abac.authorization.kubernetes.io/v1beta1", "kind": "Policy", "spec": {"user":"alice",
"namespace": "projectCaribou", "resource": "*",  "apiGroup": "*"  }}
{"apiVersion": "abac.authorization.kubernetes.io/v1beta1", "kind": "Policy", "spec":
{"user":"kubelet",   "namespace": "*",  "resource": "pods",  "readonly": true }}
{"apiVersion": "abac.authorization.kubernetes.io/v1beta1", "kind": "Policy", "spec":
{"user":"kubelet",   "namespace": "*",  "resource": "events"  }}
{"apiVersion": "abac.authorization.kubernetes.io/v1beta1", "kind": "Policy", "spec": {"user":"bob",
"namespace": "projectCaribou", "resource": "*", "apiGroup": "*", "readonly": true }}
```

说明　缺省的字段与该字段类型的零值（空字符、0、false等）等价。

下面对以上定义的规则进行逐行说明。

- 第1行表明，admin可以做任何事情，不受namespace、资源类型和API组的限制。
- 第2行表明，alice能够在namespace projectCaribou中做任何事情，不受资源类型、API组的限制。
- 第3行表明，kubelet有权限读任何一个pod的信息。
- 第4行表明，kubelet有权限读写任何一个event。
- 第5行表明，bob有权限读取在namespace projectCaribou中任何资源的信息。

一个授权过程就是一个比较API请求中各属性与访问控制规则文件中对应的各字段是否匹配的一个过程。当APIServer接收到一个API请求时，该请求的各属性就已经确定了，如果有一个属性未被设置，则APIServer将其设为该类型的空值（空字符串、0、false等）。匹配规则很简单，如下所示。

- 如果API请求中的某个属性为空值，则规定该属性与访问控制规则文件中对应的字段匹配。
- 如果访问控制规则的某个字段为空值，则规定该字段与API请求的对应属性匹配。
- 如果API请求中的属性值非空且访问控制规则的某个字段值也非空，则将这两个值进行比较，如果相同则匹配，反之则不匹配。
- API请求的属性元组会与访问控制规则文件中的所有规则逐条匹配，只要有一条匹配则表示匹配成功，否则，则授权失败。

2. Webhook模式

Webhook允许通过REST接口使用远程服务进行授权。当需要采用这种授权模式时，我们传入一个--authorization-webhook-config-file=SOME_FILENAME参数，来指定APIServer需要调用的远程服务。这里我们给出一个简单的例子，它使用了kubeconfig的文件格式，文件中的clusters对应远程服务，而users对应APIServer webhook。

```
clusters:
    - name: name-of-remote-authz-service
        cluster:
            certificate-authority: /path/to/ca.pem      # CA for verifying the remote service.
            server: https://authz.example.com/authorize # URL of remote service to query. Must use 'https'.
users:
    - name: name-of-api-server
        user:
            client-certificate: /path/to/cert.pem # cert for the webhook plugin to use
            client-key: /path/to/key.pem          # key matching the cert
current-context: webhook
contexts:
    - context:
```

8

```
        cluster: name-of-remote-authz-service
        user: name-of-api-sever
name: webhook
```

在需要进行授权时，API Server会向远端服务发送一个`POST api.authorization.v1beta1.SubjectAccessReview`的请求，由远端服务器校验用户或用户组对涉及资源的访问权限，并在**SubjectAccessReview**的`status`字段进行填充后返回应答，`true`表示允许访问，反之则拒绝访问。

3. 授权插件开发

除了ABAC模式外，开发者还可以实现自定义的授权插件，只需实现以下接口即可：

```
type Authorizer interface {
    Authorize(a Attributes) error
}
```

每次客户端向APIserver发起一个API请求时，APIServer就调用`Authorizer`接口来决定是否允许该API请求。一个授权插件就是一个实现了该接口的模块，ABAC模式同样也不例外，开发者在新增自定义的授权插件时，可以参考ABAC模式或Webhook的实现方式。另外，与认证模块类似，一个授权模块除了可以基于Kubernetes授权框架使用Go语言二次开发外，还可以调用外部的第三方授权服务。

8.6.4　Kubernetes 多维资源管理机制 admission control

除了上一节介绍的3种相对传统的授权模式之外，Kubernetes还提供了一种多维度可扩展的资源管理机制admission control，方便用户实现资源配额等功能。

与Kubernetes用户认证与授权模块一样，对admission control的调用也是由APIServer来完成的。APIServer启动过程中就进行了3个初始化操作，创建了3个对象：认证、授权和admission control。APIServer会在用户的请求通过认证授权之后调用admission control，对用户请求进行进一步的审核。所以即使用户请求通过了认证授权，也有可能因为申请的资源超过资源配额而被admission control驳回。

需要说明的是，admission control只负责管理API对资源的请求量，一旦pod或容器实际在某台机器上运行后，并不控制它们的行为。因此admission control实际上是一个静态的、运行前的概念，而不是运行时的概念。

admission control是一种多维度可扩展的资源管理机制，每个维度通过一个admission control插件实现。这种插件被称为admission controller或者admission control plugin。Kubernetes APIServer接受以下可选参数来启用admission control。

- ❑ admission-control。以逗号作为分割符的admission control插件的列表，在新建、修改和删除Kubernetes对象之前会调用这些插件来检查该操作是否合法。默认是AlwaysAdmit，即永远允许。

❑ admission-control-config-file。启动admission control插件的配置文件。

后面将会以Kubernetes系统自带的几个admission control插件为例，介绍如何向Kubernetes集群加入用户自定义的admission control插件，以更好地实现对集群资源的定制化管理控制。

admission control插件是以下接口的一个实现：

```
type Attributes interface {
    GetName() string
    GetNamespace() string
    GetResource() unversioned.GroupResource
    GetSubresource() string
    GetOperation() Operation
    GetObject() runtime.Object
    GetKind() unversioned.GroupKind
    GetUserInfo() user.Info
}
```

Attributes接口被admission control用来获取一个API请求中能够用于帮助进行决策的信息，这些信息包括API请求所处上下文的namespae、API操作的Kubernetes对象类型、API操作类型和实际运行时的Kubernetes对象。

```
type Interface interface {
    Admit(a Attributes) (err error)
    Handles(operation Operation) bool
}
```

Interface接口是一个抽象的、可插拔的、用于进行资源管理控制决策的admission control接口。Interface接口的Admit则根据一个API请求的实际信息进行实际的管理决策，负责主要逻辑部分。Handles用于指明该admission controller是否支持CREATE、UPDATE、DELETE或CONNECT操作，返回值为bool型。

任意一个admission control插件都是admission.Interface,接口的一个实现用户也可以非常容易地实现自定义的插件。在撰写本书时，共有9个推荐使用的系统admission control插件，分别是AlwaysDeny、AlwaysAdmit、AlwaysPullImages、DenyEscalatingExec、ServiceAccount、Security-ContextDeny、ResourceQuota、LimitRanger和NamespaceLifecycle。

从功能上分，AlwaysDeny和AlwaysAdmit这两个插件用于简单地拒绝或允许客户端发向APIServer的API请求，它们不需要综合考虑其他的因素（如集群资源配额等）；AlwaysDeny拒绝所有的API请求并返回请求出错原因，一般用于单元测试。而AlwaysAdmit恰好相反，它永远对API请求说yes，一般用在单元测试或者一个开放的Kubernetes集群中。AlwaysPullImages规定在每次启动pod时都重新拉取所需镜像，这通常是出于安全角度的考虑。DenyEscalatingExec拒绝对具有访问主机权限的pod执行exec和attach命令，具体包括以privileged模式启动的pod以及可以访问host IPC/PID namespace的pod。

其中，对于v1.2.0版本，官方给出的建议是启用如下的admission control，将在下文逐一介绍。

8

```
--admission-control=NamespaceLifecycle,LimitRanger,SecurityContextDeny,ServiceAccount,ResourceQuota
```

1. NamespaceLifecycle插件

该插件拒绝在终止状态的namespace（即用户发起删除一个namespace的请求后，此时该namespace的.status.phase为Terminating状态，待该namespace下的所有资源全部被删除后，它才会退出）中创建新资源的请求，以及在尚未存在的namespace下创建资源的请求。

NamespaceLifecycle的Admit函数非常直观地展示了该admission controller的策略，它接受CREATE、UPDATE和DELETE操作。在每次接收到API请求之后，执行如下检查。

- □ 当接收到的API请求试图删除namespace时，如果该namespace为default，拒绝该请求，否则接收该请求，并且从本地cache中将该namespace的记录删除。
- □ 当接收到的API请求为资源相关的请求时，查找其对应的namespace，如果该namespace不存在，拒绝该请求。
- □ 当接收到的API请求为创建资源请求时，如果该namespace为Terminating状态，拒绝该请求。
- □ 当上述情况均未违反相应规则时，则通过该请求。

2. LimitRanger插件

LimitRanger插件的作用是判断客户端API请求中的资源需求是否符合系统管理员预设值，包括上限、下限、默认值以及默认比率。为了配合LimitRanger插件的使用，Kubernetes引入了LimitRange对象，用于对特定namespace中的Kubernetes对象设置资源使用的预设值。当前Kubernetes支持以namespace为单位，在pod和容器两个层次对资源使用进行管理。

先来看一下LimitRange的数据结构定义。

```
type LimitRange struct {
    unversioned.TypeMeta `json:",inline"`
    ObjectMeta `json:"metadata,omitempty"`
    Spec LimitRangeSpec `json:"spec,omitempty"`
}
```

说明   Kubernetes所有对象类型的数据结构定义均能在pkg/api/{apiversion}/types.go中找到。

其中，ObjectMeta表示LimitRange对象的元数据（所有Kubernetes资源对象都有元数据），而LimitRangeSpec本质上是一个包含LimitRangeItem类型数组的结构体。LimitRangeItem是对具体Kubernetes对象类型应用其能够使用的资源列表的设定值，其中资源列表是键为资源名值为整型或字符串类型的map结构。在撰写本书时，Kubernetes只支持对pod和容器应用LimitRange限制。

最后，看一个具体的例子：limit-range.yaml。该Kubernetes资源文件描述了一个LimitRange对象（由kind字段指定）。

```
apiVersion: v1
kind: LimitRange
metadata:
    name: mylimits
spec:
    limits:
    - max:
        cpu: "2"
        memory: 1Gi
      min:
        cpu: 200m
        memory: 6Mi
      type: Pod
    - default:
        cpu: 300m
        memory: 200Mi
      defaultRequest:
        cpu: 200m
        memory: 100Mi
      max:
        cpu: "2"
        memory: 1Gi
      min:
        cpu: 100m
        memory: 3Mi
      type: Container
```

与定义Kubernetes其他对象（pod等）的资源文件一样，该yaml文件的kind字段表明该资源文件定义的是LimitRange对象。spec.limits.type字段指定应用限制的对象，这里分别是pod和container。spec.limits.max和spec.limits.min字段分别表示资源列表上限与下限，该文件定义的资源列表包含两个资源类型：内存和CPU。该文件表明，应用到namespace中每个pod的资源限制均为：最大内存1Gi，最小内存6Mi，最大CPU计算资源2，最小CPU计算资源200m（即0.2）；spec.limits.default和spec.limits.defaultRequest字段分别表示资源列表的默认请求上限和默认请求下限，同样包含了CPU和内存两种资源类型。如果用户在创建pod时未指定spec.container[].resources.limits和spec.container[].resources.requests，这两个值将会被启用。此处应用到namespace中每个容器的资源限制为，默认请求下限：CPU200m，内存100Mi；默认请求上限：CPU300m，内存200Mi。

这里需要简单说明一下Kubernetes中CPU、内存等资源数值单位与计算方法。

Kubernetes所有的资源类型都是可计算的，并且每一种资源数值都有对应的单位（例如，内存的单位是byte，网络带宽的单位是byte/second等）。这些单位都采用相应资源类型的原始基础单位，例如内存的单位是byte而不是MB。另外，1M和1Mi的含义是不同的，前者代表十进制，1MB=1000*1000byte；后者代表二进制，即1MiB=1024*1024byte。而一些小数值可以直接用十进制或千分制来表示，例如0.3，用十进制表示就是0.3，而用千分制表示则是300m（300/1000）。

说明　M和m的含义不同，前者代表mega（百万），后者代表milli（千分之一）。

与memory字段对容器的内存使用量设置上限绝对值不同，在pod中对容器cpu字段的设置会作为相对的权重影响容器运行时可使用的CPU资源。以3个Docker容器为例，假设3个容器的cpu字段分别被设定为1、0.5、0.5，即意味着它们分别拥有1024、512、512的cpu share，那么当它们同时抢占1个CPU核时，实际获得的运行时间将以50%/25%/25%的权重进行分配。而当它们不同时竞争CPU时，那么即使cpu字段设定值为0.5的容器也可能获得100%的CPU时间。当3个Docker容器同时抢占多个CPU核时，它们在各个CPU核上获得的运行时间总和将按照cpu字段的相对权重分配。例如当宿主机上存在4个CPU核，第1个容器将获得前两个CPU核各100%的运行时间（该容器中至少存在2个进程/线程），第2个容器获得第3个CPU核的100%运行时间，而第3个容器则获得第4个CPU核的100%运行时间。

根据以上资源文件创建一个名为mylimits的LimitRange对象。

```
#限定执行资源限制操作的namespace为myspace
$ kubectl namespace myspace

#根据`limit-range.json`资源文件创建`limitrange`对象
$ kubectl create -f limit-range.yaml

#获取系统的`limitrange`对象列表
$ kubectl get limits
NAME        AGE
mylimits    15s

#kubectl describe limits命令输出较详细的limitrange对象信息
$ kubectl describe limits mylimits
Name:        mylimits
Namespace:   myspace
Type        Resource    Min    Max    Default Request    Default Limit    Max Limit/Request Ratio
----        --------    ---    ---    ---------------    -------------    -----------------------
Pod         cpu         200m   2      -                  -                -
Pod         memory      6Mi    1Gi    -                  -                -
Container   memory      3Mi    1Gi    100Mi              200Mi            -
Container   cpu         100m   2      200m               300m             -
```

注意　在撰写本书时，LimitRange对象不支持针对某个特定pod或容器的资源限制，只支持对namespace中所有的pod或容器做一个统一的限制。

介绍完LimitRange对象，下面通过几组测试用例来演示一下LimitRanger插件的工作过程。

首先创建一个LimitRange实例，该实例定义了对pod和container的资源限制，如表8-19和表8-20

所示。然后，定义几个pod资源请求列表，pod-1如表8-21所示，pod-2如表8-22所示。

表8-19　pod的资源限制值

pod	CPU	Memory
max	2	1Gi
min	200m	6Mi

表8-20　Container的资源限制值

Container	CPU	Memory
max	2	1Gi
min	100m	3Mi
default request	200m	100Mi
default limit	300m	200Mi

表8-21　pod-1各容器的资源需求量

Container	CPU	Memory
c1	100m	2Gi
c2	100m	2Gi
sum	200m	4Gi

表8-22　pod-2各容器的资源需求量

Container	CPU	Memory
c1	1	1Mi
c2	1	1Mi
c3	1	1Mi
c4	1	1Mi
sum	4	4Mi

pod-1的资源请求是合法的，检验的一般过程如下所示。

(1) 将pod内所有容器的CPU，内存需求量逐一与Container表的{min,max}值进行比较，看是否落在[min,max]区间（包括边界值）内。只要有一个容器不符合条件，则检验过程结束，拒绝该API请求并返回请求者错误信息。

(2) 计算pod内所有容器的CPU，内存需求量的总和sum作为该pod的资源需求量，并与pod表的{min,max}值进行比较，看是否落在[min,max]区间（包括边界值）内。如果不符合要求，则拒绝该API请求并返回请求者错误信息；反之通过该API的资源请求。

而pod-2的资源请求是非法的，原因是该pod的CPU资源需求量（4）超过了LimitRange pod的CPU上限值（2）。

通过以上分析可知，pod的资源请求量（Requirement）是个静态而非运行时的概念，LimitRanger插件只是将LimitRange对象的{min,max}值与Requirement做比较，看Requirement是否

8

落在[min,max]区间上，然后选择接受或拒绝该API请求。

可能读者会感到疑惑，`LimitRange`的max字段值的作用好理解，即出于集群资源的安全性考虑，防止某个容器或pod请求过多的集群资源，那`LimitRange`的min字段值的作用又是什么呢？主要原因有以下两点。

- 防止用户创建配置太低而不能正常工作的容器。譬如，用户创建一个memory限制值为1 byte的容器。
- 防止工作节点过载。如果允许用户创建请求资源为0的pod，那么Kubernetes调度器就会无限制地将pod调度到一个工作节点上运行。

通过对上述实例分析，我们知道`LimitRange`对象对API请求资源的限制是无状态的，每次都只针对单个API请求，没有累加的概念。admission control也提供有状态的，累加的资源请求限制，见下面介绍的ResourceQuota插件。接下来我们将从代码的角度，简要分析下LimitRanger插件的实现原理。

首先，向admission control注册一个名为LimitRanger的插件。

然后，实现Admit方法。该方法首先获取发起API请求所在的namespace中的`LimitRange`对象列表。遍历该`LimitRange`对象列表，执行如下检查。

- 对于`.spec.container.resources.limits`和`.spec.container.resources.requests`字段为空的manifest，填入LimitRange设定的默认值。
- 对于pod中的每个container，检查其`.container.resources.limits`和`.container.resources.requests`是否满足LimitRange的`.spec.limits.max`、`.spec.limits.min`和`.spec.limits.maxLimitRequestRatio`的设定。如果不满足，则拒绝该请求。

LimitRanger插件只适用于Kubernetes对象创建（CREATE）和更新（UPDATE）操作，并不受理删除操作。需要注意的是，一个namespace中可能存在不止一个`LimitRange`对象，因此，任何一个针对Kubernetes对象的创建和更新操作都要接受该namespace中所有`LimitRange`对象的限制。

3. SecurityContextDeny插件

pod manifest中的security context定义了应用于容器的安全设置（如uid、 gid、SELinux角色等），包括pod级别和容器级别的限制。SecurityContextDeny插件会拒绝任何定义了其中某些字段的pod。

SecurityContext仅在pod创建（CREATE）和更新（UPDATE）时发生作用。它的Admit函数逻辑如下。

- 检查REST资源类型，如果不是pod，则接受该请求。
- 检查pod级别的SecurityContext。如果`.supplementalGroups`、`.seLinuxOptions`、`.runAsUser`

或`.fsGroup`不为空，拒绝该API请求。

□ 逐一检查容器级别的SecurityContext。如果`.seLinuxOptions`、`.runAsUser`不为空，则拒绝该请求。

4. ServiceAccount插件

service account为pod中的进程提供id，这乍听起来可能有些费解。实际上，当用户试图与APIServer打交道时，往往通过user account来进行身份的认证及授权；类似地，集群中的pod也可能希望与APIServer通信，系统并不为其创建user account，而作为代替的就是service account。

如果用户启用了service account自动生成的功能，controller就会接管这项工作，主要涉及了3个层面，分别对应service account admission controller、token controller和service account controller。这里我们主要关注第一个。

service account插件在pod创建（**CREATE**）时发挥作用，其`Admit`函数包括如下检查。

□ 如果创建的pod是mirror pod，且其`.spec.serviceAccountName`或`volumes.VolumeSource.secret`不为空，则拒绝该请求。

□ 如果创建的pod的`.spec.serviceAccountName`为空，则将该字段设为同一namespace下的`default service account`。

□ 检查pod引用的service account是存在的，如不存在拒绝该请求。

□ 查找service account对应的secret token，如该pod中未存在该volume，则为其挂载。

5. ResourceQuota插件

ResourceQuota插件的作用是为特定namespace应用资源使用的配额。与LimitRanger插件类似，为了配合ResourceQuota插件的使用，Kubernetes引入了`ResourceQuota`对象，用于对特定namespace中的Kubernetes对象设置资源配额。

这里必须先梳理一下Kubernetes资源的概念。直观地，CPU、内存等通用计算机资源也属于Kubernetes资源类型，在Kubernetes的代码中可以找到以下定义：

```
type ResourceName string
const (
    ResourceCPU ResourceName = "cpu"
    ResourceMemory ResourceName = "memory"
    ResourceStorage ResourceName = "storage"
)
```

而Kubernetes系统定义的对象类型，譬如pod、service、replication controller、resourcequota等，也属于Kubernetes资源类型，同样可以在Kubernetes的代码中可以找到以下定义：

```
const (
    ResourcePods ResourceName = "pods"
    ResourceServices ResourceName = "services"
    ResourceReplicationControllers ResourceName = "replicationcontrollers"
```

8

```
        ResourceQuotas ResourceName = "resourcequotas"
        ResourceSecrets ResourceName = "secrets"
        ResourceConfigMaps ResourceName = "configmaps"
        ResourcePersistentVolumeClaims ResourceName = "persistentvolumeclaims"
        ResourceCPURequest ResourceName = "cpu.request"
        ResourceCPULimit ResourceName = "cpu.limit"
        ResourceMemoryRequest ResourceName = "memory.request"
        ResourceMemoryLimit ResourceName = "memory.limit"
    )
```

每种Kubernetes资源对象都对应一组元数据，包括Name、Namespace和ResourceVersion，分别表示该资源对象的名字，所在Namespace和资源版本号，其中资源版本号用于标识该资源的新旧程度，方便进行版本和数据一致性控制。

ResourceQuota的数据结构定义如下所示：

```
type ResourceQuota struct {
    unversioned.TypeMeta `json:",inline"`
    ObjectMeta `json:"metadata,omitempty"`
    Spec ResourceQuotaSpec `json:"spec,omitempty"`
    Status ResourceQuotaStatus `json:"status,omitempty"`
}
```

其中，unversioned.TypeMeta表示ResourceQuota对象的元数据。此外，ResourceQuota包含两个数据类型：ResourceQuotaSpec和ResourceQuotaStatus，分别表示特定namespace中预设的资源配额和资源配额的实际使用情况，存储在etcd中的ResourceQuota.Status字段的数据会由controller manager的资源配额管理器根据系统实际的资源使用量而动态更新。

结束了对ResourceQuota对象的讨论后，再来看具体的例子——resource-quota.yaml，该资源文件描述了一个ResourceQuota对象（见kind字段）。

```
apiVersion: v1
kind: ResourceQuota
metadata:
    name: myquota
spec:
    hard:
        cpu: "20"
        memory: 1Gi
        persistentvolumeclaims: "10"
        pods: "10"
        replicationcontrollers: "20"
        resourcequotas: "1"
        secrets: "10"
        services: "5"
```

如上所示，spec:hard即资源配额列表，其各字段的含义和单位如表8-23所示。

表8-23 ResourceQuota资源列表各字段含义和单位

资源列表字段	含　义	单　位
cpu	CPU配额	CPU相对权重
memory	内存配额	字节数
persistentvolumeclaims	persistentvolumeclaims配额	个数
pods	pod配额	个数
services	service配额	个数
replicationcontrollers	replication controller配额	个数
resourcequotas	resourcequota配额	个数
secrets	secret配额	个数

需要特别说明的是最后一个resourcequotas字段的含义。我们知道，一个namespace可以存在多个ResourceQuota对象，就像可以存在多个pod对象那样。如果一个namespace存在多个ResourceQuota对象，则意味着任意一个API请求都要依次受到这些ResourceQuota对象的限制。但是出于系统性能的考虑，建议一个namespace最多创建一个ResourceQuota对象，而实现这一限制条件最简单的方法便是设置第一个ResourceQuota对象的spec:hard:resourcequotas = 1，这样就阻止了在同一个namespace中继续创建ResourceQuota对象。

根据以上资源文件创建一个名为myquota的ResourceQuotas对象：

```
$ kubectl namespace myspace

$ kubectl create -f resource-quota.yaml

$ kubectl get quota
NAME
myquota

$ kubectl describe quota myquota
Name:                      myquota
Namespace:                 myspace
Resource                   Used    Hard
--------                   ----    ----
cpu                        0       20
memory                     0       1Gi
persistentvolumeclaims     0       10
pods                       0       10
replicationcontrollers     0       20
resourcequotas             1       1
secrets                    1       10
services                   0       5
```

kubectl describe quota命令输出ResourceQuota对象信息，输出分为3列，分别是资源名、已使用量和配额。ResourceQuota插件的职责就是保证admission control接受API请求之后资源使用量仍不超过预设的配额。

ResourceQuota插件只检验创建和更新资源的API请求，其一般过程如下所示。

(1) 首先检查该API操作对象是否在ResourceQuota资源列表内，及该操作是否会影响资源对象的数量，如不满足，则接受该API请求。

(2) 检查该资源对象所在的namespace是否有ResourceQuota对象，如没有，则接受该API请求。

(3) 遍历所有与该资源对象相关的ResourceQuota,根据操作资源对象的不同，检查其.spec定义是否符合要求。以pod为例，如果在ResourceQuota对象中对于cpu进行了定量限制，那么则要求所有在该namespace中的pod必须定义.spec.containers.resource下的cpu值。

(4) 根据API请求的资源需求量，检查资源请求量总和是否超过.status.hard的限定，如果超过，则拒绝该请求。对于不同的API请求操作，计算资源请求量总和的方法各不相同。

- ❑ 如果请求的类型是CREATE，资源请求量总和为请求的资源需求量与当前.status.used中对应的资源使用量求和。
- ❑ 如果请求的类型是UPDATE，资源请求量总和为请求的资源更新值（请求值减去原先值）与当前.status.used中对应的资源的使用量求和。

(5) 对于每个ResourceQuota，更新其对应的资源对象数目及.status.used，并在etcd中持久化该更新。

接下来，我们通过几组测试用例来演示一下ResourceQuota插件的工作过程。首先创建一个ResourceQuota实例，预设特定namespace的资源配额，如表8-24所示。

表8-24　ResourceQuota实例预设的资源配额

Resource	CPU	Memory	pods	ReplicationControllers	services
Hard	200m	4Gi	2	2	1

而表示ResourceQuota状态的ResourceQuotaUsage实例的初始状态如表8-25所示。

表8-25　ResourceQuotaUsage实例的初始状态

Resource	CPU	Memory	pods	ReplicationControllers	services
Hard	200m	4Gi	2	2	0
Used	0m	0Gi	0	0	0

然后定义几个API请求，请求顺序如下。

- **Request-1**

假设Request-1是系统的第1个API请求，它执行的操作是创建一个名为pod1的pod，该pod内有两个容器，分别是c1和c2，其资源需求量如表8-26所示。

表8-26 Request-1对pod1资源需求量

Container	CPU	Memory
c1	50m	1Gi
c2	50m	1Gi
sum	100m	2Gi

如果接受Request-1，则ResourceQuotaUsage实例的状态信息将如表8-27所示。

表8-27 ResourceQuotaUsage实例的状态信息

Resource	CPU	Memory	pods	ReplicationControllers	services
Hard	200m	4Gi	2	2	0
Used	100m	2Gi	1	0	0

Used各字段的值未超过Hard各字段的值，故Request-1的资源请求是合法的。在admission control接受该API请求之前，持久化ResourceQuotaUsage实例。

● **Request-2**

Request-2是系统的第2个API请求，它执行的操作是更新pod1，其资源需求量如表8-28所示。

表8-28 Request-2对pod1资源需求量

Container	CPU	Memory
c1	50m	1Gi
c2	150m	1Gi
sum	200m	2Gi

如果接受Request-2，则ResourceQuotaUsage实例的状态信息将如表8-29所示。

表8-29 ResourceQuotaUsage实例的状态信息

Resource	CPU	Memory	pods	ReplicationControllers	services
Hard	200m	4Gi	2	2	0
Used	200m	2Gi	1	0	0

Used各字段的值仍未超过Hard各字段的值，故Request-2的资源请求是合法的。同样，在admission control接受该API请求之前，持久化ResourceQuotaUsage实例。

● **Request-3**

Request-3是系统的第3个API请求，它执行的操作创建一个service。如果接受Request-3，则ResourceQuotaUsage实例的状态信息将如表8-30所示。

表8-30 ResourceQuotaUsage实例的状态信息

Resource	CPU	Memory	pods	ReplicationControllers	services
Hard	200m	4Gi	2	2	0
Used	200m	2Gi	1	0	1

因为Used.services > Hard.services值，故Request-3的资源请求是非法的，admission control驳回该API请求。

细心的读者可能已经想到该机制还存在一些问题，例如：

❑ DELETE操作后对namespace中资源使用量的更新在何处进行持久化？

❑ 能够引起资源使用量变化的场景不只是API请求操作，还有更多更复杂的原因（比如工作节点意外宕机等），那这样引起的资源使用量变化在何处进行持久化？

也就是说，尽管在一开始为集群配置好了静态的资源配额，但是当进行admission control检查时，必须要使用资源配额扣除资源实际使用量来作判断。那么资源使用量的动态更新是谁负责检查，又是什么时候反映到etcd中保存起来的呢？

答案是controller manager的资源配额管理器。回忆一下曾经在8.3.3节中对工作流程描述，正是它在定期追踪并同步系统的资源配额及使用量，默认的同步频率为10秒一次（可通过resource-quota-sync-period参数配置）。在每个同步周期中，资源配额管理器会通过调用APIServer的API来获取ResourceQuotaUsage对象包含的各资源对象的当前使用量信息，并与上一轮的同步结果进行比较，如果发现有更新，则持久化这些更新到etcd。这个过程虽然很简单，但是对于Kubernetes的配额管理的确是至关重要的。

接下来，我们会开始着重介绍Kubernetes的高级实践。

8.7 Kubernetes 高级实践

通过对Kubernetes基础架构、核心概念、源代码等的了解，相信读者对Kubernetes的整体设计已经有了一个全局的认识。然而，相信肯定会有读者并不满足于只是"学习"一下如何使用Kubernetes，而是希望能够将Kubernetes应用到实际生产环境中去。v1.0版本的发布，标记着Kubernetes可以用于生产环境中。下面我们将结合自身的实践经验，列举一些在使用Kubernetes构建容器云过程中可能使用的技术，以期能起到抛砖引玉的作用。

8.7.1 应用健康检查

在实际生产环境中，想要使得开发的应用程序完全没有bug，在任何时候都运行正常，几乎是不可能的任务。因此，我们需要一套管理系统，来对用户的应用程序执行周期性的健康检查和修复操作。这套管理系统必须运行在应用程序之外，这一点非常重要——如果它是应用程序的一部分，极有可能会和应用程序一起崩溃。因此，在Kubernetes中，系统和应用程序的健康检查是由kubelet来完成的。

1. 进程级健康检查

最简单的健康检查是进程级的健康检查，即检验容器进程是否存活。这类健康检查的监控粒度是在Kubernetes集群中运行的单一容器。kubelet会定期通过Docker daemon获取所有Docker进程的运行情况，如果发现某个Docker容器未正常运行，则重新启动该容器进程。截至目前，在我们讨论的所有例子中，进程级的健康检查都是默认启用的。

2. 业务级健康检查

在很多实际场景下，仅仅使用进程级健康检查还远远不够。以下面这段代码为例：

```
lockOne := sync.Mutex{}
lockTwo := sync.Mutex{}

go func() {
lockOne.Lock();
lockTwo.Lock();
...
}()

lockTwo.Lock();
lockOne.Lock();
```

这是一个典型的发生"死锁"的例子。尽管从Docker的角度来看，容器进程依旧在运行；但是如果从应用程序的角度来看，以上代码处于死锁状态，即容器永远都无法正常响应用户的业务请求。

为了解决以上问题，Kubernetes引入了一个在容器内执行的活性探针（liveness probe）的概念，以支持用户自己实现应用业务级的健康检查。这些检查项由kubelet代为执行，以确保用户的应用程序正确运转，至于什么样的状态才算"正确"，则由用户自己定义。在撰写本书时，Kubernetes支持3种类型的应用健康检查动作，分别为HTTP Get、Container Exec和TCP Socket。

- **HTTP Get**。kubelet将调用容器内Web应用的web hook，如果返回的HTTP状态码在200和399之间，则认为容器运转正常，否则认为容器运转不正常。
- **Container Exec**。kubelet将在用户容器内执行一次命令，如果命令执行的退出码为0，则认为容器运转正常，否则认为容器运转不正常。其中执行命令的默认目录是容器文件系统的根目录/，要执行的命令在pod配置文件中定义。
- **TCP Socket**。理论上kubelet将会尝试打开一个到用户容器的socket连接。如果能够建立这条连接，则可以认为容器运转正常，否则认为容器运转不正常，但是目前尚未支持。

kubelet根据livenessProbe:periodSeconds定义的时间间隔（默认为10秒钟），周期性地对容器的健康状况进行检测。不论那种检查类型，一旦kubelet发现容器运转不正常，就会重新启动该

8

容器。容器的健康检查行为在容器配置文件的livenessProbe字段下配置。一个使用HTTP健康检查的pod配置文件示例如下所示：

```
apiVersion: v1
kind: Pod
metadata:
    labels:
        test: liveness
    name: liveness-http
spec:
    containers:
    - args:
        - /server
        image: gcr.io/google_containers/liveness
        livenessProbe:
            httpGet:
                path: /healthz
                port: 8080
                httpHeaders:
                    - name: X-Custom-Header
                      value: Awesome
            initialDelaySeconds: 15
            timeoutSeconds: 1
        name: liveness
```

需要注意的是，livenessProbe:initialDelaySeconds字段代表了一个从容器启动到执行健康检查的延迟时间，设计这个延迟时间的目的是让容器进程有时间完成必要的初始化工作。每进行一次HTTP健康检查都会访问一次指定的URL。

而一个使用Container Exec健康检查的pod配置文件示例如下所示：

```
apiVersion: v1
kind: Pod
metadata:
    labels:
        test: liveness
    name: liveness-exec
spec:
    containers:
    - args:
        - /bin/sh
        - -c
        - echo ok > /tmp/health; sleep 10; rm -rf /tmp/health; sleep 600
        image: gcr.io/google_containers/busybox
        livenessProbe:
            exec:
                command:
                    - cat
                    - /tmp/health
            initialDelaySeconds: 15
            timeoutSeconds: 1
        name: liveness
```

需要说明的是，每进行一次 Container Exec 健康检查，都会执行一次 livenessProbe:exec:command 字段下的 shell 命令，在这个示例中即读取文件 /tmp/health 的内容。command 字段下的 shell 命令即容器启动时自动执行的命令，在这个示例中先向文件 /tmp/health 中写入 ok，然后隔了 10 秒钟后再写入 fail。又因为 initialDelaySeconds 的值为 15，故使用 Container Exec 健康检查的结果是 fail。

实际上，在业务级健康检查方面，Kubernetes 还提供了类似 liveness probe 的 readiness probe。与 liveness probe 的区别是，如果 readiness probe 的健康检查结果是 fail，kubelet 并不会杀死容器进程，而只是讲该容器所属的 pod 从 endpoint 列表中删除，这样访问该 pod 的请求就会被路由到其他 pod 实例上。

8.7.2　高可用性

本节将简单探讨 Kubernetes 集群在日常使用过程中的一些常见问题，并就如何搭建高可用的 Kubernetes 集群提供一些建议。

1. 常见问题集

在实际的应用场景中，可能会碰到各种各样的问题，以下只是我们根据自身经验在实际使用 Kubernetes 过程中总结出的一个问题列表，只是所有可能发生的情况中一个很小的子集。

一个在 Kubernetes 集群中发生故障的问题根源可以归纳为以下几个方面。

- ❑ 集群工作节点关机。
- ❑ 集群内部或集群之间的网络被分割。
- ❑ Kubernetes 自身软件故障。
- ❑ 数据丢失或持久化存储（例如 GCE PDs 和 AWS EBS 磁盘等）不可用。
- ❑ 运维人员错误配置 Kubernetes 或应用程序。

下面将根据特定的故障情况分析可能带来的不良后果及 Kubernetes 采取的相应动作。

- ❑ 运行 APIServer 的虚拟机关闭或 APIServer 发生软件故障。
  - ▪ 无法删除、更新或创建 pod、service 和 replication controller 等资源。
  - ▪ 现有的 pod 和 service 能够继续正常工作（除非它们依赖 Kubernetes API）。
- ❑ 支持性组件（例如 controller manager 和 scheduler 等）所在的虚拟机关机或发生异常。
  - ▪ 如果支持性组件与 APIServer 运行在同一个工作节点上，这些组件由于工作节点异常造成的不可用可以视为与和 APIServer 不可用造成一样的后果。
  - ▪ 一般意义上而言，controller manager 的不可用将会导致集群中资源的状态无法及时地与期望状态同步。
  - ▪ scheduler 的不可用将导致待调度的 pod 无法绑定到工作节点上，即这些 pod 将无法正常完

8

成创建流程。

- ❑ 工作节点（运行kubelet、kube-proxy和pod的机器）关机。
  - ■ 工作节点上的pod停止运行。
- ❑ kubelet发生软件故障。
  - ■ 故障的kubelet无法在工作节点上启动新的pod。
  - ■ 工作节点被标记为非健康状态。
  - ■ replication controller在其他工作节点上启动新的pod副本。
- ❑ 集群运维人员操作不当。
  - ■ 可能会丢失pod和service等资源对象。
  - ■ 可能会丢失APIServer后端存储（etcd）的数据。
  - ■ 用户可能会无法使用Kubernetes API。
  - ■ 其他各种可能的不良后果。

对于以上列举的可能发生一些问题，笔者根据自身经验，提出以下预防和补救的措施。

- ❑ 采取的措施：对于使用IaaS虚拟机的集群工作节点，应用IaaS平台提供的虚拟机自动重启特性。
  - ■ 解决的问题：APIServer所在虚拟机关机。
  - ■ 解决的问题：支持性组件所在虚拟机关闭。
- ❑ 采取的措施：为运行APIServer和etcd的虚拟机使用IaaS平台提供的可靠的持久化存储（例如GCE PDs或AWS EBS磁盘等）。
  - ■ 解决的问题：APIServer后端存储丢失。
- ❑ 采取的措施：增加APIServer多实例的特性。
  - ■ 解决的问题：APIServer所在虚拟机关机或APIServer发生软件故障。
  - ■ 能够承受一个或多个APIServer同时发生故障。
- ❑ 采取的措施：定期为APIServer所处虚拟机的PDs或EBS磁盘做快照。
  - ■ 解决的问题：APIServer后端存储丢失。
  - ■ 解决的问题：最大限度地从集群运维人员的一些不当操作引起的问题中恢复。
  - ■ 解决的问题：一些因为Kubernetes软件故障引起的问题。
- ❑ 采取的措施：使用replication controller和service管理pod，而不是直接创建pod资源对象。
  - ■ 解决的问题：工作节点关机。
  - ■ 解决的问题：kubelet发生软件故障。

- ❑ 采取的措施：应用程序（容器）被设计成能够容忍意外重启。

  - ■ 解决的问题：工作节点关机。
  - ■ 解决的问题：kubelet发生软件故障。

- ❑ 采取的措施：多个独立的集群（避免所有集群同时发生异常，提高集群的整体容灾性）。

  - ■ 解决的问题：以上列举的所有问题。

2. 使用Kubernetes多集群

前面提到使用Kubernetes多集群的特性能够解决很多常见问题，接下来就介绍如何部署这样一个支持多集群特性的Kubernetes系统。假设需要部署多个Kubernetes集群，并要求这些集群不但能够尽可能地分布在靠近用户的不同地理位置上，而且还能承受一定程度的故障，而不至于完全崩溃。

- ● 单个集群的部署范围

在一些IaaS平台（如GCE和AWS）上，一个虚拟机存在于一个zone[1]或availability zone[2]中。我们建议Kubernetes集群内的所有虚拟机都应该在同一个availability zone内，原因如下。

- ❑ 与跨越多个availability zone的全局单个的Kubernetes大型集群相比，采用多个Kubernetes集群，每个集群运行在一个availability zone内降低了Kubernetes集群发生单点故障的风险，因为IaaS平台维护了availability zone内虚拟机的高可用性。
- ❑ 与跨越多个availability zone的全局单个的Kubernetes大型集群相比，由多个不跨越availability zone的Kubernetes集群构成的Kubernetes多集群更加容易评估整体可用性。
- ❑ 当Kubernetes开发者设计系统架构时，它们假设Kubernetes集群内的所有机器都位于同一个数据中心内或者是地理上紧密连接的。

在一个availability zone中，可以同时存在多个Kubernetes集群，至于到底应该多部署还是少部署，有以下两种不同的观点。

认为在一个availability zone中应该部署较少的Kubernetes群集的理由如下。

- ❑ 优化pod调度过程（当一个集群中存在更多的工作节点时）；
- ❑ 减少运维成本（尽管这个优势会随着运维工具和流程的成熟而变小）；
- ❑ 减少每个集群的固定资源成本，例如，APIServer虚拟机数量等（但是对中/大规模的集群来说，集群总体的平均成本还是很小的）。

而认为在一个availability zone中应该部署较多的Kubernetes群集的理由是，方便试验新版本的Kubernetes发行版或其他集群软件。

---

[1] 参见https://cloud.google.com/compute/docs/zones。

[2] 参见http://docs.aws.amazon.com/AWSEC2/latest/UserGuide/using-regions-availability-zones.html。

总的来说，我们更倾向于在一个availability zone中部署多个Kubernetes集群，但数量不宜过多，至于具体数量则取决于具体的应用场景和部署环境。

● 选择合适的集群数量

Kubernetes集群数量的选择相对来说是静态的，很少有变化。相比之下，一个Kubernetes集群中节点的数量和一个service中pod的数量可能随着时间和负载而反复变化。下面提供一种参考的计算集群数量方式，在这种计算方式中，会优先考虑地域因素。首先，我们需要确定要求独立提供服务的service数量。例如，一个跨国公司出于法律和本地化的考虑，可能需要同时在US、EU、AP和SA地区部署一个集群，将区域的数量记为R。然后，需要确定允许多少集群可以同时不可用，将不可用的集群数量记为U，如果不确定到底多少比较合适，那么"1"将是一个比较合适的选择。

如果允许负载均衡器在集群部分故障时将流量转发到任意区域，那么只需要R+U个集群就够了。如果希望在集群故障时恢复的延时尽可能小，那么就需要R*（U+1）个集群（即每个区域都要有U个冗余的集群）。不论是哪种情况，都需要把每个集群部署在不同的zone中。最后，在撰写本书时，每个Kubernetes集群能够容纳的最大节点数是有限的，如果超过了最大推荐数量，就需要部署更多的集群。Kubernetes 1.2版本的更新日志中说明，Kubernetes单个集群能够支持1000个工作节点，支持30 000个pod。

● 如何使用Kubernetes多集群

在实际使用过程中，当搭建了多个Kubernetes集群时，我们一般会在每个集群创建配置完全一样的service，并在这些service实例前面部署一个负载均衡器（例如，AWS Elastic Load Balancer、GCE Forwarding Rule或普通HTTP负载均衡器等）。这样单个集群的故障对终端用户就变成不可见的了。不过这样的service部署方式也引入了一个问题——当同一个service存在于多个地理上分布的Kubernetes集群上时，需要解决其内部的数据一致性问题。

8.7.3　日志

Kubernetes集群的日志总体可以分为两大类，即Kubernetes组件日志和容器日志，下面我们进行逐一介绍。

1. Kubernetes组件日志

在前面对APIServer的解析中有提到Kubernetes组件（例如kubelet和APIServer等）使用glog[①]完成对系统运行过程中产生的事件和运行状态进行记录与输出。每个log等级有其约定俗成的含义和习惯用法，为方便用户阅读Kubernetes系统的log输出，现将其列举如下，如表8-31所示。

---

① 参见 http://godoc.org/github.com/golang/glog。

表8-31　glog在Kubernetes的习惯用法

log等级	习惯用法
glog.Errorf()	永远输出一个错误信息
glog.Warningf()	发生了意料之外的事情，但可能不是一个错误
glog.V(0).Infof()	输出一个对运维人员非常重要的错误信息，目前Kubernetes并未使用该等级的log输出
glog.V(1).Infof()	输出能够被纠正的错误信息，譬如检测到pod处于unhealthy状态
glog.V(2).Infof()	输重要的系统状态变化信息，譬如http request及其返回码
glog.V(3).Infof()	额外的系统状态变化信息
glog.V(4).Infof()	详尽的debug信息

　　Kubernetes默认log等级是V(2)，开发者可能需要得到更详尽的log输出，譬如V(3)或V(4)，如果想要改变log等级，只需在APIServer或其他组件启动时传入-v=X参数。其中X是期望的最高log等级，1代表最简洁的log输出，4代表最详细的log输出。必须指出的是，Kubernetes各组件最详细级别的log输出对主机硬盘也是一个不小的考验，在实践过程中kube-proxy的日志"撑爆"工作节点硬盘的情况是极有可能的。因此，为了保证宿主机其他进程的运行安全，非常有必要为Kubernetes组件日志的"目的地"专门划分一块磁盘分区。

　　2. 容器日志

　　Kubernetes对容器日志的收集方式和使用的工具没有特殊的要求，这里将提供几个收集、索引和查看pod、容器日志的方法。下面我们以GCE平台上部署的Kubernetes为例展开介绍。

　　● 使用Fluentd和Elastiscsearch

　　为了启用Kubernetes集群内Docker容器的标准输出（stdout）和标准错误输出（stderr），并将日志输出重定向到elasticsearch，需要设置环境变量ENABLE_NODE_LOGGING以及LOGGING_DESTINA-TION：

```
export ENABLE_NODE_LOGGING=true
export LOGGING_DESTINATION=elasticsearch
```

　　这样，在Kubernetes的启动过程中，每个收集Docker容器日志文件的工作节点上均会启动一个名为fluentd-elasticsearch的pod。该pod就是用以完成创建一个Fluentd，并将其收集到的容器日志发送给Elasticsearch实例的工作。

　　● 使用Fluentd和Google Compute Platform

　　为了启用Google Compute Platform（GCP）的Kubernetes集群内Docker容器的标准输出（stdout）和标准错误输出（stderr），并将日志输出重定向到gcp，同样需要对相应的环境变量进行设置：

```
export ENABLE_NODE_LOGGING=true
export LOGGING_DESTINATION=gcp
```

　　此时，一个名为fluentd-cloud-logging的pod会被创建，由Fluentd收集的日志将被传到GCP中。

集群的日志输出可以通过设置 ENABLE_NODE_LOGGING 的值为 true 或 false 来启用或禁用，ENABLE_NODE_LOGGING 值通常在各个平台对应的 config-default.sh 文件中定义。对于 GCE 集群，ENABLE_NODE_LOGGING 的默认值是 true。而日志处理器的类型则是由环境变量 LOGGING_DESTINATION 指定的。对于 GCE 集群，LOGGING_DESTINATION 的默认值是 gcp。如果 LOGGING_DESTINATION 的值被设置为 elasticsearch，那么日志输出就会被导向 Elasticsearch 后端。

当使用 Elasticsearch 时，Elasticsearch 的实例数量能够通过设置环境变量 ELASTICSEARCH_LOGGING_REPLICAS 的值来控制，ELASTICSEARCH_LOGGING_REPLICAS 的默认值是 1。对于大规模集群或那些以很高的速率产生大量日志信息的集群，可能需要使用多个 Elasticsearch 实例。

8.7.4　集成 DNS

通过前面对 Kubernetes 的讨论，我们已经知道，每个 Kubernetes service 都绑定了一个虚拟 IP 地址（cluster IP），而且 Kubernetes 最初使用向 pod 中注入环境变量的方式实现服务发现，但这会带来环境变量泛滥等问题，故需要增加集群 DNS 服务为每个 service 映射一个域名。到 Kubernetes v1.2 版本时，DNS 作为一个系统可选插件集成到 Kubernetes 集群中。Kubernetes 默认使用 SkyDNS 作为集群的 DNS 服务器，同时支持基本的 forward 查找 （A 记录）和 service 查找（SRV 记录），更多的查找方式可以参考 SkyDNS[①]的项目主页。

如果启用了集群 DNS 选项，则系统会自动创建一个运行 SkyDNS 域名服务器的 pod 和一个对外提供集群 service 域名解析服务的 skydns service，并且还会为该 service 绑定一个稳定的静态 IP 地址作为入口 IP 地址。然后，kubelet 被配置成向每个 Docker 容器传入 skydns service 的 IP 地址，作为它们其中一个 DNS 服务器。每个在 Kubernetes 集群中定义的 service（包括 DNS 服务器本身对应的 service）都会被映射到一个 DNS 域名，该域名一般由两个部分组成：service 所在 namespace 和 service 名。默认情况下，一个客户端 pod 的 DNS 搜索列表一般包含 pod 自身的 namespace 和集群的默认域名集。skydns service 的域名搜索过程大致如下（以解析域名 foo.bar 为例）。

(1) 搜索客户端 pod 所在 namespace（假设是 baz）中所有的 service 域名记录，检查是否存在 baz.foo.bar 的记录。如果找到，则结束搜索过程，返回该记录对应的 IP 地址；如果没找到，执行步骤(2)。

(2) 搜索 namespace foo 中所有的 service 域名记录，检查是否存在 foo.bar 的记录。如果找到，则结束搜索过程，返回该记录对应的 IP 地址；如果没找到，执行步骤(3)。

(3) 从当前 Kubernetes 集群中，搜索所有的 service 域名记录，检查是否存在 foo.bar 的记录。如果找到，则结束搜索过程，返回该记录对应的 IP 地址；如果没找到，表示该域名不存在，返回客户端错误信息。

---

① 参见 https://github.com/skynetservices/skydns。

因此，假设有一个名为foo的service位于集群的bar namespace中，那么运行在namespace bar中的pod只需查询DNS记录foo就能找到该service，而运行在namespace bar外的pod（譬如quux）就需要查询DNS记录foo.bar才能找到该service。

1. skydns service工作原理

skydns pod中包含4个容器，这4个容器分别运行skydns、etcd（skydns要用到etcd）和一个连接Kubernetes和skydns的网桥（称为kube2sky）。此外，还可以启动一个用于健康检查的容器（可选）。kube2sky监测Kubernetes主控节点上service对象的更新（kube2sky通过环境变量找到kubernetes-ro service，并调用kubernetes-ro service提供的API来实现），然后向DNS pod中的etcd写入service对象信息，skydns最后会去etcd中读取这些信息。需要注意的是，DNS pod中的etcd实例不会连接到其他已经存在的etcd集群（包括Kubernetes主控节点上的etcd集群）。skydns service可以被所有Kubernetes节点直接访问到，但是Kubernetes节点没有被配置成默认使用集群DNS服务或搜索集群DNS域名。因此如果想使用集群DNS服务，需在Kubernetes节点上的resolv.conf文件中显式地将DNS nameserver指向skydns域名服务器。

2. 配置集群DNS

配置集群DNS最简单的方式是使用cluster/目录下的自动部署脚本，例如部署在GCE环境中Kubernetes集群在启动之初就创建了SkyDNS pod并使用以下配置文件（见cluster/gce/config-default.sh）配置kubelet。

```
ENABLE_CLUSTER_DNS="${KUBE_ENABLE_CLUSTER_DNS:-true}"
DNS_SERVER_IP="10.0.0.10"
DNS_DOMAIN="cluster.local"
DNS_REPLICAS=1
```

以上配置文件启用了集群DNS，并为DNS service绑定了一个IP地址：10.0.0.10，且该IP地址对应的DNS域名是cluster.local。DNS_REPLICAS字段表明SkyDNS的pod副本数为1（该参数传给控制SkyDNS pod的replication controller）。

如果不使用cluster/目录下的自动部署脚本搭建Kubernetes集群（可能你没有Kubernetes支持的IaaS环境），那么首先需要在kubelet启动时传入以下flag信息：

```
--cluster_dns=<DNS service ip>
--cluster_domain=<default local domain>
```

然后，需要创建DNS server的replication controller和service。读者可以参考skydns-rc.yaml.in[1]和skydns-svc.yaml.in[2]。不过，需要注意的是，以上两个文件并不是真正的Kubernetes资源文件，而是一个SaltStack的模板文件，需要在{{ <param> }}部分填入自己的值后才能使用kubectl create创建replication controller和service对象。

---

[1] 参见https://github.com/kubernetes/kubernetes/blob/v1.2.0/cluster/addons/dns/skydns-rc.yaml.in。
[2] 参见https://github.com/kubernetes/kubernetes/blob/v1.2.0/cluster/addons/dns/skydns-svc.yaml.in。

8.7.5 容器上下文环境

下面我们将主要介绍运行在Kubernetes集群中的容器所能够感知到的上下文环境，以及如何容器是如何获知这些信息的。

首先，Kubernetes提供了一个能够让容器感知到集群中正在发生的事情的方法：环境变量。作为容器环境组成的一部分，这些集群信息对于容器构建"集群环境感知"起着非常重要的作用。

其次，Kubernetes容器环境还包括一系列与容器生命周期相关的容器钩子，其对应的回调函数hook handler可以作为单个容器可选定义项的一部分。这个容器钩子与操作系统传统进程模型的通知回调机制有些类似。

其实，还有一个与容器环境相关的重要部分是容器可用的文件系统。通过前面的讨论可知，在Kubernetes中，容器的文件系统由一个容器镜像和若干个volume组成，不过本节将不对这部分内容进行展开。

下面我们将着重讨论暴露给容器的集群信息和用于向容器发布对其生命周期管理信息的容器钩子这两种同容器上下文环境协作的方法。

1. 集群环境感知

运行在Kubernetes集群中的一个容器在容器内部能够感知两种类型的环境变量信息，一种是与容器自身相关的信息，另一种是集群的信息。

● 容器自身信息

在撰写本书时，容器能够感知到的与容器自身相关的信息包括运行该容器的pod的名字、pod所在的namespace、在pod资源配置文件中env字段定义的键/值对，等等。其中，pod的名字被设置成容器的的主机名，而且可以在容器内通过所有访问主机名的方式获得，例如，hostname命令或C函数库的gethostname函数调用。pod的名字和namespace还可以通过downward API进行访问。对容器而言，用户在pod资源配置文件中自定义的环境变量的可访问性与在Docker镜像中指定的环境变量是一样的。

● 集群信息

我们在前面已经讨论过Kubernetes服务发现的两种机制：DNS和环境变量。service环境变量属于集群信息，在容器创建时由Kubernetes集群API注入，在容器内以环境变量的方式被访问。

2. 容器钩子

容器钩子是Kubernetes针对容器生命周期管理引入的事件处理机制，它负责监听Kubernetes对容器生命周期的管理信息，并将这些信息以广播的形式通知给容器，然后执行相应的回调函数。

- **容器钩子类型**

在撰写本书时，Kubernetes支持两种类型的容器钩子，分别为PostStart和PreStop，至于将来是否有可能支持另外两种方案（PreStart和PostRestart），仍然有待社区讨论。

- □ PostStart。该钩子在容器被创建后立刻触发，通知容器它已经被创建。该钩子不需要向其所对应的hook handler传入任何参数。如果该钩子对应的hook handler执行失败，则该容器会被杀死，并根据该容器的重启策略决定是否要重启该容器。
- □ PreStop。该钩子在容器被删除前触发，其所对应的hook handler必须在删除该容器的请求发送给Docker daemon之前完成。在该钩子对应的hook handler完成后（不论执行的结果如何），Docker daemon会发送一个SIGTERM信号量给Docker daemon来删除该容器。同样地，该钩子也不需要传入任何参数。

- **Hook Handler执行**

当一个容器管理hook发生时，管理系统将会在容器中调用注册的hook handler，其中hook handler通过在包含该容器的pod资源配置文件的Lifecycle字段中定义来完成注册。注意，当hook handler在执行时，其他对该容器所在pod的管理动作将被阻塞除非该容器异常退出。而如果你自定义的hook handler阻塞时，其他对pod的管理操作（包括容器健康检查）将不会发生，直到hook handler继续执行完毕。因此，一般建议用户自定义的hook handler代码尽可能地轻量化，尽管确实有一些场景的hook handler程序需要长时间运行（例如在容器退出保存运行状态等）。对那些有参数的hook（例如前文提到的PreStop hook），这些参数会以一个键/值对集合的方式传给具体的hook hander。

- **Hook Handler的执行方式**

Hook handler是hook在容器内执行的回调函数，也即hook暴露给容器的方式。在撰写本书时，Kubernetes支持两种不同的hook handler类型，分别是Exec/HTTPGet，但是容器只能选择最多一种Kubernetes支持的hook handler类型加以实现。还有一种名为TCPSocket的钩子，尚处于开发过程中。

- □ Exec。在容器的cgroup和namespaces内启动一个新进程来执行指定的命令，由该命令消耗的资源全部要计入容器的消耗。正如在之前容器健康检查中提到的，如果Exec执行的命令最后在标准输出（stdout）的结果为ok，就代表handler执行成功，否则就被认为执行异常并且kubelet将强制重新启动该容器。
- □ HTTPGet。向容器的指定接口发起一个HTTP请求作为handler的具体执行内容，并通过返回的HTTP状态码来判断该请求执行是否成功。

综上，hook机制为用户提供了一种能够根据容器生命周期及其上下文的变化来触发不同操作的协作方法。这对于很多需要精细控制容器的场景是非常有用的，比如在容器结束前执行一些清理工作来保证其"优雅"退出。

8.8   Kubernetes 未来动向

2015年7月，Kubernetes发布了1.0版本，宣布其已经正式进入可投入生产环境的状态。在Google为首的各大厂商的带领及社区的积极支持下，Kubernetes大刀阔斧地加入了很多极具应用意义的特性。而在这些林林总总的投入背后，Kubernetes始终没有偏离它在设定上的几大初衷。

第一，坚持走更加开放的道路。作为一个面向容器应用的基础设施，从最初仅支持Docker，到迅速融入rkt，及至最近以C/S架构的模式吸纳更多容器runtime，Kubernetes始终拥抱开放。另外在网络方面，Kubernetes也支持了包括CNI（container network interface）在内的愈加广泛的解决方案。

第二，汲取Borg与Omega的优秀设计思想。以Kubernetes项目commit数量最多的Brendan Burns为第一作者的论文*Borg, Omega, and Kubernetes*中详细列举了Kubernetes与Borg、Omega密切的关系，可以看出三者之间的原生联系。不仅如此，在Kubernetes具体的开发过程中也常常借鉴其他两者的更富生产经验的优秀理念。例如，Kubernetes有望在未来支持类似于Borg中的资源预测的功能，使得在应用混部的决策和资源利用率的提升上有更好的表现。

第三，致力于树立行业标准。Google联合Linux基金会及各行业伙伴成立了CNCF（cloud native computing foundation），并贡献出Kubernetes项目，使其作为CNCF成长的开始，可以看到Google致力于在更高层面上基于Kubernetes构建容器云计算行业的标准。而在Kubernetes的商业化上，Google并不试图既做裁判员又做运动员，而是试图培养第三方厂商解决商业化的问题，共同构建一个健康的生态系统，这为容器云行业的健康发展树立了一个好榜样。

下面我们选取了一些正在积极开发的新特性进行详细的介绍，希望能以小见大，带领读者朋友们了解社区关注的开发热点，起到“管中窥豹，可见一斑”之效。

8.8.1   Ubernetes

关于Ubernetes的议题已经发酵了相当长的一段时间。Ubernets可以理解为一个复杂的集群联邦，通过多集群联合的方式真正实现组件或节点资源的自动修复、高可用、自举（bootstrapping）以及良好的故障恢复机制。

为什么Ubernetes受到了众多用户的广泛关注呢？大多数是因为如下的诉求。

1. cloudbursting

假设用户的私有云存在于一个大的公有云环境中（称之为混合云环境），很有可能会面临这样的问题——应用程序消耗资源过多，超过了原本私有云的配额。此时，用户显然不希望自己的应用程序被杀死或者因为资源枯竭而发生运行错误，而是希望能够合理地扩展到公有云中运行。也就是说，用户希望在首先满足本地亲和性的前提下，实现跨集群的应用部署——其中将涉及跨集群调度、服务发现、迁移以及负载均衡等多个议题。

2. 敏感任务的分发

出于安全角度的考量，用户的某些应用程序可能会有更高的机密性。用户希望这部分任务在多集群环境下理应得到更多的保护——即尽可能地运行在私有云环境中。

3. 避免与单一云服务提供厂商捆绑

众所周知，市面上有相当数量的cloud provider。出于市场、技术等多方面的因素，用户也许不希望自己的应用程序与某一个cloud provider绑定。所以多vendor也就成为了一个值得关注的问题——如何跨cloud provider部署应用。

4. 高可用

高可用的基本理念要求系统能够持续提供稳定的服务。为了实现高可用，多备份是常用的手段，旨在消灭单点故障。具体可以再细分成如下几个子议题。

- ❑ 可用zone的高可用。
- ❑ 提供商cloud provider的高可用。
- ❑ 系统组件的高可用。

这一设计在很大程度上更能满足全球膨胀的数据中心的需求，同时对于各个控制组件也提出了更高的要求，可能包括且不限于以下几点。

- ❑ API Server：多个无状态的、可自动修复的API Server在同时工作，使用一个高可用的负载均衡器来对API请求进行导流。
- ❑ controller manager与scheduler：多个无状态的、可自动修复的controller manager和scheduler在warm standby模式下工作，依托leader选举和warm standby来实现高可用。所谓warm standby，意即有多个工作组件同时运行，其中只有被选为leader的节点进行真正的工作，其他节点处于备份状态，数据会每隔一段时间在多个组件中进行共享。当且仅当leader组件运行失败时，重新发生选举，新的工作节点即开始工作。
- ❑ etcd：同样配置成集群模式，推荐使用3~5个etcd节点。

完备意义上的Ubernetes距离真正落地可能还有相当的路要走，社区首先实现了Ubernetes Lite，旨在打造一个跨zone的Kubernetes集群，同时兼顾资源（尤其是GCE和AWS平台提供的持久化存储volume）亲和性。v1.2.0版本已经基本实现了这一目标。

8.8.2 petSet

我们知道，replication controller是用来保证在replica的生命周期内始终有一定数量的pod在运行，这些pod通常是无状态、彼此之间不同享数据并且是可替代的。并且，对于单个pod而言，我们并不保证其具有稳定的网络id，被分配的pod ip会随着其生命周期的结束自动被回收等待下次分配。然而，我们可能还需要面对这样的问题，Kubernetes该如何支持有状态的服务或者那些需

8

要稳定的存储或网络id的应用实例呢？

　　以MongoDB为例，我们知道MongoDB集群可以通过master-slave架构来保证高可用，其中涉及leader选举。其中，主节点称为primary node，而从属节点称为secondary node。为了区分不同的mongoDB实例，我们就需要它们具备稳定且唯一的网络ID。对于etcd和zookeeper，我们也有类似的需求。

　　综上所述，社区希望能够引入一个新的资源类型petSet，它能够为我们实现以下功能。

- 保证在一个pod被删除后，它之前产生的数据不会被清除。我们往往通过persistent volume来实现。
- 有稳定且全局唯一的id。
- 拥有一个一致性的网络，即使在pod删除之后，其他成员也能定位到这个实例之前的位置。
- 能够在网络id（DNS名称）不变的前提下实现在不同节点之前的迁移。
- 能够自动进行实例扩增，但通常仅在有人为干预的情况下进行实例减少。

　　petSet的命名非常有趣（虽然这还是一个尚未被敲定的名称），这意味着它管辖的pod是一个宠物（pet），而非牲畜（cattle），很大程度上，后者是replication controller所辖pod的暗喻。

　　petSet负责创建和维护一组成员id，每个成员id对应一个pod和不定种类的支持资源（supporting resources）。当且仅当某个id下的pod完全结束运行后，系统才会创建一个新的pod用以替代它，这保证了id中pod的唯一性。所谓支持资源可能包括，用于实现永久性存储的persistent volume、secret、config data以及将来可能支持的其他扩展性资源。

　　目前，petSet尚处于设计阶段，需要被处理的相关议题可能包括且不限于以下几个。

- **如何管理petSet的成员id？** 正如前文所述，petSet能够进行实例的自动扩增和人为干预下的实例减少。如果在实例减少后再次扩增，那么它应该重用之前的id。这就意味着，如果petSet controller在id分配的过程中出现了故障，则在它再次恢复时仍然应该分配相同的id。
- **petSet controller行为**。在petSet实例扩增时，controller首先会为其创建支持资源，再创建pod。如果创建支持资源失败，则controller会back off一段时间后再次尝试。同样，petSet controller通过label selector来管理其创建的Resource。在petSet实例减少时，被删除的成员id对应的pod应当被删除，而对于是否删除支持资源的问题，则有待商榷。
- **通过稳定的网络id来访问pod**。由于pod ip仅在其生命周期内有效，因此需要其他的策略来实现pod及其潜在的替代pod对应的网络id的稳定性，考虑的方案为创建一个DNS名来完成该功能。
- **避免重复的id**。当然，petSet的设计仍然处在热烈的讨论之中，因此在后期仍然可能会有较大的变动。

8.8.3 performance

对于任何一个部署框架而言，系统的可扩展性与系统都是一个不小的考验。用户希望一个Kubernetes集群能够管理相对较多的工作节点，更希望在每个工作节点上能运行尽量多的pod，以期提升整个集群的吞吐量。

在社区的广泛关注下，Kubernetes v1.2.0给出的答卷是，宣布支持超过1000个工作节点，且在默认情况下每个工作节点上最多可以运行110个pod（这是一个kubelet的配置参数）。而对于下一个版本（v1.3.x）的目标设定尚未出炉。当然我们也必须注意到，脱离工作节点的实际和应用程序的可能资源消耗量来探讨在工作节点上可以运行的最大pod数量，可能是非常片面的。

事实上，在这一问题上，可能产生影响的因素非常繁复，包括且不限于以下几点。

- ☐ docker等后端runtime的性能和自身限制。我们知道，在Kubernetes创建完pod等资源之后，真正负责运行应用程序容器的职责，实际上落在了docker或者rocket等runtime上。因此，它们的性能将直接影响Kubernetes的工作性能。
- ☐ kubelet在管理pod的生命周期中的overhead。作为工作节点的pod agent，kubelet创建pod的相应速度的快慢，在周期性的轮询工作中的消耗，如此种种都可能成为限制在某一工作节点上能运行的最大pod数目的瓶颈。
- ☐ 除了kubelet外，其他系统组件的工作限制包括且不限于API Server、scheduler、controller manager等。

因此，从以上各点出发，读者朋友们都可能从中发现代码在设计或者实现上的提升空间，当然其难度也是不容小觑的。

8.8.4 rescheduler

我们知道，Kubernetes依靠scheduler来将pod与适宜的node进行绑定，并且力图通过优化调度策略等方面的努力，使得调度决策试图达到运行时最优。然而不可忽视的是，随着时间的推移，由于种种因素的影响，如工作节点上资源变化、其他pod的创建与删除，在创建pod时作出的调度决策可能已经变得不再适用。在这种情况下，我们希望能够将pod进行重新调度，使得从pod或者从集群的宏观角度来看重新达到更优。

我们知道，在目前的Kubernetes版本（v1.2.0）中，从一个pod被调度到某个工作节点开始，直至其生命周期结束，它都不会在节点之间发生迁移。所以"重新调度"这个术语，在严格意义上来说并不十分准确。所谓的重新调度，实际上是指controller自行将某个处于运行中的pod终止，并且在其他更适合的工作节点上创建一个pod来作为它的替代，不存在热迁移。然而从用户角度上看，我们希望这个操作是平滑透明的，所以社区目前将其称为重调度，同时也是出于易于理解的需要。

重调度的使用场景可能比你想象到的要多得多，以下是其中几个。

8

- 将一个运行中的pod "移动" 到一个与调度规则匹配程度更高的新的工作节点上，例如资源更充足的工作节点，或者更符合pod预定义的节点亲和性或反亲和性要求。
- 基于可预知的事件推断，将一个运行中的pod从旧的工作节点移除。

(1) 旧的工作节点即将因为运维、节点自动scale down等原因停止工作，此前应该将该节点上运行的所有pod均预先移动到其他节点。

(2) 将某个运行中的pod停止，从而在其释放资源的配给下，另一个处于pending状态的pod能调度到当前pod工作的节点上。

(3) 将运行的pod移动到相对集中的一部分节点上，使得在将来出现对于资源使用量要求较高的pod时，该pod能够顺利地被调度。这个使用场景类似于文件系统中的碎片回收的工作。这个使用场景与(2)的区别在于，它是主动发生的投机行为，此时并不存在某个既定的pending的pod在等待调度。

- 运行中的pod在其依附的node上工作状态较差。

(1) pod运行异常或者存在其他与node不兼容的情况。

(2) 持续地因为资源不足而被kubelet终止运行。注意，该功能点目前尚未实现。

(3) 由于同一个工作节点上运行了一些可能消耗大量资源的容器，对pod的运行情况造成了干扰。此时我们除了移动pod之外，也可以选择性地移动那些对其他pod造成干扰的 "罪魁祸首"。

社区打算为重调度的实现引入一个专门的rescheduler，然而毫无疑问的是，整个流程会涉及多个系统组件协同工作，而不仅仅由rescheduler单独完成。由于具体的设计方案还尚未完全敲定，我们在这里列出一些引起热议的问题，也鼓励读者朋友们加入到社区的讨论之中。

- 一个pod如何描述对于系统主动终止其运行的容忍程度，而系统又将如何处理终止pod的实施限度。用户可能不希望系统过分干预pod的运行，即便系统声称这是出于全局的利益，甚至可能对单个pod的运行也有好处。如何定义这个界限并保证系统不越界，显然是一个重要的议题。
- 对于每个具体场景，由什么组件来具体判定重调度合适的时间点与合适的pod？重要的是各个组件能够分工明确，各司其职。
- rescheduler需要在多大程度上了解pod的被调度策略？rescheduler如何描述它的重调度决策？可能的情况是，rescheduler仅声明移除某个pod，或者进一步加上对于新的替代pod被调度到的工作节点的偏好，更甚者rescheduler可以明确指定重调度到的节点。
- rescheduler是否考虑级联影响？例如，一个pod的重调度可能会导致其他pod发生重调度，造成一定面积的连锁反应。又或者，rescheduler是否考虑一次性移动多个pod？

可见，在重调度的设计这一议题上，显然还有很多复杂的问题需要权衡。我们也有理由对其实现拭目以待。

8.8.5 OCI标准

Linux基金会于2015年6月成立了OCI（Open Container Initiative）组织，旨在围绕容器镜像格式和容器运行时制定一个开放的工业化标准。该组织一成立便得到了包括Google、微软、亚马逊等一系列云计算厂商的支持。OCI制定的容器格式标准的宗旨可以概括为不受上层结构的绑定，如特定的客户端、编排栈等，同时也不受特定的供应商或项目的绑定，即不限于某种特定操作系统、硬件、CPU架构、公有云等。具体可以细分为以下几点。

- **操作标准化**：容器的标准化操作包括使用标准容器创建、启动、停止容器，使用标准文件系统工具复制和创建容器快照，使用标准化网络工具进行下载和上传。
- **内容无关**：内容无关指不管针对的具体容器内容是什么，容器标准操作执行后都能产生同样的效果。如容器可以用同样的方式上传、启动，不管是PHP应用还是MySQL数据库服务。
- **基础设施无关**：无论是个人的笔记本电脑还是AWS S3，还是OpenStack，或者其他基础设施，都应该对支持容器的各项操作。
- **为自动化量身定制**：制定容器统一标准，是操作内容无关化、平台无关化的根本目的之一，就是为了可以使容器操作全平台自动化。
- **工业级交付**：制定容器标准一大目标，就是使软件分发可以达到工业级交付成为现实。

由于Google本身是OCI的拥抱者，因此相信假以时日，Kubernetes也将接入OCI标准的容器运行时。

8.9 不要停止思考

到这里，我们已经完成了Kubernetes项目的一次深入之旅。从开头的概念解析，到源码程度的原理解读，再到网络模型和高级实践。相信读者也已经感受到了这个来自Google的容器编排和管理项目拥有的前瞻性的定位和优美的设计思想。的确，作为一个处处要与Borg齐肩的开源项目，Kubernetes要完成的是一个已经在Google这种量级的公司里支撑过数以十亿计容器运行、复杂而老练的内部系统才完成过的目标，从这一点来看，Kubernetes一定还有很长的路要走。但是，当开始谈论"容器云"、"基于容器的云计算"这些概念时，我们不止一次地探寻过到底怎样的一个开源项目才算是真正着眼于"一切皆容器"这样一个宏伟的愿景。从这一点来说，Kubernetes目前正在这个方向上走得快速而稳健。

当许多其他Docker容器云项目在使用Docker重复各种各样的经典PaaS的设计思路的时候，Kubernetes则从一开始就专注于实现"一切皆容器"的设计思路，即如何完成服务器集群的统一抽象，并且尝试使用容器及更高的抽象方式（pod）作为载体将各种各样的任务负载统一起来。这样的思想铸造的正是一种根基和承载能力。可以预见，将来以容器为基础的各类"云平台"一定会更加普遍，它们不一定都基于Kubernetes的源码，但是他们当中的相当一部分或多或少都会借鉴这个项目，比如类似pod这样的高于容器的抽象，比如service。

8

随着Docker等容器技术的普及，云计算的"三层架构"将会慢慢地趋向于融合或者扁平化。这并不意味着IaaS、PaaS等技术不再需要了，也不意味着经典的IaaS、PaaS曾经试图解决的问题已经不存在了（比如资源切分、资源调度、分布式存储、应用发布、弹性伸缩等），而是因为在容器技术的帮助下，开发者所关注的主体逐渐会变成应用本身，而云平台依据其试图解决的问题已经很难被清晰地划分到IaaS或者PaaS层次上。在本书第二部分的末尾，不妨尝试一下抛弃IaaS、PaaS、SaaS三层分类的方法，探讨本书第5章"构建自己的容器云"中提出的问题：基于容器的云平台究竟应该是怎样的形态。

为了回答这个问题，我们从应用开发者，即容器云平台的使用者的角度对当前比较有代表性的容器云做一个归纳。在这个归纳中，一个云平台项目对开发者的影响可以用"自由度"来描述，在开发者使用这个云平台时，对于自己想做的事情控制力越强，受到平台的束缚越小，我们称之为自由度越高。另一方面，我们用"自动化程度"来描述一个云平台对应用的运维工作的简化能力，云平台本身接管的运维工作越多，我们称之为自动化程度越高。不难看出，一般情况下自由度越高，需要用户自己做的运维工作就越多，即自动化程度越低。而云平台的自动化程度越高，就必然对某些事情做出一些规范，因而导致平台的自由度越低。那么，从这样的维度来审查云计算平台级项目的话，会是怎样的呢？

如图8-10所示，自由度最高的云平台一定是OpenStack这样的纯IaaS项目，它为应用开发者提供的是与物理机几乎完全一致的部署环境，应用开发者可以在对OpenStack了解为零的情况下完成应用从开发到发布的全生命周期的工作，虽然平台自动化程度不足，应用开发者需要自己完成很多事情，比如应用上传发布、应用监控、应用可用性管理等。但是开发者对于所有的工作有很高的自由度和完整的控制力。而自由度最低的则是GAE这样的App Engine项目，用户不仅需要熟悉GAE上应用的开发、测试和部署规范，往往还需要在自己的应用中引入GAE的依赖包。但是，这也意味着一旦用户的应用发布完成，GAE就能提供高度自动化的应用运维和管理功能。相比之下，Cloud Foundry v2对应用的限制要少很多，运维自动化程度也不弱。而Kubernetes、Mesos这样的项目，提供的则是一个完整的应用容器集群，对应用本身的限制很少，但是应用打包、上传、发布等运维工作却需要开发者自己完成。当然，上述项目互相之间可以存在一定程度的重合，并且通过扩展可以覆盖更大的范围（比如扩展后的OpenStack也可以提供更多的应用托管服务）。

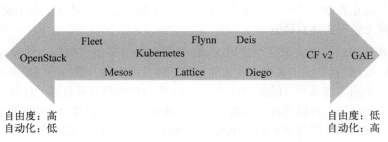

图8-10　云平台的另一种分类维度

说明 图8-10中的Diego项目是Cloud Foundry的下一代形态，通过优化后的容器方案实现了对应用的限制尽量少的目的，并可以使用Docker镜像完成应用发布。而Lattice则是基于Diego项目的一个应用容器集群管理项目，类似Kubernetes。

不难看出，从开发者的角度出发，没有必要再去讨论"某个项目是不是PaaS""某个项目算不算CaaS"等问题了。云平台存在的目的就是为了给用户带来"云"的方便，因此大可以按照这些项目能够提供的功能，在自由度和自动化程度之间获取一个最符合自己需求的平衡，就不难完成开源云计算项目的选型工作。这也是本书最后希望读者学会的一种思考方式。

8

第三部分

附　　录

本部分内容

附录 A

Docker的安装

我们将选择5类主流的操作系统来讲解Docker的安装，这些操作系统各有所长，读者可以根据自己的需求来查看Docker在相应系统中的安装流程，它们包括：

- □ 在Ubuntu系统中安装Docker；
- □ 在REHL系统中安装Docker；
- □ 在REHL衍生的Linux发行版（CentOS\Fedora）中安装Docker；
- □ 在OS X系统中安装Docker；
- □ 在Microsoft Windows系统中安装Docker。

A.1　安装 Docker 的要求

在安装Docker之前，首先需要了解一些前提要求，具体要求如下。

- □ Docker只支持安装在64位CPU架构的计算机上，目前不支持32位CPU；
- □ 建议系统的Linux内核版本为3.10及以上；
- □ Linux内核需开启cgroup和namespace功能；
- □ 对于非Linux内核的平台，如Microsoft Windows和OS X，需要安装使用Toolbox工具。

A.2　在 Ubuntu 系统中安装 Docker

对于Ubuntu系统，Docker现在支持以下版本。

- □ Ubuntu Xenial 16.04（LTS）。
- □ Ubuntu Wily 15.10。
- □ Ubuntu Trusty 14.04（LTS）。
- □ Ubuntu Precise 12.04（LTS）。

下面我们将分别介绍不同Ubuntu系统版本下对应的Docker安装过程。

1. Ubuntu系统安装Docker的先决条件

前面已经提到，Docker目前只能安装在64位CPU架构的计算机上，同时，需要Linux内核为3.10及以上版本[①]。读者可以通过以下命令在终端检查系统的内核版本。

```
$ uname -r
3.16.0-30-generic
```

对于Ubuntu Xenial 16.04、Wily 15.10和Trusty 14.04，安装Docker时会自动设定系统，以满足安装Docker的先决条件。

对于Ubuntu Precise 12.04，Docker需要3.13的内核版本。如果系统内核版本低于3.13，请参照以下过程进行升级。

```
#Update your package manager
$ sudo apt-get update
#Install both the required and optional packages
$ sudo apt-get install linux-image-generic-lts-trusty
```

说明　linux-image-generic-lts-trusty是安装Docker所必需的包，它为Dokcer提供AUFS支持。除此之外，还有linux-headers-generic-lts-trusty、xserver-xorg-lts-trusty、libgl1-mesa-glx-lts-trusty包为可选安装项，它们为Docker提供相应的功能支持，建议读者均进行安装。

最后，在系统升级完成后，重启主机即可进入Docker的安装过程，示例如下：

```
#Reboot your host
$ sudo reboot
```

2. Ubuntu系统安装Docker

满足了安装Docker的先决条件后，我们正式开始安装Docker。在这里介绍两种安装方式，一种是通过脚本安装，另一种是通过apt-get install命令进行安装。

● 通过脚本安装

首先，请打开一个终端，依次执行以下命令。

(1) 检测下载工具wget。

```
$ which wget
/usr/bin/wget
```

如果wget未安装，可先进行更新安装，示例如下：

---

① 如果Linux系统内核版本低于3.10，请在安装Docker之前升级内核。

```
$ sudo apt-get update
$ sudo apt-get install wget
```

(2) 安装最新版本的Docker。

```
$ wget -qO- https://get.docker.com/ | sh
```

安装过程中系统需要获取root权限，随后进入自动下载和安装过程。

(3) 启动Docker。

Docker安装完成后，其Docker daemon默认不启动，读者需要手动启动它才能正常使用Docker。示例如下：

```
$ sudo start docker
```

至此，在Ubuntu系统下脚本安装Docker的过程就结束了。

● 通过apt-get install命令安装

这种安装方式的Docker版本为1.7.1及以上版本，首先更新系统，并安装必要的软件包https及ca。

```
$ sudo apt-get update
$ sudo apt-get install apt-transport-https ca-certificates
```

添加GPG秘钥。

```
$ sudo apt-key adv --keyserver hkp://p80.pool.sks-keyservers.net:80 --recv-keys
58118E89F3A912897C070ADBF76221572C52609D
```

根据不同的版本系统，向/etc/apt/sources.list.d/docker.list增加软件源。

Ubuntu Precise 12.04 (LTS)：`deb https://apt.dockerproject.org/repo ubuntu-precise main`

Ubuntu Trusty 14.04 (LTS)：`deb https://apt.dockerproject.org/repo ubuntu-trusty main`

Ubuntu Wily 15.10：`deb https://apt.dockerproject.org/repo ubuntu-wily main`

Ubuntu Xenial 16.04 (LTS)：`deb https://apt.dockerproject.org/repo ubuntu-xenial main`

更新软件源，安装docker。

```
$ sudo apt-get update
$ sudo apt-get install docker-engine
```

开启Docker服务。

```
$ sudo service docker start
```

至此，在Ubuntu系统下使用apt命令安装Docker的过程就结束了。

A.3　在 REHL 及其衍生的发行版系统中安装 Docker

关于REHL及其衍生的发行版系统，如REHL、CentOS和Fedora等，Docker会支持部分特定的版本，具体可参照Docker官方文档。下面针对几个比较主流的系统进行讲解。

1. 在REHL 7和CentOS 7系统中安装Docker

在REHL 7和CentOS 7及以上版本系统中，共有两种方式进行安装，一种可以直接使用yum命令来安装Docker，另外一种是使用脚本形式安装。

● **使用yum命令安装**

首先更新系统。

```
$ sudo yum update
```

添加yum仓库。

```
$ sudo tee /etc/yum.repos.d/docker.repo <<-EOF
[dockerrepo]
name=Docker Repository
baseurl=https://yum.dockerproject.org/repo/main/centos/7
enabled=1
gpgcheck=1
gpgkey=https://yum.dockerproject.org/gpg
EOF
```

安装Docker。

```
$ sudo yum -y install docker-engine
```

启动Docker服务。

```
$ sudo service docker start
```

● **使用脚本方式安装**

更新系统。

```
$ sudo yum update
```

运行脚本。

```
$ curl -fsSL https://get.docker.com/ | sh
```

启动Docker服务。

```
$ sudo service docker start
```

至此，在REHL 7和CentOS 7系统下两种安装Docker的方式就结束了。

2. 在REHL 6.5和CentOS 6.5系统中安装Docker

在REHL 6.5和CentOS 6.5系统中，EPEL（Extra Packages for Enterprise Linux）源提供了Docker的安装包docker-io。请读者首先安装EPEL，随后即可直接安装Docker。由于与系统自带的软件存在命名冲突，需要首先卸载系统自带的无关软件包docker，示例如下：

```
#移除系统的docker包
$ sudo yum -y remove docker
#安装Docker
$ sudo yum -y install docker-io
```

在Docker安装完成后，需要手动启动Docker daemon，示例如下：

```
$ sudo service docker start
```

3. 在Fedora系统中安装Docker

对于Fedora 21及以上版本的系统，有两种方式安装Docker，一种是使用dnf命令安装，另一种是使用脚本安装，但无论哪种方式，都要保证dnf命令的存在。

● **使用dnf命令安装**

更新系统。

```
$ sudo dnf update
```

添加**dnf**使用的源。

```
$ sudo tee /etc/yum.repos.d/docker.repo <<-'EOF'
[dockerrepo]
name=Docker Repository
baseurl=https://yum.dockerproject.org/repo/main/fedora/$releasever/
enabled=1
gpgcheck=1
gpgkey=https://yum.dockerproject.org/gpg
EOF
Install the Docker package.
```

安装**Docker**。

```
$ sudo dnf install docker-engine
```

启动**Docker**服务。

```
$ sudo systemctl start docker
```

● **使用脚本安装**

更新系统。

```
$ sudo dnf update
```

安装Docker。

```
$ curl -fsSL https://get.docker.com/ | sh
```

启动Docker服务。

```
$ sudo systemctl start docker
```

对于Fedora 20系统，由于与系统自带的软件存在命名冲突，需要首先卸载系统自带的无关软件包docker，示例如下：

```
#移除系统的docker包
$ sudo yum -y remove docker
#安装Docker
$ sudo yum -y install docker-io
```

在Docker安装完成后，需要手动启动Docker daemon，示例如下：

```
$ sudo systemctl start docker
```

A.4　在 OS X 系统中安装 Docker

目前在Mac上安装Docker共有两种方式，一种是Docker for Mac的安装包，另一种是使用Docker Toolbox进行安装。如果你的Mac版本号大于OS X 10.10.3，那么推荐使用Docker for Mac的方式进行安装，否则需要使用Docker Toolbox安装，但其要求的版本号最小为10.8。

● **使用Docker for Mac安装**

下载地址：https://download.docker.com/mac/beta/Docker.dmg。下载完成后，双击点击安装，根据提示完成安装即可，由于比较简单，在这里不再描述，安装完成后，使用以下命令进行检测：

```
$ docker --version
$ docker-compose --version
$ docker-machine --version
```

● **使用Docker Toolbox安装**

安装要求如下。

- ❏ 最低版本：OS X 10.8
- ❏ 最低内存：4G
- ❏ VirtualBox最低版本：4.3.30

Docker Toolbox安装方式拥有Docker Engine、Docker Machine、Docker Compose等工具，方便用户的使用。

首先下载Toolbox，下载地址：https://github.com/docker/toolbox/releases/download/v1.11.2/DockerToolbox-1.11.2.pkg。

双击安装包即可安装，安装完成后，点击Docker Quickstart Terminal图标，然后便可在其中使用Docker、Docker Compose、Docker Machine等工具的命令了。

A.5　在 Microsoft Windows 系统中安装 Docker

Windows安装方式，与Mac的安装方式类似，共有两种方式，一种是Docker for Windows的安装包，另外一种是使用Docker Toolbox进行安装。但是使用Docker for Windows方式进行安装，要求Windwos系统必须是Win10，如果其版本小于Win10，则需使用Toolbox安装。

● **使用Docker for Windows安装**

首先下载安装包，下载地址：https://download.docker.com/win/beta/InstallDocker.msi。下载完成后，双击点击安装，并根据提示完成安装。安装完成后，可使用以下命令进行检测安装结果：

```
$ docker --version
$ docker-compose --version
$ docker-machine --version
```

● **使用Docker Toolbox安装**

首先下载Toolbox，下载地址：https://github.com/docker/toolbox/releases/download/v1.11.2/DockerToolbox-1.11.2.exe。安装完成后，双击快捷图标，即可使用Docker、Docker Compose、Docker Machine等工具的命令，同时可使用docker version命令检查其版本号。

A.6　Docker 的安装验证

在Docker安装完成后，可以通过以下命令来检查Docker是否正确安装：

```
# Check that you have a working install
$ sudo docker info
```

该命令将输出Docker的本地配置信息，包括本地的镜像数量、存储驱动信息等。如果提示docker: command not found，则说明Docker并未正确安装。

同时，可以通过以下命令验证Docker版本：

```
$ docker -v
Docker version 1.9.1, build a34a1d5
```

随后，我们还可以进行Docker的"helllo-world"验证。

```
$ sudo docker run hello-world
Unable to find image 'hello-world:latest' locally
Pulling repository hello-world
91c95931e552: Download complete
a8219747be10: Download complete
```

```
Status: Downloaded newer image for hello-world:latest
Hello from Docker.
This message shows that your installation appears to be working correctly.
...
For more examples and ideas, visit:
http://docs.docker.com/userguide/
```

该命令下载一个测试镜像，并以其为基础运行一个容器，执行相应命令并进行结果输出。关于Docker命令和参数的详细介绍请参见本书2.2节。

阅读Docker源代码的神兵利器

正所谓"磨刀不误砍柴工",本节我们将介绍几个阅读源码所要用到的神兵利器。其中,LiteIDE是国人开发的专为Go语言而生的集成开发环境(IDE),它可以用以简洁和美观著称的Sublime Text 2编辑器进行源码阅读。当然,作为一代Geek,我们还可以选择使用长盛不衰的Vim和Emacs。相信通过本节的阅读,一定能让读者在阅读源码时更加得心应手。

B.1 Golang 开发环境的安装

阅读Go源码之前,安装Go语言的开发环境是必不可少的。下面我们介绍下载和安装的步骤。

1. 下载官方的Go语言安装包

请根据操作系统的版本(FreeBSD、Linux、Mac OS X或者Windows)以及处理器的架构(386、amd64或者arm)进行选择。下载地址为:https://golang.org/dl/,是Google提供的服务,可能需要使用VPN才能访问。

2. 安装Go语言安装包

选择合适的版本下载完成后,就可以开始进行Go语言安装包的安装了,过程如下。

● **FreeBSD、Linux以及Mac OS X之tar安装**

对于FreeBSD、Linux以及Mac OS X用户来说,下载好的tar压缩文件需要再执行以下步骤才算是安装完成。

把压缩包解压至/usr/local目录下,命令如下:

```
tar -C /usr/local -xzf go$VERSION.$OS-$ARCH.tar.gz
```

选择适合的压缩包进行安装,例如,如果在64位Linux系统上安装Go 1.2.1版本,那么对应的压缩包就是go1.2.1.linux-amd64.tar.gz。

把 /usr/local/go/bin 添加到系统的环境变量中，可以通过把下面这行命令加入到 /etc/profile（系统所有用户都受影响）或者$HOME/.profile（当前用户受影响）文件中来完成。

```
export PATH=$PATH:/usr/local/go/bin
```

提示　Go的安装环境默认安装在**/usr/local**（Windows系统是**C:**）路径下。如果指定某个本地目录为安装路径，就必须设置$GOROOT环境变量。如果要把安装包解压至$HOME目录下，就需要把下面两行代码加入到$HOME/.profile文件中。

```
export GOROOT=$HOME/go
export PATH=$PATH:$GOROOT/bin
```

● Mac OS X之pkg快速安装

下载后缀为.pkg的相关安装包，打开后按照图形界面的指引操作即可顺利安装。使用这种方法时，安装包默认会安装到/usr/local目录下，/usr/local/go/bin也会被加入到环境变量。安装完成后，在终端使用时需要重新开启一个会话，以便生效。

● Windows安装

除了源码安装以外，Go官方给用户提供了两种安装开发环境的方法：一种是手动解压缩Zip包安装，这需要设置环境变量；另一种是全自动安装。

❑ MSI安装：打开MSI文件，按照指引界面一步步操作即可，默认安装在C:\Go路径下。安装器会自动把C:\Go\bin目录加入到环境变量中。同样，需要重启命令行使之生效。

❑ Zip安装：把Zip文件下载并解压缩到自己选择的目录，推荐C:\Go。如果放到C:\Go以外的目录，需要设置GOROOT变量。然后把解压缩后Go目录下的bin目录（如C:\Go\bin）加入到PATH环境变量中。

❑ Windows下设置环境变量：在Windows系统下，可以通过"计算机"->"系统属性"->"高级"->"PATH"来设置环境变量。

3. 测试Go语言环境

完成以上步骤后，Go语言环境便安装完成了，最后我们来测试一下。

首先，创建一个hellow.go的空白文件，输入以下代码：

```
package main

import "fmt"

func main() {
    fmt.Printf("hello, world\n")
}
```

然后通过Go语言工具编译运行，示例如下：

```
$ go run hello.go
hello, world
```

如果看到了`hello world`，那么一切便大功告成了。

B.2 工具的配置与技巧

遗憾的是，Google官方并没有开发出一款专门为Golang打造的IDE，但开源社区为此作出了巨大的贡献。本节将介绍几种常见的IDE与编辑器的配置和使用技巧。

1. LiteIDE

LiteIDE是国人开发的一款专门为Go语言量身定做的IDE，它简单实用、开源并且可跨平台。

● **下载与安装**

LiteIDE的安装文件托管在sourceforge平台上，因为项目是开源的，我们也可以在GitHub上下载项目源代码进行安装。下载地址为：http://sourceforge.net/projects/liteide/files。

打开下载目录，如图B-1所示，会看到各个版本的下载目录，推荐下载最新的版本。有了Go开发环境的安装经验，安装LiteIDE就会简单很多。

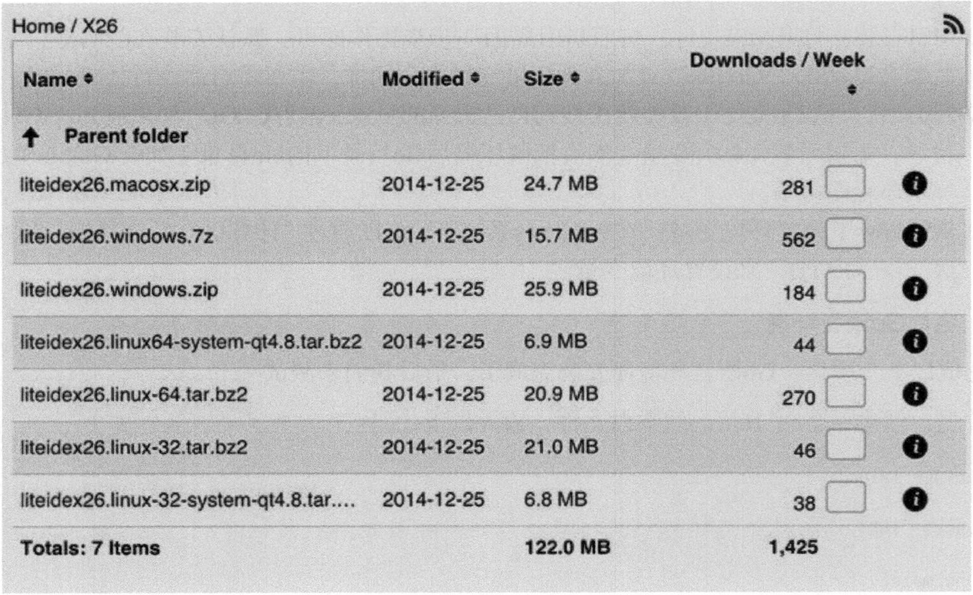

Home / X26			Downloads / Week	
Name ⬍	**Modified ⬍**	**Size ⬍**	**⬍**	
⬆ **Parent folder**				
liteidex26.macosx.zip	2014-12-25	24.7 MB	281	ℹ
liteidex26.windows.7z	2014-12-25	15.7 MB	562	ℹ
liteidex26.windows.zip	2014-12-25	25.9 MB	184	ℹ
liteidex26.linux64-system-qt4.8.tar.bz2	2014-12-25	6.9 MB	44	ℹ
liteidex26.linux-64.tar.bz2	2014-12-25	20.9 MB	270	ℹ
liteidex26.linux-32.tar.bz2	2014-12-25	21.0 MB	46	ℹ
liteidex26.linux-32-system-qt4.8.tar....	2014-12-25	6.8 MB	38	ℹ
Totals: 7 Items		**122.0 MB**	**1,425**	

图B-1 LiteIDE下载列表

下载相应版本的LiteIDE后进行解压缩。不同操作系统的用户，LiteIDE对应的安装方法如下。

- **Mac OS X**：把解压后的LiteIDE.app直接拖动到Application文件夹下，以后即可在Launchpad中方便地找到并打开它。
- **Windows**：解压缩后，在liteide/bin目录下，双击liteide.exe即可打开运行。
- **Linux**：解压缩后，在liteide/bin/目录下，双击liteide即可打开运行。

● **LiteIDE支持Go语言阅读的功能简介**

LiteIDE支持以下Go语言阅读功能。

- Go语言包浏览器（Package browser）
- 类视图和大纲（Class view and outline）
- 文档浏览（Document browser）
- Go语言Api函数检索（GOPATH API index）
- 代码跳转（Jump to Declaration）
- 代码表达式信息显示（Find Usages）

LiteIDE使用的图标是太极两仪的样式，有着浓浓的中国风，打开它就会看到介绍。可以使用打开文件夹功能，直接打开Docker源代码文件夹。如图B-2所示，在左边可以看到文件浏览目录、类试图、文件夹列表、大纲以及包浏览器这几个功能；右边是打开的Docker官方的README.md文件，可以看到LiteIDE支持预览Markdown格式，这样可以在这个IDE上面方便地读文档。

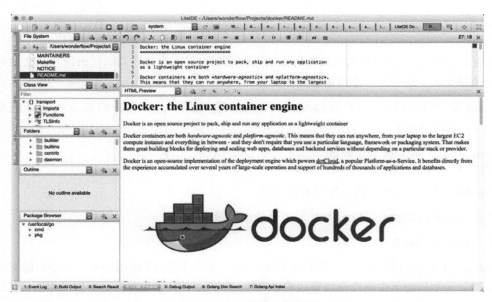

图B-2 LiteIDE功能界面展示

打开IDE以后，大家可以在设置中查看和修改快捷键设置，如图B-3所示。

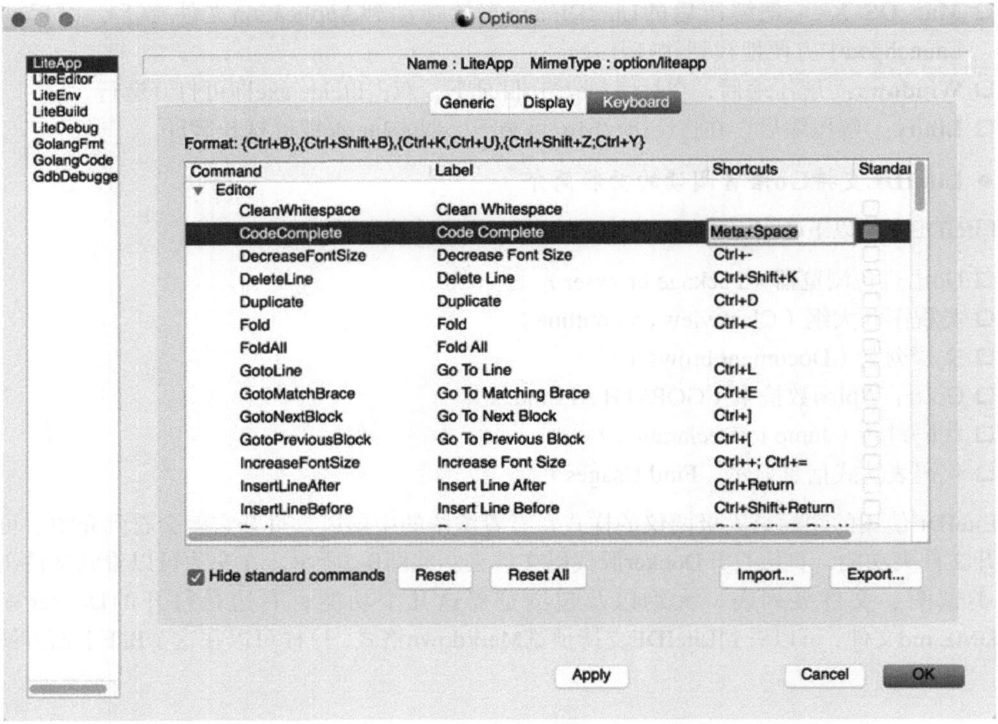

图B-3　LiteIDE快捷键设置

需要注意的是，LiteIDE的代码跳转依旧不够完善，只有当跳转到的代码所在的文件处于打开（已经浏览过）状态时，才能正确地跳转。

Linux或者Mac OS X用户可以配合grep命令进行查看。如果我们要查找的函数是get_instance，则命令如下：

```
grep -rl get_instance docker/api
grep -rl [grep_pattern] [file_diretory]
```

Windows用户可以在文件中使用查找功能。

相信现在你已经能使用LiteIDE比较方便地阅读源码了。

2. Sublime Text 2

Sublime Text 2（简称ST2）自2012年发布以来，便以其简洁华丽的外观、多平台的支持、多语言支持以及超强的可扩展性而风靡起来。同样，作为一款文本编辑器，与VIM相比，它自带有目录树等功能，省去了一些配置上的麻烦，易于上手。

- **下载**

打开Sublime Text的官方网站，页面下方映入眼帘的就是一个大大的**Download**图标，它会根据操作系统的平台自动选择适合的版本，只需直接点击**Download**即可下载。当然我们也可以打开下载列表页面（http://www.sublimetext.com/2），根据平台选择合适的版本进行下载。

- **安装**

不同系统的用户可以参照不同的方式下载安装Sublime Text 2，方法如下。

□ Windows：下载后打开exe文件，按照引导界面进行安装即可。

□ Mac OS X：下载后打开dmg文件，按照引导界面进行安装即可。

□ Linux：下载后进行解压缩，解压缩后进入目录点击sublime_text即可使用。但这样不便于使用，可以按照以下步骤进行配置，以便在终端也可方便地使用Sublime（假设已经解压缩到HOME目录）。

```
mv $HOME/Sublime\ Text\ 2/ /opt/
sudo ln -s /opt/Sublime\ Text\ 2/sublime_text /usr/local/bin/subl
```

以上配置完成后，我们便可以方便地在终端通过subl命令打开Sublime Text 2了。

- **插件安装**

□ Package Control

- 点击菜单栏偏好设置（Preferences）->包浏览（Browse Packages）。
- 打开它的上一级目录Sublime-Text-2/，可以看到"Installed Packages"、"Packages"等文件夹。
- 下载**Control.sublime-package**包，并且复制到**Installed Packages/**目录中。
- 重启Sublime Text。

□ GoSublime

- 安装完**Package Control**后，默认情况下，通过快捷键**Ctrl+Shift+P**[①]即可调出命令执行模块，输入Package Control:Install Package即可激活包安装。
- 在跳出的可用包列表中，键入GoSublime后按回车键，即可下载并自动安装。
- 安装完GoSublime后，即可使用诸如代码补全、格式调整等功能。

□ CTags

- 与**GoSublime**相同，通过快捷键**Ctrl+Shift+P**调出命令执行模块，输入Package Control: Install Package，在跳出的可用包列表中键入CTags，再按回车键即可自动安装。
- 安装完成后，在**Docker**项目的根目录下点击鼠标右键，执行CTags：Rebuild Tags，对项

---

① Mac OS X系统下为快捷键**Cmd+Shift+P**。

目进行CTags检索。

- 通过快捷键Ctrl+Shift+ . 即可进行代码跳转（跳转到定义），通过快捷键Ctrl+Shift+ , 即可跳回。

至此，Sublime的介绍就完成了，熟练运用以上3个插件，不仅便于阅读Docker源码，对于Go语言项目的编写也会有非常大的帮助。

3. Vim

相信习惯使用文本编辑器的读者，一定对开源软件Vim相当熟悉和亲切。Vim被誉为"编辑器之神"，学习曲线极为陡峭，但是，一旦熟练掌握了Vim自成体系的一套快捷键，代码编辑速度将快速提升，你也会从此对Vim爱不释手。本节只作为对Vim老用户的抛砖引玉，不适于Vim的初学者使用。

- **插件的安装**

go-vim是一款让Vim可以高度支持Go语言的Vim插件，所以也是要使用Vim作为Go IDE的必装插件。

如果使用pathogen对插件进行管理，那么只要执行如下步骤即可。

```
cd ~/.vim/bundle
git clone https://github.com/fatih/vim-go.git
```

对于Vundle用户，需要在.vimrc文件中加入下面这行：

```
Plugin 'fatih/vim-go'
```

并且打开Vim，在命令模式下执行:PluginInstall[①])。

安装完插件后，为确保所有依赖的二进制文件（如gocode、godef、 goimports等），可以在命令模式下执行如下命令进行自动安装：

```
:GoInstallBinaries
```

除go-vim外，还有如下可选插件。

- ❑ 实时代码自动补全插件：YCM 或 neocomplete；
- ❑ 侧边栏类试图插件：tagbar；
- ❑ 代码段自动生成插件： ultisnips 或 neosnippet；
- ❑ 目录浏览器插件：nerdtree。

- **常用命令**

- ❑ :GoDef [identifier]：用于代码跳转，默认会跳转的项为鼠标定位的函数或变量，后面

---

① 对于老版本，可能要执行:BundleInstall。

可以跟标识符进行跳转。

- :GoDoc：用于打开相关Go文档。
- :GoInfo：用于显示鼠标定位的标识符的变量类型。
- :GoFmt：用于对选中的代码进行Go格式化。
- :GoDeps：用于显示当前包依赖的其他包。
- :GoFiles：用于显示依赖当前包的其他包。
- :GoInstallBinaries：用于安装Go语言的Vim依赖项。
- :GoUpdateBinaries：用于更新Go语言的Vim依赖项。

关于Vim的介绍到此结束，但相信对于Vim老用户来说，探索才刚刚开始。Vim作为一个经久不衰、广受赞誉的好工具，一直都是每一个Geek心中最好的神兵利器！

4. Emacs

Emacs作为与Vim齐名的文本编辑器，号称"神之编辑器"，用来浏览和编写Go代码也是非常方便的。本节也只作为Emacs老用户的抛砖引玉，在此之前，用户需要做好适合自己的配置。下面我们就以Emacs24为例，简单介绍几个实用的插件，用户需要先使用go get命令安装好gofmt、godef、godoc、gocode等工具。

● go-mode

go-mode在提供了自动缩进和语法高亮功能的基础上，还整合了Go语言自带的工具，如gofmt、godoc、godef等。在Emacs24以后的版本中，可以使用自带的**Package**工具进行安装，命令如下：

```
M-x package-install go-mode
```

下面我们主要介绍格式整理以及定义跳转两项功能的配置。

格式整理。格式整理功能直接调用了gofmt工具，该工具能使用户的代码风格与其他开发人员保持一致。在Emacs中，用户可以直接调用gofmt命令，对当前窗口的代码进行格式整理。另一种方式是为before-save-hook添加函数，示例如下：

```
(add-hook 'before-save-hook 'gofmt-before-save)
```

这样在用户每次存档时就会自动进行格式整理。

定义跳转。定义跳转使用了godef工具，该工具能分析用户的代码、其他包内的代码以及Go标准库，实现在这三者间的定义跳转。Emacs提供了godef-jump命令实现跳转，默认绑定键为C-c C-j，用户也可以自己定义按键绑定，如绑定到F3键：

```
(add-hook 'go-mode-hook
    '(lambda () (local-set-key (kbd "<f3>") 'godef-jump)))
```

为了在跳转之后能跳转回来，用户可以添加如下配置，这样可以使用F2键回到原先的位置。

```
(add-hook 'go-mode-hook
```

```
'(lambda () (local-set-key (kbd "<f2>") 'pop-tag-mark)))
```

此外，go-mode还提供了管理imports、使用godoc等工具，这里不再一一赘述。

- **company-go**

company-go调用gocode工具提供自动完成功能，用户可以直接使用**Package**工具安装company-mode和company-go，并进行如下配置：

```
(add-hook 'go-mode-hook 'company-mode)
(add-hook 'go-mode-hook
          (lambda ()
          (set (make-local-variable 'company-backends) '(company-go))
          (company-mode)))
```

Emacs还为用户提供了极大的自由度，建议用户使用最新版本的Emacs和插件，善用**Package**功能和网上贡献的工具，这样能获得最新的功能和更好的体验。

快速熟悉开源项目

如今的互联网越来越发达，各类开源项目如雨后春笋般不断涌现。开源社区和**GitHub**等知名开源代码托管平台，让我们免去了重新制造轮子的痛苦，给了我们很多借鉴和学习的机会。在互相协作的过程中，开源项目不断涌现出生机与活力。

快速熟悉一个开源项目一般分为查阅文档、动手实践以及源码阅读三个步骤。

C.1 第一步：查阅文档

查阅文档包括查阅文档与博客，且最好是带着问题去阅读。

1. 查阅文档与博客

一个好的开源项目未必会火，但一个火起来的开源项目一定有其可取之处，而从众心理又会让更多人去研究它。所以，要熟悉你想研究的开源项目，第一步就是在搜索引擎中查找该项目的博客和资料。通过快速阅读介绍开源项目架构、使用方法等这类文章，你就能大体了解该项目的意义、功能和基本使用方法。

通过搜索到的资料，如果你觉得该项目就是自己想要的，那么便可以有耐心地开始阅读项目官方提供的文档，从中学习一些具体的下载、安装和使用的方法，以便了解项目的全貌。

2. 带着问题去阅读

阅读文档的过程不能盲目，需要带着如下问题去阅读。

- ❏ 这个项目解决了什么问题？
- ❏ 这个项目涉及了哪些成熟的技术？
- ❏ 这个项目是否符合我的要求（用户规模、使用场景、性能、安全性等等）？
- ❏ 当阅读完文档后，是否能尝试画出大致的架构图？

C.2   第二步：动手实践

实践是最好的老师，在阅读文档的过程中，按照文档的操作指南亲手实践，不但有助于加深理解，同时还会注意到很多细节，可以更清晰地感受到项目是否符合自己的需求。

1. 搭建项目

实践过程一般都遵循项目的README文件，进行部署安装和尝试。如果有现成使用项目的示例代码，那么也可以按照示例代码进行尝试。此时若是运行顺利，则可以尝试着根据自己的理解对示例代码进行修改。若是出现问题也无需慌张，只需要将问题的异常信息当成关键词去搜索引擎中查找即可。如果实在找不到解决方案，那么就可以提交到开源项目的邮件列表中，开源社区的人们一般都比较热心，相信很快就可以解决问题。

下面推荐几个解答疑惑的好网站。

- ❑ Google搜索引擎：google.com
- ❑ Stackoverflow：stackoverflow.com
- ❑ 项目相关的Google讨论组：groups.google.com
- ❑ 对GitHub的项目提Issues：github.com

2. 深层次改动

有趣的是，很多开源项目一般都会为了方便用户使用，提供release的版本。如果基本的部署和使用已经成功的话，强烈建议试着从源码构建和部署该项目。这样你就能从开发、调试到发布整个一体化的全部过程，由此全方位地感受项目的优缺点。

基本的尝试过后，我们就可以开始使用项目的一些高级功能，如一些高级配置项、较为复杂的API等。相信一个运作良好的开源项目，为了方便社区的贡献者们可以快速加入，必然会提供一份较为详尽的指南，你只需挑选你感兴趣的部分阅读即可。

C.3   第三步：阅读源码

经过上述两步以后，你必然对项目的大致情况已经了然于胸，想要更深入地了解自然非阅读源码莫属了。

一般阅读源码有两种习惯方式，一是根据命令运行的代码调用过程阅读；二是根据架构分模块阅读。

1. 跟着运行过程阅读

刚上手的过程可以使用第一种方式。通过在实践过程中对某个命令或参数的理解，从主干开始，一步一步理清这个命令在运行过程中代码调用的路径。通过debug工具观察变量和函数、修改源码打印日志，可以更好地帮助你理解源码。

当理清这个过程后，可以将这个过程用流程图的形式记录下来，从而加深印象，方便下次阅读的时候快速回忆和对比。

2. 分模块阅读

在理清了程序运行的基本流程后，可以根据架构上各个模块的作用，挑选你感兴趣的部分阅读，如网络、存储、通信、用户接口、界面等，选择一个模块，深入到实现的细节之中。

此时也可以带着如下几个问题帮助自己理解。

- ❑ 调用了什么底层库？
- ❑ 采用了什么设计模式？
- ❑ 这么写有什么好处？

如果在阅读源码的过程中出现瓶颈，你一时无法理解代码的用意，不妨去阅读一下相关的单元测试。一个好的单元测试通常都描述了要测试代码的主要功能和数据边界，通过运行和理解单元测试，可以有效地帮助理解源码。

相信经过以上三步，你必然已经对这个开源项目非常熟悉了。此时，如果你感兴趣，也可以加入其中为开源社区作出一份贡献。

附录 D

cgroups的测试与使用

在C.1节中，已经介绍了cgroups的原理，实际的操作都是对cgroup文件系统进行操作，下面将对cgroups使用方法进行简单介绍。

D.1 安装 cgroups 工具库

本节主要针对Ubuntu14.04版本系统进行介绍，其他Linux发行版的命令略有不同，但原理是一样的。不安装cgroups工具库也可以使用cgroups，安装它只是为了更方便地在用户态对cgroups进行管理，同时也方便初学者理解和使用。本节对cgroups的操作和使用都基于这个工具库。安装命令如下：

```
apt-get install cgroup-bin
```

此安装过程会自动创建/cgroup目录，如果没有自动创建也不用担心，使用 mkdir /cgroup 命令手动创建即可，在这个目录下可以挂载各类子系统。安装完成后，可以使用lssubsys（该命令可用于罗列所有的子系统挂载情况）等命令。

说明 也许你在其他文章中看到的cgroups工具库教程，会在/etc目录下生成一些初始化脚本和配置文件，默认的cgroup配置文件为/etc/cgconfig.conf，但是因为存在使LXC无法运行的bug，所以在新版本中把这个配置移除了[①]。

D.2 查询 cgroup 及子系统挂载状态

在挂载子系统之前，可能要先检查一下目前子系统的挂载状态，如果子系统已经挂载，根据3.1.2节中讲的cgroups规则，你将无法把子系统挂载到新的层级，此时就需要先删除相应层级或卸载对应子系统后再挂载，具体操作如下。

---

① 详见：https://bugs.launchpad.net/ubuntu/+source/libcgroup/+bug/1096771。

- ❑ 查看所有的**cgroup**：`lscgroup`
- ❑ 查看所有支持的子系统：`lssubsys -a`
- ❑ 查看所有子系统挂载的位置：`lssubsys -m`
- ❑ 查看单个子系统（如**memory**）的挂载位置：`lssubsys -m memory`

D.3　创建层级并挂载子系统

使用**cgroup**的最佳方式是为想要管理的每个或每组资源创建单独的**cgroup**层级结构。而创建层级并不神秘，实际上就是做一个标记，通过挂载一个**tmpfs**①文件系统，取一个好名字就可以了。系统默认挂载的**cgroup**就会进行如下操作：

```
mount -t tmpfs cgroups /sys/fs/cgroup
```

其中，-t参数用来指定挂载的文件系统类型；其后的cgroups会出现在mount展示的结果中用于标识，可以选择一个有用的名字命名；最后的目录则表示文件的挂载点位置。

挂载完成tmpfs后就可以通过mkdir命令创建相应的文件夹，命令如下：

```
mkdir /sys/fs/cgroup/cg1
```

然后把子系统挂载到相应层级上，挂载子系统也使用mount命令，示例如下：

```
mount -t cgroup -o subsystems name /cgroup/name
```

其中，**subsystems**是用,隔开的子系统列表；**name**是层级名称。具体我们以挂载**cpu**和**memory**的子系统为例，执行如下命令：

```
mount -t cgroup -o cpu,memory cpu_and_mem /sys/fs/cgroup/cg1
```

这里，从mount命令开始，-t参数后面紧接挂载的文件系统类型，即**cgroup**文件系统；-o参数后面紧跟要挂载的子系统种类，如cpu、memory，用,隔开；其后的cpu_and_mem不被**cgroup**代码所解释，但会出现在/proc/mounts里，可以使用任何有用的标识字符串；最后的参数则表示挂载点的目录位置。

说明　如果挂载时提示mount: agent already mounted or /cgroup busy，则表示子系统已经挂载，需要先卸载原先的挂载点，通过查询cgroups命令可以定位挂载点。

---

　　① **tmpfs**是基于内存的临时文件系统，详见：http://en.wikipedia.org/wiki/Tmpfs。

D.4　卸载 cgroup

目前cgroup文件系统虽然支持重新挂载，但是官方不建议使用。重新挂载虽然可以改变绑定的子系统和release agent，但是它要求对应的层级是空的，并且release_agent会被传统的fsnotify（内核默认的文件系统通知）代替，这会导致重新挂载很难生效，未来重新挂载的功能也可能会被移除。你可以通过卸载和再挂载的方式处理这样的需求。

卸载cgroup非常简单，可以使用cgdelete或rmdir命令。以刚挂载的cg1为例，命令如下：

```
rmdir /sys/fs/cgroup/cg1
```

rmdir执行成功的必要条件是cg1下层没有创建其他cgroup，cg1中没有添加任何任务，并且它也没有被别的cgroup所引用。

```
cgdelete cpu,memory:/
```

使用cgdelete命令可以递归地删除cgroup及其命令下的后代cgroup。如果cgroup中有任务，那么任务会自动移到上一层没有被删除的cgroup中；如果所有的cgroup都被删除了，那么任务就不会被cgroups控制。但是一旦再次创建一个新的cgroup，所有任务都会被放进新的cgroup中。

D.5　设置 cgroups 参数

设置cgroups参数非常简单，直接在之前创建的cgroup对应文件夹下的文件中写入即可，示例如下。

设置任务允许使用的cpu为0和1：

```
echo 0-1 > /sys/fs/cgroup/cg1/cpuset.cpus
```

使用cgset命令也可以进行参数设置，对应上述允许使用0和1的cpu的命令为：

```
cgset -r cpuset.cpus=0-1 cpu,memory:/
```

D.6　添加任务到 cgroup

1. 通过文件操作进行添加

```
echo [PID] > /path/to/cgroup/tasks
```

上述命令就是把任务ID打印到tasks中，如果tasks文件中已经有任务，需要使用">>"向后添加。

2. 通过cgclassify命令将任务添加到cgroup

```
cgclassify -g subsystems:path_to_cgroup pidlist
```

其中，subsystems指的是子系统[①]），如果**mount**了多个，就是用","隔开的子系统名字作为名称，与cgset命令类似。

3. 通过cgexec命令直接在cgroup中启动并执行任务

```
cgexec -g subsystems:path_to_cgroup command arguments
```

其中，command和arguments表示要在**cgroup**中执行的命令和参数。cgexec命令常用于执行临时的任务。

D.7 权限管理

与文件的权限管理类似，通过chown命令就可以对cgroup文件系统进行权限管理，示例如下：

```
chown uid:gid /path/to/cgroup
```

其中，uid和gid分别表示cgroup文件系统所属的用户和用户组。

---

① 如果使用man命令查看，可能会使用controllers表示。

附录 E

cgroups子系统配置参数介绍

本附录涵盖了所有Docker使用的cgroups配置参数，读者可以方便地查阅其功能含义。

E.1 blkio：BLOCK IO 资源控制

1. 限额类

限额类主要有两种策略，一种是基于完全公平队列调度（Completely Fair Queuing，CFQ）的按权重分配各个cgroup所能占用总体资源的百分比，其优点是当资源空闲时可以充分利用，但只能用于最底层节点cgroup的配置；另一种则是设定资源使用上限，这种限额在各个层次的cgroup都可以配置，但这种限制较为生硬，且容器之间依然会出现资源的竞争。

● **按比例分配块设备IO资源**

❑ **blkio.weight**：填写100-1000的一个整数值，作为相对权重比率和通用的设备分配比。

❑ **blkio.weight_device**： 针对特定设备的权重比，写入格式为device_types:node_numbers weight，空格前的参数段指定设备，weight参数与blkio.weight相同并覆盖原有的通用分配比[1]。

● **控制IO读写速度上限**

❑ blkio.throttle.read_bps_device：按每秒读取块设备的数据量设定上限，格式为device_types:node_numbers bytes_per_second。

❑ blkio.throttle.write_bps_device：按每秒写入块设备的数据量设定上限，格式为device_types:node_numbers bytes_per_second。

❑ blkio.throttle.read_iops_device：按每秒读操作的次数设定上限，格式为device_types:

---

[1] 查看一个设备的device_types:node_numbers可以使用ls -l /dev/DEV命令，显示信息中用,分隔的两个数字即是，有的文章也称为major_number:minor_number。

node_numbers operations_per_second。

- ☐ **blkio.throttle.write_iops_device**：按每秒写操作的次数设定上限，格式为device_types:node_numbers operations_per_second。
- ☐ 针对特定操作（**read**、**write**、**sync或async**）设定读写速度上限。

  - ■ **blkio.throttle.io_serviced**：针对特定操作按每秒操作的次数设定上限，格式为device_types:node_numbers operation operations_per_second。
  - ■ **blkio.throttle.io_service_bytes**：针对特定操作按每秒的数据量设定上限，格式为device_types:node_numbers operation bytes_per_second。

2. 统计与监控

以下内容都是只读的状态报告，通过这些统计项能更好地统计、监控任务的IO情况。

- ☐ **blkio.reset_stats**：用于重置统计信息，写入一个int值即可。
- ☐ **blkio.time**：用于统计**cgroup**对设备的访问时间，按格式device_types:node_numbers milliseconds读取信息即可，以下类似。
- ☐ **blkio.io_serviced**：用于统计**cgroup**对特定设备的IO操作（包括**read**、**write**、**sync及async**）的次数，格式为device_types:node_numbers operation number。
- ☐ **blkio.sectors**：用于统计**cgroup**对设备扇区进行访问的次数，格式为device_types:node_numbers sector_count。
- ☐ **blkio.io_service_bytes**：用于统计**cgroup**对特定设备IO操作的数据量，格式为device_types:node_numbers operation bytes。
- ☐ **blkio.io_queued**：用于统计**cgroup**的队列中对IO操作的请求次数，格式为number operation。
- ☐ **blkio.io_service_time**：用于统计**cgroup**对特定设备的IO操作的时间（单位为**ns**），格式为device_types:node_numbers operation time。
- ☐ **blkio.io_merged**：用于统计**cgroup**将BIOS请求合并到IO操作的请求次数，格式为number operation。
- ☐ **blkio.io_wait_time**：用于统计**cgroup**在各设备中各类型IO操作在队列中的等待时间（单位为**ns**），格式为device_types:node_numbers operation time。
- ☐ **blkio.*_recursive**：各类型的统计都有一个递归版本，Docker中使用的都是这个版本。该版本获取的数据与非递归版本是一样的，但还包括**cgroup**所有层级的监控数据。

E.2　cpu：CPU 资源控制

　　CPU资源的控制也有两种策略，一种是完全公平调度（Completely Fair Scheduler，CFS）策略，它提供了按限额和按比例分配两种方式进行资源控制；另一种是实时调度（Real-Time Scheduler）策略，针对实时任务按周期分配固定的运行时间。配置时间都以微秒（μs）为单位，文件名中用us表示。

1. CFS调度策略下的配置

● **设定CPU使用周期和使用时间上限**

☐ cpu.cfs_period_us：用于设定周期时间，必须与cfs_quota_us配合使用。

☐ cpu.cfs_quota_us：用于设定周期内最多可使用的时间。这里的配置指任务对单个cpu的使用上限，若cfs_quota_us是cfs_period_us的两倍，就表示在两个核上完全使用。数值范围为1000-1,000,000（微秒）。

☐ cpu.stat：用于统计信息，包含nr_periods（表示经历了几个cfs_period_us周期）、nr_throttled（表示任务被限制的次数）及throttled_time（表示任务被限制的总时长）。

● **按权重比例设定CPU的分配**

使用cpu.shares设定一个整数（必须大于或等于2）表示相对权重，最后除以权重总和，算出相对比例，按比例分配CPU时间。例如，cgroup A设置为100，cgroup B设置为300，那么cgroup A中的任务运行25%的CPU时间。对于一个四核CPU的系统来说，cgroup A 中的任务可以100%占有某一个CPU，这个比例是相对整体的一个值。

2. RT调度策略下的配置

实时调度策略与公平调度策略中的按周期分配时间的方法类似，也是在周期内分配一个固定的运行时间。

☐ cpu.rt_period_us：用于设定周期时间。

☐ cpu.rt_runtime_us：用于设定周期中的运行时间。

E.3　cpuacct：CPU 资源报告

这个子系统的配置是cpu子系统的补充，提供CPU资源用量的统计，时间单位都是纳秒（ns）。

☐ cpuacct.usage：用于统计cgroup中所有任务的CPU使用时长。

☐ cpuacct.stat：用于统计cgroup中所有任务的用户态和内核态分别使用CPU的时长。

☐ cpuacct.usage_percpu：用于统计cgroup中所有任务使用每个CPU的时长。

E.4　cpuset：CPU 绑定

它为任务分配独立CPU资源的子系统，参数较多，这里只讲解两个必须配置的参数，目前在Docker中也只用到这两个参数。

☐ cpuset.cpus：在这个文件中填写cgroup可使用的CPU编号，如0-2,16代表 0、1、2和16这4个CPU。

❏ cpuset.mems：与CPU类似，表示cgroup可使用的memory node，格式同上。

E.5　device：限制任务对 device 的使用

1. 设备黑/白名单过滤

❏ devices.allow：表示允许名单，格式为type device_types:node_numbers access type。其中，type有3种类型：b（块设备）、c（字符设备）和a（全部设备）；access也有3种方式：r（读）、w（写）和m（创建）。

❏ devices.deny：表示禁止名单，格式同上。

2. 统计报告

devices.list：报告为这个cgroup中的任务设定访问控制的设备。

E.6　freezer：暂停/恢复 cgroup 中的任务

它只有一个属性，表示任务的状态，把任务放到freezer所在的cgroup，再把state改为FROZEN，就可以暂停任务。但不允许在cgroup处于FROZEN状态时加入任务。

freezer.state包括如下3种状态。

❏ FROZEN：表示停止。

❏ FREEZING：表示正在停止，这个是只读状态，不能写入这个值。

❏ THAWED：表示恢复。

E.7　memory：内存资源管理

1. 限额类

❏ memory.limit_in_bytes：表示强制限制最大内存使用量，单位有k、m、g这3种，填-1则代表无限制。

❏ memory.soft_limit_in_bytes：表示软限制，只有比强制限制设置的值小时才有意义。填写格式同上。当整体内存紧张的情况下，任务获取的内存就被限制在软限制额度之内，以保证不会有太多任务因内存挨饿。可以看到，加入了内存的资源限制并不代表没有资源竞争。

❏ memory.memsw.limit_in_bytes：用于设定最大内存与swap区内存之和的用量限制，填写格式同上。

2. 报警与自动控制

memory.oom_control，该参数填0或1，0表示开启，当cgroup中的任务使用资源超过界限时立即杀死任务；1表示不启用。默认情况下，包含 memory 子系统的 cgroup 都启用。当 oom_control 不
启用且实际使用内存超过界限时，任务会被暂停直到有空闲的内存资源。

3. 统计与监控类

- ❑ memory.usage_in_bytes：报告该 cgroup 中进程当前使用的总内存用量，单位为字节。
- ❑ memory.max_usage_in_bytes：报告该 cgroup 中进程使用的最大内存用量。
- ❑ memory.failcnt：报告内存达到 memory.limit_in_bytes 设定的限制值的次数。
- ❑ memory.stat：包含大量的内存统计数据。

  - cache：表示页缓存，包括 tmpfs（shmem），单位为字节。
  - rss：表示匿名和 swap 缓存，不包括 tmpfs（shmem），单位为字节。
  - mapped_file：表示 memory-mapped 映射的文件大小，包括 tmpfs（shmem），单位为字节。
  - pgpgin：表示存入内存中的页数。
  - pgpgout：表示从内存中读出的页数。
  - swap：表示 swap 用量，单位为字节。
  - active_anon：表示在活跃的最近最少使用的列表（least-recently-used，LRU）中的匿名
    和 swap 缓存，包括 tmpfs（shmem），单位为字节。
  - inactive_anon：表示不活跃的 LRU 列表中的匿名和 swap 缓存，包括 tmpfs（shmem），
    单位为字节。
  - active_file：表示活跃的 LRU 列表中的 file-backed 内存，单位为字节。
  - inactive_file：表示不活跃的 LRU 列表中的 file-backed 内存，单位为字节。
  - unevictable：表示无法再生的内存，单位为字节。
  - hierarchical_memory_limit：包含 memory cgroup 层级的内存限制，单位为字节。
  - hierarchical_memsw_limit：包含 memory cgroup 层级的内存加 swap 限制，单位为字节。

Kubernetes的安装

本部分将介绍如何在一台Ubuntu虚拟机上运行Kubernetes服务集群,所有节点(包括master节点和minion节点)都运行在同一台机器上。安装Kubernetes分为以下4个步骤。

- ❑ 安装Docker;
- ❑ 获取Kubernetes各组件和etcd的二进制文件;
- ❑ 安装upstart脚本;
- ❑ 安装Kubernetes客户端程序。

F.1 安装 Docker

安装Docker环境是运行Kubernetes的基础,因为Kubernetes本身就是基于Docker的一套系统,Docker的安装方法见本书附录A。

F.2 获取 Kubernetes 各组件和 etcd 的二进制可执行文件

有两种途径可以获取Kubernetes各组件的二进制可执行文件:一是下载已经编译好的二进制可执行文件包;二是下载源码并从源码编译。使用前者的优点是可以任意挑选官方的release版本,同时省去编译的时间[①]。如果希望对Kubernetes进行二次开发,推荐使用后者安装Kubernetes。

1. 下载已经编译好的二进制可执行文件包

从GitHub上的Kubernetes仓库的release页面可以看到所有可用的二进制可执行文件压缩包。

挑选你需要的版本(如v1.2.0)下载,示例如下:

```
wget https://github.com/kubernetes/kubernetes/releases/download/v1.2.0/kubernetes.tar.gz
```

解压并进入生成的kubernetes/目录,示例如下:

```
tar -xzvf kubernetes.tar.gz
```

---

① 编译 release的过程会启动Docker容器,并下载包括Go语言在内的依赖包,根据网速耗费半小时到几个小时不等。

```
cd kubernetes/
```

我们关心的server端二进制可执行文件压缩包在server/bin/目录下，示例如下：

```
root@ubuntu:~/kubernetes_binary/kubernetes# ls server
kubernetes-salt.tar.gz   kubernetes-server-linux-amd64.tar.gz

root@ubuntu:~/kubernetes_binary/kubernetes/server# tar -tzvf kubernetes-server-linux-amd64.tar.gz
drwxr-xr-x root/wheel        0 2014-12-30 03:11 kubernetes/
drwxr-xr-x root/wheel        0 2014-12-30 03:11 kubernetes/server/
drwxr-xr-x root/wheel        0 2014-12-30 03:11 kubernetes/server/bin/
-rwxr-xr-x root/wheel 16141712 2014-12-30 03:11 kubernetes/server/bin/kube-apiserver
-rwxr-xr-x root/wheel 12965312 2014-12-30 03:11 kubernetes/server/bin/kube-controller-manager
-rwxr-xr-x root/wheel  9769408 2014-12-30 03:11 kubernetes/server/bin/kube-proxy
-rwxr-xr-x root/wheel  9386640 2014-12-30 03:11 kubernetes/server/bin/kube-scheduler
-rwxr-xr-x root/wheel 11086824 2014-12-30 03:11 kubernetes/server/bin/kubecfg
-rwxr-xr-x root/wheel 11451632 2014-12-30 03:11 kubernetes/server/bin/kubectl
-rwxr-xr-x root/wheel 14973728 2014-12-30 03:11 kubernetes/server/bin/kubelet
-rwxr-xr-x root/wheel 16888056 2014-12-30 03:11 kubernetes/server/bin/kubernetes
```

而Client端命令行工具的二进制可执行文件根据不同的操作系统归类被放在platforms/目录下，示例如下：

```
root@ubuntu:~/kubernetes_binary/kubernetes# ls platforms/
darwin  linux  windows
```

以Linux为例，又根据不同的硬件架构分类，示例如下：

```
root@ubuntu:~/kubernetes_binary/kubernetes/platforms# ls linux/
386  amd64  arm
```

Kubernetes Client端二进制可执行文件一共有3个：kubecfg、kubectl和kubernetes，接下来我们会经常用到它们。

2. 下载源码并从源码编译

Kubernetes源代码放在GitHub上托管，示例如下：

```
git clone https://github.com/kubernetes/kubernetes.git
cd kubernetes/build
make release
```

最后会生成编译好的二进制文件包以及中间过程产生的与Docker相关的Docker Image、Dockerfile等，放在kubernetes/_output目录下，示例如下：

```
root@ubuntu:~/kubernetes_sources/kubernetes/_output# ls
dockerized  images  release-stage  release-tars

root@ubuntu:~/kubernetes_sources/kubernetes/_output/release-stage# ls
client  full  salt  server  test
```

我们关心的编译结果是release-stage和release-tars这两个目录。release-stage目录下存放的是支持linux-amd64架构的包含server端二进制可执行文件（放在server子目录下），以及支持不同平台的client端的二进制可执行文件（放在client子目录下），这与从官方网站下载的完全一样。release-tars则存放的是release-stage目录下各级子目录的压缩包。

制作release的过程其实很有趣，包括启动Docker容器用来安装Go语言环境、etcd等，读者有兴趣可以查看release脚本。

F.3　安装 upstart 脚本

运行kube-up脚本会将Kubernetes Server端的进程和etcd进程做成Ubuntu Upstart，即能够用service start|stop|restart/force-reload等方式操作这些服务进程，此脚本的作用是启动一个Kubernetes集群（至少一个节点），所以需要更改脚本文件kubernetes/cluster/ubuntu/config-default.sh，下面介绍一下需要必须配置的一些选项。

```
export nodes="root@10.10.103.152 root@10.10.103.153 root@10.10.103.154"
export role="ai i i"
export NUM_NODES=${NUM_NODES:-3}
export SERVICE_CLUSTER_IP_RANGE=192.168.3.0/24
export FLANNEL_NET=172.16.0.0/16
```

❏ nodes：此项是配置集群的所有节点，至少需要一个节点。
❏ role：此项为nodes选项的所有节点配置角色，其中a表示master，i表示minion，ai表示此节点既是master又是minion。
❏ NUM_NODES：该选项为node节点的数量。
❏ SERVICE_CLUSTER_IP_RANGE：该选项是配置kubernetes服务ip的范围，配置时需保证其ip范围是可用的。
❏ FLANNEL_NET：此项为overlay网络配置ip地址范围，需保证不和SERVICE_CLUSTER_IP_RANGE冲突。

还有一些其他的配置，用户可根据自身需求自行配置。配置完成后，执行以下命令创建一个Kubernetes集群，示例如下：

```
$ KUBERNETES_PROVIDER=ubuntu
$ cd kubernetes/cluster/
$ sudo ./kube-up.sh
```

脚本执行过后，Kubernetes集群的所有server进程和etcd进程就已经启动了。

Kubernetes默认其客户端程序放在/opt/bin目录下。当然，你也可以根据自己的需要，将它们放到其他目录下，但必须修改/etc/default/kube*文件并重启相应的服务进程，以etcd为例，修改方法如下：

```
$ sudo cat /etc/default/etcd
# Etcd Upstart and SysVinit configuration file
```

```
# Customize etcd location
# ETCD="/opt/bin/etcd"

# Use ETCD_OPTS to modify the start/restart options
ETCD_OPTS="-listen-client-urls=http://127.0.0.1:4001"
```

这里，如果将etcd的二进制文件放在除/opt/bin/以外的目录下，就应该修改第4行的ETCD=字段为相应的实际目录，并去掉注释符号#。另外，还可以修改etcd的启动/重启选项ETCD_OPTS，可以看到服务端默认监听本地（127.0.0.1）的4001端口。

最后，就可使用Ubuntu的service对Kubernetes的服务进行启动，示例如下：

```
$ sudo service kube-apiserver start $ sudo service kube-controller-manager start $ sudo service
kube-scheduler start $ sudo service kube-proxy start
```

F.4　安装 Kubernetes 客户端程序

由于我们已经编译得到Kubernetes客户端程序的二进制可执行文件，因此，只要将这些二进制文件复制到客户机的环境变量PATH能搜索到的目录下即可（如/usr/local/bin）。下面来检查一下安装是否完成，命令如下：

```
root@ubuntu:~# kubectl version
Client Version: version.Info{Major:"1", Minor:"2", GitVersion:"v1.2.0",
GitCommit:"5cb86ee022267586db386f62781338b0483733b3", GitTreeState:"clean"}
Server Version: version.Info{Major:"1", Minor:"2", GitVersion:"v1.2.0",
GitCommit:"5cb86ee022267586db386f62781338b0483733b3", GitTreeState:"clean"}
```

这时我们就可以使用Kubernetes的命令行集群管理工具kubectl来启动和调度Docker容器了。

后　记

读到本书的最后，相信有不少读者和技术圈的朋友会有疑问：为什么你们作为一个高校的科研和工程团队，要去写这样一本纯粹的技术书？

这让我想起了 UnitedStack 创始人程辉最近的一次演讲。

谈开源项目如何在互联网公司落地
阶段一：架构和源码分析
阶段二：整合和二次开发
阶段三：运维准备
阶段四：持续迭代和运营

当时我看到这张投影的时候，深有感触。

从 2011 年我们开始云平台相关技术的研发起，浙大团队正是沿着这样一条并不平坦的道路，开始了在顶级开源项目中（Cloud Foundry）探索的过程。2013 年底，当我们准备开始进行 Docker 和容器技术的研究和应用时，这条道路已经初具规模和成效了。我们开始在 InfoQ、CSDN、《程序员杂志》等一线技术社区发表大量署名为浙大团队的优秀文章、系列和专栏，而且持续在 Docker、Kubernetes、Cloud Foundry 等知名开源项目中积极贡献出代码和子项目。这当然不是心血来潮，而是整个团队沿着这条开源技术之路前行的一个必然结果。

相比于单纯的"赠人玫瑰，手有余香"，我们更愿意和整个社区一起，共同成为这座花园的园丁。

我们团队第一篇针对云平台项目做源码解读的文章出现在 CSDN 的时候，Cloud Foundry 才刚刚发布；在整个圈子都还没搞清楚 PaaS 到底为何物的时候，王洋学长已经开始用 Zookeeper 给 Cloud Foundry 做服务发现了。浙大团队将这种对技术本身追本溯源的态度和专注的学习能力一脉相承，后面的故事反倒自然而然了许多。宏亮、健波、星宇、明振、王哲……越来越多的 90 后同学们逐渐活跃在顶级社区的前沿，正是"后生可畏，焉知来者之不如今"。

在所有的技术分享背后，我们也开始思考如何沉淀这些知识。一方面，我们的工程代码大部分都提交给社区，从而能够在更大的舞台上发挥光和热。另一方面，我们平时的经验、最佳实践以及源码分析的产物，要么依靠在线文档，要么就得变成纸质出版物才能保存和传播下去。

最终，我们决定选择后者。这不仅是因为我们作为高校研究机构在出版物的编写上有着一定经验，更重要的是，每当新学期开始，又有一批新同学走进曹光彪西楼 405 实验室时，学长们可以自豪地将一本包含了自己心思和见解的图书交到他们手里。这，才是传承知识与智慧的正确方式。

2016 年 9 月，《Docker——容器与容器云》以良好的口碑得以再版，这也印证了我们关于开源技术的思考与努力走在了一条正确的道路上。更值得一提的是，在本次对图书内容进行更新的过程中，95 后的同学们作为主力表现出了令人赞叹的实力。他们对 Docker 和 Kubernetes 最新版本的特性与实现细节了然于胸，已经超出了他们学长们同期甚至现在的水平。不难想象，他们的技术实力也是知识和经验不断延续与沉淀的结果，这令我们这些本书的发起者们甚感欣慰。

想必，这也是本书再版的最大意义吧。

张磊

于浙大玉泉校区